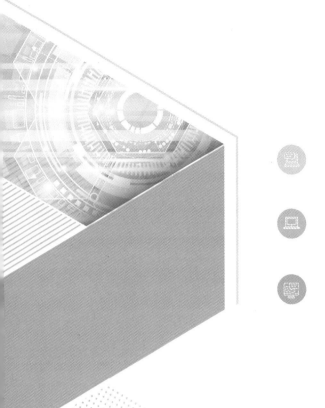

U0252778

软件项目管理

原理与实践 第2版·微课视频版

◎ 秦 航 编著

清华大学出版社

北京

内 容 简 介

本书全面系统地讲述软件项目管理的相关思想、原理和实践，并提供来自业界最新的内容和进展。本书共 11 章，第 1 章是引言，第 2～14 章分别讲述软件项目需求工程、软件项目成本估算、软件项目进度计划、软件项目风险管理、软件配置管理、软件项目合同管理、软件项目人力资源管理、Rational 统一过程、敏捷项目管理、软件项目管理软件。

本书条理清晰、语言流畅、通俗易懂，在内容组织上力求自然、合理、循序渐进，并提供了丰富的实例和实践要点，更好地把握了软件工程学科的特点，使读者更容易理解所学的理论知识，掌握软件项目管理的应用之道。

本书可作为高等院校软件工程专业、计算机相关专业"软件项目管理"相关课程的教材，并可供有一定实际经验的软件工程技术人员和需要进行软件项目管理的广大计算机用户参考。

图书在版编目（CIP）数据

软件项目管理原理与实践：微课视频版/秦航编著.—2 版.—北京：清华大学出版社，2022.10(2024.8重印)
高等学校软件工程专业系列教材
ISBN 978-7-302-59868-8

Ⅰ．①软…　Ⅱ．①秦…　Ⅲ．①软件开发－项目管理－高等学校－教材　Ⅳ．①TP311.52

中国版本图书馆 CIP 数据核字(2022)第 003184 号

策划编辑：魏江江
责任编辑：王冰飞　薛　阳
封面设计：刘　键
责任校对：李建庄
责任印制：宋　林

出版发行：清华大学出版社
　　　　　网　　　址：https://www.tup.com.cn，https://www.wqxuetang.com
　　　　　地　　　址：北京清华大学学研大厦 A 座　　　邮　　编：100084
　　　　　社 总 机：010-83470000　　　　　　　　　邮　　购：010-62786544
　　　　　投稿与读者服务：010-62776969，c-service@tup.tsinghua.edu.cn
　　　　　质量反馈：010-62772015，zhiliang@tup.tsinghua.edu.cn
　　　　　课件下载：https://www.tup.com.cn，010-83470236
印 装 者：北京嘉实印刷有限公司
经　　销：全国新华书店
开　　本：185mm×260mm　　　印　　张：23　　　　　　字　　数：557 千字
版　　次：2015 年 8 月第 1 版　2022 年 10 月第 2 版　　印　　次：2024 年 8 月第 3 次印刷
印　　数：10801～11800
定　　价：59.80 元

产品编号：085598-01

前 言

　　党的二十大报告指出：教育、科技、人才是全面建设社会主义现代化国家的基础性、战略性支撑。必须坚持科技是第一生产力、人才是第一资源、创新是第一动力，深入实施科教兴国战略、人才强国战略、创新驱动发展战略，开辟发展新领域新赛道，不断塑造发展新动能新优势。高等教育与经济社会发展紧密相连，对促进就业创业、助力经济社会发展、增进人民福祉具有重要意义。

　　本书面向软件工程项目，对软件项目管理原理及其实践进行介绍，涉及的范围覆盖整个软件工程过程。

　　本次改版保留了前一版的主要结构，同时对各章内容进行了扩充，调整了局部结构，并提供来自业界最新的内容和进展，使本书更能体现软件项目管理的发展，更能满足学习需要。

　　本书共 11 章，第 1 章为引言，第 2 章介绍软件项目需求工程，第 3 章介绍软件项目成本估算，第 4 章讨论软件项目进度计划，第 5 章讨论软件项目风险管理，第 6 章讨论软件配置管理，第 7 章讨论软件项目合同管理，第 8 章介绍软件项目人力资源管理，第 9 章介绍 Rational 统一过程，第 10 章讨论敏捷项目管理，第 11 章介绍软件项目管理软件。

　　本书特色如下：

　　(1) 概念清晰，讲解透彻，重视核心原理。

　　(2) 反映领域科技前沿，体现软件工程思维。

　　(3) 支持微课和混合式教学，满足"线上"和"线下"教学需求。

　　(4) 教学资源丰富，包括教学大纲、教学课件、电子教案、59 节的微课视频，助力教学。

资源下载提示

　　课件等资源：扫描封底的"课件下载"二维码，在公众号"书圈"下载。

　　视频等资源：扫描封底的文泉云盘防盗码，再扫描书中相应章节中的二维码，可以在线学习。

　　本书由秦航组织编写并统稿。其中，第 1、8 章由秦航编写，第 2、3 章由林德树编写，第 4、7 章由邱林编写，第 5、10 章由徐杏芳编写，第 6、9、11 章由张健编写。借此机会，作者谨向为本书付出辛勤劳动和智慧的老师和全体同仁表示诚挚的感谢。

　　本书可作为高等院校软件工程专业、计算机相关专业"软件项目管理"相关课程的教材，也可供有一定实际经验的软件工程技术人员和需要进行软件项目管理的广大计算机用户参考。

由于作者水平有限，书中不当之处在所难免，敬请读者和专家提出宝贵意见，以帮助作者不断地改进和完善。

作　者

目 录

第1章

引　言

古之成大事者,规模远大与综理密微,二者缺一不可。

——曾国藩

当今社会,一切事物都是项目,一切工作也都将成为项目。这种泛项目化的发展趋势,正在逐渐改变组织的管理方式,使得项目管理成为各行各业的热门话题。

软件行业是一个极具挑战性、创造性的新兴行业。经过数十年的发展,软件产业已经成为当今世界投资回报率最高的产业之一,而这一产业正在潜移默化地改变着人们赖以生存的地球的面貌。软件开发的个人英雄主义已逐渐成为历史,取而代之的是团队合作的形式。随着团队规模的增加,面对的挑战也呈非线性增长。现在,由软件定义的世界正在"大数据化",但是,软件项目在管理上没有很成熟的经验可供借鉴。

软件项目管理是否真的不同于其他类型的项目管理?一般认为,软件项目管理属于项目管理的范畴,项目管理的思想是相通的,其基本方法也一般适用,但不同之处在于具体方法和管理工具。软件项目管理有一些自身独特的方法、工具,其特有之处是由软件及其生命周期特征所决定的,并受到软件技术快速发展的影响。

本章共分为五部分。1.1节介绍软件项目;1.2节介绍软件团队和项目目标;1.3节介绍项目管理思想;1.4节介绍项目管理的核心方法体系;1.5节介绍项目经理和管理原则。

1.1　软件项目

视频讲解

1.1.1　软件开发面临的困难

在软件项目开发的历史上,失败的例子比比皆是。如图1-1所示,作为媒体工作者,《梦断代码》(*Dreaming in Code*)一书的作者斯科特·罗森伯格(Scott Rosenberg)见证了软件世界中无数个悲惨的故事,并得出结论:无论是跨国公司、政府机构,还是军工大鳄,都曾一

图 1-1 《梦断代码》和斯科特

头撞上过代码的冰山。最终，归结到一句话，"软件开发难"。

例如，FBI 投资 4 亿美元，花费 10 年时间，开展的名为"三部曲（Trilogy）"的计算机现代化项目，当进行到耗资 1.7 亿美元的第 3 个模块时撞上了冰山，所有耗资打了水漂。又如，美国国内税务局（Internal Revenue Service，IRS）在过去 40 年里曾 3 次尝试改造计算机系统，但至今一事无成。再如，美国航空管理局（Federal Aviation Administration，FAA）的先进自动系统（Advanced Automated System，AAS）项目，从 1981 年启动到 1994 年宣告终止，花费了几十亿美元，结果颗粒无收。另外，麦当劳的"创新计划（Innovate）"项目耗资 1.7 亿美元，也以失败告终；福特公司耗资数亿美元的"珠穆朗玛峰（Everest）"采购系统，也成了一个历时 5 年的黑洞，等等。

据美国权威的科技情报与数据统计组织高德纳（Gartner Group）报告，全世界项目失控率高达 40%。其中，每一失控项目平均损失约 100 万美元，61% 的失控项目是由于缺乏包括项目管理办公室（Project Management Office，PMO）在内的项目职能管理所造成的，60% 的失控项目是由于不曾进行项目管理人员的正规化培训所造成的。

完整的计算机系统由硬件和运行在其上的软件组成。从诞生开始，软件规模及其在完整计算机系统中所占的比重一直呈上升趋势。类似硬件产品的"摩尔定律"，软件产业也有一个"摩尔定律"，即类似功能的软件产品的规模（代码行）每隔 18 个月会翻倍，而用户获取该软件、服务的代价会下降。

随着互联网和移动 App 的来临，在系统软件产品和应用软件产品中，软件系统的规模随着时间的推移，呈现出明显的上升趋势，具体表现在以下几方面。

（1）软件的用户数量持续增加，一款软件系统、线上服务动辄拥有百万、千万级以上用户量。

（2）由于竞争需要，需求的不确定性和系统的快速迭代成为一个日益突出的问题。

（3）软件分发和使用方式发生显著变化，从典型的光盘复制逐渐过渡到网络的服务形式，使得系统的版本更迭时间大为缩短。

新情况的出现催生了软件过程历史上最为纷繁的一个时代，大量的软件过程在这个阶段涌现出来。虽然"软件开发难"，但通过科学的开发方法和管理手段，可以有效地降低软件开发的复杂度。

软件开发中的一个重要方面是组织和管理。以合理的方式组织，团队才能发挥最高的效能，达到的效果往往是 1 加 1 大于 2；相反的情况下，团队发挥的效能很低，这时 1 加 1 小于 2。如果有多个程序员，看似并行地在开发，但在实际的软件项目中，很多工作并不是可以充分并行化的，这使得一个人的工作必须以另外一些人的工作为基础。由于个人无法了解整个工程完整的信息，在工程进行时，各人之间还要不断地协调。所以，合理地划分并分配任务，使得程序员间可以高效地共享项目信息，这是提高团队运行效率的重要途径。

另外，项目驱动组织进行变更。从商业角度看，项目旨在推动组织从一个状态转到另一个状态，达成特定目标，如图 1-2 所示。项目开始之前，通常将此时的组织描述为"当前状态",项目驱动变更是为了获得期望的结果,即"将来状态"。

在进行软件项目开发时,无可避免地会犯很多错误。众多项目失败的原因在于缺乏项目管理、风险管理的技能和有效的方法。这些失败和管理有着千丝万缕的联系,例如:

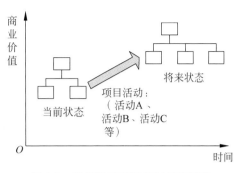

图 1-2 组织通过项目进行状态转换

(1) 自上而下的执行方式。

(2) 不是缺乏计划,就是计划不切实际。

(3) 想得太多,总想做大事,眼高手低。

(4) 不分轻重缓急,战线拉得过长。

(5) 不知道到底要做什么,所有人员都陷入迷惘。

(6) 所有角色人员之间均缺乏有效沟通。

(7) 项目时间从后向前推,计划充满不诚实的欺骗。

(8) 无论是领导还是开发工程师,总是过于乐观。

(9) 需求不断变更,并且没有人评估变更对项目整体带来的影响。

(10) 开会太多,总不干正事,要么会议缺乏主题,要么快速达成结论。

(11) 太多成员缺乏时间计划概念,对自己、对团队成员都没有时间计划。

(12) 需求文档不清,或者文档过多,产品经理缺乏对产品的构思、描述。

软件项目管理是为了使软件项目能够按照预定的成本、进度、质量顺利完成,而进行的分析、管理的活动。图 1-3 为软件项目管理所涉及的内容。

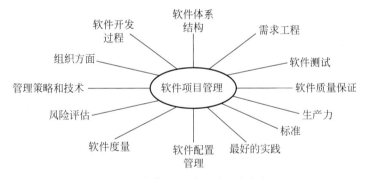

图 1-3 软件项目管理涉及的内容

1.1.2 什么是项目

日常生活中,我们观察到的项目包括建造一座大楼、一座工厂或一座水库,举办各种类型的活动,如一次会议、一次晚宴、一次庆典等,新企业、新产品、新工程的开发,进行一个组织的规划、规划实施一项活动,进行一次旅行、解决某个研究课题、开发一套软件,等等。

项目(Project)是指一系列独特的、复杂的并相互关联的活动。这些活动有着一个明确的目标或目的,必须在特定的时间、预算、资源限定内,依据规范完成。项目参数包括项目范围、质量、成本、时间、资源。

广义上讲，项目是一个特殊的有限任务，是在一定时间内，为满足一系列特定目标要求所进行的多项相关工作的总称。

项目管理并非新概念，存在已数百年之久。项目成果的例子包括奥林匹克运动会、中国长城、泰姬陵、儿童读物的出版、巴拿马运河、商用喷气式飞机的发明、新型冠状病毒疫苗、人类登陆月球、商业软件应用程序、使用全球定位系统（Global Positioning System，GPS）的便携式设备、地球轨道上的国际空间站，等等。这些成果是项目经理在工作中应用项目管理实践、原则、过程、工具、技术的结果。

项目也是为创造独特的产品、服务或成果而进行的临时性工作。

工作通常有两类不同的方式：一类是持续不断和重复的，称为"常规运作"；一类是独特的一次性任务，称为"项目"。无论是常规运作还是项目，都要个人或组织来完成，受制于有限的资源，遵循某种流程，并要进行计划、执行、控制等。两者的不同体现在：项目是一次性的，日常运作是重复进行的；项目是以目标为导向的，日常运作是通过效率和有效性体现的；项目是通过项目经理及其团队完成的，日常运作是职能式的线性管理；项目存在大量的变更管理，日常运作基本保持持续的连贯性。

项目通常具有以下一些基本特征。

（1）项目开发是为了实现一个或一组特定目标。

（2）项目受预算、时间、资源的限制。

（3）项目的复杂性、一次性。

（4）项目以客户为中心。

项目规模是一个特别重要的因素。管理一个拥有 20 个开发人员的项目，可能比管理只有 10 个开发人员的项目棘手得多。因为任务包括的各因素数目越多，任务就越难。

一组人员共同执行一项任务，一方面，好处在于各个领域的专家聚在一起，专注于一项重要任务。另一方面，项目在某些方面可能具有破坏性，项目期间建立起来的专业技能，可能会随着项目团队的逐步解散而散失。

1.1.3　软件项目及产品特征

1. 软件项目的特性

软件是一种固化的思维，输出代码的软件开发则是思维固化的过程。

软件产品的特性是软件区别于其他商品的独特性，是软件本质的反映。

很多通用的项目管理技术可以用于软件项目管理，但是图灵奖获奖者、《日月神话》一书的作者佛瑞德·布鲁克斯（Fred Brooks）识别了一些软件项目独有的特征，如图 1-4 所示。其中，总结得出的软件开发四大本质难题，至今仍具启示意义。

（1）复杂性：了解软件产品中每一美元、每一英镑、每一欧元是如何花费的，要比其他工程制品更加复杂。

（2）一致性：通常，传统的工程师会使用物理系统，以及水泥、钢铁这样的物理材料来工作，这些物理系统有一定的复杂性，但都服从一致的物理定律。软件开发者必须与客户需求保持一致。不仅因为从事该工作的人员可能不是同一个人，而且对于组织来说，由于集体

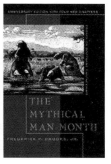

图 1-4　佛瑞德·布鲁克斯、《人月神话》、没有银弹

记忆会有差错、内部交流不够畅通,决策也会失误。

(3)可变性:软件可以方便地修改,这是软件的长处之一。然而,软件系统一旦与物理系统相连,一有必要,就要改变软件来适应其他组件,而不是改变其他组件来适应软件。所以相对于其他组件,软件系统可能要经常变更。

(4)不可见性:有形制品(比如桥)的建造过程可以立即看到,而软件的进展不能立即可见。

以上的本质难题对软件项目管理带来的挑战往往相互促进。

例如,随着软件开发复杂度的提升,一致性、可变性、不可见性所带来的负面影响也在不断增加。在软件发展的不同历史阶段,由于技术发展、应用领域、商业环境的影响,除了不可见性,另外三个不同的本质难题的凸显程度往往不同。尽管互联网时代的软件系统比以往更为复杂,但是由于要服务海量用户,软件系统的可变性(需求变更)和一致性(快速演化)问题反而更加突出。

2. 软件产品的经济特性

1)软件产品的边际生产成本接近于零

软件是数字化产品,增加产量所增加的成本仅仅是软件存储介质方面的成本,而存储介质的价格在逐渐降低。例如,现在使用硬盘作为介质,GB 的存储费用目前已经不到 1 元钱,而且还会不断降低。

作为凯鹏华盈(KPCB)风险投资公司的合伙人和谷歌公司的董事,风险投资家约翰·杜尔(John Doerr)说过"互联网是这个星球历史上最伟大、合法的财富创造活动。"随着互联网的出现,开发商都把软件放到互联网上,由用户自行下载,使存储费用几乎等于零。所以如果市场有需求,增加产量十分容易,而且产品质量不会受到任何影响。

2)软件产品的边际收益递增

软件是一种高技术产品,边际收益随着供给的扩大而递增,这和一般产品正好相反。高技术产品之所以会有这种特性,主要是因为单位成本的递减、网络效应、顾客习惯。软件产品大都需要有一个学习的过程,通过长期使用才能熟练掌握,进而形成习惯,并成为事实上的标准。用户对某种产品的使用习惯一旦形成,就会产生惰性、依赖感。用户如果改变原来的习惯,必须付出重新学习的代价,即所谓的"学习成本"。

例如,微软的操作系统就遵循这个原则,即便微软的 Windows 不稳定而且有很多缺陷,但人们仍然毫不犹豫地使用它们,新的用户仍然趋之若鹜。软件的生产者很清楚这个规律,他们会通过低价、怂恿盗版等方式促成习惯的形成，从而获得不断递增的收益。

3）软件产品的需求价格弹性小

由于软件产品之间存在较大的差异，一套软件产品往往具有某些特殊的功能，能满足人们的某些特定的要求。因此，软件价格的高低对于迫切需要获得这些功能的购买者而言影响不大，用户的着眼点往往是软件能给他们带来多大的效益，而不是价格的高低。

4）软件产品之间交叉弹性较小，容易形成垄断

不同的软件有不同的功能，相互之间不能替代。即使是功能相近的软件也因为习惯、性能等问题，价格往往不是主要的选择尺度。同时，还有一些专用软件只应用在特定平台上，或只使用在特定的硬件上，用户只要使用特定的平台、硬件，就必须使用这种软件，没有用与不用的选择余地，也没有选择这家公司还是其他公司的余地。典型的例子是硬件的驱动程序。这样，软件市场很容易形成寡头垄断的局面。

3．软件项目的市场应用阶段

根据软件项目产品所处的不同市场应用阶段，如图 1-5 所示，客户群的大小也有所区别。

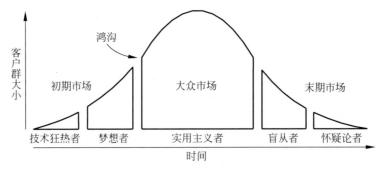

图 1-5　市场应用阶段的鸿沟

当软件产品处于市场应用的早期阶段时，顾客群的规模不大；但是技术狂热者们已经想先睹为快了，所以软件产品会面临比较大的发布压力。此时，软件产品不必有很多功能，而且也不必有很高的稳定性，但是必须具备独特之处来吸引更多客户。

在软件产品进入市场的初期，无论客户群大小，人们都会有各自不同的需求。所有客户都希望得到新版本，而且具备他们想要的功能。此时的软件产品用起来不能太费事。由于只有该软件产品能够解决客户的问题，所以即使有一点儿缺陷，销路还是会不错。

一旦或有替代产品进入大众市场之后，实用主义者们就会关心软件产品的缺陷能否得到及时修复。考虑到实用主义者拥有强大的购买力，管理层会迫于压力而决定频繁升级产品。即便有些客户不想更新最新版本，在加强产品稳定性的同时，每次发布的新版本中多少要加入一些新功能。

保守主义者也会购买该软件产品，但往往是迫于某种压力的选择。如果软件产品不能完成承诺的功能，或者缺陷太多，保守主义者们会抓住一切机会进行抨击。他们不需要新功能，只希望承诺的功能好用就行了。此时，需要发布缺陷修复补丁，或是发布更加可靠、更高性能、更稳定的产品。

最后，对于软件产品，盲从者、怀疑论者有可能买，也有可能不买。处于该阶段的产品，

被称为"现金牛(Cash Cows)",即低增长高市场的份额(波士顿咨询公司提出的 BCG 矩阵,即波士顿矩阵),因为此时产品为公司带来的收入,要远远超过需要付出的成本。

其中,BCG 矩阵是制定公司战略最流行的方法之一,由波士顿咨询集团(Boston Consulting Group,BCG)在 20 世纪 70 年代初开发。BCG 矩阵将组织的每一个战略事业单位(Strategic Business Unit,SBU)标在一种二维的矩阵图上,如图 1-6 所示,显示出哪个 SBU 提供高额的潜在收益,以及哪个 SBU 是组织资源的漏斗。

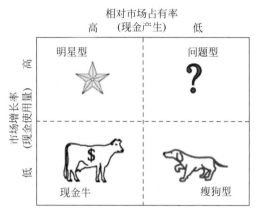

图 1-6　BCG 增长:共享矩阵

公司若要取得成功,必须拥有增长率和市场份额各不相同的产品组合。组合的构成取决于现金流量的平衡。BCG 的实质是为了通过业务的优化组合实现企业的现金流量平衡。BCG 矩阵区分出 4 种业务组合:①明星型业务(Stars,指高增长、高市场份额);②问题型业务(Question Marks,指高增长、低市场份额);③现金牛业务(Cash Cows,指低增长、高市场份额);④瘦狗型业务(Dogs,指低增长、低市场份额)。在生命周期的开始阶段,软件产品发布的很多版本都会面临不小的压力。但是在产品生命周期的后续阶段,规模日益增大的客户群对低缺陷率要求的压力会更大。

1.1.4　软件工程模型和规划

1. 软件工程层状模型

如图 1-7 所示,为代码、方法、过程、工程、组织的层状模型图,纵向的线条定义了一个关注点。其中,编程语言只是工具;在程序和方法层面,关注具体实现;在过程和工程层面,关注的是团队问题。从角色的定位来看,开发经理思考项目的实施方案和管理具体的开发行为,项目经理则保障团队的稳定性、一致性。

2. 开发新系统的步骤

如图 1-8 所示,开发新系统通常有如下三个连续的步骤。

(1)可行性研究:用来评估预期的项目是否值得开始,是战略策划的一部分,用于考察所有潜在的软件开发,并收集有关待开发应用系统的需求。最初的需求很复杂、很困难。因此,项目的利益相关者尽管知道预期的目标,但是如何实现还不确定,他们需要估算新系统

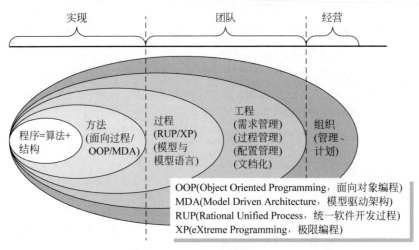

图 1-7　软件工程层状模型

的开发、运营成本及其效益。大型系统的可行性研究，本身可以作为一个项目，并且有自己的策划。

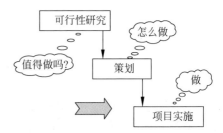

图 1-8　可行性研究、策划和项目实施的周期

（2）策划：如果可行性研究的结果表明预期的项目可行，那么进入策划阶段。对于大型项目，可能无法在项目开始时就制订出全部的详细计划，但是却可以为整个项目制订概要计划，并制订第一阶段的详细计划。后续阶段的详细计划需要在各阶段开始时确定。因为只有当前阶段结束，才能获得更详细、更准确的项目信息，以便制订后续阶段的计划。

（3）项目实施：项目实施通常包括设计、实现两个子阶段。

① 设计是确定生产的产品形式。对软件来说，设计与软件外观（用户界面）或者内部结构有关。

② 策划规定了为生产产品所必须执行的活动。在实施细节上，策划决策受到设计决策的影响，因此策划和设计可能会被混淆。

图 1-9 描述了国际标准 ISO 12207 中定义的软件开发活动的典型顺序。

（1）计划阶段：定义系统，确定用户的要求或总体研究目标，提出可行的方案，包括资源、成本、效益、进度等实施计划，进行可行性分析，并制订粗略计划。

（2）需求分析阶段：确定软件的功能、性能、可靠性、接口标准等要求，根据功能要求进行数据流程分析，提出初步的系统逻辑模型，并据此修改项目实施计划。

（3）系统设计阶段：包括概要设计、详细设计。概要设计中，要建立系统的整体结构，进行模块划分，根据要求确定接口；详细设计中，要创建算法、数据结构、流程图。

（4）系统开发阶段：把流程图翻译成程序，并进行调试。

（5）系统测试阶段：通过单元测试，检验模块内部的结构、功能；通过集成测试，把模块连接成系统，重点寻找接口上可能存在的问题；通过确认测试，按照需求的内容，逐项进行

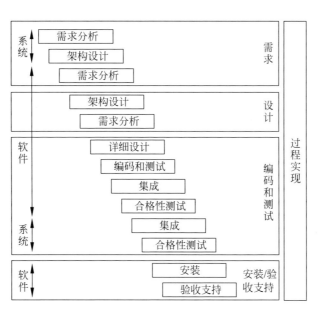

图 1-9　ISO 12207 软件开发生命周期

测试;通过系统测试,到实际的使用环境中进行测试。单元测试和集成测试由开发者自己完成,确认测试和系统测试则由用户参与完成。这是软件质量保证的重要一环。

(6)运行维护阶段:包含三类工作,即为了修改错误而做的修改性维护、为了适应环境变化而做的适用性维护、为了适应用户新的需求而做的完善性维护。完善性维护有时会进入二次开发,进入一个新的生命周期,再从计划阶段开始。维护工作是软件生命周期中重要的一环,通过良好的运行维护工作,可以延迟软件的生命周期,并为软件带来新生命。

基本上,每个软件项目都存在特殊性。在项目进展的生命周期,项目管理的行动从售前、投标、议价、组建项目团队、提交项目计划、开展项目工作、进行测试、培训与交付的一连串活动中,就已经逐步展开了。这些活动的目的都是为了项目的最终产品交付。

3. 软件项目规划

每个软件项目规划都有一个明确的、包括 4 个阶段的生命周期。

如图 1-10 所示,这 4 个阶段分别是概念化、规划、执行、终止。尽管图中它们之间有相同的间隔,但是这 4 个阶段涉及不同变化的时间段。有时,这些阶段之间的界限不是很清楚,例如,项目目标的设定从概念化的阶段开始,并延续到规划阶段。在这一阶段中,项目经理会把注意力转移到设施、人员、任务的分配调度和时间安排上。

软件项目开始于执行阶段,并且还需要额外的资源。执行过程中,预算要求最高,因为这时一切任务都处于运作的状态。对某些人来说,第 4 阶段的"终止"意味着项目的突然结束。但更典型的是,已完成的项目会移交给最终用户,这时,项目资源会逐步淘汰。

4. 一些重要概念

项目生命周期中,有 3 个与时间有关的重要概念:检查点、里程碑、基线,用来描述何时对项目进行控制。

(1)检查点(Checkpoint):指在规定的时间间隔内对项目进行检查,比较实际现状与计

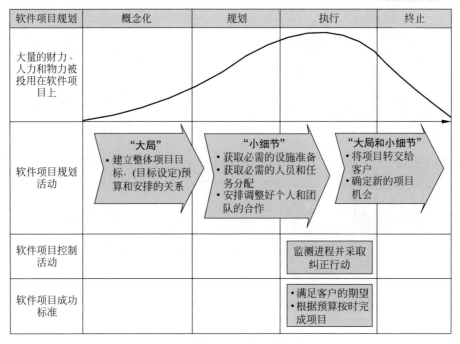

图 1-10　软件项目阶段和规划活动

划之间的差异，并根据差异进行调整。可将检查点视作一个固定采样的时间点，时间间隔根据项目周期长短不同而变化，频率过小则失去意义，频率过大则增加管理成本。常见的间隔为每周一次，项目经理需要召开例会并上交周报。

（2）里程碑（Milestone）：是完成阶段性工作的标志，不同类型的项目里程碑不同。在软件项目的生命周期里，重要的里程碑节点是相同的，如项目立项、项目启动、需求分析、系统设计、软件编码、系统试运行、项目验收这些阶段完成时均可作为里程碑。对里程碑的有效管理和控制是保证软件项目成功的关键活动之一，需要考虑各里程碑事件的计划、内容、方案和阶段性交付，并对应执行相关考核、验收。里程碑的管理实质上是对项目风险的控制过程。

（3）基线（Baseline）：指一个、一组配置项在项目生命周期的不同时间点上，通过正式评审进入正式受控的一种状态。软件项目中，需要基线、配置基线等，都是一些重要的项目阶段里程碑，但相关交付物要通过正式评审并作为后续工作的基准和出发点。基线一旦建立，变化要受到控制。

1.2　软件团队和项目目标

视频讲解

1.2.1　开发中的各类问题

1. 软件项目的分类

软件之间的区别是开发不同的技术产品导致的。因此，需要识别项目的特征，这些特征会影响项目所采用的计划、管理方式。

1）强制使用软件和自愿使用软件

一些系统是员工完成工作（例如，在电子商务中记录销售业务）必须使用的系统，而另一些系统，如游戏软件，则是自愿而非强制使用的。游戏软件的内容主要依靠开发人员的丰富创造力，以及市场调查、关注群体、原型评价等技术手段。因此，很难用一个业务系统从潜在客户那里引导出自愿使用软件精确的需求。

2）信息系统与嵌入式系统

信息系统和嵌入式系统之间存在区别。信息系统可以帮助员工完成事务处理操作，如财务管理信息系统。嵌入式系统则用于控制机器，如建筑物的空调设备的控制。有些软件系统可能兼有二者的特征。

3）目标和产品

一方面，项目可以是生产一种其细节由客户规定并负责证实的“产品”。另一方面，项目也可以是为了满足一定“目标”，该目标可能有多种方法来达到。例如，组织要解决的问题，可以通过咨询相关专家来获得推荐的解决方案。

软件项目有两个阶段，第一阶段是目标驱动项目，可产生项目的建议书；第二阶段是实际创建该软件产品。这种分类对于技术工作外包，以及初期用户需求不明确的项目非常有用。外部团队可以在固定单价的情况下进行初步设计。如果设计可以接受，开发人员可以基于已确定的需求提出后续工作的报价。

2. 项目利益相关者

项目的利益相关者（Stakeholder）是指在项目中有利害关系的人。

尽早标识利益相关者很重要，因为需要从一开始就建立起充分交流的渠道。项目利益相关者可分为以下几类。

（1）项目组内部人员：项目负责人直接管理这类利益相关者。

（2）同一组织的项目组外部人员：例如，需要用户的帮助来执行系统测试，此时，有关人员的委托必须经过协商。

（3）项目组和组织的外部人员：外部的利益相关者，受益于所实现系统的客户、用户。这些人之间的关系，大多建立在具有法律效力的合同之上。

不同类型的利益相关者可能有不同的目标，一个成功的项目负责人要看到大家不同的兴趣，并且有能力进行协调。例如，最终用户可能关心新的应用系统是否易于使用；而项目经理可能关心项目如何节约成本。因此，项目负责人应该进行沟通和谈判，要致力于使各个项目参与方从项目的成功中受益，实现双赢，从而促使参与方都关心项目的成败。

项目经理有时会遗漏重要的利益相关者，特别是在不熟悉业务的情况下。因此，协调利益者之间的关系要引起足够的重视。

3. 软件是团队运动

软件是一种团队运动。为了形成软件开发的大局观，图1-11给出了一种分析软件开发中各类问题的方式。

（1）和所有需要人力的工作一样，软件开发也是由个人完成的。每个人都有自己的一套价值观、动机、态度、技能、培训、资质，如果不尊重这种个人环境，就会考虑不周。个人的情绪、动机、态度都很真实和重要。

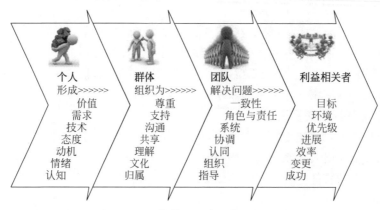

图 1-11　软件开发中的各种问题

（2）当个人组成群体时，就要考虑人与人之间的关系了。这些积极的关系包括互相尊重、归属感。

（3）团队需要协调各种不同的人员，需要让成员有一个共同的目标。

（4）有了共同的方向后，团队将齐心协力为利益相关者解决问题。利益相关者不仅完善了沟通系统，而且正朝着一个具体的目标努力。

普通的方法，例如，把过程框架集成起来，或者购买某种工具等，最多只能提供表面上的支持。

在大型项目中，这些方法虽然可能被视作构建、管理大量数据的有效手段，但是所有的工具都要依赖正确的数据来获得良好效果。对于需求分析工具、设计工具以及集成过程来说，整体结构都非常依赖输入信息的质量。这些数据、信息来自这个团队之间的互动。

1.2.2　设定软件项目目标

1. 目标管理和度量

目标管理（Management by Objective，MBO）是管理专家彼得·德鲁克（Peter Drucker）于 1954 年在《管理实践》中最先提出的，伴随"目标管理和自我控制"的主张，如图 1-12 所示。

图 1-12　彼得·德鲁克和《管理实践》

德鲁克认为,并不是有了工作才有目标,而是相反,有了目标才能确定每个人的工作。所以企业的使命、任务必须转化为目标,如果一个领域没有目标,这个领域的工作必然被忽视。因此,管理者应该通过目标对下级进行管理,当组织的最高层管理者确定了组织目标后,必须进行有效分解,转变成各个部门以及各人的分目标,管理者根据分目标的完成情况,对下级进行考核、评价、奖惩。

目标管理提出以后,在美国迅速流传。时值第二次世界大战之后,西方经济由恢复转向迅速发展的时期,企业急需采用新方法调动员工积极性以提高竞争能力,目标管理应运而生,很快为日本、西欧国家的企业仿效,其特点主要表现在下述几方面。

(1)明确目标。明确的目标要比只要求人们尽力去做有更高的业绩,而且高水平的业绩是和高目标相联系的。企业中,目标技能的改善会继续提高生产率。然而,目标制定的重要性并不限于企业,在公共组织中也是有用的。许多公共组织里普遍存在目标含糊不清,对管理人员来说是一件难事。

(2)参与决策。MBO 中的目标是用参与的方式决定目标,上级与下级共同参与选择设定各对应层次的目标,即通过上下协商,逐级制定出整体组织目标、经营单位目标、部门目标直至个人目标。因此,MBO 目标转化过程既"自上而下",又"自下而上"。

(3)规定时限。MBO 强调时间性,制定的每个目标都有明确的时间期限要求。多数情况下,目标的制定与年度预算或主要项目的完成期限一致。某些目标应该安排在很短的时期内完成,另一些则要安排在更长的时期内。同样,组织层次的位置越低,为完成目标而设置的时间往往越短。

(4)评价绩效。MBO 寻求不断将实现目标的进展情况反馈给个人,以便能够调整自己的行动。下属人员承担为自己设置具体的个人绩效目标的责任,具有同上级领导一起检查这些目标的责任。管理人员努力吸引下属人员对照预先设立的目标来评价业绩,积极参加评价过程,用鼓励自我评价、自我发展的方法鞭策员工对工作的投入,并创造一种激励环境。

项目目标应该关注预期的产出物,而不是项目的任务,任务只是项目的后置条件。例如,在实际的软件开发过程中,目标不应该被描述成"建立电子商务网站",而应该是"客户能在线预订产品"。目标可由多种方法满足,也可由多种途径实现。

明确了软件开发中的各类问题之后,就可以发掘项目目标。可以从下面这些问题开始。

(1)项目要怎么样才算成功?

(2)为什么想得到这样的结果?

(3)这个系统要解决什么样的问题?

(4)这种解决方案价值何在?

(5)这个系统可能会造成什么样的问题?

如果一个项目有多个利益相关者,他们都声称是项目拥有者,这时需要指明项目的全权管理者。项目的全权管理者常常由项目指导委员会所掌控,由其全面负责设定、监督、修改目标。项目经理仍然负责项目的日常运作,但必须定期向指导委员会汇报。

有效性度量是用于判断项目目标是否达标的一种实用方法。例如,平均故障间隔时间(Mean Time Between Failure,MTBF)指可修复产品两次相邻故障之间的平均时间,如图 1-13所示。MTBF 可用来度量可靠性,这是性能度量,并且只能在系统运行时获得。系统开发时,如果项目经理想了解关于系统性能的情况,就需要预测式的度量。如果在代码审查时发现大量错误，这表明在可靠性上可能有潜在的问题。

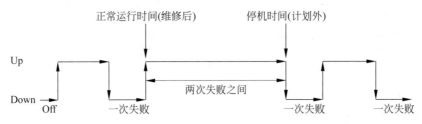

$$故障间隔时间=\{停机时间-正常运行时间\}$$

$$Mean\ time\ between\ failures=MTBF=\frac{\Sigma(停机时间-正常运行时间)}{失败次数}$$
（平均故障间隔时间）

图 1-13　平均故障间隔时间

2．SMART 原则

个人设定的有效目标必须可以控制。

假定生产出的应用软件的成本来自人力成本的压缩，那么，从整个企业的目标来看可能是合理的，但是对软件开发人员来说却不合理。因为在应用程序投入运行之后，任何有关工作人员费用的降低，不仅取决于开发人员，还取决于管理人员。因此，合理的做法是为软件开发人员设定一个子目标，并把开发费用保持在一定的预算之内。

制定目标看似一件简单的事情，每个人都有过制定目标的经历，但是如果上升到技术的层面，必须学习并掌握 SMART 原则，如图 1-14 所示。

图 1-14　SMART 原则

（1）S：非常详细具体的（Specific）。目标必须被清晰定义，无法被混淆或者误解。

（2）M：能够衡量的（Measurable）。只有可以被衡量的目标，才能一直清楚做得如何，离目标有多远，当前是超出还是低于预期的进度。

（3）A：要有足够的难度和挑战性（Achievable）。容易完成的目标，很容易让员工懈怠。一旦失去战斗的激情，更谈不上发挥潜能。

（4）R：现实的（Realistic），这是对上一点的平衡。过难的目标会令员工疲惫不堪，如果最后还是没能完成任务，对员工的信心打击非常大。

（5）T：要有实现的期限（Time-bound）。没有实现期限的目标是没有意义的，因为不知道什么时候应该到达什么程度。

有了目标之后,才可能有很详细的项目计划,所有的项目都应该跟这些目标相关。不相干的项目会分散注意力,要坚决抵制。接下来,组里人员的绝大多数时间都要花在跟这几个目标相关的项目上。

同时,SMART 原则还有另一种变体,即 SMARTER。在该变体中,前五个字母与上述原则相同,而后两个字母则分别对应了 Evaluate(评估)和 Reevaluate(再评估)。

3. 项目章程

项目章程会明确记录项目的需求、约束,还可以帮助项目经理思考如何进行项目规划。

整个团队和出资人都可以查看项目章程,以此确保对项目有关的决策可以达成一致。在启动项目时,编写项目章程可以让大家知道应该完成什么目标,以及项目干系人提出的约束条件。即使不知道完成项目需要的细枝末节,编写章程也有助于发现潜在的问题。项目章程可以帮助项目经理和团队理解风险、成功标准,而大家也可以借此考虑组织和操控项目的方式。

如果管理一个敏捷项目(参见第 10 章),项目章程会很简短,只要包括项目远景、发布日期就够了。项目远景可以让参与项目的人做出正确的决策,发布日期是为了不错过项目的结束时间。

常见的项目章程模板包括远景、需求、目标、成功标准、投资回报率(Return On Investment,ROI)估算。

项目章程有意要设计成简短的,目的是帮助团队赶紧启动。它不会包含团队对于该项目完成的定义,也不会介绍团队如何组织项目,但是已经足够让大家着手开展工作了。

4. 项目成败

通过项目的业务案例来编写项目计划,可以确保项目的成功完成。然而,一般项目都存在着问题,如何评价一个项目是否真的失败呢?不同的利益相关者有着不同的目标,他们对项目成败的理解也是不同的。

一般来说,不能混淆项目目标和商业目标。项目目标是项目团队预期实现的目标。就软件项目而言,可以总结为以下目标:①按时;②在预算内;③实现既定功能;④达到质量要求。

项目可能满足了项目目标,而不是满足应用。例如,一个游戏软件能够按时并在预算内完成,但是可能无法销售。一个用户在线销售的商业网站可能无法进行商业买卖,因为没有价格上的优势。

项目的成功在于项目的收益高于成本。

如果项目经理很好地控制了项目的开发成本,那么项目的收益主要依赖于其他外部因素,例如客户数量。项目目标对于商业目标的最终实现有着重要的影响。不断增加的开发成本将降低交付产品获利的机会。项目延期完成减少了获利的时间,也就降低了项目的价值。一个项目虽然成功地交付了,但是在商业上可能是失败的。相反,有的项目可能延期或者超预算完成,但是交付物在一定的时期仍然可以获得比预期高的收益,如微软公司 Windows 操作系统经常性延期发布。

从更广阔的视角审视项目,会缩小项目和商业关注点之间的差距。例如,电子商务网站的开发项目可以结合开展市场调查、竞争对手分析以及关键群体、原型、典型潜在用户评价等技术手段来降低商业风险。

多个项目之间可以建立客户关系。如果一个客户和供应商因为过去成功的合作经验而建立信任，那么，他们很可能再次选择和这个供应商合作开发；特别是当新的需求建立在原有系统的基础上时，这样可能比建立新的合作关系成本更低。

1.3　项目管理思想

视频讲解

1.3.1　项目管理及特点

软件项目管理被称为规划和带领项目团队的艺术和科学，管理指通过与其他人的共同努力，既有效率又有效果地把工作做好的过程。

管理也是在多变的环境下，同他人协作或寻求他人帮助来实现组织目标的一个过程。从比尔·盖茨（Bill Gates）、杰克·韦尔奇（Jack Welch）、拉里·佩吉（Larry Page）、塞尔吉·布林（Sergey Brin）、埃隆·马斯克（Elon Mask）等外国著名管理者身上，从联想、华为、百度等一大批民族 IT 企业的发展历程上，可以隐约感到科学的项目管理是多么的重要。管理包括以下 4 个含义。

(1) 管理的目标，是对未来的追求。

(2) 管理的工作，本质是协调。

(3) 管理工作，存在于组织中。

(4) 管理工作的重点，是对人进行管理。

同时，管理就是制定、执行、检查和改进。

制定，就是制订计划（或制定规定、规范、标准、法规等）。执行，就是按照计划去做，即实施。检查，就是将执行的过程或结果与计划进行对比，总结出经验，找出差距。改进，首先是推广通过检查总结出的经验，将经验转变为长效机制或新的规定；其次是针对检查发现的问题进行纠正，制定纠正、预防措施。

管理过程主要包括 5 个组成部分：与他人协作或寻求他人帮助、实现组织目标、权衡效力和效果的关系、充分利用有限的资源、应对多变的环境，如图 1-15 所示。

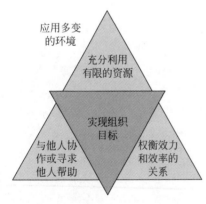

图 1-15　管理过程的主要方面

项目管理（Project Management）是一种以项目为对象的系统管理方法。项目管理通过一个临时性的专门组织，对项目进行有效的计划、组织、指导、控制，以实现对项目全过程的动态管理和项目目标的综合协调、优化。

项目管理经验、项目管理思想的历史和人类的历史一样古老。从长城、都江堰，到埃及金字塔、尼罗河水利工程修建，有关项目管理的理论和知识体系都是人类在长期实践、长期积累基础上形成的。就当时的条件来说，这些项目的规模并不亚于现代社会制造原子弹的曼哈顿计划或阿波罗登月计划。

相应地,项目管理的特点如下。

(1) 项目管理的对象是项目或被当作项目来处理的运作。

(2) 项目管理的思想是系统管理的系统方法论。

(3) 项目管理的组织通常是临时性、柔性、扁平化的组织。

(4) 项目管理的机制是项目经理负责制,强调责权利的对等。

(5) 项目管理的方式是目标管理,包括进度、费用、技术、质量。

(6) 项目管理的要点是创造、保持一种使项目顺利进行的环境。

(7) 项目管理的方法、工具、手段具有先进性、开放性。

1.3.2 管理思想的发展

人类从事管理实践的活动从人类诞生的那一刻就已经开始了,具有悠久的历史,形成了丰富的管理思想。

过去的100年中,管理学得到了快速发展,诞生了许多具有里程碑意义的管理思想。特别是在第二次世界大战以后,管理思想呈现出空前繁荣的局面,流派林立、精彩纷呈,出现了所谓的"管理理论丛林",所以大家称20世纪是管理的世纪,如图1-16所示。

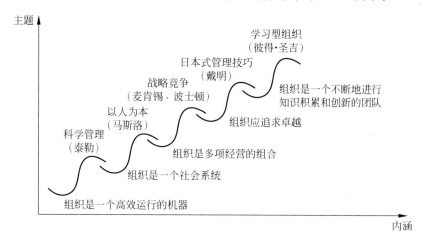

图 1-16 项目管理思想的发展

表1-1回顾了管理思想发展的主要潮流,从中可以总结出管理思想发展的几个主要阶段。

表 1-1 管理思想发展进程中的管理学大师

管理学大师	所处时代和国家	主要影响领域	代表性成果	影响评价及代表思想
孙子	约公元前5世纪,中国	战略管理	《孙子兵法》	历史上最为著名的军事战略家,战略学的最早开拓者
亚当·斯密 (Adam Smith)	1723—1790年,英国	一般管理,生产管理	《国富论》(1776)	对劳动分工原则进行了系统研究

续表

管理学大师	所处时代和国家	主要影响领域	代表性成果	影响评价及代表思想
亨利·福特（Henry Ford）	1863—1974年，美国	生产管理	《我的生活和改造》(1922)，《我的工业哲学》(1929)	著名企业界，基于科学管理理论和标准件互换性，明确定义、组织了具有划时代意义的大规模流水线生产方式
马克斯·韦伯（Max Weber）	1864—1920年，德国	组织行为和管理	《新教徒伦理与资本主义精神》(1904)，《经济与社会》(1921)	行政组织理论的创始人，与泰勒的科学管理理论、法约尔的组织管理理论一起，构成了古典管理理论
丰田家族（Toyota Family）	1867年至今，日本	生产管理，一般管理	《丰田——50年的发展：总裁丰田英二自传》(1987)	著名家族企业，创造了准时生产(JIT)和精益生产方式，代表了生产管理的最新进展
托马斯·沃森（Thomas Watson）	1873—1956年，美国	生产管理，战略管理，一般管理	《一个企业和它的信念》(1963)	IBM公司创始人，创造了优秀的企业文化
杰姆斯·O.麦肯锡（James O. McKinsey）	1889—1937年，美国	管理咨询，战略竞争	《会计学原理》(1920)，《簿记学与会计学》(1920)，《财务管理》(1922)，《预算控制》(1922)	世界上最著名的管理咨询公司"麦肯锡公司"的创始人，提出了著名的"价值创造理论""MACS企业发展战略""7S模型""客户经济价值分析法(EVC)""SCP模型""5Cs模型""解决问题的七步程序法""客户细分法""业务优先排序法"等理论和方法
诺伯特·维纳（Norbert Wiener）	1894—1964年，美国	运筹学与管理方法论	《控制论：关于在动物和机器中控制和通信的科学》(1948)，《人有人的用途：控制论和社会》(1986)	控制论的创始人，后来比尔将控制论应用到管理科学领域，发展出管理控制论。控制论成为现代管理科学发展中重要的方法论基础
爱德华兹·戴明（Edwards Deming）	1900—1993年，美国	生产管理，人力资源管理	《走出危机：质量、生产力与竞争态势》(1986)	全面质量管理的最著名和最有影响力的倡导者和创始人之一，促进了管理的革命性发现
约瑟夫·M.朱兰（Joseph M. Juran）	1904—2008年，美国	生产管理，人力资源管理，战略管理	《朱兰质量管理手册》(1951)，《质量的突破》(1964)	质量管理最著名的专家之一，与戴明等人成为全面质量管理的著名倡导者
亚伯拉罕·H.马斯洛（Abraham H. Maslow）	1908—1970年	人力资源管理，组织行为	《人类动机理论》(1943)，《领导和激励》(1966)	提出了著名的需求层次理论，影响了随后的许多人类动机理论的发展

续表

管理学大师	所处时代和国家	主要影响领域	代表性成果	影响评价及代表思想
彼得·F.德鲁克(Peter F. Drucker)	1909—2005年	一般管理,组织行为,战略管理	《公司的概念》(1946),《有效的管理》(1967),《管理:任务、责任、实践》(1967),《创新与企业界精神》(1985)	被认为是20世纪管理学方面最著名的著作家和思想家之一,经验主义学派的代表人物和创始人,"目标管理"创造者,最早注意到知识经济的到来,提出了"知识工人"的概念
赫伯特·亚历山大·西蒙(Herbert Alexander Simon)	1916—1998年,美国	组织行为,一般管理	《管理行为》(1947),《组织理论》(1958),《管理决策新科学》(1960),《人类问题求解》(1972)	决策理论学派的创始人,对管理科学、经济学、心理学和计算机科学的发展都有重要的贡献,曾获得诺贝尔经济学奖,提出有限理性、管理就是决策等著名观点
迈克尔·E.波特(Michael E. Porter)	1947年至今,美国	战略管理	《品牌间的选择、战略和双向市场力量》(1976),《竞争战略:分析企业和竞争者的技术》(1980),《竞争优势:创造和维护最佳经营绩效》(1985),《国家的竞争优势》(1990)	最著名的战略管理学家,开拓性地把企业战略和微观经济学联系起来,为企业战略研究提供了一种革命性的方法,提出了著名的"五种力量模型"、价值链理论
彼得·M.圣吉(Peter M. Senge)	1947年至今,美国	组织行为	《第五项修炼:学习型组织的艺术和实践》(1990)	"学习型组织"思想的创始人,提出了著名的"五项修炼"和学习型组织理论,这是20世纪90年代最著名的管理思想

……

1. 泰勒的科学管理

泰勒的科学管理认为组织是一个高效运行的机器。

古典管理理论的发展阶段是从20世纪初到20世纪20年代,这一阶段是管理理论最初形成阶段。其间,美国、法国、德国分别活跃着具有奠基人地位的管理大师,即科学管理之父泰勒(Frederick Winslow Taylor)、管理理论之父法约尔(Henri Fayol)以及组织管理之父马克斯·韦伯(Max Weber),如图1-17所示。其中,又以泰勒为代表的科学管理的思想在当时最具代表性,它诞生的一个重要因素,就是工业革命管理思想的积累。

泰勒的科学管理理论是管理思想史上的一个里程碑,是使管理成为科学的一次质的飞跃。作为一个较为完整的管理思想体系,科学管理理论对人类社会的发展做出了独特的贡献。

科学管理的思想基于这一假设,即组织是一部尽可能高效率运行的机器。

科学管理的特点是:强调数字管理;中央集权;强调管理的科学性、合理性、纪律性。

图 1-17　泰勒、法约尔和韦伯

同时，还认为社会是由一群无组织的个人所组成的，他们在思想上、行动上力争获得个人利益，追求最大限度的经济收入，即经纪人；管理部门面对的仅仅是单一的职工个体或个体的简单总和。

作为创立者，泰勒是一位西方古典管理思想发展的集大成者，他使科学管理思想在管理哲学上取得了重要突破，并将科学引入管理领域，提高了管理理论的科学性。

科学管理思想创新地提出了有科学依据的作业管理、管理者同工人之间的职能分工、劳资双方的心理革命等管理思想和方法，为作业方法、作业定额提供了客观依据，使得劳资双方有可能通过提高劳动生产率、扩大生产成果来协调双方的利害关系，从而推动了生产力的发展，使劳动生产率有了大幅度提高。我们后来所认识的运筹学、成本核算、准时生产制等，都是在科学管理思想的启发下产生的。

泰勒是管理思想演讲过程中的一个重要时代的领路人，科学管理反映了时代精神，科学管理为今后的发展铺下了光明大道。

2. 马斯洛的以人为本

马斯洛的以人为本的核心认为组织是一个社会系统。

20世纪60年代，行为科学开始兴起，以亚伯拉罕·H.马斯洛（Abraham H. Maslow）和弗雷德里克·赫兹伯格（Frederick Herzberg）为代表，提出了"以人为本"的管理思想，如图1-18所示。

"以人为本"的管理思想基于这样一个假设，即组织是一个社会系统。

他们认为，企业的成功依赖于帮助员工发挥他们的全部潜能，而不是依靠严格控制员工的生产力。管理"人"才是管理者的首要问题。

图 1-18　马斯洛和赫兹伯格

马斯洛的"以人为本"思想是管理思想发展史上的又一个里程碑，他的需求层次理论直到现在还是我们讨论组织激励时应用得最广泛的理论。马斯洛的需求层次理论最早发表于1943年的著名论文《人类动机论》中，该理论认为人类动机的发展和需要的满足有密切的关系，需要的层次有高低的不同，低层次的需要是生理需要，向上依次是安全、爱与归属、尊重和自我实现的需要。

自我实现指创造潜能的充分发挥，追求自我实现是人的最高动机，它的特征是对某一事业的忘我献身。高层次的自我实现具有超越自我的特征，具有很高的社会价值。健全社会的职能在于促进普遍的自我实现。马斯洛相信，生物进化所赋予人的本性基本上是好的，邪恶和神经症是由于环境所造成的。越是成熟的人越富有创作的能力。

马斯洛的"以人为本"思想史在科学管理思想的基础上更进了一步，它改变了先前管理中主要注重机器的观点，将管理中的中心由机器转向了管理中的主体——人。

3. 麦肯锡、波特的战略竞争

麦肯锡、波特的战略竞争认为组织是多项经营的组合。

20 世纪 70 年代是一个动荡的年代，爆发了两次石油危机，随之而来，又出现了经济衰退。管理者认识到，长期集权的计划控制会走向消亡，企业需要由战略经营单位制订战略计划。于是从 20 世纪 70 年代开始，管理思想由对人的重视，转为如何选择正确战略使组织最有效地参与竞争，即战略竞争。

战略竞争的管理思想基于这样一种假设，即组织是多项经营的组合。

他们认为，可把组织划分为战略经营单位，战略经营单位将敏锐地感知经营环境的变化，易于做出正确的反应，并根据特定市场中的位置制订战略计划。战略竞争的理念是谁能找到正确的战略，谁就能赢得可持续的竞争优势。

战略竞争的管理思想以麦肯锡公司的创始人杰姆斯·麦肯锡（James O. McKinsey）和哈佛商学院大学教授迈克尔·波特（Michael E. Porter）为代表，如图 1-19 所示。其中，波特在此方面发表的著作较多，影响较大。

图 1-19 麦肯锡和波特

麦肯锡、波特的战略竞争思想是管理思想发展史的又一个重要的里程碑。波特教授于 20 世纪 80 年代始相继发表了《竞争战略》《竞争优势》《国家竞争优势》以及《竞争战略案例》等著作，把现代竞争理论的研究推向了高潮，是当今世界上竞争战略和竞争力方面公认的第一权威。波特关于竞争战略思想的著作较多，所构建的理论体系相对来说也比较复杂，但是其脉络还是非常清楚的。其学说重点主要有：五力模型、三大一般性战略、价值链、钻石体系、产业集 5 部分。

波特认为，决定企业获利能力的首要因素是"产业吸引力"，所以企业在拟定竞争战略时，必须要深入了解决定产业吸引力的竞争法则。竞争法则可以用 5 种竞争力来具体分析，这 5 种竞争力包括：新加入者的威胁、客户的议价、替代品或服务的威胁、供货商的议价能力及既有竞争者。

战略竞争的第二个中心问题是企业在产业中的相对位置。竞争位置会决定企业的获利能力是高出还是低于产业的平均水平。即使在产业结构不佳、平均获利水平差的产业中，竞争位置较好的企业仍能获得较高的投资回报。波特认为，这些战略类型的目标使企业的经营在产业竞争中高人一筹。

（1）在"价值链"中，波特认为竞争优势源自企业内部的产品设计、生产、营销、销售、运输、支援等多项独立的活动，所以需要有价值链作为分析优势来源的基本工具。价值链将企业的各种活动以价值传递的方式分解，来了解企业的成本特性，以及现有与潜在的差异化来源。企业的各种活动既是独立的，又互相链接。

企业应该根据竞争优势的来源，并通过组织结构和价值链、价值链内部的链接以及它与供应商或营销渠道间的链接关系，制定一套适当的协调形式。根据价值链需要，设计的组织结构有助于形成企业创造并保持竞争优势的能力。公司的价值链可进一步与上游的供应链与下游的买主的价值链相连，构成一个产业的价值链。

（2）在钻石体系中，波特认为，国家在企业竞争的成功上也扮演了重要的角色，并将其研究延伸到了国家竞争力上。波特提出的"钻石体系"（又称菱形理论）分析架构中，认为可能会加强本国企业创造竞争优势的因素包括生产要素、需求状况、企业的战略、结构和竞争对手、相关企业和支持企业表现等。

钻石体系是一个动态的体系，其内部的每个因素都会互相拉推影响到其他因素的表现，同时，政府政策、文化因素、领导魅力都会对各项因素产生很大的影响，如果掌握这些影响因素，将能塑造国家的竞争优势。

（3）在产业集群中，波特认为，区域的竞争力对企业的竞争力有很大的影响，他通过对10个工业化国家的考察发现，产业集群式工业化过程的普遍现象在所有发达的经济体中，都可以明显看到各种产业集群。

产业集群是指在特定区域中，具有竞争和合作关系且在地理上集中，有交互关联性的企业、专业化供应商、服务供应商、金融机构、相关企业的厂商及其他相关机构等组成的群体。不同产业集群的纵深程度和复杂性相异。产业集群的概念提供了一个思考、分析国家和区域经济发展并制定相应政策的新视角，无论对经济增长，企业、政府和其他机构的角色定位，乃至构建企业与政府、企业与其他机构的关系方面，都提供了一种新的思考方法。

战略竞争的思想在"以人为本"的基础上更进了一层，上升到企业、行业甚至国家整体的高度上。战略竞争思想更加注重从整体上看问题，并由此将对人的重视转为如何选择正确战略使组织最有效地参与竞争。

4. 戴明的日本式管理技巧

戴明的日本式管理技巧强调组织应追求卓越。

20世纪80年代，日本的经济发展迅猛，当时有日本造的产品以其优质、低价享誉世界时，越来越多的企业开始借鉴考虑日本企业的管理模式。以美国统计学家戴明（W. Edwords Deming）为代表，总结了日本的管理经验，并发展和完善，提出日本式管理技巧的管理思想，如图1-20所示。

日本式管理技巧的管理思想基于这样一种假设，即组织应追求卓越。

日本式管理技巧的管理思想与以前的管理思想相比，思维方式有了很大的变化，即从狭隘的职能角度看待问题，以简单化的解决方案迎合短期的盈利，转变为更加全面、综合的角度看待组织和员工，具有循环性、长期性的时间观念，通过营造市场优势，确保长期的盈利。

在日本式管理技巧中，以全面质量管理（Total Quality Management，TQM）最为著名。

图 1-20　戴明和十四要点

质量管理理论形成一个体系,是在第二次世界大战之后。在此之前,质量控制停留在事后检验阶段,不能起到事先预防的作用,而且当时的理论认为,质量控制是以高成本为代价的。休哈特博士(Walter A. Shewhart)首先运用数理统计方法——质量控制图,第一次使质量管理从以"检验"为中心过渡到以"控制"为中心,彻底改变了"高质量必然高成本"的传统认识。

戴明博士是世界最著名的质量管理专家,他对世界质量管理发展做出的卓越贡献享誉全球,其主要观点"十四要点"(Deming's 14 points)成为 20 世纪全面质量管理的重要理论基础。

作为质量管理的先驱者,戴明学说对国际质量管理理论和方法始终产生着异常重要的影响,以戴明命名的"戴明品质奖",至今仍是日本品质管理的最高荣誉。戴明的最大贡献在于使得质量管理理论完成从数理统计控制到质量主体行为控制的过渡,大大扩展了质量控制的范围,使规模经济条件下以产量为中心的价值观转变为以质量为中心的价值观,是企业管理理论的一次飞跃。

除了"全面质量管理"之外,还有几个理论也是日本式管理思想中不能忽略的部分。

(1) Z 理论(Theory Z)。由日裔美国学者威廉·大内(William Ouchi)1981 年出版的《Z 理论》一书中提出,是人与企业、人与工作的关系。该理论的提出,鉴于美国企业面临着日本企业的严重挑战。大内选择了日、美两国的一些典型企业,发现日本企业的生产效率普遍高于美国企业,而美国在日本设置的企业,如果按照美国方式管理,效率便差。据此,大内提出了美国的企业应结合本国的特点,向日本企业的管理方式学习,形成自己的管理方式。这种管理方式归结为 Z 型管理方式,并对这种方式进行理论概括,称为"Z 理论"。

(2) 准时生产(Just In Time,JIT)。准时生产方式起源于日本丰田汽车公式的一种生产管理方法。其基本思想可以用一句话概括:"只在需要的时候,按需要的量,生产所需的产品"。准时生产是一种彻底地追求生产的合理性、高效性、能够灵活多样地生产适应各种需求的高质量产品的生产技术和管理技术,其核心是关于生产计划和控制以及库存管理的基本思想,该思想一反以往生产管理中若干传统的观念、做法,丰富、发展了现代生产管理理论。JIT 的实质是保持物质流、信息流在生产中的同步,实现以恰当数量的物料,在恰当的时候进入恰当的地方,生产出恰当质量的产品。这种方法可减少库存,缩短工时,降低成本,提高效率。

(3) 看板管理(Dashboard Management)。看板管理作为一种进行生产管理的方式,在生产管理史上非常独特。如果说 JIT 生产方式是一种生产管理技术,那么,看板管理是一种管理手段。看板只有在工序一体化、生产均衡化、生产同步化的前提下，才有可能运用。在引进 JIT 生产方式以及看板方式时，最重要的是对现存的生产系统进行全面改组。看板管理的精髓是逆向思维。它要求企业以市场拉动生产，以总装拉动零部件的生产，以零部件生产拉动原材料、外协件的供应，以前方生产拉动后方服务，真正体现了以市场为导向、以顾客需求为指令的市场观念。在看板管理系统中，上、下道工序是顾客关系，下道工序是上道工序的顾客，下道工序什么时候需要什么品种，上道工序必须在规定的时间按顾客需要的品质和数量进行生产。

综上所述，日本式管理的特点如下。

（1）面向变化、面向环境和在环境中的地位。

（2）没有既定的行为方针，具有适应能力。

（3）力图变化，考虑和利用一切可能性，以达到在长远的未来世界上生存的目的。

（4）把技术和工艺划归为基本生存资源。

由于日本经济在 20 世纪 80 年代取得了辉煌的成就，也就使得日本式管理技巧的管理思想风靡全球，成为管理思想发展史上的又一个里程碑。同前面的管理思想比较，可以发现，日本式管理思想主要在两方面有进一步发展：一是思维方式变得全面和综合，二是更加灵活多变，更加注重细节方面的控制。所以该思想也是在前面思想的基础上，进一步发展的结果。

5. 彼得的学习型组织

彼得的学习型组织认为，组织是一个学习和创新的团队。

20 世纪 80 年代以后，自然科学出现了非线性、不确定性、复杂性、混沌性等新概念，管理理论受到自然科学发展的极大影响，我们不再把这个世界看成是稳定、可预测的，开始把它视为处于混沌状态，即存在不可预测的转移、变动。同时，这种混沌状态使管理者认识到，它既能给那些有准备的组织带来巨大的机会，又能给那些行动迟缓者造成致命的威胁。

根据这些思想基础以及管理中面临的新问题，美国麻省理工学院的彼得·圣吉（Peter M. Senge）于 1990 年出版了《第五项修炼——学习型组织的艺术和实务》一书，后来又出版了《第五项修炼·实践篇》《变革之舞》，并提出了学习型组织的管理思想，如图 1-21 所示。

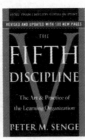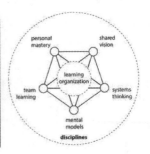

图 1-21   彼得和《第五项修炼》

学习型组织管理思想基于这样一种假设，即组织应是一个不断地进行知识积累和创新的团队。简单地说，组织应是学习和创新的团队。

组织要学习（包括广泛学习、相互学习、学习管理、学习技能），要系统思考，以增加适应性转变能力、创造力。学习型组织管理思想的核心是五项基本技术(修炼)：自我超越、改善心智模式、建立共同愿景、团队学习、系统思考。这五项修炼在实践中融会运用，能促使组织中潜藏的巨大能量得以充分释放，从而获得持续的竞争优势。

在学习型组织管理思想中，彼得·圣吉将系统动力学与组织学习、创造原理、认知科学、群体深度对话及模拟演练游戏融合在一起，构建出了"学习型组织"的蓝图。

由于学习型组织理论以及五项修炼的方法在管理领域乃至其他领域的深远影响，"学习型组织"蓝图被公认为是21世纪最有竞争力的管理新技术，而《第五项修炼》甚至被誉为"21世纪的管理圣经"。因此，学习型组织的管理思想被认为是管理思想发展史的又一个里程碑。

彼得·圣吉认为，建立学习型组织犹如盖一所房子，首先必须备齐建房所需的材料；其次要有适当的工具，使得建筑师可以设计图纸，工匠们可以开展工作；最后，必须有"主见"，知道要把房子建成什么样、如何实现设想等，所有建立学习型组织的实际工作首先必须有明确、清晰的"构架"。并且，彼得为我们提供了很多构建学习型组织的方法、工具，这也是学习型组织思想的又一个特点。如在《第五项修炼》及其《工作手册》中，彼得提出的五项修炼本身就是五种技术，同时还发展了"对话""原型系统""学习实验室""左手原则""思考阶梯"等有用的工具、方法。

学习型组织的管理思想相比较前面各种管理思想而言，它在前面各种管理思想的基础上考虑到了管理中面临的不确定等因素，并且考虑到未来，是管理思想发展史上的又一个新阶段。

以上的种种观点虽不完全相同，但它们表明，项目管理的基点发生了从"以事为中心"到"以人为中心"的明显变化。这也正是人力资源管理模式形成的思想依据。

1.4　项目管理的核心方法体系

视频讲解

软件项目管理是应用方法、工具、技术以及人员能力来完成软件项目，实现项目目标的过程。整个软件开发过程中的目标识别、状态跟踪、偏差纠正是软件项目管理的三大核心要素。

完整的软件项目管理包含很多内容，例如成本和工作量的估算、计划和进度跟踪调整、风险分析与控制等，都属于软件项目管理的范畴。尽管抽象概念上具有相似性，软件项目管理的具体方法和实践会因为项目特征的差异，呈现出不同特点。软件项目管理需要借鉴一些本领域或者其他领域的经验教训，产生一些用来描述这些经验和教训的概念，例如软件过程、生命周期模型。

一个项目完成，其产出结果除了该项目本身达成的预定目标外，还应包括从该项目获得的经验教训和项目信息档案，以积累相关知识，以备未来项目所用。

项目信息与经验教训是非常宝贵的财富。然而，如果没有一套科学的项目管理方法体系并对信息进行归纳分类，我们将不得不面对财富的流失。项目已经存在了几千年，仅就近几十年来看，各行各业的项目信息沉淀又如何呢？正是由于缺乏信息的积累，造成了大量项目管理方面的重复性工作，降低了项目运作效率，无形中提高了项目成本。

因此，建立标准化的项目管理方法体系是项目成功与经验财富积累的必要保证。

在项目管理领域,目前有两个广为流行的知识体系,如图 1-22 所示。

图 1-22　PMI 和 PRINCE2

（1）项目管理知识体系（Project Management Body of Knowledge,PMBOK）,是美国项目管理协会（Project Management Institute,PMI）开发的,目前最新的版本是 PMBOK 第7 版。

（2）受控环境下的项目管理（Projects In Controlled Environments,PRINCE）,是英国政府商务办公室（Office of Government Commerce,OGC）开发的,PRINCE2 是 1996 年推出的第 2 版。

1.4.1　PMBOK

项目管理专业人员（Project Management Professional,PMP）指项目管理专业人士（人事）资格认证。美国项目管理协会（Project Management Institute,PMI）举办的 PMP 认证考试在全球 190 多个国家和地区推广,是目前项目管理领域含金量很高的认证。

那么,PMP 人士与非 PMP 人士之间的区别是什么?

一个最简单的区别在于: PMP 谈到项目管理,往往脱口而出 PMBOK、九大知识领域、五大过程组、工作分解结构、关键路径法、增值管理等项目管理相关术语。而非 PMP 往往说了半天项目管理,却往往只是些经验之谈,缺乏系统性,让人有种云里雾里的感觉。无论身处哪个行业,对于从事项目相关工作的人来说,通过对项目管理知识体系的理解和掌握,对于提升管理水平,促进同行沟通与交流有着非同寻常的意义。这也是美国项目管理协会在全球推广项目管理知识体系与 PMP 认证考试的初衷。

PMI 成立于 1969 年,是一个拥有近 40 万名会员的国际性学术组织。PMI 致力于向全球推行项目管理理念与方法,在教育、会议、标准、出版和认证等方面进行投入,以提高全球项目管理专业的水准,正在成为一个全球性的项目管理知识与智囊中心。

项目管理知识体系（Project Management Body of Knowledge,PMBOK）是 PMI 对项目管理所需的知识、技能、工具进行的概括性描述,该体系构成了 PMP 认证考试的基础。PMI将项目管理知识体系（PMBOK）定义为描述项目管理专业范围内的知识术语,包括已被验证并广泛应用的传统做法,以及本专业新近涌现的创新做法。

PMBOK 的第 1 版于 1996 年正式推出,由 200 多名国际项目管理专家历经 4 年才完成,集合了国际项目管理界精英的观点,避免了一家之言的片面性。更为科学的是,每隔 4年,来自世界各地的项目管理精英会重新审查更新 PMBOK 的内容,使之始终保持最权威的地位,目前最新版本是 PMBOK 第 7 版。

1. 项目管理的九大知识领域

PMBOK 的主要内容由项目管理五大过程组与九大知识领域构成。

项目管理的五大过程组分别是：项目启动、项目规划、项目执行、项目监控与项目收尾，涵盖了项目管理工作的全过程。

九大知识领域是针对项目经理必须掌握的基本知识而构成，如图 1-23 和图 1-24 所示，具体内容如下。

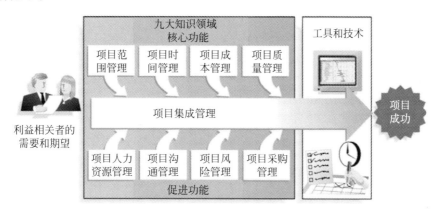

图 1-23　PMBOK 的九大知识领域

图 1-24　项目管理知识领域

（1）项目集成管理（Project Integration Management）：侧重于阐述项目经理在整个项目管理生命周期内的重要整合工作，例如，制定项目章程、制订项目管理计划、项目执行、项目监控与整体变更控制、项目或阶段收尾工作。通过整合工作，能充分发挥项目经理的综合价值。

（2）项目范围管理（Project Scope Management）：通过需求分析来制定项目范围，进而做工作分解结构（Work Breakdown Structure，WBS），以制定项目的范围基准，并在项目工作中参照范围基准来核实范围并控制范围。

（3）项目时间管理（Project Time Management）：通过对 WBS 进一步分解到活动层次，明确活动的资源和时间估算，进而制订出项目进度计划网络图，使用关键路径法、关键链法最后确定进度基准，并在工作中根据进度基准来控制进度。

（4）项目成本管理（Project Cost Management）：对整个项目工作的成本进行估算，制定成本基准，制定预算，并在工作中控制成本。

（5）项目质量管理（Project Quality Management）：要求项目管理人员了解基本的质量管理思想与工具，对质量计划、质量保证、质量控制有明确的理解，对基本的质量控制工作如鱼骨图、控制图、直方图、帕累托图等能初步了解。

（6）项目人力资源管理（Project Human Resource Management）：侧重于对项目团队成员的管理，包括规划团队职责、建设高绩效团队、冲突处理，以及人际关系技能。

（7）项目沟通管理（Project Communication Management）：项目经理 90％的时间花在沟通上，沟通管理要求项目管理人员能与项目干系人进行有效的沟通。

（8）项目风险管理（Project Risk Management）：使得项目经理建立风险意识，掌握风险识别、风险分析与风险应对的基本策略。

（9）项目采购管理（Project Procurement Management）：在项目的部分工作需要外包的情况下，项目经理应掌握基本的采购与合同管理知识。

除 PMBOK 的基本内容之外，作为一个称职的项目经理，还必须具有相应的通用管理知识和经验、相关的业务知识背景以及具备良好的职业道德。项目经理并不只是一位专才，而应当是一个具有相当丰富的项目管理知识并具有相应专业知识结构的复合型通才。

2. PMBOK 第 7 版的变化

《项目管理知识体系指南（PMBOK 指南）（第 7 版）》是美国项目管理协会（PMI）的经典著作，成为美国项目管理的国家标准之一，也是当今项目管理知识与实践领域的事实上的世界标准，如图 1-25 所示。该版进行了内容与结构改版，更新后有以下变化。

（1）加入系统思考（Systems Thinking），提升 PM 全局观（Holistic View），掌握项目动态变化并有降低不确定性的解决脉络。在项目管理的背景下，《项目管理标准》和《PMBOK 指南》强调，项目不只是产生输出，更重要的是要促使这些输出推动实现成果，而这些成果最终会将价值交付给组织及其干系人。本版《PMBOK 指南》的一个重要变化是从系统视角论述项目管理。这一转变始于将系统视角的价值交付作为《项目管理标准》的一部分，并继续呈现《PMBOK 指南》的内容。

（2）交付价值（Value Delivery）更胜于产出结果（Outcomes），新增的 12 条原则（Principles）让 PM 规划并进行项目时，根据原则、根据项目需求和环境变化进行调整。该"价值交付系统"部分改变了原有视角，即从项目组合、项目集和项目治理到重点关注将它们与其他业务能力结合在一起的价值链，再进一步推进到组织的战略、价值和商业目标。

（3）十大知识领域（Knowledge Areas）改为八项绩效领域（Project Performance Domains）。此外，原本的十大知识领域新增了许多理论工具，整合成独立的一章（模型、方法和工件），便于读者学习。绩效领域是一组对有效地交付项目成果至关重要的相关活动。绩效领域所代表的项目管理系统体现了彼此交互、相互关联且相互依赖的管理能力，这些能力只有协调一致才能实现期望的项目成果。随着各个绩效领域彼此交互和相互作用，变化

图 1-25 PMBOK 指南第 7 版及其内容变化和数字内容平台

也会随之发生。

（4）新增项目管理知识数字化、动态化的 PMIstandards＋™ 在线互动平台。
PMIstandards＋™ 平台保留了第 6 版 ITTO，项目管理从业人员可根据产业类别、项目特
性和其他筛选条件，找到适合的实践方法与工具。该平台未来也会继续新增项目管理新知
识内容，让知识体系持续改善、与时俱进。PMIstandards＋™ 平台向项目管理从业人员和
其他干系人提供了更加丰富、范围更加广泛的信息和资源，这些信息和资源能够更加快速地
顺应项目管理领域中的发展和变化，更好地反映了项目管理知识体系的动态性。

1.4.2 PRINCE2

PRINCE(Projects IN Controlled Environments，受控环境下的项目)是一种项目管理
方法，包括项目的管理、控制、组织。PRINCE2 是这种方法的第 2 个重要版本，并且是政府
商务部的注册商标，该部门是英国财政部的一个独立机构。PRINCE2 起源于之前的
PRINCE 项目管理方法。PRINCE 最早是在 1989 年由英国政府计算机和电信中心
(Central Computer and Telecommunications Agency，CCTA)开发的，作为英国政府 IT 项
目管理的标准。但是它很快就被应用于 IT 以外的项目环境中。PRINCE2 在 1996 年作为
一种通用的项目管理方法正式出版。PRINCE2 如今日益流行，是英国项目管理的标准。它
已在除英国外的 50 多个国家广泛使用。当前的最新版本是英国政府商务办公室(OGC)在
2017 年出版的 PRINCE2 2017。

PRINCE2 为项目管理提供了一种结构化的方法。这种方法为管理项目提供清晰界定
的工作框架。PRINCE2 介绍了如何协调项目中的人和活动，如何设计和监督项目以及在项
目发生变更的情况下如何调整流程。每一个流程都详细标出关键的输入、输出和具体目标
及要执行的活动，这为计划偏差提供了自发的控制。这种方法把项目划分为多个管理阶段，

保证让所有资源得到有效的控制。依靠严格的监控,项目在控制和组织的方式下得到执行。作为一种被广泛认可和理解的结构化方法,PRINCE2 为项目中所有参与方提供了一种通用语言,完整阐述了参与项目的各种管理岗位、职责,并可以根据项目的复杂程度和组织能力来适当调整。

PRINCE2 有时会被误认为不适合用在非常小的项目上,归因于需要完成建立和维护文件、记录、列表的工作。实际上,这种情况大多数可能是对 PRINCE2 适用范围的误解:PRINCE2 是完全适合的。

PRINCE2 项目管理体系的步骤如图 1-26 所示。

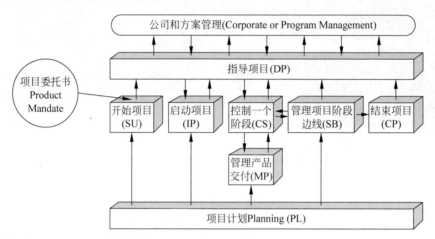

图 1-26　PRINCE2 项目管理体系的步骤

（1）指导项目(Directing a Project,DP)：项目委员会对项目其他 6 个阶段提供全程、持续、有效的支持。

（2）启动项目(Starting Up a Project,SU)：提出项目初始概念,任命项目委员会的项目用户代表、项目供应商代表以及利益相关者代表。

（3）项目准备(Initiating a Project,IP)：于各项活动展开之前进行充分准备,以确保项目所需的各项资源到位,项目目标能够得以实现。

（4）项目阶段控制(Controlling a Stage,CS)：项目管理经理的日常工作,并围绕具体事件而动,把项目逐渐推向前进。

（5）管理产品交付(Managing Product Delivery,MP)：团队级技术管理工作,在工作包(Work Packages)达成一致意见,报告项目进度,交接完成的工作,等等。

（6）管理项目阶段边线(Managing Stage Boundaries,SB)：为项目委员会准备回顾性文件,用于进程讨论以及下一步规划之用,以及对超出容忍条件的情况进行处理。

（7）结束项目(Closure,CP)：这一流程涉及如何结束项目、如何处理后续工作、如何处理项目后效益评估。

（8）项目计划(Planning,PL)：与项目指导一样,是对上述流程提供全程规划支持。

在世界范围内,PRINCE2 和 PMBOK 都有十分广泛的应用。这两个知识体系虽然有很多共同点,但区别也十分显著。一般而言,PMBOK 提供了丰富的"项目管理的知识",但并未告诉人们如何使用这些知识。并且,PMBOK 中虽然也包含流程与流程间的关系,以及所需要的技术、工具,但并未指出"如何做"。与此不同的是,PRINCE2 则是完全基于流程的,而且是基于业务实例(Business Case)开发的。

此外,PMBOK 将项目解释为"项目是实现组织战略计划的手段",以及"项目可以在组织的任何层次得到执行"。PMBOK 在宽泛的层面上表述项目,实际上说明它是从项目所有者,而不是从项目供应商的角度来看待项目的。因此,PMBOK 的基础比 PRINCE2 宽泛得多。

1.5　项目经理和管理原则

视频讲解

1.5.1　项目经理扮演的角色

有效的软件项目经理充当了指定人、企业家、朋友、营销商、教练的角色,如表 1-2 所示。每个角色都有它自己要面对的挑战,同时,也要为迎接挑战制定适合自己的战略。在今天的商业环境中,需要掌握熟练技能并且积极发挥作用的人才来成功地扮演这一角色。

表 1-2　软件项目经理具有的角色、挑战及策略

项目经理 的角色	挑　　战	策　　略
指定人	✧ 有效地规划、组织,并完成软件项目目标	✧ 扩大该角色使其包括文中描述的新确定的角色
企业家	✧ 控制周围不熟悉的环境 ✧ 生存在一个孤注一掷的环境 ✧ 管理突发状况	✧ 与众多利益相关者建立不同的关系 ✧ 通过劝说来影响他人 ✧ 介绍新方法的时候要充满自信
政治家	✧ 理解两种不同的企业文化 ✧ 与客户组织的政治系统合作	✧ 与那些强大的个人联盟 ✧ 获得拥有高级/政治头脑的客户的赞助来维持并支持该项目
朋友	✧ 确定重要的关系来建立并维持自身以外的队伍 ✧ 成为客户的朋友	✧ 与重要的项目经理和职能经理建立友谊 ✧ 通过确立共同的利益、经历来搭建与客户的友谊之桥
营销商	✧ 获取客户公司的战略信息 ✧ 了解客户组织的战略性目标 ✧ 确定未来的商机	✧ 与客户及客户公司的顶级管理人员建立牢固的关系 ✧ 将新的想法/建议与客户组织的战略性目标相结合
教练	✧ 将团队成员与多个组织融合起来 ✧ 用非正式的权力来激励团队成员 ✧ 用有限的资源来奖励认同团队的成就	✧ 将团队成员与多个组织融合起来 ✧ 提出具有挑战性的任务来构建团队成员的技能 ✧ 将团队及其成员晋升为关键决策者

1.5.2　软件项目管理的原则

软件产业是一个基于不断实践的行业,更像是下棋,永远无法有一种确切的方法告诉你怎么样一定能赢。

软件开发残酷的现实告诉我们：没有规则的软件并发过程带来的是无法预料的结果。如何改善我们的软件开发管理？一条便捷之道便是"尊重常识，尊重历史经验教训"。在其中，有许多的原则和经验可以供我们借鉴。

1. 计划原则

没有计划就无从知道什么时候控制和变更。

制订一个详尽的计划，以详细到开发人员可以理解的程度为宜。计划能够告诉我们，什么时候应该做什么。没有计划无从知道自己需要做什么。

不少项目经理告诉组员需要做什么东西后扬长而去，丝毫没有一个相关任务（活动）之间的说明。由于没有计划或是计划太粗糙、不切实际，很多项目将1/3甚至1/2的时间花在返工上面。因为计划中遗漏了某一项关键任务，项目就有可能宣告失败。试想一下，制订一个周密合理的计划需要耗费这么多的时间吗？需要付出项目失败的代价吗？还有很多项目管理人员常常错误地认为"变化比计划快"，但实际的情况是，由于没有计划，无法预测、估量变化给项目所带来的影响，所面临的将会是难以理清、混沌的状态。

此外，对于开发人员来说，"目标导向"是充分调动其工作积极性的最佳方法，每个任务的阶段成果能够将员工的工作效率维持在一个较高的水平。因为近期目标总是比远期目标更容易看到和达到。为此，需要制订一个计划，来满足目标导向。

2. Brooks 原则

Brooks 原则是《人月神话》的作者 Fred Brooks 提出的经典理论，即向一个已经滞后的项目添加人员，可能会使项目更加滞后，如图 1-27 所示。

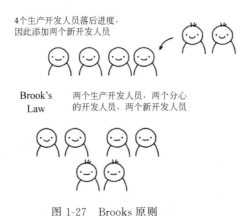

图 1-27　Brooks 原则

作为新加入的员工来说，相关培训、环境熟悉和人员之间的沟通增加，迫使项目的工作效率急剧下跌。工作效率下降需要加班来进行弥补，但加班造成的疲劳会再次使工作效率降低。同时，工作成本却不断地向上攀升。不过就目前来说，项目管理人员丝毫不会理会这一点，"人多力量大"也许更引人入胜。不少项目管理人员抱怨时间的急迫性，须知，很多项目内时间的急迫性来自项目管理人员不假思索和不基于常理的邀功表现，是没有充分考虑开发人员能力的多样性所致。为此，正规的企业不得不耗费大量加班费用于加班人员的津贴，同时，也要承担违反劳动法的潜在法律危险。现在，一种万不得已的做法是假设项目开发人员之间的任务的关联性不是太大的情况下，采取两班倒、三班倒的方法来保证时间的延续性和相关开发人员的工作高效性。

3. 验收标准原则

在进行某项任务时,我们往往会为以何种结果为宜而感到困惑。不求质量的开发人员往往凭据经验草草了事,追求完美的开发人员则在该项任务上耗费太多的精力,但此番耗费未必针对该项任务,因而常常吃力不讨好。这是由于没有验收标准而导致的情景。

因为没有验收标准,无法知道要进行的任务需要一个什么样的结果,需要达到什么样的质量标准。很多情况下,活动与期望结果背道而驰,而此时,还在沉醉于自己的辛勤耕耘之中。作为项目经理,只有制定好每个任务的验收标准,才能够严格把好每一个质量关,同时了解项目的进度情况。

4. 默认无效原则

项目成员理解和赞成项目的范围、目标和所制定的项目策略吗?不少项目管理人员认为“沉默意味着同意”。实际上,我们或多或少都会陷入这样的一个思维误区。

试想一下,你作为职员或项目开发人员时的沉默,完全代表你赞成你的领导的意见吗?答案是不见得。这一点在项目沟通中极为重要,项目管理者切不可将沉默认为是同意。沉默在很大的程度上说明项目开发人员还尚未弄清楚项目的范围、任务、目标。为此,项目管理者还需要同开发人员进行充分沟通,了解开发人员的想法。在对项目没有一个共同的一致的理解的前提下,一个团队是不可能成功的。

5. 80-20 原则

80-20 法则(The 80/20 Rule)又称为帕累托法则、最省力法则、不平衡原则、犹太法则。该法则是由约瑟夫·朱兰(Joseph M. Juran)根据维尔弗雷多·帕累托(Vilfredo Pareto)对意大利 20% 的人口拥有 80% 的财产的观察推论出来的。

80-20 原则在软件开发和项目管理方面有许多实例,如在 20% 的项目要求上耗费了80% 的时间。80-20 原则只是帕累托分布函数在特定常数时的一个特定值,如图 1-28 所示。80-20 的法则认为,原因和结果、投入和产出、努力和报酬之间,本来存在着无法解释的不平衡。一般来说,投入和努力可以分为两种不同的类型:①多数,只能造成少许的影响;②少数,造成主要的、重大的影响。

图 1-28 约瑟夫·朱兰、维尔弗雷多·帕累托、80-20 原则

仔细分析一下,这些项目要求分为必需的和非必需的,因此,建议压缩非必需的部分,或是暂时将其放在一边不必太重视。软件项目的开发事实说明,开发人员在非必需的项目要求上耗费了太多的精力,用户需求变更的大部分出现在“最好有”这一部分,实际上,用户并

不看重这些需求，而我们往往是舍本求末。

考虑到开发人员能力的多样性，聪明的项目管理人员决不会采取任务均分的愚蠢做法。因为就系统论的观点来看，互补结构比对等结构要更稳定一些。此外，作为项目管理人员，了解属下员工的能力特点，将其放在合适的位置上，会更有利于项目的顺利进行。很多管理人员常常抱怨下属能力问题，究其实质，往往是这些项目管理人员未能发现开发人员潜能所在之处。他们看待问题，往往以"经验"来做决定。导致的结果是由于抱怨的作用和反作用循环，使大家都不欢而散。

6. 帕金森原则

1958年，英国政治学家帕金森（Cyril Northcote Parkinson）出版了《帕金森定律》，如图1-29所示。帕金森发现，一个人做一件事所耗费的时间差别如此之大：他可以在10分钟内看完一份报纸，也可以看半天；一个忙人20分钟可以寄出一叠明信片，但是一个无所事事的老太太为了给远方的外甥女寄一张明信片，可以足足花一整天的时间。特别是在工作中，工作会自动地膨胀，占满一个人所有可用的时间，如果时间充裕，他就会放慢工作节奏或是增添其他项目以便用掉所有的时间。

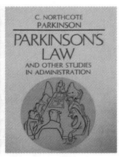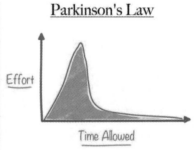

图1-29　诺斯古德·帕金森和帕金森原则

于是，帕金森得出结论，在行政管理中，行政机构会像金字塔一样不断增多，行政人员会不断膨胀，每个人都很忙，但组织效率越来越低下。

帕金森原则（Parkinson's Law）原是用于反映政府部门机构臃肿、效率低下的代名词。它在软件开发中一样适用。帕金森原则是官僚主义或官僚主义现象的一种别称，被称为20世纪西方文化三大发现之一，也可称为"官场病""组织麻痹病"或者"大企业病"。

没有时限限制，工作可能无限延期。软件开发中，如果没有严格的时间限制，开发人员往往比较懈怠，这是由人的天性决定的。千万不要指望奇迹的发生，认为"所有员工的思想觉悟异常崇高"。作为项目管理者，此时应充分考虑到员工的工作效率和项目变更带来的负面影响，制定合理的项目工期，并鼓动开发人员尽快完成。

7. 时间分配原则

在项目计划编制过程中，常常将资源可用率（人、设备）等设置为100%，殊不知，由于开发人员需要休息、吃饭、开会等，根本不可能把所有的时间放在项目开发工作上，而且这还没考虑到开发人员的工作效率是否保持在一个恒定水平上。所谓一天8小时工时制，实际上徒有虚名。由于项目管理人员的"无知"，不少开发人员被迫拼命加班。结果依旧出现Brooks原则所出现的问题。在实际开发中，开发员工的时间利用率能够达到80%，就已经是很不错的了,项目团队比较倾向于60%左右这一黄金分割点。

常用的经验是,如果项目人员不懂技术,项目时间可能是原计划(该计划没有考虑到资源可用率)的4/3~5/3。如果项目人员不懂技术、管理人员不懂管理的话,这个数字可能是2~3倍。现实这么严酷,很大范围上归因于项目管理人员。

8. 变化原则

在项目管理中唯一不变的东西是变化。

在项目中不考虑可能发生的变化是不可思议的。不过,在面对项目可能发生变化而带来的项目风险时,项目管理人员往往会怀有逃避的态度。经济学里的风险规避原则便是项目管理人员心理的有效描述。作为项目管理人员,应该及早预测可能出现的风险,做好风险储备。虽然风险储备不能解决所有的问题,但预防胜于治疗。可惜的是,绝大多数人没有这方面的意识,否则项目开发之途未必如此坎坷。

9. 作业标准原则

一个团队要完成项目的开发需要有一定的章法。

很可惜,在国内目前仍然以"作坊式"为主,高举"我们符合国际CMM X规范(ISO某某规范)"的环境下,未必有多少项目团队注意到这一点。我们曾经惊叹印度的高中生都能编程序,而国内却非本科、硕士不收眼帘。究其原因,在于没有开发章法或是章法粗糙。

一个好的代码模板和代码规范能够解决大多数人编写程序随心所欲的问题。很可惜,没有多少项目管理人员有此意识,也没有多少人愿意去做这项基础任务。业务软件开发不需要高超的开发技巧,也不需要开发人员故弄玄虚。

软件开发的美,在于其简洁性、规范性,不在于奇技淫巧。

10. 复用和组织变革原则

如何解决日益突出的项目工期、成本、质量等问题?这是大多数项目管理者最为关心的。从实践来看,加强复用的力度,建立项目复用体系和实施组织变革,是效果较好的途径之一。

复用能够提高项目的生产率,降低项目风险。通过复用,项目管理者能够快速地进入项目问题定义之中,减少项目开发人员的工作量,从而尽可能地解决项目在时间、资源方面的过载问题。

另外一条途径,是实施项目团队的组织变革,精简项目管理机构,重新定义工作职责,制定柔性的项目工作流程,改善项目开发人员的沟通状况,提高项目开发人员的开发效率,努力营造一个良好的项目开发环境。这样,才能从根本上解决项目开发的种种棘手问题。

综上所述,作为一个项目管理者,了解和运用上述原则是不够的,若要深入地掌握项目管理知识、技巧,还必须深入学习项目管理、管理心理学、质量管理学、组织变革、系统论等方面的知识,并在工作中不断总结和实践。唯有如此,才能树立自己的管理权威性,也才会有一个良好的职业经理生涯的开端。

1.5.3 21世纪的项目管理

1. 软件创业公司的成长周期

管理的技巧就是通过其他人的工作实现你的目标。

通用电气公司(General Electric,GE)的传奇总裁杰克·韦尔奇(Jack Welch)曾经说过"传统的组织是以控制为基础建立的,但现在的世界已经改变了,我们的世界变化得如此之快,以至于控制成为组织发展中的限制因素。你必须去权衡控制度以及自由度,以使组织达到理想的平衡状态,但必须给予组织更多的自由。"

如图 1-30 所示,软件创业公司的成长周期分为 4 个阶段。

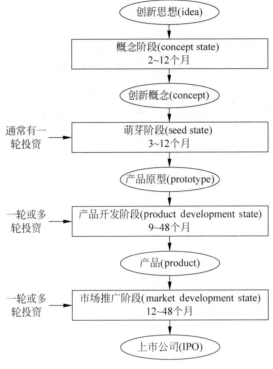

图 1-30　软件创业公司的 4 个阶段

(1) 概念阶段:生命周期可以短到一天,长达几年,通常为 2～12 个月。在这个阶段,创业者将创新思想转化为具体的创新产品概念。这个阶段一般不需要投资。

(2) 萌芽阶段:周期是 3 个月到 1 年。在这个阶段,可以通过各种理论研究和原理实验,证明以后要推出的软件产品没有原理上不可克服的技术障碍。它的结果是一个研究原型或产品样机。这个阶段需要一轮投资,数额也不太大,只需要支持创始人和少数技术骨干做研究。这个阶段的投资称为萌芽资金或种子资金(Seed Fund)。当然,任何事都有例外。英特尔公司在萌芽阶段有两轮融资。三个创始人按 1 美元 1 股的价格投入第一轮种子资金,后来,又有 25 个外来个人投资者按 5 美元 1 股的价格投入了第 2 轮种子资金。

(3) 产品开发阶段:周期是 9 个月到 4 年。在这个阶段,需要大规模雇人,定义并规划产品,设计产品,模拟,实现产品,产品的内部测试(α 测试)和外部测试(β 测试),最终的结果是可以推向市场的产品。这个阶段需要一轮或多轮的融资。

(4) 市场推广阶段:周期是 1～4 年。在这个阶段需要开发、扩展市场,大力推销产品,并且调整产品去适应市场需求。这个阶段的结果是一个有一定市场销售额的公司,并最终上市。这个阶段需要一轮或多轮融资。

2. 管理者的转变

对于 21 世纪的软件项目管理者来说,能够预测重大变化的能力尤其重要。表 1-3 给出了 21 世纪的管理者的十大主要转变。

表 1-3 21 世纪的管理者:十大主要转变

	正在消失中的	正在形成的
行政角色	老板/主管/领导	团队服务/服务商/教师/赞助者/倡导者/教练
文化取向	单一文化/使用单一语言	多种文化/使用多种语言
品格/伦理学/环境影响	回想(或不想)	深谋远虑(统一主题)
权力基础	官方权威;鼓励和惩罚	知识;联系;奖励
基本的企业单元	个人	团队
人与人间的交往	竞争;成功-失败	合作;双赢
学习	定期的(预科;课程推动)	持续的(终身;学习者自主激励)
问题	被淘汰的潜在危机	学习的机会和提升
变化和争斗	抵抗/反抗/躲避	参与/探索/联系
信息	有限的机会/存储	增加的机会/分享

这些相应变化的收集基于五大根源:经济全球化、产品质量革命、环境论、道德觉醒及互联网和网络革命。这些因素共同使管理软件项目焕然一新。

在过去 20 多年中国产业及经济的发展中,许多软件企业已逐步从“制造”全面走向“智造”的转型。看到苹果公司的成功,我们不禁要问,如何才能像他们那样做项目管理?

如图 1-31 所示,美国苹果公司联合创始人史蒂夫·乔布斯(Steve Jobs)的十大管理戒律如下。

(1) 追求完美(Go for Perfect)。乔布斯十分注重细节,在首款 iPod 发布前夜,苹果的员工熬了一整夜更换耳机接头,因为乔布斯觉得插进去的响声不够给力。

(2) 器重专家(Tap the Experts)。乔布斯聘请了架构设计师贝聿铭专门设计 Next 的 Logo,并且在苹果的零售链发布之前将 Gap 的 Micey Drexler 请进了苹果的董事会。

(3) 敢于残忍(Be Ruthless)。乔布斯对他砍掉的和发布的产品都感到自豪,他曾做了很大的努力要复制一个 Palm Pilot,但当他意识到手机将会让 PDA 黯然失色的时候,直接就将计划砍掉了。这件事之后也让他手下的工程师得到解放,一心研究 iPod。

(4) 避免焦点小组(Shun Focus Groups)。乔布斯的一个名言是,人们压根不知道到底想要什么,直到你将产品放到他们眼前。所以他经常作为一个单人焦点小组,把产品原型带回家并测试数月。

(5) 不断研究学习(Never Stop Studying)。在给苹果设计最初的手册时,他仔细地研究了索尼的手册所使用的字体、排版,以及纸张重量。在设计第一台 Mac 的外壳时,他又不断地在苹果的停车场徘徊研究德国和意大利轿车的车身设计。

(6) 极简主义(Simplify)。乔布斯的设计理念之一就是不断简化,他曾让设计师们将 iPod 早期原型机上的所有按钮都去掉,包括开关按钮。设计师相当郁闷,但也正是这种理念,在 iPod 上开发出了标志性的滚轮来替代按钮。

(7) 守住你的秘密(Keep Your Secrets)。在苹果公司,没有人会随便说话,一切都以有必要知道为前提,所以公司也被分成了多个独立的单元。这种保密措施也让人们对乔布斯

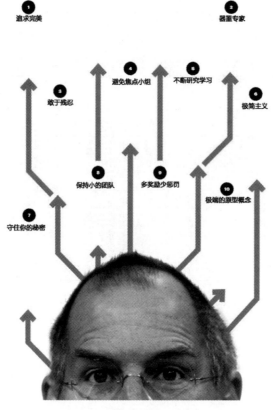

图 1-31　乔布斯的十大管理戒律

展示的令人惊奇的产品有着狂热的兴趣，而结果也往往就是其产品会登上各大媒体的头条。

（8）保持小的团队（Keep Teams Small）。最初的 Macintosh 团队刚好 100 人，不多也不少。如果招聘了 101 个人，那么就意味着有一个人会从房间里被踢出去。乔布斯也相信他只能记住 100 个人的名字。

（9）多奖励少惩罚（Use More Carrot Than Stick）。乔布斯很凶，但他的魅力却是他拥有强大的带动力。他的热忱是最初 Mac 团队每周工作超过 90 小时、连续 3 年将机器做到"疯狂的卓越"的主要原因。

（10）极端的原型概念（Prototype to The Extreme）。乔布斯所做的一切都十分注重原型，不管是硬件、软件甚至是苹果的零售店都是如此。架构师和设计师花费了一年时间在苹果总部附近的一个秘密的大仓库里打造了一个零售店原型，最后却被乔布斯极端地撕掉设计图纸，然后他们只能重新画一次。

小结

在软件项目开发的历史上，失败的例子比比皆是。众多导致项目失败的原因，在于缺乏项目管理、风险管理的技能和有效的方法，而这些失败和管理有着千丝万缕的联系。本章介绍了软件项目的概念、特点、过程及其重要性。项目管理是一种以项目为对象的系统管理方法,它通过一个临时性的专门组织,对项目进行有效的计划、组织、指导和控制,以实现对项目全过程的动态管理和项目目标的综合协调和优化。过去的20世纪是管理的世纪,管理思想呈现出空前繁荣的局面。管理过程中,软件是一种团队运动,软件项目经理需要扮演不同的角色。在项目管理领域,目前有两个广为流行的知识体系,即美国项目管理协会(PMI)开发的项目管理知识体系(PMBOK)和英国政府商务办公室(OGC)开发的受控环境下的项目管理(PRINCE2)。

项目管理是一门灵活性、实践性很强的学科,没有唯一的标准,只有最适合特定项目的管理方法。对软件项目理解越深刻,项目开发、管理的经验越多,就越能管理好项目。

思考题

1. 在网上查找和浏览有关项目管理网站,记录最近项目管理的新闻或热点问题。

2. "一切活动皆项目""成也项目管理,败也项目管理",谈谈你对这些说法的看法。

3. 项目管理的九大知识领域是什么?

4. 分别举出一个成功的和一个失败的软件项目的例子。

5. 收集相关资料,对PMBOK和PRINCE2进行比较,阐述各自的特点。

6. 学校图书馆正在考虑建设一个信息管理系统来帮助管理图书外借业务。找出该项目的利益相关者,该项目的目标,以及如何用实际的方法对项目的成功进行度量。

第2章

软件项目需求工程

你不能只问顾客要什么,然后想法子给他们做什么。等你做出来,他们已经另有新欢了。

——史蒂夫·乔布斯(Steve Jobs)

构造任何工程制品之前,人们都要弄清楚为什么需要,将用在何处?这些问题与工程制品的需求相关,答案代表了构造这个工程制品的意图。软件是一种工程制品,开发软件之前,必须先了解清楚需求,充分理解设计、使用软件的意图。

软件需求是指用户对目标软件系统在功能、行为、性能、设计约束等方面的期望。通过对应问题及其环境的理解、分析,为问题涉及的信息、功能、系统行为建立模型,将用户需求精确化、完全化,最终形成需求规格说明,这一系列的活动即构成软件开发生命周期的需求分析阶段。软件需求工程就是把一个定义不足的问题,转换为一个定义良好的问题,以便能够找到问题的解决方案。

在软件项目管理过程中,项目经理经常面对用户的需求变更。如果不能有效处理这些需求变更,项目计划会一再调整,软件交付日期一再拖延,项目研发人员的士气将越来越低落,最后直接导致项目成本增加、质量下降及项目交付日期推后。因此,项目组必须拥有需求管理策略。

本章共分为五部分以对软件项目需求工程进行介绍。2.1节对软件项目需求管理进行概述;2.2节介绍需求开发和管理过程;2.3节介绍需求获取方法;2.4节详细介绍需求分析建模方法;2.5节介绍需求管理工具。

2.1 概述

视频讲解

需求分析是介于系统分析和软件设计阶段之间的桥梁。

一方面,需求分析以系统规格说明、项目规划作为分析活动的基本出发点,并从软件角度对它们进行检查、调整;另一方面,需求规格说明又是软件设计、实现、测试直至维护的主要基础。良好的分析活动有助于避免或尽早剔除早期错误,从而提高软件生产率,降低开发成本,改进软件质量。软件项目需求是软件开发后继阶段的基础。

如图 2-1 所示,软件项目需求管理已经成为软件工程中最为关键的问题。

图 2-1　什么是软件需求

软件项目需求管理使软件系统分析工程师能够结合软件项目实际,提出切实有效的项目需求管理策略,解决其在管理软件项目需求分析时所面临的实际问题,从而降低软件开发成本,提升软件产品的质量,提高软件企业竞争力。如图 2-2 所示,软件需求可以分为 4 个抽象层次,分别是原始问题描述、用户需求、系统需求和软件设计描述。

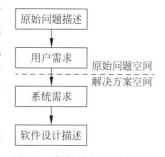

图 2-2　软件需求的抽象层次

需求工程(Requirement Engineering,RE)是指应用已证实有效的技术、方法进行需求分析,确定客户需求,帮助分析人员理解问题并定义目标系统的所有外部特征的一门学科。它通过合适的工具、记号系统,描述待开发系统及其行为特征和相关约束,形成需求文档,并对用户不断变化的需求演进给予支持。需求工程的组成如图 2-3 所示。

需求工程的重要性体现在下面三方面。

(1) Brooks 在他 1987 年经典文章《没有银弹》中,阐述了需求的重要性。开发软件系统最困难的部分就是准确说明开发什么。最困难的概念性工作是编写出详细的需求,包括所有面向用户、面向机器和其他软件系统的接口。此工作一旦做错,将会给系统带来极大的损害,并且以后对它的修改也极为困难。

(2) 需求是产品的根源,需求工作的优劣对产品影响最大。

(3) 世界软件业的痼疾:人们并不清楚究竟该做什么,但却一直忙碌不停地开发。了解客户、最终用户、间接用户的概念。

首先,从概念上讲,用户(User)是一种泛称,它可细分为客户(Customer)、最终用户(End User)和间接用户(或称为关系人)。付费买软件的用户称为客户,而真正操作软件的用户叫作最终用户。客户与最终用户可能是同一个人,也可能不是同一个人。

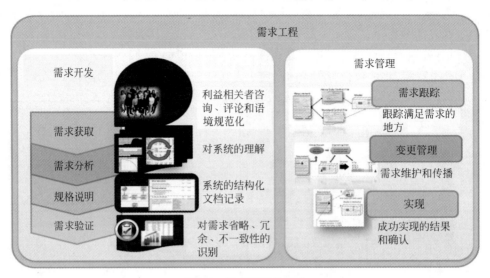

图 2-3 需求工程的组成

其次，存在如下区别：客户是付费购买软件的人，所以他们是上帝。客户永远是公司的座上客。客户并不依赖软件开发人员，而软件开发人员却依赖客户。客户不是软件开发工作的障碍，而是软件开发工程师工作的目标。软件开发工程师并不因为服务于客户而对他们有恩，客户却因为给予服务于他的机会而有恩于软件开发者。客户不是软件开发者要与之争辩、斗智的人。从未有人在与客户的争辩中获胜。客户会把他的需求带给软件开发者，而软件开发工程师的工作就是满足这些需求，从而使客户和软件开发者共同获益。与客户打交道的主要目的，一是获取需求，二是签合同。

需求工程随着计算机的发展而发展，在计算机发展初期，软件规模不大，软件开发所关注的是代码编写，需求分析很少受到重视。后来，软件开发引入了生命周期的概念，需求分析成为其第一阶段。

随着软件系统规模的扩大，需求分析与定义在整个软件开发与维护过程中越来越重要，直接关系到软件的成功与否。人们逐渐认识到，需求分析活动不再仅限于软件开发的最初阶段，而是贯穿于系统开发的整个生命周期。20 世纪 80 年代中期，形成了软件工程的子领域，即需求工程。进入 20 世纪 90 年代以来，需求工程成为研究的热点之一。自 1993 年起，每两年会举办一次需求工程国际研讨会（ISRE）；自 1994 年起，每两年会举办一次需求工程国际会议（ICRE）。1996 年，发行了新的刊物 *Requirements Engineering*。一些关于需求工程的工作小组也相继成立，如欧洲的国际合作研究组需求工程网络（Requirements Engineering Network of International Cooperating Research Groups，RENOIR），并开始开展工作。

需求分析是介于系统分析和软件设计阶段之间的桥梁。一方面，需求分析以系统规格说明、项目规划作为分析活动的基本出发点，从软件角度进行检查、调整。另一方面，需求规格说明又是软件设计、实现、测试、维护的主要基础。良好的分析活动有助于避免或尽早剔除早期错误，从而提高软件生产率，降低开发成本，改进软件质量。

2.1.1 需求定义

需求并不是软件系统特有的概念。任何一件产品、服务在生产之前,都需要首先弄清人们为什么需要它,用于何处;其次,是了解设计的产品通过什么形式和功能来满足这些需求。

软件系统也是一种产品,因此,在开发软件系统之前也必须要先弄清楚它的需求,要理解为什么需要这个软件系统,在什么地方和什么时候需要这个系统,要理解构造它的意图和它将要承担什么样的工作。

需求(Requirement)在 IEEE 软件工程标准词汇表(1997)中定义为:

(1) 用户解决问题或达到目标所需的条件或能力。

(2) 系统或系统部件要满足合同、标准、规范或其他正式规定文档所需具有的条件或能力。

(3) 一种反应上面两点所描述的条件或能力的文档说明。

简言之,软件需求并不是要解决软件系统"如何做"的问题,它的根本任务在于解决目标系统"做什么"的问题。需求是连接用户和软件开发团队的桥梁,用户通过需求描述软件产品,而需求则是软件开发团队的工作基础,所以说,没有明确的需求就没有正确的软件。

需求来源于用户的一些需要,这些需要被分析、确认后形成完整的文档,该文档详细地说明了产品必须或应当做什么。软件需求也是用户对目标软件系统在功能、行为、性能、设计约束等方面的期望。这种期望是一种心理活动、笼统、不细致、不懂过程的描述。

软件需求工程的关键问题包括:①不论是合同项目还是自主研发的产品,都必须开展需求开发和需求管理活动;②开发者对待需求工程的态度可分"被动型""主动型""领先型"三种,只有后两种才有可能开发出成功的产品。

(1) "被动型"指开发者被动地对待需求工程中的各项活动,能少干则少干,能偷懒则偷懒。他们认为,需求是用户的事情而不是自己的事情。开发过程中经常发生需求变更,导致产品开发迷失方向,不是半途而废就是陷入停顿的状态。

(2) "主动型"指开发者积极地开展需求工程中的各项活动。他们把获取准确的需求当作自己的职责,会想尽一切办法克服需求开发和需求管理过程中的困难,而不是找借口推卸责任。俗话说,良好的开端是成功的一半,"主动型"需求工程是开发成功产品的必备条件。

(3) "领先型"是需求工程的最高境界。开发者发掘了用户自己都没有意识到的需求,导致用户跟着新产品跑而不是新产品围着用户转,引导消费。需求工程做到这个程度,才能使产品立于不败之地,长盛不衰。

需求开发的主要困难与解决方案如下。

(1) 应用域的知识是无边无际的,任何人都不可能了解所有行业基础背景知识。

(2) 当需求分析员缺乏应用领域知识时,他该怎么办? 首先,他要有勇气做事,否则连实践的机会都没有。其次,他应当赶紧补习应用域知识。

(3) 相当多的开发人员习惯于被动地对待需求开发。每当遇到麻烦、挫折时,他们会发牢骚,找出一堆用户的毛病。很多开发人员错误地以为,需求是用户的事情,不是自己的事情。我们为用户开发软件,难道用户不该告诉我们应当开发什么吗? 如果用户说不清楚需求,或者经常变更需求,这类问题是用户产生的,应当由他们自己负责。

（4）用户说不清需求或者需求发生变更，这些都是常见的问题，并不是不能解决，是人们可以设法解决的。可现实情况是开发人员把这些问题当成了借口，不愿主动攻克问题，导致需求问题扩散到整个软件开发过程，产生太多的后患。

（5）软件企业的领导应当给具有错误观念的开发人员灌输思想。需求分析员的天职就是在有限的时间内获取准确而细致的用户需求，如果做不到就是失职，就不能够胜任软件系统分析工作。

用户需求变化一般分为两种情况，一是思路发生变化，原来以为是这样的功能，但在项目过程中发生变更，发现功能应该不是这样的；二是一些原来没想到的功能需要增加。还有一些潜在的需求，由于用户的知识、业务等局限性而没有想到。

如果预先对项目需求的变化有充分的思想准备，能合理引导客户，不但可以减少损失，可能还会产生额外的收益。用户在项目上马之前，可能并不清楚潜在需求，如果项目管理过程中挖掘出一些潜在的需求，将大大提升项目的最终效果，并可能形成项目的第二期工程，给公司带来新的收益。

用户由于只熟悉自己的行业，可能对计算机技术、网络技术相当不了解，一开始，只知道用计算机来解决目前工作中出现的问题，如数据不能共享、数据传输不及时、数据处理速度太慢，提出的需求基本上是目前业务流程的电子版。但是，在项目开发过程中，随着项目成员对用户需求和业务越来越了解，可以挖掘出很多用户想象不到的功能。

2.1.2　需求类型

软件需求包括3个不同的层次：业务需求、用户需求和功能需求。

除此之外，每个系统还有各种非功能需求。需求的分类，是软件需求阶段必不可少的工作，它可以指导开发人员理解不同行业的业务、了解用户的真实需求，清楚这些之后确立好功能项。当开发人员对整体需求有了明确的目标后，就可以按部就班、快速有效地进行功能项开发，一般就不会背离系统开发需求的初衷。

1. 业务需求

业务需求（Business Requirement）表示组织或客户高层次的目标。业务需求通常来自项目投资人、购买产品的客户、实际用户的管理者、市场营销部门或产品策划部门。业务需求描述了组织为什么要开发一个软件系统，即组织希望达到的目标。使用愿景（Vision）和范围（Scope）文档来记录业务需求，这份文档有时也被称作项目轮廓图（Project Charter）或市场需求（Market Requirement）文档。

2. 用户需求

用户需求（User Requirement）描述的是用户的目标，或用户要求系统必须能完成的任务。用例、场景描述和事件-响应表都是表达用户需求的有效途径。也就是说，用户需求描述了用户能使用系统来做些什么。

3. 功能需求

功能需求（Functional Requirement）规定开发人员必须在产品中实现的软件功能，用户利用这些功能来完成任务，满足业务需求。功能需求有时也被称作行为需求（Behavioral

Requirement),因为习惯上总是用"应该"对其进行描述,"系统应该发送电子邮件来通知用户已接受其预订"。功能需求描述的是开发人员需要实现什么。

4. 非功能性需求

(1)系统需求:系统需求用于描述包含多个子系统的产品(即系统)的顶级需求。系统可以只包含软件系统,也可以既包含软件又包含硬件子系统。人也可以是系统的一部分,因此某些系统功能可能要由人来承担。

(2)业务规则:业务规则包括企业方针、政府条例、工业标准、会计准则和计算方法等。业务规划本身并非软件需求,因为它们不属于任何特定软件系统的范围。然而,业务规则常常会限制谁能够执行某些特定用例,或者规定系统为符合相关规则必须实现某些特定功能。有时,功能中特定的质量属性(通过功能实现)也源于业务规则。所以,对某些功能需求进行追溯时,会发现其来源正是一条特定的业务规则。

(3)软件需求规格说明(Software Requirement Specification,SRS):SRS 完整地描述了软件系统的预期特性,一般当作文档。其实,SRS 还可以是包含需求信息的数据库或电子表格,或者是存储在商业需求管理工具中的信息,而对于小型项目,甚至可能是一叠索引卡片。开发、测试、质量保证、项目管理和其他相关的项目功能都要用到 SRS。除了功能需求外,SRS 中还包含非功能需求,包括性能指标和对质量属性的描述。

(4)质量属性:对产品的功能描述做了补充,它从不同方面描述了产品的各种特性。这些特性包括可用性、可移植性、完整性、效率和健壮性,它们对用户或开发人员都很重要。其他的非功能需求包括系统与外部世界的外部界面,以及对设计与实现的约束。

(5)约束:限制了开发人员设计和构建系统时的选择范围,如局限于软件工程学科。

分清楚哪些是业务需求、哪些是用户需求、哪些是功能性需求和非功能性需求对软件的开发有着重大的指导意义,绝不可以以偏概全,错误地去揣摩用户的心思。对于开发者而言,所有软件功能的开发都应该一一征求用户的意见,对需求有了清晰的认识后再进行实质性的开发工作。图 2-4 给出了功能需求和非功能性需求的区别。

图 2-4 功能需求和非功能性需求

2.2 需求开发和管理过程

视频讲解

需求管理首先要针对需求做出分析,随后提出解决方案。实施并验证结果好的需求管理,可使最终产品更接近于解决需求,提高用户对产品的满意度,从而使产品成为真正优质合格的产品。

需求管理需要完成的任务如下。

（1）需求共识：首先，用户需求通过非术语的形式进行表述，这种表述应当使每一位开发者明确自己的职责所在，并且清楚知道不同开发工作之间的关联。这里的用户是泛指在实际应用环境中每一位可能使用最终产品的人。如果一个产品不能满足客户所需，那么设计方案再出色也无济于事。

（2）设计解决办法：在进行系统设计时，应当建立一个需求模型，需求模型是最终产品的抽象化表现。需求模型的建立使开发者在明确需求的基础上更进一步，即知道将要生产何种产品，该产品都具有哪些功能。同时，创建需求模型的过程也使开发者明确自己的工作如何同整个项目有机地结合在一起。

（3）方案设计：明确需求后，开发人员就可以进行方案设计，通过对用户需求和设计方案之间存在的关联性进行分析比较，就能够对设计方案进行评估。

（4）必要的修改：方案的设计不可能是一成不变的，经常会有方案设计同需求相悖的情况。如果无法准确把握用户需求同方案设计之间的关系，就无法在需要对方案进行必要修改时正确判断。优秀的需求分析应当非常精确细致地对用户需求做出描述，同时也应该最大程度地给予方案设计者充分发挥的余地。

（5）任务划分：一个大的需求可能涉及组织多人开发，而每一个模块都有它自己的开发工具和开发语言。组织一个大需求的开发并不是件容易的事，首先要对开发项目进行任务划分，将整体开发任务细化为多个子模块，从而使这些子模块能够平行开发而无须太多的干预。

（6）产品测试：需求的满足情况是决定最终产品成败的判定基础，对最终产品的测试评估必须以产品所试图解决的需求为标准。不同的开发阶段所对应的测试需求内容也不相同。

2.2.1　需求获取

需求获取是需求工程的主体。对于所建议的软件产品，获取需求是一个从了解、理解到确定不同用户需要和限制的过程，即要了解用户需要系统完成的任务有哪些。在这些任务中，分析者能获得用于描述系统活动的特定软件功能需求，这些系统活动有助于用户完成他们的日常工作任务。获取用户需求位于软件需求三层结构的中间一层，它描述了用户利用系统需要完成的任务。

需求获取是在问题及其最终解决方案之间架设桥梁的第一步。把需求获取集中在用户任务上而不是集中在用户接口上，有助于防止开发者由于草率处理设计问题而造成的失误。在整个软件项目实施过程中，需求获取可能是软件开发中最困难、最关键、最易出错及最需要沟通、交流的重要方面。

一旦理解并掌握了用户的实际需求，分析者、开发者就能够找到描述这些需求的多种方法。开发方只有在掌握用户需求之后才能开始系统设计工作，否则，对需求定义的任何改进，设计上都必须进行大量的返工。一个项目的目的就是致力于开发正确的系统，要做到这一点就要足够详细地描述需求，也就是系统必须达到的条件或能力，使用户和开发者在系统应该做什么、不应该做什么方面达成共识。开发软件系统最为困难的部分就是准确说明开发什么,最为困难的概念性工作便是编写出详细技术需求,这包括所有面向用户、面向机器和其他软件系统的接口。

获取需求就是为了解决这些问题,必不可少的是对项目中描述的用户需求的普遍理解,一旦理解了需求,分析者、开发者和用户就能探索出描述这些需求的多种解决方案。这一阶段的工作一旦做错,将会最终给系统带来极大损害,由于需求获取失误造成的对需求定义的任何改动,都将导致设计、实现、测试上的大量返工,而这时花费的资源和时间将大大超过仔细精确获取需求的时间和资源,而且通常会暴露出两方面问题。

第一,软件需求不能如实反映用户的真正需要。比较常见的一种误解,是需求的简单和复杂程度决定了用户是否能够真正理解相应的内容。误认为客户只能看懂简单的需求,但是对开发没有直接帮助。只有复杂的需求才有用,但是大多数用户又不可能看得懂。事实上,造成这类问题的主要原因是捕获的需求不能反映用户的视角,因而,用户站在自己的立场上很难判断需求是否完备和正确,特别是在开发活动的早期。

第二,软件需求不能被开发团队的不同工种直接共用。理论上,开发团队所有成员的工作内容都受软件需求制约;现实中,如果不采用理想的需求捕获方式,只有分析人员的工作看起来和软件需求的内容直接关联,其他人的工作内容和软件需求的关联并不直观,形式上的差异或转述往往不易察觉地造成了诸多歧义冗余或者缺失。

多年来,分析者总是利用情节或经历来描述用户和软件系统的交互方式,从而获取需求,可以把这种看法系统地阐述成用使用实例的方法进行需求获取和建模:一个使用实例描述了系统和一个外部与执行者的交互顺序,这体现执行者完成一项任务并给利益相关者(Stakeholder)带来益处,执行者是指一个人,或另一个软件应用,或一个硬件,或其他一些与系统交互以实现某些目标的实体,执行者可以映像到一个或多个可以操作的用户类角色。

使用实例为表达用户需求提供了一种方法,而这一方法必须与系统的业务需求相一致。

分析者和用户必须检查每一个使用实例,在把它们纳入需求之前决定其是否在项目所定义的范围内。基于使用实例方法进行需求获取的目的在于,描述用户需要使用系统完成的所有任务。理论上,使用实例的结果集将包括所有合理的系统功能。现实中,这种方法不可能获得所有需求,但比较而言,基于使用实例的方法可以带来更好的效果。使用实例获取需求方法框图如图2-5所示。

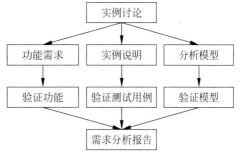

图2-5　实例获取需求方法框图

1. 基于实例的需求获取

基于实例的需求获取过程遵循如下步骤。

(1)编写前景文档:前景文档应该包括高层的产品业务目标,所有的用例和功能需求都必须遵从能达到的业务需求。项目前景文档中的说明,使所有项目参与者对项目的目标能达成共识。

(2)确定用户类:为避免出现疏忽某一用户群的需求情况,要将可能使用产品的客户分成不同组别。他们可能在使用频率、使用特性、优先等级或熟练程度等方面都有所差异，详细描述出其个性特点及任务状况，将有助于产品设计。然后，在每个用户类中确定适当的代表，为每类用户选择能真正代表他们需求的人作为那一类用户的代表，并能做出决策。

（3）确定用例：运用需求获取方法对系统的重要部分进行用例开发并设置优先级。从用户代表处收集他们使用软件完成所需任务的描述，编写用例，描述用户与系统间的交互方式和对话要求。

（4）召开应用程序开发联席会议：应用程序开发联席会议是范围广的、简便的专题讨论会，也是分析人员与客户代表之间一种很好的合作办法，可以在会上就完成的工作或未完成的工作与客户展开讨论，并能由此拟出需求文档的底稿。

（5）分析用户工作流程：观察用户执行业务任务的过程。画一张简单的示意图（最好是数据流图）来描绘用户什么时候获得什么数据，并怎样使用这些数据，并与客户讨论此内容。

（6）确定质量属性和其他非功能需求：在功能需求之外再考虑一下非功能的质量特点。这些特点包括性能、有效性、可靠性、可用性等，而这些质量属性上客户提供的信息相对来说就非常重要了。

（7）通过检查当前系统的问题报告来进一步完善需求：客户的问题报告及补充需求为新产品或新版本提供了大量丰富的改进及增加特性的想法，负责提供用户支持及帮助的人能为需求过程提供极有价值的信息。

（8）跨项目重用需求：如果客户要求的功能与已有产品很相近，则可查看需求是否有足够的灵活性以允许重用一些已有的软件组件。

2．需求获取的常见困难

1）分析人员专门业务知识的缺乏

目前，绝大多数在软件项目中承担需求分析任务的需求分析人员，多数是技术出身，而不是业务出身。所以他们知识结构的重点是计算机技术，对在项目实施过程中的管理及用户的业务操作等一般都不太熟悉。即使需求分析员对需求调查、需求分析、需求定义已经具备了丰富的经验，但在许多项目中他们的知识仍然不够用，因为软件项目涉及各行各业。

一个优秀的需求分析员可能是其中某一领域的需求获取专家，但在另外一个从未接触过的领域开展需求分析工作时，却仍然要面临很大的困难和障碍。

当需求分析员涉足一个陌生领域时，应当抓紧补习和学习该领域的业务知识，不论是通过自学还是培训的方式，否则他很难与用户进行交流。如果可能，开发方最好聘请既懂软件开发又懂专门业务知识的行家来帮忙。

如果需求分析员不了解应用领域的业务知识，而用户是个计算机的门外汉，并且双方都不愿意主动了解对方领域的事情，在这种状况下进行需求开发是很困难的，更谈不上取得成功。

2）用户对需求描述不清

用户对需求描述不清楚，这一点目前在我国是普遍现象，也是分析人员遇到的主要困难之一。

大多数的用户真的不知道应该提什么样的需求，或者说他们对目标系统到底要做成什么样子只有一个模糊的概念。这样的想法很可能只是出自企业规划中提出的一个宏观描述,但需求分析人员绝不能以用户说不清需求为借口,而草率地对待需求开发工作,否则会导致整个开发工作的失败。所以,无论是什么原因导致用户提不出准确需求,需求分析员有责任设法搞清楚用户的真正需求,在必要的时候需要善于挖掘,善于诱导,甚至给用户演示一些实际应用系统,来启发用户对目标系统的理解和认识。这是需求分析员的基本职责。

3) 客户的时间表不合理

需要分析人员常常听到客户这样说,"这是一个非常紧迫的任务,需要项目在多少周内完成。"需求分析中常见的错误就在于,没有进行详细分析,并了解项目的范围以及完成项目所必需的资源,就同意客户的要求。

未经讨论就同意不合理的时间表,实际上在给客户造成伤害。项目很有可能被延期(因为不可能按时完成)或存在质量问题(因为在赶工,没有进行适当的检验)。

4) 沟通客户、工程师和项目经理间存在的隔阂

通常,客户和工程师之间由于背景差异以及理解技术条款的不同方式,他们无法进行有效的沟通,这会导致混乱和严重的沟通问题。因此,项目经理的一项非常重要的任务,特别是在需求分析阶段,就是保证双方能够准确了解交付成果以及必须完成的任务。

如图 2-6 所示的沟通模型给出了发送方的当前情绪、知识、背景、个性、文化、偏见如何影响信息本身及其传递方式。接收方的当前情绪、知识、背景、个性、文化、偏见,也会影响信息的接收和解读方式,导致沟通中的障碍、噪声。该沟通模型有助于制订人对人或小组对小组的沟通策略和计划,但不可用于制订采用其他的沟通策略和计划,如电子邮件、广播信息、社交媒体。

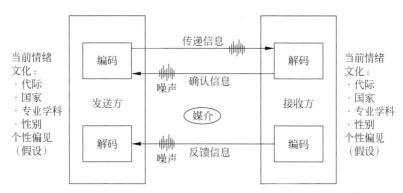

图 2-6　适用于跨文化沟通的沟通模型

5) 开发团队并不理解客户组织的政治策略

一位高效的项目经理是一个把组织看作"竞争舞台"的人,他理解权力、冲突、谈判和联盟的重要性。这样的经理不仅熟悉运作和职能任务,还认识到为通用目标制定议程、建立观点一致的联盟以及向抗拒性的经理说明一个特定职位合法性的重要性。在给大组织执行大型项目时,这些技巧尤其重要。信息常常分散在各处,因此,需求分析往往会受到信任问题、内部利益冲突和信息低效这些因素的阻碍。

6) 对需求理解上的偏差

在需求分析的过程中,对于用户表达的软件需求,不同的开发人员可能存在不同的理解。如果需求分析员误解了用户的真正意图,会导致后续的开发工作在错误的方向指引下,

越走越远,后续开发人员工作完成得再好也是白干。

不论是复杂的项目还是简单的项目,需求分析员和用户都有可能误解需求。所以,需求验证(需求评审)工作必不可少。通过需求分析、用户交流、需求验证等手段可使项目所有人员对目标系统的认识达成共识。

2.2.2 需求分析

需求分析是指对要解决的问题进行详细的分析,弄清楚问题的要求,包括需要输入什么数据,要得到什么结果,最后应输出什么。软件工程当中的需求分析是确定计算机要做什么,要达到什么样的效果。需求分析是做系统之前必做的。

需求分析指的是在建立一个新的或改变一个现存的计算机系统时描写新系统的目的、范围、定义和功能等所要做的所有的工作。需求分析是软件工程中的一个关键过程。在这个过程中,系统分析员和软件工程师确定顾客的需要。只有在确定了这些需要后,他们才能够分析和寻求新系统的解决方法。需求分析阶段的任务是确定软件系统功能。

在软件工程的历史中,很长时间里,人们一直认为需求分析是整个软件工程中最简单的一个步骤。但在近十年内,越来越多的人认识到,需求分析是整个过程中最关键的一部分。假如在需求分析时,分析者们未能正确地认识到顾客的需要的话,那么最后的软件实际上不可能达到顾客的需要,或者软件项目无法在规定的时间里完工。

1. 需求分析特点

1) 交流困难

需求分析是一项重要的工作,也是最困难的工作。在软件生存周期中,其他的阶段都是面向软件技术问题,只有本阶段是面向用户的。

需求分析是对用户的业务活动进行分析,明确在用户的业务环境中软件系统应该做什么。但是,在开始时,开发人员和用户双方都不能准确地提出系统要做什么。因为软件开发人员不是用户问题领域的专家,不熟悉用户的业务活动和业务环境,又不可能在短期内搞清楚;而用户不熟悉计算机应用的有关问题。由于双方互相不了解对方的工作,又缺乏共同语言,所以在交流时存在着隔阂。

2) 需求动态化

对于一个大型而复杂的软件系统,用户很难精确完整地提出它的功能和性能要求。一开始,只能提出一个大概、模糊的功能,只有经过长时间的反复认识才逐步明确。有时进入到设计、编程阶段才能明确,更有甚者,到开发后期还在提新的要求。这些,无疑给软件开发带来困难。

3) 后续影响复杂

需求分析是软件开发的基础。假定在该阶段发现一个错误,解决它需要用一小时的时间,到设计、编程、测试和维护阶段解决,则要花 2.5、5、25、100 倍的时间。

因此,对于大型复杂系统而言,首先,要进行可行性研究。开发人员对用户的要求及现实环境进行调查、了解,从技术、经济、社会因素三方面进行研究,并论证该软件项目的可行性,根据可行性研究的结果,决定项目的取舍。

2. 需求分析任务

需求分析任务是通过详细调查现实世界要处理的对象,充分了解原系统工作概况,明确用户的各种需求,然后在此基础上确定新系统的功能。虽然功能需求是对软件系统的一项基本需求,但却并不是唯一的需求,通常对软件系统有下述几方面的综合要求。

（1）功能需求。

（2）性能需求。

（3）可靠性和可用性需求。

（4）出错处理需求。

（5）接口需求。

（6）逆向需求。

（7）将来可能提出的要求。

1）数据要求

任何一个软件本质上都是信息处理系统,系统必须处理的信息和系统应该产生的信息很大程度上决定了系统的面貌,对软件设计有深远的影响,因此,必须分析系统的数据要求,这是软件分析的一个重要任务。分析系统的数据要求通常采用建立数据模型的方法。复杂的数据由许多基本的数据元素组成,数据结构表示数据元素之间的逻辑关系。利用数据字典可以全面地定义数据,但是数据字典的缺点是不够直观。为了提高可理解性,常常利用图形化工具辅助描述数据结构。用的图形工具有层次方框图。

2）逻辑模型

通过数据分析的结果可以导出系统的详细的逻辑模型,通常用数据流图、E-R 图、状态转换图、数据字典和主要的处理算法描述这个逻辑模型。

3）修正计划

根据在分析过程中获得的对系统的更深入的了解,可以比较准确地估计系统的成本和进度,修正以前制订的开发计划。

2.2.3　需求规格说明

需求调研工作结束后,需求分析人员需要对收集到的所有需求信息进行分析整理,剔除其中错误的信息,归纳并总结出共性的用户需求,完成《用户需求说明书》的编写工作。没有高质量的需求,软件就像一盒巧克力,你永远不知道你会得到什么。

编写优秀的需求是没有公式化的方法的。这需要大量的经验,要从过去的文档中发现的问题学习。在组织软件需求文档时,严格遵从这些方针:句子和段落要简练;使用正确的语法、拼写、标点;使用术语要保持一致性,并在术语表或数据字典中定义它们;需求编写者还要努力正确地把握粒度,多个需求尽可能拆分开;整个需求文档细节上要保持一致;避免在需求报告中过多地申述需求。在多处包含相同的需求可以使文档更易于阅读,但也会给文档的维护增加困难。文档的多份文本要在同一时间内全部更新,避免不一致性。

需求调研对于系统的构造、系统测试以及最后的客户满意,都会成为好的奠基石。《用户需求说明书》的主要内容包括以下各项。

0. 文档介绍

  0.1 文档目的

  0.2 文档范围

  0.3 读者对象

  0.4 术语与缩写解释

1. 产品介绍

  提示：①说明产品是什么；②什么用途；③介绍产品的开发背景。

2. 产品面向的用户群体

  提示：①描述本产品面向的用户（客户、最终用户）的特征；②说明本产品将给他们带来什么好处；③他们选择本产品的可能性有多大。

3. 产品应当遵循的标准或规范

  提示：阐述本产品应当遵循什么标准、规范或业务规则（Business Rules），违反标准、规范或业务规则的产品通常不太可能被接受。

4. 产品的功能性需求

  提示：包括需求类别、名称、描述等。

5. 产品的非功能性需求

  提示：包括用户界面需求、软硬件需求、质量需求等。

6. 其他需求

《用户需求说明书》编写完成后，项目经理应组织同行专家和用户对《用户需求说明书》的正确性进行验证，即进行《用户需求说明书》的评审工作，以使《用户需求说明书》能够准确无误地反映用户的真实意图。对于通过需求验证后的《用户需求说明书》，用户进行签字确认。接下来，分析人员需要完成需求的定义工作，产生《需求规格说明书》。

《用户需求说明书》与《需求规格说明书》的主要区别为：一是前者主要采用自然语言（和应用领域术语）来表达用户需求，其内容相对于后者而言比较粗略，不够详细。二是后者是前者的细化，更多地采用计算机语言和图形符号来刻画需求，是即将开发的软件产品的需求，产品需求是软件系统设计的直接依据。

软件需求工程采取以下手段，来提高目标软件需求规格说明的质量。

1. 结构化的需求抽取过程

需求的抽取过程中涉及社会、政治、经济、文化、技术因素，一般的软件工程方法通常采用一次性与用户交互的手段去获得用户需求。在软件开发的初始阶段，用户和系统开发者对未来系统的构型都没有明确的认识，开发者和用户的交互比较盲目，无从入手，因而难以获取到准确的需求。这是需求多变的主要原因之一。

软件需求工程支持结构化的需求抽取过程，为需求的抽取过程提供构型未来系统的理念，提供需求抽取的线索、需求描述的框架、需求抽取方法论，明确指出需求抽取过程中所涉及的有关问题及其正确处理方法，从而保证抽取过程的质量，并提供系统化、工程化的指南和有效的支持工具，使得需求信息无二义性、完整性、一致性。

2. 系统化的需求建模方法

由于需求的提供者一般不能保证提供的需求信息，就是对软件的准确、完整要求，而系统开发者也不能肯定已经正确理解了用户的意图和目的。因此,需求建模的目的就是要在需求确定之前,从不同角度,按不同的模型语义,去展现目前所获得的需求信息的语义特征,为需求提供者、系统开发者提供一个可以进行沟通并验证需求信息正确性的平台。

软件需求工程支持系统化的需求建模过程和途径,为软件需求模型提供预定义的语义解释和预定义的语义约束,支持需求提供者和系统开发者从语义上正确地理解所获得需求信息的含义,使得需求提供者可以正确地判断,当前已提供的需求信息是否真正表达了自己的意图,也使得系统开发者可以了解自己对需求提供者所提供需求信息的理解程度。软件项目成功的关键是开发者真正理解并在软件中正确地表达用户的意图。

3. 形式化的需求验证技术

形式化的验证技术是在形式化需求模型基础之上,进一步保证需求信息正确性的手段。采用精确的数学语言来表达需求模型,并借助数学推导使得需求模型中含糊的、不完整的、矛盾的以及无法实现的表述能够被准确地发现,从而尽早得到纠正。

形式化需求验证技术一般分为三类,分别是代数方法、基于模型的方法、基于进程代数的方法,适用于描述、分析不同类型的软件系统。形式化需求验证技术的作用分为两方面:一方面,是验证需求提供者的意图可满足性(需求模型的有效性);另一方面,是验证需求模型的可实现性(需求模型的正确性),使得形式化需求验证技术和一般的形式化方法得以区别开来。形式化需求验证的意义在于,如果方法被正确使用,对于特定的语义是有充分定义的。

4. 规范化的需求管理途径

采用自然语言表达的需求规格说明,使得需求文档的分析和处理都要依赖人工完成,因此,难以实现统一规范,导致工作效率很难提高,也无法保证文档质量。缺少规范的需求管理机制,就不可能很好地处理需求的变更,因此,维护需求的质量也无从谈起。

规范化的需求管理机制,一方面,可以通过建立和推广规范化的需求规格说明方法,使得在需求涉众之间进行高效的需求沟通、磋商,达成共识,有利于对需求规格说明进行机械化的分析和处理。另一方面,可以维护需求的可跟踪性信息,管理需求信息之间的关联,有效地管理变更的需求,理解需求变更的影响,帮助及时有效地实现需求变更。这种规范化的需求管理途径,可帮助提高目标软件系统对需求变化和演化适应性的能力。

2.2.4　需求验证

需求验证是为了确保需求说明准确、完整地表达必要的质量特点。

当用户阅读软件需求规格说明(Software Requirements Specification,SRS)时,可能觉得需求是对的,但实现时却很可能会出现问题。当以需求说明为依据编写测试用例时,可能会发现说明中的二义性。而所有这些都必须改善,因为需求说明要作为设计和最终系统验证的依据。客户的参与在需求验证(Requirement Verification)中占有重要的位置。

(1)审查需求文档:对需求文档进行正式审查,是保证软件质量的很有效的方法。组织一个由不同代表(如分析人员、客户、设计人员、测试人员)组成的小组,对SRS及相关模型进行仔细的检查。另外,在需求开发期间所做的非正式评审也是有所裨益的。

（2）编写测试用例：根据用户需求所要求的产品特性，写出黑盒功能测试用例。客户通过使用测试用例以确认是否达到了期望的要求。还要从测试用例追溯回功能需求以确保没有需求被疏忽，并且确保所有测试结果与测试用例相一致。同时，要使用测试用例来验证需求模型的正确性，如对话框图和原型等。

（3）编写用户手册：在需求开发早期即可起草一份用户手册，用它作为需求规格说明的参考并辅助需求分析。优秀的用户手册要用浅显易懂的语言描述出所有对用户可见的功能。而辅助需求如质量属性、性能需求及对用户不可见的功能则在 SRS 中予以说明。

（4）确定合格的标准：让用户描述什么样的产品才算满足他们的要求和适合他们使用的。将合格的测试建立在使用情景描述或使用实例的基础之上。大多数软件开发者都经历过在开发阶段后期或在交付产品之后才发现需求的问题。当以原来需求为基础的工作完成以后，要修补需求错误就需要做大量的工作。有研究表明，比起在需求开发阶段，由客户在应用时发现一个错误，然后更正这一错误需要多花 68～110 倍的时间。另外一个研究发现，在需求开发阶段发现的一个错误，平均仅需要花 30 分钟修复，但是在系统测试时发现的错误需要花 5～17 小时来修复。

检测需求规格说明中的错误所采取的任何措施都将为你节省相当多的时间和费用。在许多项目中，包括使用典型的瀑布型生存周期法的项目，测试是一项后期的开发活动。与需求相关的问题总是依附在产品之中，直到通过昂贵并且耗时的系统测试或由客户才可最终发现它们。如果在开发过程的早期阶段就开始制订测试计划和进行测试用例的开发，就可以在发生错误时立即检测到并纠正它。这样可以防止这些错误进一步产生危害，并且可以减少测试和维护费用。

图 2-7 描绘了软件开发的 V 字模型，它表明了测试活动总是与开发活动平行发展的。

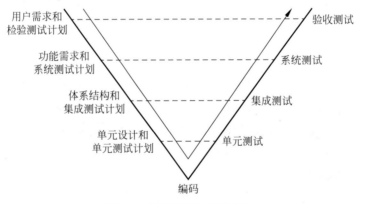

图 2-7　软件开发的 V 字模型

这个模型指明了验收测试是以用户需求为基础的，系统测试是以功能需求为基础的，而集成测试是以系统的体系结构为基础的。在相应的开发阶段，必须规划测试活动并为每一种测试设计测试用例。不可能在需求开发阶段真正进行任何测试，因为还没有可执行的软件。然而，可以在开发组编写代码之前，以需求为基础建立概念性测试用例，并使用它们发现软件需求规格说明中的错误、二义性和遗漏，还可以进行模型分析。

需求验证是需求开发的几部分内容中非常重要的内容之一，需求验证所包括的活动是为了确定以下几方面的内容。

（1）软件需求规格说明正确描述了预期的系统行为和特征。

（2）从系统需求或其他来源中得到软件需求。

（3）需求是完整的和高质量的。

（4）所有对需求的看法是一致的。

（5）需求为继续进行产品设计、构造和测试提供了足够的基础。

需求验证确保了需求符合需求陈述（Requirement Statement）的良好特征（完整的、正确的、灵活的、必要的、具有优先级的、无二义性及可验证的），并且符合需求规格说明的良好特性（完整、一致、易修改、可跟踪）。当然，这里仅验证那些已编写成文档的需求，而那些存在于用户或开发者思维中的没有表露的、含蓄的需求则不予验证。

在收集需求并编写需求文档后，我们所进行的需求验证并不仅仅是一个独立的阶段。一些验证活动，例如对渐增型软件需求规格说明的反复评审，将贯穿着反复获取需求、分析和编写规格说明的整个过程。其他的验证步骤，例如软件需求规格说明的正式审查，是在正式确定软件需求规格说明基线（Baseline）之前对需求分析质量进行的最后一次有用的质量过滤。当项目计划或实际工作中的独立任务破坏了结构性时，就要结合进行需求验证活动，并且为随后出现的返工预先安排一段时间，这通常会在质量控制活动之后进行。

一般情况下，项目的参与者不愿意在评审和测试软件需求规格说明上花费时间。虽然在计划安排中插入一段时间来提高需求质量似乎相应地把交付日期延迟了一段时间，但是这种想法是建立在假设验证需求上的投资将不产生效果的基础上的。实际上，这种投资可以减少返工并加快系统测试，从而真正缩短了开发时间。

在软件工程界有这样一句话，"为防止错误而花费1美元，将可以为你修补错误节省3～10美元"。更好的需求将会带来更好的产品质量和客户更大的满意程度，这可以降低产品生存周期中的维护、增强和客户支持的费用。在需求质量上的投资可以使公司节省更多的钱。使用不同的技术有助于验证需求的正确性及其质量。

2.2.5 需求变更管理

1. 需求变更管理概述

在软件开发的需求管理中，需求的变化经常发生。

实际工作中，这些有关需求的变化大多来自客户。可以将新的客户需求与原有的客户需求进行对比，确定客户需求变化的具体情况，包括客户需求是否超出了原先确定的需求范围，差异情况如何。客户需求的变化是在功能广度上的扩展，还是对某些功能的具体更改或要求的增加。在对需求变更进行管理时，首先需要使客户了解到需求变更会影响需求过程和项目进度。同时，在需求过程开始时和进行需求确认时，与客户协商并确定需求变更的允许范围。

一些使用与客户签订协议的手段，对需求变更进行控制的方法是可行的，但是限制客户对需求进行变更并不是需求管理的目的，因此，确定需求变更的最大限度和使用一种有效的机制，是管理需求变更的更有效的方法。在进行需求变更时，需要对需求所需要的资源和项目计划进行调整，并向客户指出可能遇到的风险。

软件需求分析是软件生存周期中重要的一步，是软件开发项目的基础。在软件系统的设计和开发过程中,需求分析人员和软件开发人员都希望用户能一次提出所有需求,并且在软件需求分析和开发过程中能够尽可能保持稳定并不再变更。但在实际工作中,由于种种原因,没有任何一个系统可以完全避免需求变更。而由需求变更带来的软件人员费用增加、软件质量下降、开发工期延误,甚至整个软件项目的失败比比皆是。

因此,如何正确地认识和处理需求变更,是需求分析和软件开发人员必须面对的一个重要问题,能否合理地控制和管理需求变更也是检验软件组织成熟度的一个重要标准。

从数据资料看,需求变更是直接影响软件项目开发进度、质量的重要因素。美国于1995年开始了一项调查,对全国范围内的8000个软件项目进行跟踪。结果表明,有1/3的项目没能完成,而在完成的2/3的项目中,又有1/2的项目没有成功实施。在仔细分析失败的原因后发现,与需求过程相关的原因占了45%,而其中缺乏最终用户的参与以及不完整的需求又是两大首要原因,各占13%和12%。随着软件产业的不断发展,到2004年的调查数据更加证明了这一论断。2004年,美国斯坦迪什公司(Standish Group International)公布了一项调查数据,在已完成的13 522个软件项目中,绝对成功的项目仅为29%,彻底失败的项目为18%,受到质疑的项目高达53%。受到质疑的项目包括费用超支、超出工期的项目。在项目不成功原因的调查中提到最多的就是需求变更。

目前,我国的情况更不容乐观,尽管没有权威机构对此进行调查,但国内相关组织具有的一些特点使得软件需求变更造成的负面影响更加严重。

首先,与外国政府机构、企业等机构相比,中国机构一般缺少有效的管理机制和管理流程,造成机构的规划、运营、管理难以用信息化手段表达。其次,在信息化建设方面,国内机构一般忽视了信息本身是一种根本性的变革和推动的力量,仅将信息化建设当作一个简单的工具,在这种背景下,组织中一般缺少强有力的IT规划和支撑部门。再次,在具体软件开发管理上,国内机构一般注重权威的推动作用和形式上的规范,在实际操作中,缺少来自组织内部的有效的软件管理机制,自然也缺少高效的需求变更管理规范和流程。

由此可见,需求变更对国内软件开发的负面影响将远远大于美国的统计数据。

2. 需求变更管理的原因

引起需求变更的因素很多,主要体现在以下四方面。

(1) 单纯的用户因素:由于用户在软件开发的过程中不断加深对系统的了解,可能引起对需求有了新的认识,于是提出了新的变更需求。此种需求变更一般出现在项目初期用户自身对IT技术了解程度较低,随着项目的进展以及认识的不断深入,用户自身提出了更加满足其需要的需求变更。

(2) 系统因素:在系统内部,如计算机硬件、系统软件、数据等的变更要求与其相适应。此种需求变更常出现在随着硬件系统、操作系统、系统软件等升级换代时,如操作系统由Windows XP变为Windows 10或Windows 11,对原有设计的安全性、兼容性等都有变更的要求。

(3) 工作环境因素:与软件运行相关的工作制度或法规、政策的变更,或是业务要求变更导致的需求变更。这种需求变更常出现在与专业密切相关的软件中,如随着会计制度变化导致的财务软件的需求变更,随着税收政策变化导致的税收软件的需求变更等。

(4) 需求开发工作缺陷:需求调研、分析、定义、评审工作不够充分,致使需求规格说明中隐含着问题,在开发过程中才有所发现。需求开发中开发人员与用户沟通的不够充分,如未能如实获得用户的潜在需求等。此种需求变更是软件开发过程中最常见的变更原因,也是需求分析人员和软件开发人员最担心出现的需求变更问题。

上述4种原因中,系统因素和工作环境因素相对于另外两个因素,更加接近于不可抗力。因此,需求分析人员、系统设计和开发人员应当更加重视用户因素和需求开发工作缺陷,尽可能地将不可抗力以外的需求变更降至最低。

3. 需求变更管理的影响

需求变更对软件开发的影响是多方面的。

1)增加项目的人员、费用开支,影响开发进度

需求变更意味着原先的需求调研、分析的结果与用于预期的软件实现存在偏差,为将此偏差进行收集、整理、分析,并进行需求变更的评审,若评审通过需要由设计、开发人员对软件实现进行修改。

毫无疑问,需要增加项目的人员、费用开支,并对开发进度造成影响。在一般的项目计划中,对需求变更有一定的估算,但大量的、频繁的需求变更,无疑会极大地加大项目的人员、费用开支,增加了项目的实施风险。一旦需求变更超过预期,就可能对项目造成较大的影响,严重时可能直接导致项目的失败。

2)影响软件质量

在一个复杂的软件系统中,需求之间具有一定的联系,相关的需求构成需求链。如果评估变更影响时遗漏需求链中的某些环节,就可能在实施变更过程中引入一些难以察觉的错误。当需求变更没有能较好地及时地修改项目的设计、开发文档时,这些错误一般难以被测试人员发现,将直接影响系统的质量,严重时可导致系统崩溃。

3)影响开发者与用户之间的合作关系

需求变更的实施是用户和开发者相互协作的过程。开发者和用户在是否采用变更问题上,常常产生分歧,如果没有恰当处理,相互之间的信任关系将变得越来越差,甚至由合作关系转变为一种对抗关系,影响项目开发进程。由于需求变更同时会在需求分析与开发人员、开发人员与测试人员之间造成分歧,这对项目组内部的合作关系将造成某种影响。

4. 需求变更的处理原则

尽管需求变更对于软件项目开发有较大的影响,但从本质上讲,需求变更是软件开发不可避免的环节。

研究结果表明,软件开发有缺陷经逐阶段积累形成的成倍放大的特性。需求变更是缺陷放大的一个体现,若不能正确面对并实质地加以解决,当项目进行到开发完成、测试结束或者系统维护时,原先需求变更未能及时处理所造成的影响将可能10倍甚至更高倍数地放大,甚至导致不可挽回的严重后果。因此需求分析人员、软件设计开发人员应当掌握正确对待需求变更的处理原则。

1)完整性原则

目前,软件开发过程中需求变更常常存在随意性,建立完整的需求变更机制是软件组织必须首先解决的问题。完整的需求变更机制包括:需求变更的收集、整理、评审、实施、跟踪、测试等。在每一环节上,都必须形成规范的流程、文档和完整的记录。

2）合理性原则

对于需求变更,往往用户、需求分析人员和系统设计开发人员处于不同的角色,从不同的视角看待问题。如何合理地评估需求变更,并形成能被多方面认可的处理意见,是需要多方面共同努力的。用户必须合理地提出需求变更,不能片面地追求先进性、灵活性、用户体验,必须建立在 IT 技术和项目实施队伍实际能力的基础上,提出合理的需求变更。

需求分析人员和系统设计开发人员需要合理地评估需求变更,不能由于需求变更增加工作量而产生抵触情绪,应当积极听取用户意见,多从用户角度出发,想用户所想,合理地提出对需求变更的处理意见,并与用户交流。

5. 需求变更管理流程

提出需求变更的动机是好的,目的是希望产品更加符合用户的需求或市场的变化。但对软件项目开发小组而言,变更需求意味着要调整项目资源、调整工作计划和重新分配工作任务、修改前期的工作成果等,开发小组要为此付出较大的代价。因此,变更需求要有一定的范围,否则项目实施将会遥遥无期。

1）提出变更申请

需求变更申请的提出者可以是任何一个项目的利益相关人员,目的是完善需求或修改原先需求文档中不正确的内容。

需求变更申请必须包括以下内容:申请变更的需求文档、变更的内容及其理由、评估需求变更将对项目造成的影响、申请人签字、申请提交日期。需求变更控制表格格式如表 2-1 所示。

表 2-1 项目需求变更表

需求变更申请	
需求变更的需求文档（文档名称、版本、日期等）	
申请变更的具体需求内容	
要求变更的详细理由	
要求变更的强烈程度	
评估需求变更将对项目造成的影响	
申请人签字	
申请提交时间	

开发方负责人审批意见:

审批人:　　　　日期:

用户审批意见

审批人:　　　　日期:

变更后的需求文档（文档名称、版本、完成日期等信息）	

变更影响（工作量预算、对现有工作的影响评估、对项目的进度、经费预算必须写清楚）

开发双方审批意见:

委托方签字:　　　　日期:　　　　开发方签字:　　　　日期:

2）审批

对于变更申请的审批流程,要根据项目计划阶段确定的变更处理流程进行,一般要由开发方和委托方共同承担需求变更的审批工作。审批工作的主要目的,是评价需求是利大于弊、还是弊大于利,根据评价结果决定是否同意进行需求变更,并认真填写审批意见。

3）修改需求文档

对于通过审批的变更申请,变更申请人从配置管理员或需求管理员处获得需要修改的当前使用的需求文档版本,完成相关内容的修改和完善工作。

4）重新进行需求确认

修改完成需求文档后,要重新组织对需求的评审和确认工作。通过需求评审和确认的需求文档纳入配置管理和需求管理,形成最新的需求文档版本并发给项目所有相关人员。

5）变更结束

需求变更处理结束后,需要根据变更处理过程的工作记录完成《最终需求变更报告》。项目经理需要根据需求变更情况进行工作量的估算,并进行工作计划的调整。

由于需求变更将造成费用的增加、项目工期的延长,所以,在审批阶段时就要认真进行由于变更所带来的工作量及成本增加情况的评估。当工作量或成本增加不是很大时,可由项目双方协商是否由委托方增加适当的开发费用完成;当工作量或成本增加较大时,一个较为理想的解决方法是将变更部分作为本项目的二期项目来实施。

2.2.6 可测试性需求

近几年来的实践证明,设计软件时,事先没有对软件的可测试性进行周密设计和部署的软件,在测试时总是很难于进行,直到测试无法进行下去为止。被测软件在编码时需要考虑给测试和后期的产品维护提供必要的手段和接口支持,即要求软件具有可测试性。基于可测试性的目标考虑,良好的架构设计和完备的接口使得软件测试更加高效和可行,同时产品维护也更加便利。

软件的可测试性是指在一定的时间和成本前提下,进行测试设计和测试执行,以此来发现软件的问题,以及发现故障并隔离、定位其故障的能力特性。

简单地说,软件的可测试性就是一个计算机程序能够被测试的容易程度。一般来说,可测试性很好的软件必然是一个强内聚、弱耦合、接口明确、意图明晰的软件,而不具有可测试性的软件往往具有过强的耦合和混乱的逻辑。可测试性主要是指被测实体具有如下特征:可控制性、可分解性、稳定性、易理解性、可观察性,该特征的主要表现是设立观察点、控制点、观察装置。需要注意的是,可测试性设计时必须要保证不能对软件系统的任何功能有影响,不能产生附加的活动或者附加的测试。

需求的可测试性中强调需求的可测试性,需求的可测试性也有非常大的好处,主要体现在以下几方面。

（1）用户需求以文字性描述居多,如果需求有测试通过标准,那么开发和测试人员都可以有一个容易遵循的规则。

（2）需求有通过标准,说明开发测试以及需求分析人员都达成了共识,减少了工作中的分歧。

（3）既然要研究测试通过标准，那么自然就要求质量保证（Quality Assurance，QA）从需求分析阶段就开始工作，这是所有 QA 都期盼的结果。

（4）如果团队无法设计出需求的通过标准，那可能是需求不够明确或者团队缺乏相关的知识。总之，开发人员可以在开发前就知道这个需求多半是无法完整实现的。

2.3 需求获取方法

视频讲解

在需求工程中做好需求获取工作是非常必要的。需求获取的主要方法包括：访谈和调研、专题讨论会、头脑风暴、场景串联。需求获取的关键是沟通和交流。需求获取所要避免的问题是交流障碍、沟通不全、意见冲突。需求获取所要必备的条件在于较高的技术水平、丰富的实践经验、较强的人际交往能力。多种方法要复合在一起使用，效果更好。表 2-2 是需求获取的优势对比。

表 2-2　需求获取的优势对比

获 取 方 法	优　　点	缺　　点
访谈和调研	直接有效、灵活、深入，主要技术	占用时间长、信息面窄、较片面
专题讨论会	容易建立直接的认识	消耗时间长，易失真
头脑风暴	可以击破需求盲点	成本高，需要较高的控制技巧
场景串联	模拟真实场景环境，需求获取详尽	成本较高，实现过程复杂

2.3.1　访谈和调研

访谈和调研是在业务开展前期经常使用的一种需求调研方法，和用户面对面访谈是一种十分直接而常用的需求获取方法，它也经常与其他需求获取技术一起使用，以便更好地描述和理解一些细节问题。

需要说明的是，面谈过程应该进行认真的计划和准备，下面将以小型图书馆系统的一次面谈举例说明其主要步骤。这里主要介绍需求获取的访谈和调研方法。客户访谈也就是获取用户需求，其主要方法是调查研究，其主要内容如下。

（1）了解系统的需求。软件开发常常是系统开发的一部分。仔细分析研究系统的需求规格说明，对软件的需求获取很有必要。

（2）市场调查。了解市场对待开发软件有什么样的要求，了解市场上有无与待开发软件类似的系统。如果有，在功能上、性能上、价格上情况如何。

（3）访问用户和用户领域的专家。把从用户那里得到的信息作为重要的原始资料进行分析，访问用户领域的专家所得到的信息将有助于对用户需求的理解。

（4）考察现场。了解用户实际的操作环境、操作过程和操作要求。对照用户提交的问题陈述，对用户需求可以有更全面、更细致的认识。

需求获取中最直接的方法是用户面谈，看起来很简单，但做起来并不容易。需求分析者个人的偏见、事先的理解、以往的经验积累是导致面谈失败的最重要原因。所以在面谈时，应忘掉一切以往所做的事情，通过问题启发，认真倾听对方的陈述，不要把自己放在专家的位置上。

  每个人都能提问题,但并不等于人人都会提问题。提问题应尽量是封闭式问题,对错判断或多项选择题,回答只需要一两个词。通过提问题增强你对谈话进展和方向的控制,问题不能过于宽泛,最开始的问题不能太难,不能在提问之前就已经表示不赞同,谈话之前要有意识地准备一些备用问题。

  (1) 上下文无关的问题(Context Free Questions):充分理解用户的问题,不涉及具体的解决方案,如①客户是谁? ②最终用户是谁? ③不同用户的需求是否不同? ④这种需求目前的解决方案是什么?

  (2) 解决方案相关的问题(Solution Context Questions):通过这类问题探寻特定的解决方案并得到用户认可,包括①你希望如何解决这个问题? ②你觉得该问题这样解决如何?

  访谈前的准备包括:确立面谈目的;确定要包括的相关用户;确定参加会议的项目小组成员;建立要讨论的问题和要点列表;复查有关文档和资料;确立时间和地点;通知所有参加者有关会议的目的、时间和地点。

  访谈中的注意事项包括:事先准备一系列上下文无关的问题,并将其记录下来以便面谈时参考;面谈前,了解一下要面谈的客户公司的背景资料,不要选择自己能回答的问题而浪费时间;面谈过程中,参考事先准备的面谈模板,以保证提出的问题是正确的。将答案记录到纸面上,并指出和记录下未回答条目和未解决问题。面谈之后,分析总结面谈记录。

  访谈后的工作包括:复查笔记的准确性、完整性和可理解性;把所收集的信息转换为适当的模型和文档;确定需要进一步澄清的问题域;向参加会议的每一个人发出此次面谈的会议纪要。

  访谈和调研记录示例如下。

第 1 部分:建立客户或用户情况表

第 2 部分:评估问题

   ◇ 询问用户对哪些类型的问题缺乏好的解决方案。

   ◇ 它们是什么? (不断地问"还有吗?")

第 3 部分:理解用户环境

   ◇ 谁是用户? 他们的经历和经验如何? 用户的预期如何?

第 4 部分:扼要说明理解情况

   ◇ 你刚才告诉我(用自己的话复述客户描述的问题)。

   ◇ 这是否足以表达你现在的解决方案中存在的问题?

   ◇ 如果有,你还有什么问题?

第 5 部分:分析人员对客户问题的输入(对每个问题进行以下提问)

   ◇ 这是一个实际的问题吗?

   ◇ 问题产生的原因是什么?

   ◇ 现在是如何解决的?

   ◇ 希望如何解决?

   ◇ 该问题的重要度如何?

第 6 部分:评估自己的解决方案

   ◇ 总结自己建议的解决方案。

　　　　　　　◇ 对自己方案的优先级排序。

　　第 7 部分：评估机会

　　第 8 部分：评估可靠性、性能及其他需要

　　第 9 部分：其他需求

　　　　　　　◇ 法律法规、环境、行业标准等。

　　第 10 部分：总结性提问

　　　　　　　◇ 还有其他问题要问面谈人吗？

　　　　　　　◇ 尚未解决的问题有哪些？

　　　　　　　◇ 下次访谈的方式、地点、时间、参加人等。

　　第 11 部分：分析人员的总结

　　　　　　　◇ 总结出客户/用户确认的三条优先级最高的需求或问题。

2.3.2　专题讨论会

　　专题讨论会议在需求获取中起着十分关键的作用。应该鼓励参会人员积极参与和畅所欲言，保证会议过程顺利进行。需求分析员需要经常组织和协调需求专题讨论会，人们通过协调讨论和群体决策等方法，为具体问题找到解决方案，并在应用需求上达成共识，对操作过程尽快取得统一意见。

　　在这种会议中，参加人员一般包括 3 种角色：主持人或协调人、记录人（该角色需要协助主持人将会议期间所讨论的要点内容记录下来）、参与人（该角色的首要任务，是提出设想和意见，并激励其他人员产生新的想法）。通过让所有相关人员一起参加某个会议来定义需求或设计系统，也称为联合应用设计会议（Joint Application Design，JAD）。

　　系统相关者在短暂而紧凑的时间段内集中在一起，一般为 1～2 天，与会者可以在应用需求上达成共识，对操作过程尽快取得统一意见。

　　专题讨论会准备包括：

　　(1) 参加会议人员：主持人、用户、技术人员、项目组人员。

　　(2) 安排日程。

　　(3) 通常在具有相应支持设备的专用房间进行。

　　举行讨论会议包括：

　　(1) 可能出现人员之间的责备或冲突，主持人应掌握讨论气氛并控制会场。

　　(2) 最重要的部分是自由讨论阶段，这种技术非常符合专题讨论会的气氛，并且营造一种创造性的和积极的氛围，同时可以获得所有相关者的意见。

　　(3) 分配会议时间，记录所有言论。

2.3.3　头脑风暴

　　头脑风暴（Brain-storming），最早是精神病理学上的用语，指精神病患者的精神错乱状态而言，现在转变为无限制的自由联想和讨论，其目的在于产生新观念或激发创新设想。

　　头脑风暴法又称智力激励法、BS法、自由思考法，是由美国创造学和创造工程之父亚历

克斯·奥斯本(Alex Faickney Osborn)于1939年首次提出,1953年正式发表的一种激发性思维的方法,如图2-8所示。此法经各国创造学研究者的实践和发展,至今已经形成了一个发明技法群,如奥斯本智力激励法、默写式智力激励法、卡片式智力激励法等。

图 2-8 亚历克斯·奥斯本和头脑风暴

正如亚历克斯·奥斯本所说,"想象力是人类能力的试金石,人类正是依靠想象力征服世界的",头脑风暴法是通过找到新的和异想天开的解决问题的方法来解决问题的。

当一群人围绕一个特定的兴趣领域产生新观点的时候,这种情境就叫头脑风暴。由于会议使用了没有拘束的规则,人们就能够更自由地思考,进入思想的新区域,从而产生很多的新观点和问题解决方法。当参加者有了新观点和想法时,他们就大声说出来,然后,在他人提出的观点之上建立新观点。所有的观点被记录下,但不进行批评。只有头脑风暴会议结束的时候,才对这些观点和想法进行评估。

头脑风暴是让参会者敞开思想使各种设想在相互碰撞中激起脑海的创造性风暴,其可分为直接头脑风暴和质疑头脑风暴法,前者是在专家群体决策基础上尽可能激发创造性,产生尽可能多的设想的方法,后者则是对前者提出的设想、方案逐一质疑,发现其现实可行性的方法,这是一种集体开发创造性思维的方法。

头脑风暴也是让参会者敞开思想,使各种设想在相互碰撞中激起脑海的创造性风暴,是一种对于获取新观点或创造性的解决方案而言非常有用的方法。

头脑风暴包括两个阶段:想法产生阶段和想法精化阶段。

想法产生阶段的主要目标是尽可能获得新的想法,关注想法的广度,而不是深度。而想法精化阶段的主要目标是分析在前一阶段产生的所有想法。想法精化阶段包括筛选、组织、划分优先级、扩展、分组、精化等。在想法产生阶段,主持人将要讨论的问题分发给每个参与会议的人,同时给每个人一些白纸用于记录讨论过程中的观点或自己的观点。然后,会议主持人解释进行头脑风暴过程中的规则,并清楚而准确地描述会议目的和过程目标。主持人让与会者将自己的想法说出来并记录下来。所有与会者将集中讨论这些想法,并给出相关的新想法和意见,然后将这些想法和意见综合起来。讨论过程中,必须特别注意避免批评或争论其他人的想法,以免影响与会人发言的积极性。

当想法产生阶段结束后,就进入想法精化阶段。在这个阶段,第一步要筛选出值得讨论的想法。会议主持人首先将简要描述每一个想法,然后,表决这个想法是否被纳入系统要实现的目标。第二步是划分问题,就是在讨论过程中将相关的问题分为一组。第三步要定义特征。当确定了问题后,要简单描述这些问题,这些简单描述要能清楚说明问题的实质,使所有参与讨论的人员对每一个问题有共同的理解。第四步是评价特征。在需求获取阶段，产生的想法仅仅是个目标，实现在以后的开发阶段才会完成。但是有些特征会影响到系统的实现方式，需要发电子邮件通知接受代理的人。

　　软件需求获取头脑风暴会议，一般以 8～12 人最佳，人数太少不利于交流信息和激发思维，人数太多则不容易掌握，并且每个人发言的机会相对减少。明确分工包含一名主持人和两名记录员。项目开发过程中，用户的计算机知识和水平也会很快提高，公司项目组和用户讨论问题过程中，注意引导用户思路，经过思维碰撞可能产生新的火花，提出一些以前从没想到的需求。

　　最后，头脑风暴成功的要点包括：自由畅谈、延迟批判、禁止批评、自我批评、自谦。其适用场合为：产品型系统，需要具有创新性特征，尚未投放市场，无明确的客户。

2.3.4　场景串联

　　现在的软件几乎都是用事件触发来控制流程的，事件触发时的情景便形成了场景，而同一事件不同的触发顺序和处理结果就形成事件流。这种在软件设计方面的思想也可以引入到软件测试中，可以比较生动地描绘出事件触发时的情景，有利于测试设计者设计测试用例，同时使测试用例更容易理解和执行。

　　场景串联的目的是为了尽早地从用户那里得到用户对建立的系统功能的意见。

　　通过场景串联法，开发人员通常是在开发代码前，有时甚至是需求确定前就能得到用户反映。场景串联提供了用户界面以说明系统操作流程，容易创建、修改，能让用户知道系统的操作方式和流程。一个简单的系统原型就可能获得用户的需求，这是因为场景串联将系统的操作流程展示给用户，用户能以这个系统原型为依据确定哪些功能没有，哪些功能是不需要的，哪些操作流程不对。场景串联能用于了解系统需要管理的数据、定义和了解业务规则、显示报表内容和界面布局，是及时获得用户反馈的一种较好的方法。

　　通常，根据与用户交互的方式，场景串联被分成 3 种模式。

　　(1) 静态场景串联是指为用户描述系统的工作流程。这些文档包括草图、图片、屏幕快照、PPT 演示或者其他描述系统输入输出的文档。

　　(2) 动态的场景串联是指以电影放映的方式让用户看到系统动态的工作步骤。一般使用自动的场景幻灯片演示，或使用动画工具和图形用户界面（Graphical User Interface，GUI)记录脚本等工具来生成动态的场景串联文件。

　　(3) 交互场景串联需要用户参与，是指让用户接触系统，让用户有一种真实使用系统的感觉。交互场景串联中展示给用户的系统不是要交付给用户的系统，而是一个模拟完成系统，与最后交付系统很接近的系统原型。

　　最后，软件公司往往在多个行业中接项目，一个行业的经验可能对另一个行业会很有启发作用。用户在一个行业中时间越长，经验越丰富，反过来可能也越束缚思路，而没有计算机系统的支持，本身很多新思路也无法实现。所以，软件公司将跨行业的经验和思路移植到用户这个行业中，往往会挖掘出新的需求。

2.4 需求分析建模方法

需求分析是软件需求中最核心的工作,需求分析建模是需求分析的主要手段。

建立系统模型的过程又称为模型化。建模是研究系统的重要手段和前提,凡是用模型描述系统的因果关系或相互关系的过程都属于建模。建模是寻求分析的主要手段,它通过简化、强调来帮助需求分析人员理清思路,达成共识。因此需求建模的过程非常重要。模型是对事物的抽象,帮助人们在创建一个事物之前可以有更好的理解。集中关注问题的计算特性(数据、功能、规则等),它是对系统进行思考和推理的一种方式。建模的目标是建立系统的一个表示,这个表示以精确一致的方式描述系统,使得系统的使用更加容易。

视频讲解

通过建模可以更好地理解正在开发的系统。

在计算机软件工程发展早期,由于计算机应用还不够普及,因此软件系统的规模和复杂度都相对较小。使用"数据结构+算法=程序"模式就可以解决大部分问题。现在,随着计算机应用的不断普及,业务模式、数据量都在发生迅速的变化。软件涉及的问题越来越广,早已超出了人们可以处理的复杂程度。如果还采用传统的方式,就无法进行有效的规划和设计,最终必然导致失败。软件建模帮助我们按照实际情况或按照我们需要的模式对系统进行可视化,提供一种详细说明系统的结构或者行为的方法,给出一个指导系统构造的模板,对所有做出的决定实施文档化。建模的基本方法有用例分析方法、原型分析方法、结构化分析方法。

2.4.1 用例分析方法

用例(Use Case)是一种描述系统需求的方法,使用用例的方法来描述系统需求的过程就是用例建模。

用例建模可分为用例图和用例描述两部分。

用例图由参与者(Actor)、用例(Use Case)、系统边界、箭头组成。用例描述用来详细描述用例图中的每个用例,可用文档来完成。参与者不是特指人,是指系统以外的,在使用系统或与系统交互所扮演的角色。因此,参与者可以是人,可以是事物,也可以是时间或其他系统等。注意,参与者不是指人或事物本身,而是表示人或事物当时所扮演的角色。例如,某用户是信息管理系统的管理员,他参与管理系统的交互,这时他既可以作为管理员这个角色参与管理,也可以作为普通用户向系统请求执行特定服务,在这里此用户扮演了两个角色,是两个不同的参与者。参与者在画图中用小人物和人物下面附上参与者的名称表示。

参与者如图 2-9 所示。可以从以下几点来查找参与者:系统开发完成之后,有哪些人会使用这个系统?系统需要从哪些人或其他系统中获得数据?系统会为哪些人或其他系统提供数据?系统会与哪些其他系统相关联?系统是由谁来维护和管理的?

图 2-9 用例、参与者、箭头图

用例是对包括变量在内的一组动作序列的描述,系统执行这些动作,并产生传递特定参与者的价值的可观察结果。

　　这是 UML 对用例的正式定义,我们可以这样去理解,用例是参与者想要系统做的事情。对用例的命名,可以给用例取一个简单、描述性的名称,一般为带有动作性的词。用例在画图中用椭圆来表示。可以从以下几点来查找用例:参与者为什么要使用该系统? 参与者是否会在系统中创建、修改、删除、访问、存储数据? 如果是的话,参与者又是如何来完成这些操作的? 参与者是否会将外部的某些事件通知给该系统? 系统是否会将内部的某些事件通知该参与者?

　　系统边界是用来表示正在建模系统的边界。

　　边界内表示系统的组成部分,边界外表示系统外部。系统边界在画图中用方框来表示,同时附上系统的名称,参与者画在边界的外面,用例画在边界里面。因为系统边界的作用有时候不是很明显,所以在画图时可省略。箭头用来表示参与者和系统通过相互发送信号或消息进行交互的关联关系。箭头尾部用来表示启动交互的一方,箭头头部用来表示被启动的一方,其中用例总是要由参与者来启动。

　　用例图只是简单地用图描述了一下系统,但对于每个用例,还需要有详细的说明,这样就可以让别人对这个系统有一个更加详细的了解,这时就需要写用例描述。对于用例描述的内容,一般没有硬性规定的格式,但一些必需或者重要的内容还是要写进用例描述里面的。用例描述一般包括:简要描述(说明)、前置(前提)条件、基本事件流、其他事件流、异常事件流、后置(事后)条件等。下面介绍各部分的含义。

　　(1) 简要描述:对用例的角色、目的的简要描述。

　　(2) 前置条件:执行用例之前系统必须要处于的状态,或者要满足的条件。

　　(3) 基本事件流:描述该用例的基本流程,指每个流程都"正常"运作时所发生的事情,没有任何备选流和异常流,而只有最有可能发生的事件流。

　　(4) 其他事件流:表示这个行为或流程是可选的或备选的,并不是总要执行它们。

　　(5) 异常事件流:表示发生了某些非正常的事情所要执行的流程。

　　(6) 后置条件:用例一旦执行后系统所处的状态。

　　用例说明表格一般格式如表 2-3 所示。

表 2-3　用例格式

用例名称:
用例标识号:
参与者:
简要说明:
前置条件:
基本事件流: 　　　　1. 　　　　2. 　　　　… 　　　　*n*.

续表

其他事件流:	
	1.
	2.
	⋮
	n.
异常事件流:	
	1.
	2.
	⋮
	n.
后置条件:	
注释:	

2.4.2 原型分析方法

原型分析方法(Prototyping),是指在获取一组基本需求之后,快速地构造出一个能够反映用户需求的初始系统原型。

让用户看到未来系统的概貌,以便判断哪些功能是符合要求的,哪些方面还需要改进,然后不断地对这些需求进一步补充、细化和修改。以此类推,反复进行,直到用户满意为止,并由此开发出完整的系统。原型法就是不断地运行系统的原型来进行揭示、判断、修改和完善需求的分析方法。

原型法凭借着系统分析人员对用户要求的理解,在强有力的软件环境支持下,快速地给出一个实实在在的模型(或称原型、雏形),然后与用户反复协商修改,最终形成实际系统。这个模型大致体现了系统分析人员对用户当前要求的理解和用户希望实现后的形式。

1. 策略

原型方法以一种与严格定义法截然不同的观点,看待需求定义问题。原型化的需求定义过程是一个开发人员与用户通力合作的反复过程。从一个能满足用户基本需求的原型系统开始,允许用户在开发过程中提出更好的要求,根据用户的要求不断地对系统进行完善,它实质上是一种迭代的循环型的开发方式,如图 2-10 所示。

2. 特点

原型法是一种循环往复、螺旋式上升的工作方法,更多地遵循了人们认识事物的规律,因而更容易被人们掌握和接受。原型法强调用户的参与,特别是对模型的描述和系统需求的

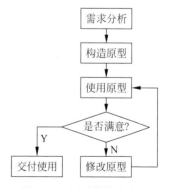

图 2-10 原型分析法流程

检验。它强调了用户的主导作用,通过开发人员与用户之间的相互作用,使用户的要求得到较好的满足。不但能及时沟通双方的想法,缩短用户和开发人员的距离,而且能更及时、准确地反馈信息,使潜在问题能尽早发现并及时解决,增加了系统的可靠性和适用性。

原型法是将系统调查、系统分析和系统设计合而为一，使用户一开始就能看到系统开发后是一个什么样子。而且用户参与了系统全过程的开发，知道哪些是有问题的，哪些是错误的，哪些是需要改进的，就能消除用户的担心，并提高了用户参与开发的积极性。同时，用户由于参与了开发的过程将有利于系统的移交、运行和维护。

但需要注意的是，原型法的适用范围是比较有限的。它只对于小型、简单、处理过程比较明确、没有大量运算和逻辑处理过程的系统比较适合。它的局限性是对于大型的系统不太适合，因为对于需要大量的运算、逻辑性较强的程序模块，原型法很难通过简单的了解就构造出一个合适的模型，供用户评价和提出修改建议。

3. 流程

需求分析原型法的第一步，是在需求分析人员和用户的紧密配合下，快速确定软件系统的基本要求。也就是把原型所要体现的特性（界面形式、处理功能、总体结构、模拟性能等）描述出一个基本的规格说明。快速分析的关键是要选取核心需求来描述，先放弃一些次要的功能和性能。尽量围绕原型目标，集中力量确定核心需求说明，从而能尽快开始构造原型。这个步骤的目标是要写出一份简明的骨架式说明性报告，能反映出用户需求的基本看法和要求。这个时候，用户的责任是先根据系统的输出来清晰地描述自己的基本需要，然后，分析人员和用户共同定义基本的需求信息，讨论、确定初始需求的可用性。构造原型，开发初始原型系统。在快速分析的基础上，根据基本规格说明应尽快实现一个可运行的系统。

如果这时为了追求完整而把原型做得太大的话，一是需要的时间太多，二是会增加后期的修改工作量。因此，提交一个好的初始原型需要根据系统的规模、复杂性和完整程度的不同而不同。本步骤的目标在于建立一个满足用户的基本需求并能运行的交互式应用系统。在这一步骤中用户没有责任，主要由开发人员去负责建立一个初始原型。用户和开发人员共同评价原型。这个阶段是双方沟通最为频繁的阶段，是发现问题和消除误解的重要阶段。其目的是验证原型的正确程度，进而开发新的原型并修改原有的需求。

4. 评价

由于原型忽略了许多内容、细节，虽然它集中反映了许多必备的特性，但外观看起来还是可能会有些残缺不全。因此，用户可在开发人员的指导下试用原型，在试用的过程中考核和评价原型的特性，也可分析其运行结果是否满足规格说明的要求，是否满足用户的愿望，并可纠正过去沟通交流时的误解和需求分析中的错误，增补新的要求，或提出全面的修改意见。

总的来说，原型法是通过强化用户参与系统开发的过程，让用户获得系统的亲身体验，找出隐含的需求分析错误。原型需求分析法是鼓励改进和创造，通过不断交流来提高需求实现的质量和软件产品的质量，目的是更好地提高客户满意度。

2.4.3 结构化分析方法

结构化分析方法（Structured Method）是强调开发方法的结构合理性以及所开发软件的结构合理性的软件开发方法。结构是指系统内各个组成要素之间的相互联系、相互作用的框架。结构化开发方法提出了一组提高软件结构合理性的准则，如分解与抽象、模块独立性、信息隐蔽等。针对软件生存周期各个不同的阶段,它有结构化分析、结构化设计和结构化程序设计等方法。

结构化分析方法给出一组帮助系统分析人员产生功能规约的原理与技术。它一般利用图形表达用户需求,使用的手段主要有数据流图、数据字典、结构化语言、判定表以及判定树等。

结构化分析的步骤如下:①分析当前的情况,做出反映当前物理模型的数据流图(Data Flow Diagram,DFD),如图 2-11 所示;②推导出等价的逻辑模型的 DFD;③设计新的逻辑系统,生成数据字典和基元描述;④建立人机接口,提出可供选择的目标系统物理模型的 DFD;⑤确定各种方案的成本和风险等级,据此对各种方案进行分析;⑥选择一种方案;⑦建立完整的需求规约。

图 2-11 数据流图

结构化设计方法给出一组帮助设计人员在模块层次上区分设计质量的原理与技术。它通常与结构化分析方法衔接起来使用,以数据流图为基础得到软件的模块结构。

结构设计(Structured Design)方法尤其适用于变换型结构和事务型结构的目标系统。在设计过程中,它从整个程序的结构出发,利用模块结构图表述程序模块之间的关系。结构化设计的步骤如下:①评审和细化数据流图;②确定数据流图的类型;③把数据流图映射到软件模块结构,设计出模块结构的上层;④基于数据流图逐步分解高层模块,设计中下层模块;⑤对模块结构进行优化,得到更为合理的软件结构;⑥描述模块接口。

2.5 需求管理工具

需求是应用开发的基础,但是需求不是一成不变的。这些变化诸如需求的合并、拆分、取消、内容变化等。由于需求的基础性,势必造成由此产生的设计、代码、测试案例等后续程序设计的变化。如果没有一个系统管理需求本身以及需求衍生物,软件开发显然就没有整体规划了,所以就出现了需求管理工具。

需求管理工具一般分成两种:需求内容管理工具,需求过程管理工具。需求内容管理,主要是进行需求条目化管理、需求跟踪、需求基线管理的工具,主要有 IBM Rational DOORS、IBM RequisitePro、Borland CaliberRM、Hanskey Dragonfly 等。最近,还有 Techexcel 公司的产品。需求过程管理的工具主要是变更管理工具,如 IBM Clearquest、Hanskey 的 Butterfly,IBM Change。

视频讲解

2.5.1 需求管理工具的功能

本节按照需求工程的步骤并结合当前实际应用环境来逐一分析一个好的需求管理工具应该具有的功能。

1. 在需求获取阶段的功能

此阶段应更加注重软件需求定义方面的功能，开发者同用户交流获取用户需求，并将此类需求纳入需求管理工具的具体管理过程中，因此，要求需求管理工具能够提供一个方法来对每项需求进行明确的定义和存储。

具体而言，首先，其应当具有最基本的编辑功能，并支持从常用文档格式进行直接输入等方面的需求。其次，其应能够支持非文字化方式诸如图、表、逻辑符号等的定义及其存储，并能够借助于过滤、菜单以及冲突检测等的方式对数据进行整合。再次，其应对需求级别进行准确定义，即对父类需求下所包含的子类需求进行定义。

2. 在需求分析阶段的功能

开发者应就需求条款进行分析及归纳，以便为系统设计及其开发过程提供一个清晰的思路。要求需求管理工具应支持需求的归纳及分类，并能够对需求进行优先级的划分，同时支持需求查询过程。

3. 在需求管理阶段的功能

此阶段要求需求管理工具能够在需求变更的全过程中提供实现的方法，并对其进行有效的控制。此外，能够对需求变更所涉及的相关需求进行处理，并对需求相关版本属性进行有效的管理。应能够对某项需求及其需求之间的关联性进行定义和跟踪，并对需求相关测试结果进行跟踪和记录，能够提供软件需求的完整历史记录。

4. 需求输出阶段

这个阶段主要要求需求管理工具具有较强的兼容性，包括：①可输入工具数据库中的内容，自动生成标准化的需求文档；②同步文档、数据库内容；③可提供阶段状态报告，如当前需求种类数、需求条款数、这段时间内有多少需求变更、多少未决需求、多少新增需求等内容；④可直接输入 Word、Excel 等常用软件，支持开放数据库连接（Open Database Connectivity，ODBC）等数据库标准接口。

5. 其他

除了上述这些功能，一个好的需求管理工具还应该具有以下一些辅助功能，才能更好地完成需求管理工作。开发团队内部、开发团队与用户的交流是否充分、是否成功是一个项目成败的关键，这就要求需求管理工具能提供沟通平台。

此外，实现需求重用、工具的用户管理等功能也是一个好的需求管理工具所必需的，包括：①提供项目组交流平台；②需求重用；③存储需求，供其他项目使用；④支持多项目需求管理、用户管理；⑤用户实现分组管理，不同用户按权限访问相应资源。

2.5.2　常用需求管理工具

1. Rational RequisitePro

IBM Rational RequisitePro 解决方案是一种需求和用例管理工具，能够帮助项目团队改进项目目标的沟通，增强协作开发，降低项目风险，以及在部署前提高应用程序的质量。通过与微软 Word 的高级集成方式，为需求的定义、组织提供熟悉的环境。提供数据库与

Word 文档的实时同步能力，为需求的组织、集成、分析提供方便。支持需求详细属性的定制、过滤，以最大化各个需求的信息价值。提供了详细的可跟踪性视图，通过这些视图可以显示需求间的父子关系，以及需求之间的相互影响关系。

通过导出的 XML 格式的项目基线，可以比较项目间的差异。可以与 IBM Software Development Platform 中的许多工具进行集成，以改善需求的可访问性和沟通。图 2-12 是 Rational RequisitePro 创建项目界面图。

图 2-12　Rational RequisitePro 创建项目

2. IBM Rational DOORS

IBM Rational DOORS 的前身是 Telelogic DOORS，被 IBM 收购后更名为 IBM Rational DOORS。该软件是基于整个公司的需求管理系统，用来捕捉、链接、跟踪、分析及管理信息，以确保项目与特定的需求及标准保持一致，如图 2-13 所示。

图 2-13　IBM Rational DOORS

Rational DOORS 使用清晰的沟通来降低失败的风险，这使通过通用的需求库来实现更高生产率的建设性的协作成为可能，并且为根据特定的需求定义的可交付物提供可视化的验证方法，从而达到质量标准。Rational DOORS 企业需求管理套件是仅有的面向管理者、开发者与最终用户及整个生命周期的综合需求管理套件。

不同于那些只能通过一种方式工作的解决方案，Rational DOORS 赋予使用者多种工具与方法对需求进行管理，可以灵活地融合到公司的管理过程中。Rational DOORS 使得整个企业能够有效地沟通从而减少失败的风险。通过统一的需求知识库，提供对结果是否满足需求的可视化验证，从而达到质量目标，并能够进行结构化的协同作业使生产率得到提高。

3. Borland CaliberRM

Borland CaliberRM 是一个基于 Web 和用于协作的需求定义和管理工具，可以帮助分布式的开发团队平滑协作，从而加速交付应用系统，如图 2-14 所示。

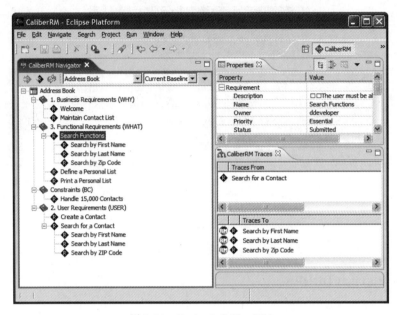

图 2-14　Borland CaliberRM

CaliberRM 可辅助团队成员沟通，减少错误和提升项目质量。CaliberRM 有助于更好地理解和控制项目，是 Borland 生命周期管理技术暨 Borland Suite 中用于定义和设计工作的关键内容，能够帮助团队领先于竞争对手。CaliberRM 提供集中的存储库，能够帮助团队在早期及时澄清项目的需求，当全体成员都能够保持同步时，工作的内容很容易具有明确的重点。此外，CaliberRM 和领先的对象建模工具、软件配置管理工具、项目规划工具、分析设计工具以及测试管理工具良好地集成。这种有效的集成有助于更好地理解需求变更对项目规模、预算和进度的影响。

表 2-4 给出了三种需求管理工具的比较。

表 2-4　三种需求管理工具的比较

工　　具	RequisitePro	DOORS	CaliberRM
项目开发可扩展性	将需求的数据存放在数据库中，而把与需求相关的上下文信息存放在 Word 文档中，用户使用 RequisitePro 时必须安装 Word	是企业级的产品；即一个 DOORS Database 能够同时支持许多个不同的项目开发，从而使得新的项目能够复用和共享过去的文件和信息。不同项目（文件）之间的追踪关系可以跨项目建立	只支持单个项目的开发即一个数据库只能支持一个项目的开发，因此无法支持对过去文件和信息的复用和共享

续表

工　具	RequisitePro	DOORS	CaliberRM
对需求变更的管理	本身没有变更管理系统,只能依赖于与 Rational 的配置/变更管理工具集成 Clear Quest	本身支持变更管理系统,即变更的提交、评审、应用、并因此可以给指定的用户分配不同的角色	本身没有变更管理系统,只能依赖于与配置管理工具的集成,但集成的功能比较弱,无法支持追踪关系
对需求基线的管理	只能依赖于与 Rational 的配置/变更管理工具集成,但只能存储版本,无法比较需求差异	本身具备对需求的基线管理功能,可比较不同基线的需求差异,实现需求基线管理	
多个需求项及追踪关系的显示	一次只能显示一个需求项供用户观看,限制了用户同时直接阅读其他需求项,因此也不能在屏幕上一次显示相互连接的多个需求项和文件	能够在屏幕上给用户一次显示一个文件中的多个或所有需求项和相互之间的追踪关系(即支持横向和纵向的需求追踪),从而支持用户同时观看所有相互依赖的需求项	一次只能显示一个需求项供用户观看,因此大大限制了用户同时参考其他需求项的直观阅读
权限控制	无法对不同的用户,对数据库结构自上到下的每一个层次做到灵活有效的权限控制	具有灵活的权限控制,包括只读、修改、创建、删除、管理 5 种级别。权限控制可以针对每一个用户在每一个数据库、项目目录、文件、需求项、属性上实施等	
可疑 link(需求变更)的通知	没有自动提示,必须通过追踪关系矩阵来查找,当追踪矩阵比较大时,非常费时费力	当 link 的一方产生变更时,DOORS 可以自动产生提示符通知另一方,而不需要在 link 的矩阵上查找	没有自动提示,必须通过矩阵来查找,当矩阵比较大时,非常费时费力
数据备份和恢复		DOORS 在恢复备份的数据时能够保证数据库中已有的文件不会被覆盖。当数据库中已有同名的文件时,数据库系统会自动地给被恢复的文件另外的名字。由于 DOORS 把所有数据均存放在数据库中,因此数据的备份和恢复过程既安全又简单	
与其他工具的集成	只能与自身的软件工具集成	作为独立的软件供应商,DOORS 不但可与 Telelogic 自身的其他软件工具集成,还可与微软、IBM Rational、Mercury 等厂商的工具集成	
异地需求管理	无异地使用模式	DOORS 提供灵活的方式实现需求异地管理;DOORS 强大的性能优势也保障了大型项目异地需求开发/管理的可能	

续表

工　具	RequisitePro	DOORS	CaliberRM
Import and Export（文件的导入导出）		DOORS 在从 Word 导入文件时，会把 Word 文件中的表格、图形和 OLE 对象原封不动导入，并可以在 DOORS 中对导入的表格和 OLE 对象（如 Visio 图形）进行编辑	在从 Word 导入文件时，会丢失所有 Word 中的表格、图形和 OLE 对象，也就谈不上对它们进行编辑了

当前的软件产品越来越大、越来越复杂，需求信息也相应地复杂化、多样化，需求与需求之间的关系错综复杂，而目前的多数需求管理工具中的需求描述方法不能较好地对多种层次中的需求信息进行描述。过于笼统的描述会丢失有用的详细信息，而过于详细的描述又产生了很多无关紧要的信息并导致需求跟踪、变更管理等功能的极度复杂化，影响到有用部分功能的正常实现。

因此，未来的需求管理工具必须在数据模型中增加更多的语义关系，来确保既不失去有用的信息，又不产生过多的琐碎信息。此外，形式化和非形式化描述的关系，也是一个需要解决的问题。形式化描述能方便地进行自动推理，但是它难以理解和使用；非形式化描述容易理解和使用，但它又很难自动化并且应用中的有些问题，如大型项目中信息的分类、索引、检索、使用几乎是它无法解决的。

形式化和非形式化各有优缺点，如何取长补短，是未来的需求管理工具需要考虑的问题。需求跟踪信息的形式化和非形式化描述的紧密结合，不但能够方便地捕获多种跟踪信息，也能帮助有效使用和重用捕获的需求信息。需求管理工具的使用使开发过程变得快捷、方便、准确、简单，这也是所有需求管理工具不断追求的目标。

小结

软件项目需求管理越来越受到软件界的重视，软件需求的不确定性是客观的事实，每年由此导致的项目开发失败也是数不胜数。需求管理首先要针对需求做出分析，随后提出解决方案。需求分析是软件工程中的一个关键过程。在这个过程中，系统分析员和软件工程师确定顾客的需求。只有在确定了这些需求后，他们才能够分析和寻求新系统的解决方法；需求分析阶段的任务是确定软件系统功能。需求获取的主要方法包括访谈和调研、专题讨论会、头脑风暴、场景串联。需求获取的关键是沟通和交流。

需求工程是应用已证实有效的技术、方法进行需求分析，确定客户需求，帮助分析人员理解问题并定义目标系统的所有外部特征的一门学科。需求工程通过合适的工具、记号，系统地描述待开发系统及其行为特征和相关约束，形成需求文档，并对用户不断变化的需求演进给予支持。

思考题

1. 什么是软件需求？有哪些类型的软件需求？
2. 为什么软件需求在软件开发中相当重要？

3. 需求规格说明在软件开发中起什么作用?

4. 需求获取有哪些基本方法?

5. 选择一个熟悉的大型软件系统做需求分析,得出业务需求、用户需求和功能需求,形成需求报告。

6. 下面是某大学图书管理系统的描述。

图书采购员根据各系的要求(书名或期刊名,作者或期刊出版社)购买图书,并以入库单的形式交库房管理员。库房管理员按购买日期负责登记库存账目,并将图书和期刊摆放在不同的位置,以便借阅。

负责借书的员工根据借还书的要求(书名或期刊名,作者或期刊出版社)负责借还图书处理。当没有要借的图书时,通知借阅人;当借书人将图书丢失时,以图书丢失单的形式报告借书员,由借书员负责修改账目,并通知库房管理员。图书管理负责人每月末查看图书和期刊存量。

请利用需求管理工具,对该系统做需求分析。

第3章

软件项目成本估算

无法评估,就无法管理。

——琼·玛格丽塔(Joan Magretta)

对于一个大型的软件项目,由于项目的复杂性及软件项目的独特性,开发成本的估算不是一件容易的事情,它需要进行一系列的估算处理,因此,主要依靠分析和类比推理的方法进行。

软件项目开发成本估算方法是一个很重要的问题,因为管理好成本才能避免造成人力、物力和资源的浪费,而软件项目开发成本的首要任务是先进行成本估算。所以,在软件开发前期对软件开发成本的估算就显得十分重要。

本章以软件项目开发工程的角度介绍成本估算在软件项目管理过程中如何进行成本估算及其估算过程、估算方法、估算等级等。本章共分为六部分对软件项目成本估算进行介绍。3.1节对项目成本估算的挑战进行概述;3.2节介绍项目成本估算的内容;3.3节介绍规模估算方法;3.4节详细介绍工作量估算方法;3.5节介绍开发工期估算;3.6节介绍成本估算方法。

3.1 项目成本估算的挑战

视频讲解

项目成本估算(Project Cost Estimate)指根据项目的资源需求和计划,以及各种项目资源的价格信息,估算、确定项目各种活动的成本和整个项目总成本的一项项目成本管理工作。

项目成本管理为使项目在批准的预算内完成而对成本进行规划、估算、预算、融资、筹资、管理、控制的各个过程,从而确保项目在批准的预算内完工。项目成本管理过程如下。

(1)规划成本管理:确定如何估算、预算、管理、监督、控制项目成本的过程。

(2)估算成本:对完成项目活动所需货币资源,进行近似估算的过程。

（3）制定预算：汇总所有单个活动或工作包的估算成本，建立批准的成本基准过程。

（4）控制成本：监督项目状态，以更新项目成本和管理成本基准变更的过程。

估算不但对于项目计划和管理是非常有用的，而且在其他方面也至关重要。

厂家与客户之间的合同，取决于成本和时间表的估算值。如果没有这些估算值，那么客户也就丧失了对建议书进行评判的基础。合同的条款一般都会包括成本和时间表的估算值，而这些条款一般都被认为是固定的。所以，厂家就必须获得准确的估算值，因为任何低估的情况都会对供应商造成损失，也就是说，客户将只支付作为合同基础的估算成本，而不会承担任何额外开支。因此，良好的估算对于任何软件企业或组织而言都是极其重要的，特别是对于那些为第三方开发软件产品的企业更是如此。

工作量的估算是任何项目管理中最困难和最重要的活动之一。软件成本管理如图 3-1 所示。

图 3-1　软件成本管理

虽然说工作量和时间表的估算值都是制订计划所必不可少的，但是，如果我们能够知道工作量的估算值，那么时间表的估算就会变得更加容易。所以，软件项目中的重点主要在于工作量的估算。如果不能估算出执行一个项目到底需要付出多少工作量和时间，那么也就不可能进行有效的项目计划和管理。

目前，被人们所普遍认可的观点是，软件的规模是确定到底需要付出多少工作量才能创建出软件的主要因素。但是，当在构想一个项目时，实际软件的规模是未知的，而软件本身也是不存在的。所以，如果需要采用规模作为工作量估算模型的输入信息，那么，在一开始进行估算时，就首先必须估算出规模。换言之，这种方法可将工作量估算问题简化为规模估算问题。有了规模的估算值，通常也就能采用某种公式来获得工作量的估算值了。

估算的基本活动是，以数值的形式获知正在开发的软件的某些特性的输入信息，然后，再利用这些输入信息数值，来估算出项目的工作量。一个软件估算模型，可以精确地定义项目需要哪些数值以及应该如何利用这些数值来计算出工作量。从一定意义上说，工作量估算模型也就是一个获取某些输入信息（如软件特性的数值等），而后再输出工作量估算值的函数。软件生命周期各个阶段所做的估算和详细程度是不同的，在每次估算中如规模、工作量等估算的先后顺序是软件过程改进的重要内容。

3.2　项目成本估算的内容

为了使开发项目能够在规定的时间内完成，而且不超过预算，成本估算的管理控制是关键。

软件开发成本估算主要指软件开发过程中所花费的工作量及相应的代价。不同于传统

视频讲解

的工业产品,软件的成本不包括原材料和能源的消耗,主要是人的劳动的消耗。另外,软件也没有一个明显的制造过程,它的开发成本是以一次性开发过程所花费的代价来计算的。因此,软件开发成本的估算应是从软件计划、需求分析、设计、编码、单元测试、集成测试到认证测试,整个开发过程所花费的代价作为依据的。

同样,软件项目开发的成本估算过程也不是一蹴而就的,这也许与传统的工业产品生产过程的成本估算过程相似,但因为软件项目的开发成本主要在人力成本上,对人力成本的估算也是软件项目开发成本估算的主要内容,而人力成本主要以工作量或以时间计费,所以先要对软件规模、工作量、开发进度等进行估计,这些过程可以利用历史项目数据作为参考,完成上述步骤后再结合现有成本数据就可以进行成本估算,成本估算不仅是在项目开发工作之前进行,为了保证成本估算结果的准确性,在软件项目过程中也要进行成本估算,可以迭代进行估算过程,如图 3-2 所示。

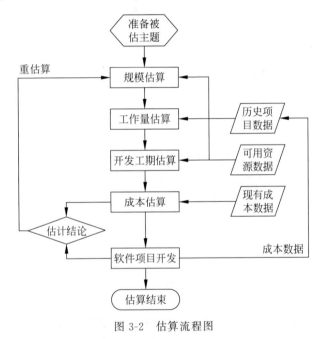

图 3-2 估算流程图

成本估算的过程是在确定被估算主题之后,参照历史项目数据,先进行规模估算、工作量估算、开发工期估算,这些过程是后来进行成本估算的准备过程,在成本估算之后,再将实际软件项目开发成本与估算的成本进行比较,选择是否需要重新估算,并把实际软件项目开发结果数据作为下一次估算的历史数据。

3.3 规模估算

视频讲解

衡量软件规模最常用的单位是源代码行数(Line of Code,LOC)和功能点数(Function Point,FP)。LOC 是指所有可执行的源代码行,包括可交付的工作控制语言(Job Control Language,JCL)语句、数据定义、数据类型声明、等价声明、输入/输出格式声明等。

规模估计的方法有德尔菲方法、功能点估计方法、PERT 估计法、类比估算法等,由于篇幅有限,本章只介绍德尔菲法和类比估算法。

3.3.1 德尔菲法

德尔菲法(Delphi Method)也称专家调查法,由美国兰德公司(Rand)创始实行,本质上是一种反馈匿名函询法。德尔菲这一名称,起源于古希腊有关太阳神阿波罗的神话,传说中阿波罗具有预见未来的能力。1946 年,兰德公司首次用这种方法进行预测,后来该方法被迅速广泛采用。

该流程是在对所要预测的问题征得专家的意见之后,进行整理、归纳、统计,再匿名反馈给各专家,再次征求意见,再集中,再反馈,直至得到一致的意见,如图 3-3 所示。为保证该方法的成功实施,对传统德尔菲步骤进行了扩充和细化。

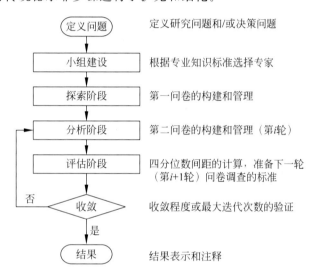

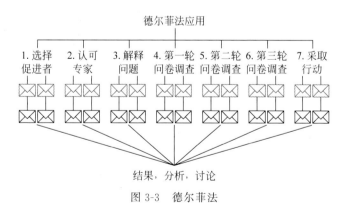

图 3-3　德尔菲法

(1) 协调员给每位专家一份规格说明书和一张记录估计值的表格。

(2) 协调员召集小组会议,专家与协调员以及专家之间对估计问题进行讨论。

(3) 专家无记名地填写表格。

(4) 协调员对专家填写在表上的估计结果进行小结。

（5）协调员召集小组会议，让专家对差异很大的估计项进行讨论。

（6）专家重新无记名地填写表格，该过程要适当地重复多轮。

如图 3-3 所示，德尔菲法分别将所需解决的问题单独发送到各个专家手中，征询意见，然后回收汇总全部专家的意见，并整理出综合意见。随后，将该综合意见和预测问题再分别反馈给专家，再次征询意见，各专家依据综合意见修改自己原有的意见，然后再汇总。多次反复，逐步取得比较一致的预测结果。

德尔菲法依据系统的程序，采用匿名发表意见的方式，专家之间不得互相讨论，不发生横向联系，只能与调查人员发生关系，通过多轮次调查专家对问卷所提问题的看法，经过反复征询、归纳、修改，最后，汇总成专家基本一致的看法，作为预测的结果。这种方法具有广泛的代表性，较为可靠。

表 3-1 给出了估算结果表。

表 3-1　德尔菲法估计结果表

单元	专家 1	专家 2	专家 3	最大值	最小值	平均值	偏差率	接受	最终
A									
B									
C									
D									
E									
估算日期			第 N 轮估算结果				可接受总数		合计

其中，偏差率的计算方法为：
$$\text{MAX}(\text{最大值}-\text{平均值}, \text{平均值}-\text{最大值})/\text{平均值})\times 100\%$$

3.3.2　类比估算法

类比估算法也被称作自上而下的估算（Top Down Estimates），是一种通过比照已完成的类似项目的实际成本，去估算出新项目成本的方法。

类比估算法适合评估一些与历史项目在应用领域、环境、复杂度方面相似的项目。约束条件在于必须存在类似的具有可比性的软件开发系统，估算结果的精确度依赖于历史项目数据的完整性、准确度，以及现行项目与历史项目的近似程度。

适合评估一些与历史项目在应用领域、环境和复杂度等方面相似的项目，通过新项目与历史项目的比较得到规模估计。类比法估计结果的精确度取决于历史项目数据的完整性和准确度，因此，用好类比法的前提条件之一是组织建立起较好的项目后评价与分析机制，对历史项目的数据分析是可信赖的。其基本步骤如下。

（1）整理出项目功能列表和实现每个功能的代码行。

（2）标识出每个功能列表与历史项目的相同点和不同点，特别要注意历史项目做得不够的地方。

（3）通过步骤（1）和（2）得出各个功能的估计值。

（4）产生规模估计。

软件项目中用类比法,往往还要解决可重用代码的估算问题。

估算可重用代码量的最好办法就是由程序员或系统分析员详细地考查已存在的代码,估算出新项目可重用的代码中需重新设计的代码百分比、需重新编码或修改的代码百分比以及需重新测试的代码百分比。根据这三个百分比,可用下面的计算公式计算等价新代码行:

等价代码行=[(重新设计%+重新编码%+重新测试%)/3]×已有代码

例如,有10 000行代码,假定30%需要重新设计,50%需要重新编码,70%需要重新测试,那么其等价的代码行可以计算为:

等价代码行=[(30%+50%+70%)/3]×10 000=5000

即重用这10 000代码相当于编写5000代码行的规模。

当然,这5000行代码,并不都是旧项目的,还包括新项目的部分。比如,在项目开发过程中,一期做了三个模块,二期又要做三个模块,但其中二期与一期有部分重用的代码,根据这个方法可以估算出实际的规模。

3.4 工作量估算

视频讲解

根据规模估计结果,并定义了项目开发周期和裁剪项目过程后,需要项目过程中各阶段的工作量和总工作量。目前,可以参考的历史数据包括:

(1) 有历史项目的准确数据;

(2) 至少有一个历史项目与现有项目规模类似;

(3) 现有项目将和类似的历史项目采用类似的生命周期、开发过程、开发技术和工具,类似技能和经验的项目成员。同时可以参照业界公布的经验数据。

工作量的估计可采用下面的公式进行:

工作量(人·月)=[规模(LOC)/生产率(LOC/人·天)]/22(天/月)

参考历史项目数据中各阶段工作量所占百分比,可估算出各阶段工作量:

各阶段工作量(人·月)=总工作量(人·月)×各阶段工作量百分比

此外还有很多基于算法模型的方法,如普特纳姆算法模型、经验估算模型等,其基本思想是,找到软件工作量的各种成本影响因子,并判定它对工作量所产生影响的程度是可加的、乘数的还是指数的,以期得到最佳的模型算法表达形式。当某个因子只影响系统的局部时,一般说它是可加性的。

例如,如果给系统增加源指令、功能点实体、模块、接口等,大多只会对系统产生局部的可加性的影响。当某个因子对整个系统具有全局性的影响时,则说它是乘数的或指数性的,例如,增加服务需求的等级或者不兼容的客户等。下面是对普特纳姆算法模型、经验估算模型的分析。

3.4.1 普特纳姆模型

这是1978年普特纳姆(L. H. Putnam)提出的一种动态多变量模型,通用的形式为:

$$K = L^3/(\text{Ck}^3 \times \text{TD}^4)$$

其中,

L：源代码行数（以 LOC 计）。

K：整个开发过程所花费的工作量（以人·年计）。

TD：开发持续时间（以年计）。

Ck：技术状态常数，它反映"妨碍开发进展的限制"，取值因开发环境而异，见表 3-2。

表 3-2 Ck 的典型值及开发对应环境

Ck 的典型值	开发环境	开发环境举例
2000	差	没有系统的开发方法，缺乏文档和复审
8000	好	有合适的系统的开发方法，有充分的文档和复审
11 000	优	有自动的开发工具和技术

还可以估算开发时间：

$$TD = [L^3/(Ck^3 \times K)]^{\frac{1}{4}}$$

3.4.2 经验估算模型

经验估算模型又叫 COCOMO 模型（Constructive Cost Model），这是由 TRW 公司开发，Boehm 提出的结构化成本估算模型，是一种精确的、易于使用的成本估算方法。COCOMO 模型主要从两方面来构建：以源代码行（Source Line Of Code，SLOC）统计的软件规模和成本驱动因子（Cost Driver）。这些因素可以被归入产品、平台、人员和项目四方面。

在 COCOMO 模型中按项目开发的不同环境，软件开发项目的总体类型可分为以下三类。

（1）组织型（Organic）：相对较小、较简单的软件项目。开发人员对开发目标理解比较充分，与软件系统相关的工作经验丰富，对软件的使用环境很熟悉，受硬件的约束较小，程序的规模不是很大（<50 000 行）。

（2）嵌入型（Embedded）：要求在紧密联系的硬件、软件和操作的限制条件下运行，通常与某种复杂的硬件设备紧密结合在一起。对接口、数据结构、算法的要求高。软件规模任意。如大而复杂的事务处理系统，大型、超大型操作系统，航天用控制系统，大型指挥系统等。

（3）半独立型（Semidetached）：介于上述两种软件之间。规模和复杂度都属于中等或更高。最大可达 30 万行。

按照项目开发的详细程度也可分为三级：基本型、中间型和详细型。所采用的计算通式为：

$$PM = a \times Size^E \times \prod EM_i, \quad E = B + 0.01 \sum F_i$$

其中：

PM：以人·月为单位的工作量。

a：固定常数或称为 Calibration Factor 校准因子，$a \approx 2.94$。

Size：每 1000 代码行（Kilo Source Lines Of Code，KSLOC）计算的规模。

EM_i：Effort Multiplier，工作量因子。

B：常数，为 0 或 1 或其他固定值。

F_i：Scale Factor，比例因子，具体的值取决于建模等级（即基本、中等或详细）以及项目的模式（即组织型、半独立型或嵌入型）。表 3-3 给出了 EM_i 的参考取值范围。

表 3-3　EM 的参考取值范围

很低	低	正常	高	很高	极高
0.70	0.85	1.00	1.15	1.30	1.65

3.4.3　功能点分析

功能点分析法是从软件用户的角度来评估一个软件系统的功能，它将软件的功能分为 5 个基本要素。其中两个表示终端用户的数据需求：内部逻辑文件和外部接口文件；另外三个表示用户对数据的获取处理的事务功能：用户输入、用户输出、用户查询。它们的详细定义如下。

（1）内部逻辑文件（Internal Logical Files，ILF）：是一个用户可识别的逻辑相关的数据组，它在应用程序边界内，由用户输入来维护。它可能是某个大型数据库的一部分或是一个独立的文件。

（2）外部接口文件（External Interface Files，EIF）：是一个用户可识别的逻辑相关的数据组，但仅仅是起参考的作用，且数据完全存在于软件边界之外，由另一个应用程序进行维护，是另一个应用程序的内部逻辑文件。

（3）用户输入（External Inputs，EI）：来自软件外部的数据输入，可以是控制信息，也可以是事务数据输入。如果是事务数据，它必须维护一个或多个内部逻辑文件。也就是说，那些最后没有保存的中间计算结果和消息发送，都不算作数据输入单元。输入数据可来自一个数据输入屏幕或其他应用程序。

（4）用户输出（External Outputs，EO）：是"经过处理"的数据，由程序内部输出到外部。这里"经过处理"是指其区别于用户查询数据，是将一个或多个 ILF、EIF 中取出数据经过一定的组合、计算、总结后得出的输出数据。

（5）用户查询（External Inquiries，EQ）：是一个输入输出的组合过程，从一个或多个 ILF、EIF 中取出数据输出到程序外部。其中的输入过程不更新任何 ILF，输出过程不进行任何数据处理。

对软件项目进行估算的有效性和准确性，取决于所掌握的有关项目的原始资料的完备性。这些原始资料包括需求说明书、系统规格说明书或者软件需求说明书等。从这些原始资料中可分析得出以上 5 类要素。如果以上 5 类要素的数据不准确，将直接影响到评估的结果。

3.4.4　功能点计算

软件功能计算中一旦估算出应用程序中每个功能要素的数量后，就可以将每个计数与一个复杂度值（加权因子）相乘，最后进行合计，算出一个初步的总的功能点数（Function Points Count，UFC）。表 3-4 给出了复杂度加权因子表。

表 3-4　功能要素复杂度加权因子表

功　　能	复　杂　度		
	低	平　　均	高
外部输入数（EI）	3	4	6
外部输出数（EO）	4	5	7
外部查询表（EQ）	3	4	6
内部逻辑文件数（ILF）	7	10	15
外部接口文件数（EIF）	5	7	10

例如，假设每个功能要素的复杂度都是平均的。一个由 25 个数据登记表、5 个接口文件、15 个报告、10 个外部查询和 20 个逻辑内部表单组成的系统，其功能点为：
$$UFC = 25 \times 4 + 5 \times 7 + 15 \times 5 + 10 \times 4 + 20 \times 10 = 450$$
每个功能要素的复杂度可通过表 3-5 进行分析判断。

表 3-5　功能要素复杂度判别表

ILF（内部逻辑文件）和 EIF（外部接口文件）				EO（用户输出）和 EQ（用户查询）				EI（用户输入）			
记录单元	数据单元			文件类型	数据单元			文件类型	数据单元		
	1~19	20~50	51+		1~5	6~19	20+		1~4	5~15	16+
1	低	低	平均	0 或 1	低	低	平均	0 或 1	低	低	平均
2~5	低	平均	高	2~3	低	平均	高	2~3	低	平均	高
6	平均	高	高	4	平均	高	高	4	平均	高	高

从表中可以看出，EI（外部输入）、EO（外部输出）和 EQ（外部查询）是由文件类型和数据单元的数量决定的。而 ILF（内部逻辑文件）和 EIF（外部接口文件）则是由记录单元和数据单元决定的。通过上面的二维表即可确定各个功能要素的复杂度是低、平均，还是高。

表中三种数据项定义如下。

（1）记录单元类型（Record Element Type，RET）：指在 ILE 或 EIF 中，用户可识别的数据域的子集，可以通过检查数据中的各种逻辑分组来识别它们。例如，一个客户文件包括客户姓名、地址等个人信息，以及客户的各种信用卡和卡号。一个客户一般有多张信用卡，信用卡需同客户信息相连才有意义。因此，这个客户文件含有两个记录单元：客户信息和信用卡信息。

（2）文件引用类型（File Type Referenced，FTR）：指在一个事务过程中所引用到的各种文件，可以是内部逻辑文件，也可以是外部接口文件。

（3）数据单元类型（Data Element Type，DET）：是用户可识别的无递归、不重复的信息单元。DET 是动态的，而非静态的，读自于文件，或由 FTR 的数据单元创建。另外，一个 DET 也可以是对一个事务处理过程的唤醒，或是事务的有关信息。如果 DET 存在递归或重复,只计算其中的一个。如上例中的客户姓名、地址就是两个 DET。在可视化编程中,用于唤醒事务处理的添加、修改按钮,也算 DET。

(4) 确定技术复杂度因子(Technology Complexity Factor,TCF):算出功能点总数 UFC 后,还需要根据项目具体情况对技术复杂度参数进行调整。如表 3-6 所示,技术复杂度一共考虑了 14 个调节参数。

表 3-6 技术复杂度因子

序 号	调 节 参 数	描 述
1	E1	数据通信(Data Communications)
2	E2	软件性能(Performance)
3	E3	可配置性(Heavily Used Configuration)
4	E4	事务效率(Transaction Rate)
5	E5	实时数据输入(Online Data Entry)
6	E6	用户界面复杂度(End User Efficiency)
7	E7	在线升级(Online Update)
8	E8	复杂运算(Complex Processing)
9	E9	代码复用性(Reusability Ease)
10	E10	安装简易性(Installation Ease)
11	E11	操作方便性(Operations Ease)
12	E12	跨平台要求(Multiple Ease)
13	E13	可扩展性(Facilitate Change)
14	E14	分布式数据处理(Distributed Functions)

各个复杂度参数的取值范围为 $0\sim5$,表示该项对功能点总数的影响从没有到极高。各个参数默认值为 0,也就是该项不影响功能点调整。

每个参数都是对总功能点数的线性调整,设 E_i 为根据 14 方面的调节参数对软件系统的影响程度,则功能点技术复杂度因子为:

$$\text{TCF} = 0.65 + 0.01 \times \sum E_i, \quad (i = 1, 2, \cdots, 14)$$

$$E_i \in (0, 5), 则: \text{TCF} \in (0.65, 1.35)$$

工作量指在软件项目建设过程中需要投入的人力和时间,一般用人·月数进行度量。项目建设阶段一般可分为:开发阶段、实施阶段、运行维护阶段。故工作量需分阶段进行估算。

$$工作量 = 开发工作量 + 实施工作量 + 维护工作量$$

由于在软件项目开发过程中,因需求变更导致工作量改变的情形不可避免,故可分别在立项阶段进行工作量预算,在项目完成阶段进行工作量核算。

3.4.5 开发阶段工作量估算

开发工作量是计算实施阶段和维护阶段工作量的基础。主要有两种估算方法。

1. 功能点估算法

该方法主要是依据软件项目的功能需求来评估开发工作量。

通过分析系统需求计算项目规模（功能点数），再乘以各阶段完成每个功能点所需要投入的人工时（开发成本系数），就可计算出完成项目所需要的人·月数。适用于立项阶段需求分析比较详细的项目或者用于项目完成阶段的最终工作量估算。

$$开发工作量 D(人·月)=(项目功能点 FP \times 开发成本系数 k/H/W)$$

其中，H 是指国家规定的一天工作时数，W 指一个月工作天数。

功能点 FP 的估算采用——软件项目功能点估算法。

开发成本系数 k 的大小主要是考虑项目的非技术难度，如开发周期、协调难度、业务的复杂程度、需求的不确定性等因素。如表 3-7 所示为根据对实际数据的测算，开发成本系数 k 的取值范围。

表 3-7　开发成本系数 k 取值范围

功能点数（FP）	开发成本系数（人工时/FP）
≤3000	3.5～4.0
3000≤FP≤8000	4.0～4.5
>8000	4.5～5.0

针对个别项目，如果有特殊情况（如某些用户业务的特殊要求是一般项目中从未出现过的、开发人员需要到用户现场开发等），则经专业咨询机构或者专家评估，开发成本系数可以超出此范围上限的限制。

2. 任务估算法

任务估算法，是把软件项目功能分解为若干个相对独立的任务，再分别估计完成每个任务需要的人员搭配比例及投入时间，每个人员的工作量之和就是该任务的工作量。最后，将各个任务的工作量累加起来就得出软件项目的总工作量。该方法适用于立项阶段的工作量估算。

依据软件工程的概念、国内软件开发行业的惯例及经验值，软件开发工作可分为：设计、编码、测试。

设计各个岗位人员工作量可基于以下标准计算。

（1）以程序员的工作量为标准。

（2）高级程序员的工作量为标准工作量的 1.5 倍。

（3）系统分析员的工作量为标准工作量的 2.5 倍。

（4）测试工程师的工作量为标准工作量。

（5）高级测试工程师的工作量为标准工作量的 1.5 倍。

（6）项目管理人员的工作量为标准工作量的 3 倍。

（7）市场营销人员的工作量为标准工作量。

（8）技术支持工程师的工作量为标准工作量。

（9）文秘的工作量为标准工作量的 0.5 倍。

例如，完成某个任务的人员投入和时间需求如表 3-8 所示，则其工作量为 60.5 人·月。

表 3-8　某任务的工作量估算表

开 发 阶 段	投入人员情况	时间/月	工作量/人·月
需求分析	系统分析员 2 人	2	2×2×2.5＝10
系统设计	系统分析员 1 人	2	1×2×2.5＝5
	高级程序员 2 人	2	2×2×1.5＝6
编码	高级程序员 2 人	1	2×1×1.5＝3
	程序员 4 人	1	4×1×1＝4
测试	测试工程师 4 人	2	4×2×1＝8
项目管理	项目管理人员 1 人	7	1×7×3＝21
文案工作	文秘 1 人	7	1×7×0.5＝3.5
合计：60.5(人·月)			

3.4.6　实施阶段工作量估算

软件项目的实施范围因项目而异。有些项目只实施一个单位,有些需要实施多个单位,有些甚至需要全市、全省甚至全国实施。所以,实施阶段的费用也会有很大的差异,甚至有的项目会出现实施费用超过开发费用的情形。

(1) 实施阶段的工作量可依据开发阶段工作量、实施系数来计算。

$$实施工作量(人·月)＝开发工作量 D × 实施系数 s$$

根据项目是集中式实施还是分布式实施,实施系数 s 的取值有所不同。

集中式实施的项目实施系数 s 与"用户数"相关。设 n 为用户数,一般情况下:

当 $0 < n \leqslant 100$ 时,$s＝0.2$;

否则,$s＝0.2+((n-100)/100)×q$(四舍五入取两位小数)。q 是调节因子,取值范围为 $0.03 \leqslant q \leqslant 0.05$,具体取值依项目实施难度而定。

(2) 分布式实施的项目。

实施系数 s 与"实施单位(点)数"相关。设 n 为需要实施的单位(点)数,一般情况下:

$$s＝0.2+(n-1)×q$$

其中,q 是调节因子,一般取值范围为 $0.08 \leqslant q \leqslant 0.15$,具体取值依项目实施难度而定。

(3) 个别项目如果对实施有特殊要求(这些特殊要求是一般项目中从未出现过的或有本地化开发工作的),或者实施环境、条件、难度等方面因素的影响,则经专业机构或者专家评估,实施系数可以超出此范围上限的限制。

(4) 如果软件项目是系统集成项目中的一部分,实施时需要整体考虑,则可将实施费抽出另算。一种是将软件实施费并入到整个集成项目的实施费用中,另一种就是在软件实施费中加入项目集成的实施费用。

3.4.7　维护阶段工作量估算

软件项目通过验收,交付使用后,需进行一年的系统维护。维护内容包括:运行管理、系统平台维护、应用软件维护、数据维护等。根据不同的用户要求,系统维护服务可分为以下两种情形。

1. A 级

软件企业派出技术人员常驻用户处，解决日常运行中发生的问题，则其工作量由派驻人员的数目和派驻的时间决定。

$$软件（系统）维护工作量＝派驻的人员数×时间（月）$$

2. B 级

软件企业在国家规定的正常工作时间，按双方约定的条件和时间到达现场，且每月（或定期）派技术人员到现场进行软件（系统）性能调试，使之运行处于良好状态。则 B 级的维护工作所需工作量依据开发工作量、实施工作量、维护系数来计算。

$$\begin{aligned}运行维护工作量（人·月）&＝（开发工作量＋实施工作量）×维护系数\ w\\&＝（开发工作量＋开发工作量×实施系数\ s）×维护系数\ w\\&＝D×(1＋s)×w\end{aligned}$$

维护系数 w 取值范围为 $0.15\sim0.20$，具体取值依据项目维护难度而定。

针对个别项目，如果对维护有特殊要求（这些特殊要求是一般项目中从未出现过的），则经专业机构或者专家评估，维护成本系数可以不受此限制。

系统后期维护：系统运行一年之后的系统维护，需另行签订系统维护合约。为了有利于保证用户的利益和扶植软件企业，在维护工作范围不变的前提下，如果新的维护合同的维护费用不超过上一年度维护金额的 115％，则用户应该和原开发商直接签订维护合同，否则可进行招投标并确定新的维护合同的项目承担单位。

3.5 开发工期估算

视频讲解

项目估计的第三步，是根据工作量制订项目计划，包括人员安排、工作量分解、开始和完成时间等。可以根据自己的历史数据或行业模型决定所需的人力资源并落实到项目计划。

如果没有以上信息，可以使用估计模板中的方法来进行计算：完成工作量估计后，根据现在的资源情况，确定在每个阶段投入的资源，根据相关的计算方法计算出进度。

工期（天）＝{工作量（人·天）×（1－并行工作比例）}＋工作量×并行工作比例/投入资源（人）

另外，若考虑开发时间则可以把学习曲线考虑进去：产量以倍数增加时工作效率以固定比率提高，这一比率称为学习率。

例如，一个员工在进行一项工作第一次需要 10 个工作日，第二次需要 8 个工作日，则其学习率为80％，当次数继续增加时，即重复 4 次，可以期望第 4 次工作时间为 6.4 天，第 8 次只需要 4 天。

那么，得到第 n 次完成产出需要的时间公式为：

$$T_n＝T_1 n^{-r}$$

其中：

T_n：第 n 次完成产出所需要的时间。

T_1：第 1 次完成产出所需要的时间。

n：所完成产出的次数。

$r＝\lg（学习率）/\lg2＝\log2（学习率）$。

开发 n 个类似软件项目所需要的总时间 T 为:

$$T_{平均} = \frac{T_1}{1-r} n^{1-r}$$

平均开发时间为:

$$T_{平均} = \frac{T_1}{1-r} n^{1-r}$$

那么,学习曲线如图 3-4 所示。

由于新项目与历史项目在应用领域、环境和复杂度方面具有相似性,所以可以把学习曲线考虑进去,结合学习曲线法进行估算。

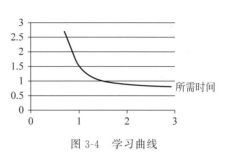

图 3-4 学习曲线

视频讲解

3.6 成本估算方法

成本估算是指对完成项目各项活动所必需的各种资源的成本做出的估算。

估算计划活动的成本,涉及估算完成每项计划活动所需的资源,包括人力资源、设备、材料、服务、设施和特殊条目,如通货膨胀准备金和应急准备金等的近似费用。在估算时需考虑估算偏差可能的原因如风险等。计划活动成本估算是针对完成计划活动所需资源的可能费用进行的量化评估。

将软件项目开发过程与有形的产品进行类比,软件项目开发总成本可以分为可确定成本与变动成本,单位总成本可分为单位可确定成本与单位变动成本等,其关系如下。

总成本 = 总可确定成本 + 总变动成本

单位总成本 = 单位可确定成本 + 单位变动成本

其中,固定成本表示能够确定的成本,如软件开发工具平均费用分摊、硬件资源平均费用分摊、数据库费用、团队建设费等。软件项目开发过程成本主要为变动成本,变动成本是不可确定的其他成本,如培训费用、管理费用、差旅费等。这与软件项目开发过程工作量与进度或开发工期有关,如:

人力成本 = 工作量(以人·年或人·月计) × 员工平均工资

培训费用 = 开发工期 × 培训单价 × 培训频率

管理费用 = 开发工期 × 管理费用单价

差旅费用 = 开发工期 × 平均差旅次数 × 平均差旅单价

那么,可以得到总的成本为:

总成本 = $\sum$ 单位总成本 = $\sum$ 单位可确定成本 + $\sum$ 单位变动成本

= $\sum$ 单位软件开发工具平均费用分摊 + $\sum$ 单位硬件资源平均费用分摊 +

$\sum$ 单位人力成本 + $\sum$ 单位培训费用 + $\sum$ 单位管理费用 + $\sum$ 单位差旅费用

3.6.1 咨询费

咨询费是指软件项目立项前期,请专业机构或者专家进行技术咨询、可行性分析、需求分析,造价评估、方案设计、项目招标代理等方面工作所发生的费用。

　　该部分费用可根据项目预计投入的建设费按照一定比例计取,也可以根据所投入的人·月数进行计取,此外还可以由双方协商确定。如表 3-9 和表 3-10 所示,在招标活动中,公证处对全过程进行现场公证并对采购合同进行公证,公证费按照国家规定标准计算。

表 3-9　软件行业咨询取费标准

收费项目	收费基数	基准费率/%					
		≤100 万	101～300 万	301～500 万	501～1000 万	1001～3000 万	>3000 万
需求分析、可行性分析、系统设计等	项目预投入费	8.3	7.8	7.3	6.7	5.4	4.5
估价	项目预投入费	3.6	3.0	2.5	2.2	1.8	1.5
招标代理	中标金额	1.0	0.8	0.7	0.55	0.35	0.3
技术咨询	每人每日	1000～1500 元					

表 3-10　公证服务取费标准

标的额 m/万元	≤2	2<m≤5	5<m≤10	10<m≤50	50<m≤100	100<m≤200	200<m≤300	300<m≤400	>400
费率/%	1	0.8	0.6	0.5	0.4	0.3	0.2	0.1	0.05

　　注:

　　按表 3-9 计费不足 1000 元的,按 1000 元收费。

　　按表 3-10 计费不足 200 元的,按 200 元收费。

　　技术咨询按耗用工时(日)计费,为完成委托任务发生的差旅、交通费由委托方另行支付。

　　招标代理收费和公证服务收费按差额定率累进法计算。

　　如某招标代理业务中标金额为 600 万元,计算招标代理费如下。

$$100 万元 \times 1.0\% = 1 万元$$
$$(300 - 100) 万元 \times 0.8\% = 1.6 万元$$
$$(500 - 300) 万元 \times 0.7\% = 1.4 万元$$
$$(600 - 500) 万元 \times 0.55\% = 0.55 万元$$

则合计收费:1+1.6+1.4+0.55=4.55 万元。

3.6.2　建设费

　　建设费包括支付给软件开发商的进行软件开发、实施、维护等方面工作的费用。主要依据工作量(完成该项目需要投入的人力,以人·月度量)和人·月成本进行估算。

$$建设费＝开发费＋实施费＋运行维护费$$
$$＝(开发工作量＋实施工作量＋运行维护工作量)×人·月成本$$

3.6.3 服务费

1. 验收测试费

软件项目验收是一个运行环境复杂、技术难度较高、评价体系抽象的过程。

该项目验收除经过专家评审外,还应进行相应验收测试,只有两者结合才能为信息化项目验收和鉴定提供定性、定量的科学依据,才能做出较为客观准确的验收和鉴定结论。软件项目的验收测试是根据项目的特点(功能、技术需求和大小等)以及项目投入,按照评价软件质量的功能性、易用性、可靠性、可维护性、可移植性、效率、文档等7个特性进行特性裁减,分为功能确认测试和项目验收测试。

1) 功能确认测试

项目对象:省、市级信息化建设项目包括电子政务建设项目验收,各种渠道申报的与软件相关的科技项目的验收和科技成果鉴定项目。

测试内容:根据申报或鉴定的技术条款和软件操作手册及被测软件运行确定测试内容,一般只覆盖软件的功能性、易用性和文档。主要判断被测系统是否完成合同要求的功能及相关特性。

收费标准:8000～10 000 元。

2) 项目验收测试

项目对象:各类信息化建设项目包括电子政务建设项目应用发布之前的验收,各种渠道申报的与软件相关的科技项目的验收和科技成果的鉴定项目以及合同中的条款覆盖效率和可移植性等特性要求的项目。

测试内容:在模拟或实际环境下测试被测系统是否实现了用户需求,是否达到了国家标准的相关要求。依据用户需求分析、合同的技术条款、国家标准的特性要求、软件操作手册和被测软件运行确定测试内容。

收费标准:验收测试费＝建设费 D ×各测试项费率之和×调节系数 t

各测试项的费率及收费调节系数取值如表 3-11 和表 3-12 所示。

表 3-11 验收测试项费率

序号	测试项	子 特 性	费率/a %
1	功能性	功能点≤100	$a \geq 2.8$
		功能点>100	$a \geq 3$
2	易用性	易理解性	$a \geq 0.07$
		易学性	$a \geq 0.06$
		易操作性	$a \geq 0.07$
3	可靠性	成熟性	$a \geq 0.2$
		容错性	$a \geq 0.2$
		易恢复性	$a \geq 0.1$

续表

序号	测试项	子 特 性		费率/a %
4	维护性	易改变性		$a \geq 0.07$
		稳定性		$a \geq 0.07$
		易测试性		$a \geq 0.06$
5	可移植性	一个环境下测试		$a \geq 0.2$
		多个测试环境,测试环境数 n		$a \geq 0.2 + (n-1) \times 0.1$
6	效率	一般的效率指标		$a \geq 1$
		负载压力测试	并发用户数≤50,测试脚本数≤3	$a \geq 1$
			每增加 50 个以内用户数或 3 个以下测试脚本数	a 递增 0.5
7	文档	用户文档		$a \geq 0.1$
		技术合同		$a \geq 0.05$
		需求规格说明书		$a \geq 0.1$

表 3-12 调节系数 t 取值范围

序 号	项目建设费 D/万元	收费折扣系数(t)
1	$D \leq 200$	≥ 1
2	$200 < D \leq 500$	≥ 0.98
3	$500 < D \leq 1000$	≥ 0.96
4	$1000 < D \leq 2000$	≥ 0.95
5	$2000 < D \leq 5000$	≥ 0.93
6	$5000 < D \leq 10\,000$	≥ 0.92
7	$D \geq 10\,000$	≥ 0.90

关于项目验收测试需要注意：

(1) 影响项目验收测试费用的因素一个是项目的大小,另一个是所选择的测试项。被选测试项多少决定测试费率 a,项目大小决定收费调节系数 L。

(2) 根据项目特点针对软件各个特性进行选择测试,测试费率为所选择软件特性测试费率 a 各项之和。

(3) 根据项目大小采取项目建设费越高费率越低原则进行调节。

(4) 项目验收测试最低收费为:8000 元(不含负载压力测试),2 万元(含负载压力测试)。

2. 工程监理费

软件项目监理收费既考虑了信息系统软件项目的特点,又参照了其他监理行业的收费标准、收费方式。一般地,可按照项目建设费(或合同价格)的一定百分比收费,其收费比率主要根据项目的规模、阶段、内容、复杂程度及监理成本等多方面因素综合计算。计算公式如下。

监理费＝建设费 $D \times$ 基本费率 $a \times$ 地域调整系数 $d \times$ 工期调整系数 e

（1）基本费率 a 根据项目建设费的规模进行调整。取值范围如表 3-13 所示。

表 3-13　监理基本费率 a 取值范围

序　号	项目建设费 D/万元	费率 a/%
1	$D \leqslant 200$	>12
2	$200 < D \leqslant 500$	>9
3	$500 < D \leqslant 1000$	>7
4	$1000 < D \leqslant 2000$	>6
5	$2000 < D \leqslant 5000$	>5
6	$5000 < D \leqslant 10\,000$	>4
7	$D > 10\,000$	>3

（2）鉴于软件项目实施时分布的地域会有所不同，因此，监理的费率应在基本费率的基础上考虑地域的因素。地域调整系数 d 取值范围如表 3-14 所示。

表 3-14　地域调整系数 d 取值范围

序　号	地　域　范　围	地域调整系数
1	集中实施	1
2	地市范围	1～1.2
3	全省范围	1.2～1.5
4	全国范围	1.5～2

（3）鉴于软件项目工期长短不一，因此，监理的费率应在监理的基本费率基础上考虑工期的因素。工期越长，系数越大。工期调整系数 e 取值范围如表 3-15 所示。

表 3-15　工期调整系数 e 取值范围

序　号	工程工期 T/年	工期调整系数 e
1	$T \leqslant 1$	$e > 0.9$
2	$1 < T \leqslant 2$	$e > 1.1$
3	$T > 2$	$e > 1.4$

（4）其他。

对于非监理原因造成工程延期而产生的监理附加工作，监理单位有权获得监理附加报酬。

$$监理附加报酬率 = 监理费 \times 附加工作月数 / 合同规定月数$$

对于项目结束后的维护，其监理收费由用户单位和监理单位协商解决。

本参考标准未作规定的，可参考国家相关标准。

3. 数据处理费

项目中如含有大量档案、数据需要录入、处理，则需要考虑相应的数据处理服务费。收费标准可以根据所需要处理的资料的页数核计收费。

一般情况下，单纯的数据录入收费标准为 0.3～0.5 元/页。特殊要求的数据处理可依据合同约定。

4. 附加费

如果用户需要软件开发商提交源代码，则必须支付相应的知识产权费；如果所开发的项目是涉密项目，则需额外再支付给软件开发商保密费。这些费用的计算均与软件开发工作量相关，也就是与项目建设费相关，可按照项目建设费的一定比例计取，或者双方协商。

5. 需求变更估算

由于软件开发过程中，用户的需求有可能不断变化，从而导致开发工作量的变化，费用追加。故在立项阶段即要请专业机构或者专家对需求变更的风险性进行评估，以便在做项目预算时留出足够应付需求变更的经费。

项目需求变更一般发生在项目建设过程中，立项阶段的咨询服务不受需求变化的影响。但验收测试和工程监理工作量会随着需求变化而加大，所以需求变更费为：

需求变更费 = （建设费 + 验收测试费 + 监理费） × 需求变更风险系数 f

风险系数 f 可依据以下因素确定。

（1）项目的成熟度：如果是新项目，则开发过程中出现需求变更的可能性很大，需求变更幅度大，风险系数就高；如果是成熟项目，或者已经有过案例的项目，需求变化的可能性较小，即使有变化，幅度也不会太高，则风险系数就低。

（2）项目的规模大小：如果项目规模小，需求容易确定，变更概率就小，反之就大。

（3）用户业务的稳定性和管理的规范性：用户单位业务的变化和业务流程的调整，都有可能带来开发过程中需求的变化。

前期项目需求分析、系统设计的规范性和完善性：前期的需求分析是否全面到位、系统设计得是否规范和细致，会影响到开发过程的需求变化率。

小结

本章主要列举了两种规模估算方法：德尔菲法和类比估算法，但是这两种方法都具有局限性，本章介绍这两种方法的目的也是希望读者在做软件项目成本估算的时候可以结合这两种方法综合进行估算，即先用类比估算方法划分每个功能单元，组织德尔菲估算方法小组，对每个功能单元进行估算，同时要标识出每个功能列表与历史项目的相同点和不同点，特别要注意历史项目做得不够的地方，还要解决可重用代码的估算问题。

介绍了两种工作量估算模型：普特纳姆模型和经验估算模型。当然，普特纳姆模型也可以用于软件工期估算，实际上普特纳姆模型也是必须以软件工期估算为前提的。经验估算模型也称为 COCOMO 模型，这种模型有比较成熟的理论系统，从很多使用过 COCOMO模型的人员评价来看，这种模型也能比较准确地对工作量进行估算，但是需要考虑的因素较多。建议的做法是使用 COCOMO 估算或是其他有效的估算方法，在重估算的时候可以考虑使用普特纳姆模型。

对于开发工期估算，除了介绍传统的估算公式外，还介绍了考虑使用学习曲线的方法进行估算，由于软件项目的特殊性，对人员和技术的依赖比较大，使用学习曲线方法进行估算可以增加估算结果的准确性。

最终，要进行软件项目开发成本的估算。由于有软件规模估算、工作量估算、软件开发工期估算为前提在进行成本估算的时候还要考虑能产生成本的各个因素。同时适时地进行重估算的步骤也是有价值的。

思考题

1. 简述项目成本估算的重要意义。
2. 详细说明项目成本估算的内容和流程。
3. 简述规模估算方法。
4. 简述工作量估算方法。
5. 简述开发工期估算方法。
6. 简述成本估算方法。

第4章

软件项目进度计划

每次 IBM 的进步都源于有人愿意去尝试,去冒风险,去创新。

——托马斯·沃森(Thomas J. Watson)

软件项目进度计划是软件项目计划中的一个重要组成部分,影响到软件项目能否顺利进行,资源能否被合理使用,直接关系到项目的成败。为做好项目进度管理工作,必须根据项目实施的进度管理目标要求,制订出项目实施的进度计划系统。软件项目进度计划是表达项目中各项工作、工序的开展顺序、开始及完成时间及其相互衔接关系的计划。它可分为项目总体进度计划、分项进度计划和年度进度计划等。

根据需要,计划系统一般包括项目总进度计划,单位工程进度计划,分部、分项工程进度计划,季、月、旬等作业计划。这些计划的编制对象由大到小,内容由粗到细,将进度管理目标逐层分解,保证了计划控制目标的落实。

本章共分为三部分介绍。4.1 节介绍软件项目进度计划包含的内容;4.2 节介绍软件项目进度计划方法;4.3 节以一个项目为例对项目的进度计划做一个直观的说明。

视频讲解

4.1 概述

软件项目管理主要集中反映在项目的成本、质量和进度三方面,这反映了软件项目管理的实质,这三方面通常称为软件项目管理的"三要素",如图 4-1 所示。

进度是三要素之一,与成本、质量二要素有着辩证的有机联系。软件项目进度计划是软件项目计划中的一个重要组成部分,它影响到软件项目能否顺利进行,资源能否被合理使用,直接关系到项目的成败。它包括以下方面的内容。

(1) 项目活动排序:即确定工作包的逻辑关系。活动依赖关系

图 4-1　项目进度管理
的三要素

确认的正确与否,将会直接影响到项目的进度安排、资源调配和费用的开支。项目活动的安排,主要是用网络图法、关键路径法和里程碑(Milestone)制度。

(2) 项目历时估算:历时估算包括一项活动所消耗的实际工作时间加上工作间歇时间。历时估算方法主要有类比法、专家法、参数模型法。类比法通过相同类别的项目比较,确定不同的项目工作所需要的时间。专家法依靠专家过去的知识、经验进行估算。参数模型法是通过依据历史数据,用计算机回归分析来确定一种数学模型的方法。

(3) 制订进度计划:制订进度计划就是决定项目活动的开始和完成的周期。根据对项目内容进行的分解,找出项目工作的先后顺序。估计出工作完成时间之后,就要安排好工作的时间进度。随着较多数据的获得,对日常活动程序反复进行改进,进度计划也将不断更新。

软件项目开发计划周期如图 4-2 所示。

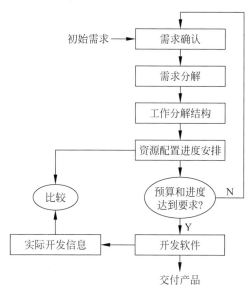

图 4-2 软件项目开发计划周期

软件计划从初始需求开始,对用户需求的任何功能,都能根据目标制订一个计划。如果计划是可行的,则接受需求,否则就需求与用户协商,要么取消功能,要么增加时间、资源。项目结束后,用实际开发的信息、计划进行比较,以提高以后项目计划的准确性。

4.1.1 包含内容

项目进度管理包括为管理项目按时完成所需的各个过程,具体如下。

(1) 规划进度管理:为规划、编制、管理、执行、控制项目进度而制定政策、程序、文档的过程。

(2) 定义活动:识别、记录为完成项目可交付成果而需采取的具体行动的过程。

(3) 排列活动顺序:识别、记录项目活动之间的关系的过程。

(4) 估算活动持续时间:根据资源估算的结果,估算完成单项活动所需工作时段数的过程。

（5）制订进度计划：分析活动顺序、持续时间、资源需求、进度制约因素，创建项目进度模型，从而落实项目执行和监控的过程。

（6）控制进度：监督项目状态，以更新项目进度和管理进度基准变更的过程。

项目管理团队选择进度计划方法，例如，关键路径法或敏捷方法。之后，项目管理团队将项目特定数据，如活动、计划日期、持续时间、资源、依赖关系、制约因素等输入进度计划编制工具，以创建项目进度模型。这个工作的成果就是项目进度计划。图4-3是进度计划工作的概览，展示如何结合进度计划编制方法、编制工具、项目进度管理各过程的输出来创建进度模型。

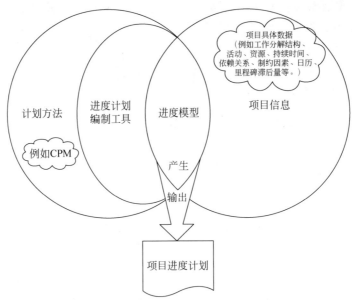

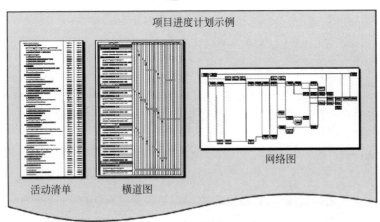

图 4-3　进度规划工作概述

项目进度管理的发展趋势和新兴实践全球市场瞬息万变，竞争激烈，具有很高的不确定性和不可预测性，很难定义长期范围。因此，为应对环境变化，根据具体情景有效采用和裁剪开发实践就日益重要。适应型规划虽然制订了计划，但也意识到工作开始之后，优先级可能发生改变，需要修改计划以反映新的优先级。

以下是有关项目进度计划方法的实践。

（1）具有未完项的迭代型进度计划：是一种基于适应型生命周期的滚动式规划，例如敏捷的产品开发方法。这种方法将需求记录在用户故事中，然后在建造之前按优先级排序并优化用户故事，最后在规定的时间内开发产品功能。这一方法通常用于向客户交付增量价值，或多个团队并行开发大量内部关联较小的功能。这种方法的好处在于允许在整个开发生命周期期间进行变更。

（2）按需进度计划：通常用于看板体系，基于制约理论和来自精益生产的拉动式进度计划概念，根据团队的交付能力限制团队正在开展的工作。按需进度计划方法不依赖于以前为产品开发或产品增量制订的进度计划，而是在资源可用时，立即从未完项和工作序列中提取出来。按需进度计划方法经常用于此类项目，在运营或持续环境中，以增量方式研发产品，其任务可以被设计成相对类似的规模和范围，或者可以按规模和范围进行组合的工作。

4.1.2　裁剪因素

由于每个项目都是独特的，因此，项目经理可能需要裁剪项目进度管理过程。裁剪时应考虑的因素如下。

（1）生命周期方法：哪种生命周期方法最适合制订详细的进度计划？

（2）资源可用性：影响资源可持续时间的因素是什么？

（3）项目维度：项目复杂性、技术不确定性、产品新颖度、速度或进度跟踪如何影响预期的控制水平？

（4）技术支持：是否采用技术来制定、记录、传递、接收、存储项目进度模型的信息以及是否易于获取？

关于敏捷/适应型环境的适应型方法，采用短周期来开展工作、审查结果，并在必要时做出调整。这些周期可针对方法和可交付成果的适用性提供快速反馈，通常表现为迭代型进度计划和拉动式按需进度计划。

大型组织中，可能同时存在小规模项目和大规模举措，需要制定长期路线图，通过规模参数（如团队规模、地理分布、法规合规性、组织复杂性、技术复杂性）来管理这些项目集。为管理大规模的、全企业系统的、完整的交付生命周期，可能需要采用一系列技术，包括预测型方法、适应型方法或两种方法的混合。组织还可能需要结合几种核心方法，或采用已实践过的方法，并采纳来自传统技术的一些原则和实践。

无论是采用预测型开发生命周期来管理项目，还是在适应型环境下管理项目，项目经理的角色都不变。但是，要成功实施适应型方法，项目经理需要了解如何高效使用相关的工具和技术。

4.1.3　规划进度管理

规划进度管理是为规划、编制、管理、执行、控制项目进度而制定政策、程序、文档的过程。本过程的主要作用是为如何在整个项目期间管理项目进度提供指南和方向。本过程仅开展一次或仅在项目的预定义点开展。图 4-4 描述本过程的输入、工具与技术、输出。

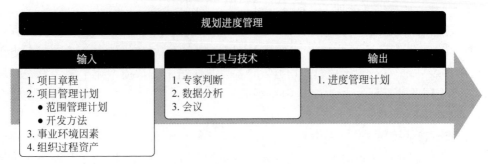

图 4-4　规划进度管理：输入、工具与技术、输出

1. 输入

（1）项目章程：规定的总体里程碑进度计划，会影响项目的进度管理。

（2）项目管理计划：组件包括①范围管理计划，描述如何定义和划定范围，并提供有关如何制订进度计划的信息；②开发方法，有助于定义进度计划方法、估算技术、进度计划编制工具以及用来控制进度的技术。

（3）事业环境因素：能够影响规划进度管理过程的包括①组织文化和结构；②团队资源可用性、技能以及物质资源可用性；③进度计划软件；④指南和标准，用于裁剪组织标准过程和程序以满足项目的特定要求；⑤商业数据库，如标准化的估算数据。

（4）组织过程资产：能够影响规划进度管理过程的包括①历史信息和经验教训知识库；②现有与制订进度计划以及管理和控制进度相关的正式和非正式的政策、程序和指南；③模板和表格；④监督和报告工具。

2. 工具与技术

（1）专家判断：应征求具备专业知识或在以往类似项目中接受过相关培训的个人或小组的意见，包括①进度计划的编制、管理、控制；②进度计划方法，如预测型或适应型生命周期；③进度计划软件；④项目所在的特定行业。

（2）数据分析：适用于本过程的数据分析技术，包括备选方案分析。备选方案分析可包括确定采用哪些进度计划方法，以及如何将不同方法整合到项目中；此外，还可以包括确定进度计划的详细程度、滚动式规划的持续时间，以及审查和更新频率。管理进度所需的计划详细程度与更新计划所需的时间量之间的平衡，应针对各个项目具体而言。

（3）会议：项目团队可能举行规划会议来制订进度管理计划。参会人员可能包括项目经理、项目发起人、选定的项目团队成员、选定的相关方、进度计划或执行负责人，以及其他必要人员。

3. 输出

进度管理计划是项目管理计划的组成部分，为编制、监督、控制项目进度建立准则和明确活动。根据项目需要，进度管理计划可以是正式或非正式的，非常详细或高度概括的，其中应包括合适的控制临界值。

进度管理计划规定以下内容：

（1）项目进度模型制定：需要规定用于制定项目进度模型的进度规划方法论和工具。

（2）进度计划的发布和迭代长度：使用适应型生命周期时，应指定固定时间的发布时段、阶段、迭代。固定时间段指项目团队稳定地朝着目标前进的持续时间,可以推动团队先处理基本功能,然后在时间允许的情况下再处理其他功能,从而尽可能减少范围蔓延。

(3)准确度:定义了需要规定活动持续时间估算的可接受区间,以及允许的应急储备数量。

(4)计量单位:需要规定每种资源的计量单位,例如,用于测量时间的人·时数、人·天数、周数,用于计量数量的米、升、吨、千米、立方米。

(5)组织程序链接:工作分解结构(Work Breakdown Structure,WBS)为进度管理计划提供了框架,保证了与估算及相应进度计划的协调性。

(6)项目进度模型维护:需要规定在项目执行期间,将如何在进度模型中更新项目状态,记录项目进展。

(7)控制临界值:可能需要规定偏差临界值,用于监督进度绩效,是在需要采取某种措施前允许出现的最大差异。临界值通常用偏离基准计划中的参数的某个百分数来表示。

(8)绩效测量规则:需要规定用于绩效测量的增值管理(Earned Value Management,EVM)规则或其他测量规则,例如,进度管理计划可能规定。

(9)确定完成百分比的规则。

(10)EVM 技术,如基准法、固定公式法、完成百分比法等。

(11)进度绩效测量指标,如进度偏差(Schedule Variance,SV)和进度绩效指数(Schedule Performance Index,SPI),用来评价偏离原始进度基准的程度。

(12)报告格式:需要规定各种进度报告的格式和编制频率。

4.2 软件项目进度计划方法

视频讲解

曾经有人请教《日月神话》的作者 Brooks,"软件项目的进度是如何延迟的?"Brooks 的回答非常简单、深刻:"一天一次(延迟)。"可见,如果不进行有效的进度控制,那么项目的进度就很容易在不知不觉中延误。

由于软件项目自身的特点,很多适合一般工程项目的进度计划方法,直接应用在软件项目中是不合适的。

建立一个适合软件项目进度计划的模型,将运用到如下工具、方法。

4.2.1 软件项目估算

进度计划是决定项目开发成功与否的关键因素,而估算是任何软件项目进度计划中不可或缺的重要内容,是确保软件项目进度计划制订的基础。软件项目估算包括工作量估算和成本估算两方面。由于两者在一定条件下可以相互转换,所以这里不刻意区分。软件项目中工作量的单位通常是人·月。

一般说来,有专家判定、类比法、功能点估计法三种估算方法。

1. 专家判定

专家判定就是与一位或多位专家商讨,专家根据自己的经验和对项目的理解对项目成本做出估算。由于单独一位专家可能会产生偏颇,因此最好由多位专家进行估算。对于由多个专家得到的多个估算值,需要采取某种方法将其合成一个最终的估算值。可采取的方式有以下几种。

(1) 求中值或平均值:这种方法非常简便,但易于受到极端估算值的影响而产生偏差。

(2) 召开小组会议:组织专家们召开小组会议进行讨论,以使他们统一或者同意某一估算值。该方法能去掉一些极为偏颇无知的估算,但易于受权威人士或能言善辩人士的影响。

(3) 德尔菲(Delphi)技术:如 3.3.1 节所述,德尔菲是 1948 年 Rand 公司创始实行的一种预测未来时间的技术,随后在诸如联合规划之类的各种其他应用中作为使专家意见一致的方法。采用标准德尔菲技术的步骤如图 4-5 所示。

(1) 协调员给每位专家一份软件规格说明书和一张记录估算值的表格。

(2) 专家无记名填写表格,可以向协调员提问,但相互之间不能讨论。

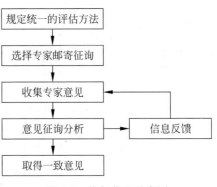

图 4-5　德尔菲法示意图

(3) 协调员对专家填在表上的估算进行小结,据此给出估算迭代表,要求专家进行下一轮估算。迭代表上只表明专家自己的估计,其他估计匿名。

(4) 专家重新无记名填写表格。该步骤要适当地重复多次,在整个过程中不得进行小组讨论。

2. 类比法

类比法就是把当前项目和以前做过的类似软件项目做比较,通过比较获得其工作量的估算值。

该方法适合评估一些与历史项目在应用领域、环境和复杂度方面相似的项目,通过新项目与历史项目的比较,得到规模估计。类比法估计结果的精确度,取决于历史项目数据的完整性和准确度。因此,用好类比法的前提条件之一,是组织建立起较好的项目后评价与分析机制,对历史项目的数据分析是可信赖的。其基本步骤如下。

(1) 整理出项目功能列表和实现每个功能的代码行。

(2) 标识出每个功能列表与历史项目的相同点和不同点。

(3) 注意历史项目做得不够的地方。

(4) 通过步骤(1)和(2)得出各个功能的估计值。

(5) 产生规模估计。

软件项目中用类比法往往还要解决可重用代码的估算问题。估计可重用代码量的最好办法就是由程序员或系统分析员详细地考察已存在的代码,估算出新项目可重用的代码中需重新设计的代码百分比,需重新编码或修改的代码百分比以及需重新测试的代码百分比。根据这三个百分比,可用下面的计算公式计算等价新代码行:

等价代码行＝((重新设计％＋重新编码％＋重新测试％)/3)×已有代码行

例如,有 10 000 行代码,假设30％需要重新设计,50％需要重新编码,70％需要重新测试,那么其等价的代码行可以计算为:

((30％＋50％＋70％)/3)×10 000＝5000 等价代码行

意即,重用这 10 000 代码相当于 5000 代码行的工作量。

3. 功能点估计法

功能点估计法是在需求分析阶段基于系统功能的一种规模估计方法。通过研究初始应用需求来确定各种输入、输出、计算和数据库需求的数量和特性。通常的步骤如下。

(1) 计算输入、输出、查询、主控文件和接口需求的数目。

(2) 将这些数据进行加权乘。

(3) 估计者根据对复杂度的判断,总数可以用+25%、0 或-25%调整。

4.2.2 工作分解结构

软件项目进度计划管理的另一个重要环节是进行有效的工作分解结构。工作分解结构(Work Breakdown Structure,WBS)是对工作的分级描述。WBS 跟因数分解是一个原理,就是把一个项目按一定的原则分解,项目分解成任务,任务再分解成一项项工作,再把一项项工作分配到每个人的日常活动中,直到分解不下去为止,即项目→任务→工作→日常活动。

WBS 以可交付成果为导向对项目要素进行分组,归纳,定义了项目的整个工作范围,每下降一层代表对项目工作的更详细定义。图 4-6 是一个典型的 WBS 结构。

图 4-6 典型的 WBS 结构

WBS 总是处于计划过程的中心,也是制订进度计划、资源需求、成本预算、风险管理计划、采购计划的重要基础。WBS 同时也是控制项目变更的重要基础。项目范围是由 WBS 定义的,所以 WBS 也是一个项目的综合工具。

WBS 的基本要素主要有三个:层次结构、编码、报告。

1. 层次结构

WBS 结构的总体设计对于一个有效的工作系统来说是个关键。结构应以等级状或"树状"来构成,使底层代表详细的信息,而且其范围很大,逐层向上。即 WBS 结构底层是管理项目所需的最低层次的信息,在这一层次上,能够满足用户对交流或监控的需要,这是项目经理、工程和建设人员管理项目所要求的最低水平;结构上的第二个层次将比第一层次要窄,而且提供信息给另一层次的用户,以此类推。

结构设计的原则是必须有效和分等级,但不必在结构内建太多的层次,因为层次太多了不易有效地管理。对一个大项目来说,4~6 个层次就足够了。

在设计结构的每一层中,必须考虑信息如何向上流入第二层次。原则是从一个层次到另一个层次的转移应当以自然状态发生。此外,还应考虑到使结构具有能够增加的灵活性,并从一开始就注意使结构被译成代码时对于用户来说是易于理解的。

2. 编码

工作分解结构中的每一项工作或者称为单元都要编上号码，用来唯一确定项目工作分解结构的每一个单元，这些号码的全体称为编码系统。编码系统同项目工作分解结构本身一样重要，在项目规划和以后的各个阶段，项目各基本单元的查找、变更、费用计算、时间安排、资源安排、质量要求等各方面都要参照这个编码系统。若编码系统不完整或编排不合适，会引起很多麻烦。

在 WBS 编码中，任何等级的一个工作单元，是次一级工作单元的总和，如第二个数字代表子工作单元（或子项目）——也就是把原项目分解为更小的部分。于是，整个项目就是子项目的总和。所有子项目的编码的第一位数字相同，而代表子项目的数字不同，再下一级的工作单元的编码以此类推。

3. 报告

设计报告的基本要求，是以项目活动为基础产生所需的实用管理信息，而不是为职能部门产生其所需的职能管理信息或组织的职能报告。即报告的目的是要反映项目到目前为止的进展情况，通过这个报告，管理部门将能够去判断和评价项目各方面是否偏离目标，偏离多少。

4.2.3　进度计划的技术方法

1. 甘特图

甘特图（Gantt Chart），也称为条状图（Bar Chart），是亨利·甘特（Henry Laurence Gantt）于 1917 年开发的，其内在思想简单，基本是一个线条图，横轴表示时间，纵轴表示活动（项目），线条表示在整个期间上计划和实际的活动完成情况。

甘特图直观地表明任务计划在什么时候进行，及实际进展与计划要求的对比。管理者由此极为便利地弄清一项任务（项目）还剩下哪些工作要做，并可评估工作是提前还是滞后，抑或正常进行，是一种理想的控制工具。

甘特图主要用于对软件项目的阶段、活动和任务的进度完成状态的跟踪。该方法依据软件项目 WBS 的各层节点的进度估计值，使用直观的甘特图显示工作进度计划和工作实际进度状态。甘特图是 WBS 的图示，也是工作完成状态的可视化快照（Snapshot），能够动态地、实时地、直观地比较工作的进展状态。甘特图中横坐标是时间维，纵坐标是 WBS 维，甘特图的起点和终点分别表示阶段、活动和任务的开工时间和完工时间，甘特图的长度表示工期。甘特图的示例如图 4-7 所示。

甘特图具有简单、醒目和便于编制等特点，在软件项目管理工作中被广泛应用。甘特图按照反映的内容不同，可分为计划图表、负荷图表、机器闲置图表、人员闲置图表和进度表五种形式。绘制甘特图的步骤如下。

（1）明确项目牵涉到的各项活动、项目。内容包括项目名称（包括顺序）、开始时间、工期、任务类型（依物决定性）和依赖于哪一项任务。

（2）创建甘特图草图。将所有的项目按照开始时间、工期标注到甘特图上。

（3）确定项目活动依赖关系及时序进度。使用草图，并且按照项目的类型将项目联系

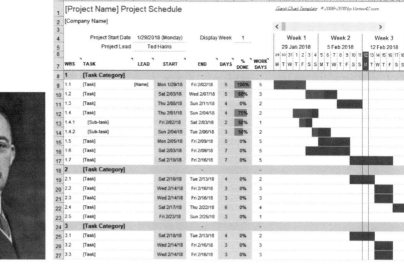

图 4-7 亨利·甘特和甘特图示例

起来,并且安排。

此步骤将保证在未来计划有所调整的情况下,各项活动仍然能够按照正确的时序进行,也就是确保所有依赖性活动能并且只能在决定性活动完成之后按计划展开,同时避免关键性路径过长。

(4) 计算单项活动任务的工时量。

(5) 确定活动任务的执行人员及适时按需调整工时。

(6) 计算整个项目时间。

在甘特图中,每一任务的完成不以能否继续下一阶段的任务为标准,其标准是能否交付相应文档和通过评审。甘特图清楚地表明了项目的计划进度,并能动态地反映当前开发的紧张状况,但其不足之处在于不能表达出各任务之间复杂的逻辑关系。所以,甘特图大多用于小型项目。

2. 计划评审技术

计划评审技术(Program Evaluation and Review Technique,PERT)最早是由美国海军在计划和控制北极星导弹的研制时发展起来的。PERT 技术使原先估计的、研制北极星潜艇的时间缩短了两年。

PERT 是利用网络分析制订计划以及对计划予以评价的技术,能协调整个计划的各道工序,合理安排人力、物力、时间、资金,加速计划的完成。在现代计划的编制和分析手段上,PERT 被广泛使用,是现代化管理的重要手段和方法。

PERT 网络是一种类似流程图的箭线图,描绘出项目包含的各种活动的先后次序,标明每项活动的时间或相关的成本。项目管理者必须考虑要做哪些工作,确定时间之间的依赖关系,辨认出潜在的可能出问题的环节,还可以方便地比较不同行动方案在进度和成本方面的效果。

构造 PERT 网络需要明确三个概念:事件、活动和关键路线。

（1）事件（Events）表示主要活动结束的那一点。

（2）活动（Activities）表示从一个事件到另一个事件之间的过程。

（3）关键路线（Critical Path）是 PERT 网络中花费时间最长的事件和活动的序列。

开发一个 PERT 网络要求管理者确定完成项目所需的所有关键活动，按照活动之间的依赖关系排列它们之间的先后次序，以及完成每项活动的时间。这些工作可以归纳为以下五个步骤。

（1）确定完成项目必须进行的每一项有意义的活动，完成每项活动都产生事件或结果。

（2）确定活动完成的先后次序。

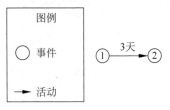

图 4-8　PERT 的标准术语

（3）绘制活动流程从起点到终点的图形，明确表示出每项活动及其他活动的关系，用圆圈表示事件，用箭头线表示活动，结果得到一幅箭线图，称为 PERT 网络，如图 4-8 所示。

（4）估算每项活动的完成时间。

（5）借助包含活动时间估计的网络图，制订出包括每项活动开始和结束日期的全部项目的流程计划。在关键路线上没有松弛时间，关键路线的任何延迟都直接影响整个项目的完成期限。

下面通过一个项目实例来对 PERT 技术加以说明。

1）PERT 对活动时间的估算

PERT 对各个项目活动的完成时间按以下三种不同情况统计。

（1）乐观时间（Optimistic Time）——任何事情都顺利的情况下，完成某项工作的时间。

（2）最可能时间（Most Likely Time）——正常情况下，完成某项工作的时间。

（3）悲观时间（Pessimistic Time）——最不利的情况下，完成某项工作的时间。

假设三个估计服从 β 分布，由此可算出每个活动的期望 t_i：

$$t_i = \frac{a_i + 4m_i + b_i}{6}$$

其中，a_i 表示第 i 项活动的乐观时间，m_i 表示第 i 项活动的最可能时间，b_i 表示第 i 项活动的悲观时间。

根据 β 分布的方差计算方法，第 i 项活动的持续时间方差为：

$$\sigma_i^2 = \frac{(b_i - a_i)^2}{36}$$

2）项目周期的估算

PERT 认为整个项目的完成时间是各个任务完成时间之和，且服从正态分布，完成时间 t 的方差 σ^2 和数学期望 T 分别等于：

$$\sigma^2 = \sum \sigma_i^2 \tag{4-1}$$

$$T = \sum t_i \tag{4-2}$$

标准差为：

$$\sigma = \sqrt{\sigma^2} \tag{4-3}$$

据此，可以得出正态分布曲线。通过查标准正态分布表，可得到整个项目在某一时间内完成的概率。

3. 关键路径法

关键路线法(Critical Path Method,CPM)是一项用于确定软件项目的起始时间和完工时间的方法,由雷明顿-兰德公司(Remington-Rand)的 James E. Kelley 和杜邦公司的 Morgan R. Walker 于 1957 年提出,用于对维护项目进行日程安排,适用于有很多作业而且必须按时完成的项目。CPM 是一个动态系统,会随着项目的进展不断更新,采用单一时间估计法,其中时间被视为一定的或确定的。

CPM 是一种最常用的数学分析技术,即根据指定的网络顺序逻辑关系和单一的历时估算,计算每一个活动的单一的、确定的最早和最迟开始和完成日期。

CPM 的核心是计算浮动时间,确定哪些活动的进度安排灵活性最小,分析项目中各项活动的进度和它们之间相互关系,并在此基础上计算各项时间,确定关键活动与关键路线,利用时差不断地调整与优化网络,以求得最短周期。然后,还可将成本与资源问题考虑进去,以求得综合优化的项目计划方案。该方法的结果是指出一条关键路径,或指出从项目开始到结束由各项活动组成的不间断活动链。

任何关键路径上的活动开始时间的延迟都会导致项目完工时间的延迟。正因为它们对项目完工的重要性,关键活动在资源管理上享有最高的优先权。

关键路径具有下列特征。

(1) 网络图上至少存在一条关键路径。

(2) 关键路径是网络图中的最长路径。

(3) 关键路径的工期是完成项目的最短工期。

(4) 关键路径是动态变化的,随着项目的进展,非关键路径可能会变成关键路径。

(5) 关键路径上的活动是关键活动,任何关键活动的延迟都会导致整个项目完成的延迟。

在项目初始策划和进度跟踪过程中,可确定和调整网络图,识别和监控关键路径。

在图 4-9 中,字母 A、B、C、D、E、F、G、H、I、J 代表了项目中需要进行的子项目或工作包,连线箭头则表明了工作包的关系,节点数字 1,2,3,4,5,6,7,8 则表明的是一种状况,从 1 开始,到 8 结束,中间的数字则表明上一工作包的结束和下一工作包的开始。

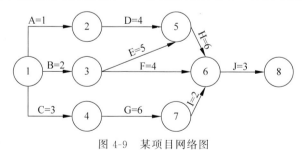

图 4-9　某项目网络图

A=1 表示 A 工作包的持续时间为 1 天。由图中可反映出该项目的路径共有 4 条,它们的历时长度分别为:

$$A+D+H+J=1+4+6+3=14(天)$$
$$B+E+H+J=2+5+6+3=16(天)$$

$$B＋F＋J＝2＋4＋3＝9(天)$$
$$C＋G＋I＋J＝3＋6＋2＋3＝14(天)$$

关键路径是该图中最长的路径，即路径 2，由 B、E、H、J 组成，历时 16 天。关键路径反映了完成项目需要的最短时间，其所有的组成工作包的执行情况都应给予密切关注，避免项目的延期完成。

4. 网络图法

网络图是一种图解模型，形状如同网络，故称为网络图。网络图是由作业、事件和路线三个因素组成的。

网络图是以箭线和节点来表示各项工作及流程的有向、有序的网状图形。网络图按其表示方法的不同，又分为双代号（Active On the Arrow，AOA）网络图和单代号（Activity On Node，AON）网络图（又称前导图法（Precedence Diagramming Method，PDM））。双代号网络图中的工作由带有两个节点的箭线来表示，单代号网络图中的工作用节点表示。

网络图表示的进度计划能全面、准确地反映出各工作之间的相互制约关系。

通过时间参数的计算，可掌握对进度计划总目标的实现起关键作用的工作，并了解允许非关键工作灵活变动的机动时间，它可利用软件进行绘制和计算，使得进度计划的优化和调整，从单纯的理论研究变为可实际运用的现实。在网络图的两种表示方法中，双代号网络图较之单代号网络图，其工作之间逻辑关系的表示较复杂。在用计算机计算时它占用的存储单元较多，网络图的修改调整也较为麻烦，但它有箭线排列清楚、不易发生混乱的优点。

单代号网络图和双代号网络图如图 4-10 和图 4-11 所示。

图 4-10　单代号网络图　　　　　　　　图 4-11　双代号网络图

网络图中有如下基本概念。

（1）紧后工作：在网络图中，当几项工作相互衔接时，对其中某项工作（称为本工作）而言，顺箭头方向与其紧密相连的工作就称为本工作的紧后工作，即表示与其相连的工作只有在本工作完成之后才能进行。

（2）紧前工作：反之，逆箭头方向与该工作紧密相连的工作就称为紧前工作，即表示本工作只有在与其相连的工作完成之后才能开始进行。

（3）虚工作：虚工作即是虚拟的、实际并不存在的工作，它以虚箭线表示，只是为了正确表示各工作间的逻辑关系的需要而人为设置的。它只存在于双代号网络图中。

5. 里程碑法

里程碑法（Milestone）也称为可交付成果法，是在横道法上或网络图上标示出一些关键事项。

这些事项能够被明显地确认，一般是反映进度计划执行中各个阶段的目标。这些关键事项在一定时间内的完成情况可反映项目进度计划的进展情况，因而这些关键事项被称为

"里程碑"。编制里程碑计划对项目的目标和范围的管理很重要,可协助范围的审核,给项目执行提供指导。好的里程碑计划就像一张地图,指导你该怎么走。

如1.1.4节所述,编制里程碑计划最好是由项目的关键管理者和关键项目干系人召开项目启动专题会议共同讨论和制订,并不是由一个或者少数几个人拍脑袋来确定,里程碑目标一定要明确。通过这种集体参与的方式比项目经理独自制订里程碑计划并强行要求项目组执行要好得多,它可以使里程碑计划获得更大范围的支持。一般地,启动专题会议参会人数不应超过6人,人太多了不利于意见的统一。

编制里程碑计划的具体步骤一般如下。

(1)认可最终的里程碑:要求参会人员一致认可最终的里程碑,并取得共识。这项工作在准备项目定义报告时就应完成。

(2)集体讨论所有可能的里程碑:集体讨论所有可能的里程碑,与会成员通过头脑风暴法,把这些观点一一记录在活动挂图上,以便选择最终的里程碑。

(3)审核备选里程碑:得到的所有备选里程碑,它们中有的是另一个里程碑的一部分;有的则是活动,不能算是里程碑,但这些活动可以帮助我们明确认识一些里程碑。当整理这些里程碑之间的关系时,应该记录下你的判断,尤其是判定那些具有包含关系的里程碑时。

(4)对结果路径进行实验:把结果路径写在白板上,把每个里程碑各写在一片"便事贴"上,按照它们的发生顺序进行适当的调整和改变。

(5)用连线表示里程碑之间的逻辑关系:用连线表示里程碑之间的逻辑关系是从项目最终产品开始,用倒推法画出它们的逻辑关系。这个步骤有可能会促使你重新考虑里程碑的定义,也有可能是添加新的里程碑、合并里程碑,甚至会改变结果路径的定义。

(6)确定最终的里程碑计划,提供给项目重要干系人审核和批准。然后把确定的里程碑用图表的方式张贴在项目管理办公室,以便大家时时能把握。

经过以上的6个步骤,可以确定最终的里程碑。将它挑选出来并纳入计划,里程碑计划编制工作就完成了。以上是编制里程碑计划常用的步骤,但是由于项目的唯一性和独特性特点,在实践中不要拘泥于形式,需要灵活运用。

6. 项目进度管理软件

项目进度管理软件是进行项目计划编制的一个很有用的工具,项目进度管理软件一般具有如下功能:成本预算和控制、制订计划、资源管理及排定任务日程、监督和跟踪项目、报表生成、处理多个项目和子项目、排序和筛选、假设分析。

目前,由微软公司出品的微软Project系列软件,是在全世界范围内应用最为广泛的、以进度计划为核心的项目管理软件,例如微软Project 2019将可用性、功能、灵活性完美地融合在一起,使项目管理者可以对所有信息了如指掌,控制项目的工时、日程和财务,与项目工作组保持密切合作,同时提高工作效率,已经成为软件项目管理者的得力助手。具体内容参见第11章。

4.3 案例研究:酒店管理系统的项目进度计划

视频讲解

正如《人月神话》中的思想精髓:"不变只是愿望,变化才是永恒,不断适应变化才是生存、发展的资本。"下面以某酒店管理系统为例,通过分析设置该项目的进度计划,让读者对软件项目进度计划有个更加直观的印象。

本案例基于A酒店的酒店管理系统软件项目。A公司和B公司签订酒店管理系统软件的合同。

1. 背景概述

最初的软件都是在混乱中写成的。后来当软件变得越来越重要时，人们发现软件不能无规律地乱写。

于是，当时的几位软件大师，像迪杰克斯特拉(E. W. Dijkstra)和帕纳斯(D. Parnas)等，提出了结构化编程(Structured Programming)这样一些新想法。其中一项重要工作，就是温斯顿·罗伊斯(Winston Royce)提出的瀑布模型(Waterfall Model)。

虽然这只是在一篇会议文章中发表的，但是有人认为，这是软件工程历史上最重要的一篇文章，它的影响力以及它带来的真正价值，都超过其他一些软件工程大师的工作，因为这篇文章搭建了整个软件工程的框架。有人甚至说，软件工程的理论基础就是瀑布模型。

瀑布模型有两个基本思想：①把软件工程要做的事情分成需求、设计、代码、测试几项工作。也就是说，软件工程必须完成这几项工作，而且要将其结合起来。②软件开发需要遵循一种过程规律，即首先做需求分析，其次做设计，最后做编码、测试。

从目前软件工程的发展来看，瀑布模型的贡献事实上主要在基本思想①，而不是在基本思想②，因为后来出现了各式各样的软件开发过程。原始的瀑布模型曾受到很多批评，可是对软件工程任务进行划分这个建树却始终不能否认。

瀑布模型要求严格线性的开发，每个阶段开发活动结束后，通过严格的阶段性复审与确认，得到该阶段的一致、完整、正确和无二义性的良好文档资料，以"冻结"这些文档资料，作为该阶段的结束标志，保持不变，作为下一阶段活动的唯一基础，以每一步的正确性和完整性来保证最终系统的质量。但是，大量的实践并不是这种理想的线性开发序列，而是在开发过程中逐步完善的。

在增量开发过程中，软件描述、设计和实现活动被分散成一系列的增量，这些增量轮流被开发。先完成一个系统子集的开发，再按同样的开发步骤增加功能(系统子集)，如此递增下去直至满足全部系统需求。要求系统的总体设计在初始子集设计阶段就应做出设计。

增量模型具有如下优点。

(1) 可以避免一次性投资太多带来的风险，将主要的功能或者风险大的功能首先实现，然后逐步完善，保证投入的有效性。

(2) 可以更快地开发出可以操作的系统。

(3) 可以减少开发过程中用户需求的变更。

(4) 些增量可能需要重新开发(如果早期开发的需求不稳定或者不完整)。

增量模型开发适合的项目如下。

(1) 项目开始，明确了需求的大部分，但是需求可能会发生变化。

(2) 对于市场和用户把握不是很准，需要逐步了解。

(3) 对于有庞大和复杂功能的系统进行功能改进，就需要一步一步实施。

酒店管理系统分为客房模块、餐饮模块、财务模块、人力资源模块。虽然大部分的需求已明确,但是部分需求可能会发生变化,对于用户需逐步了解才能准确把握,对于复杂功能的系统进行功能改进,就需要一步一步实施。同时系统具有可扩充性,若使用增量模型,可以保证系统的可扩充性。

本项目具备增量模型的其他特点:项目的复杂程度中等,项目的风险较低,产品和文档的使用率会很高。所以选择增量式模型作为该系统的开发模型,如图 4-12 所示。

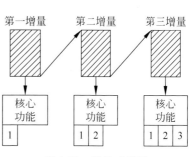

图 4-12 增量式模型

具体的设计如图 4-13 所示。

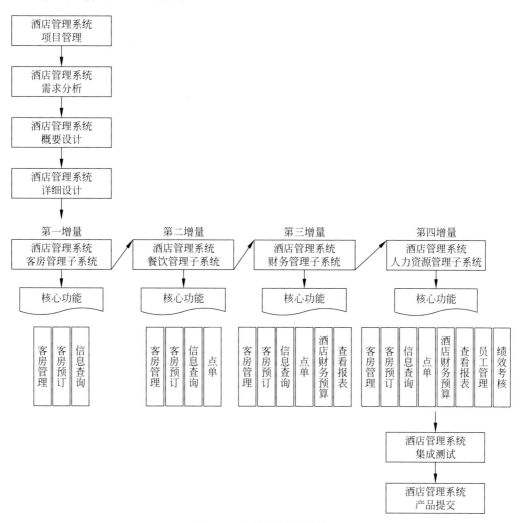

图 4-13 详细的增量模型

项目团队情况简述如表 4-1 所示。

由于项目初期信息不是很充分,所以初期的项目计划只存在一个计划表格,相当于一个大计划,简单说明计划的执行步骤,如表 4-2 所示。

表 4-1　项目团队人员的介绍

职　位	人　员
项目经理	赵工程师
需求分析员	赵工程师,钱工程师
概要设计员	钱工程师
详细设计员	赵工程师,钱工程师,孙工程师
编码人员	赵工程师,钱工程师,孙工程师
测试人员	孙工程师

表 4-2　项目初期计划

任　务	完成时间	负责人	资　源	备注
项目规划	2018-12-24	赵工程师	全体人员参与	
需求获取	2019-01-05	钱工程师	赵工程师,钱工程师,酒店领导,部门经理,员工代表参与	
需求确定	2019-01-13	赵工程师	全体人员参与	
概要设计	2019-02-03	钱工程师		
详细设计	2019-03-04	赵工程师	全体人员参与	
项目实施	2019-11-17	赵工程师	钱工程师,孙工程师参与	有待细化
项目集成、测试	2020-01-30	孙工程师		
提交	2020-02-06	赵工程师	钱工程师,孙工程师参与	

软件的估算结果如表 4-3 所示。

表 4-3　估算列表

估　算　项	估　算　结　果
功能点估算	该软件的功能点总数约为1012个
进度估算	该软件开发时间15.9个月
成本估算	总成本为333 900元
人员数估算	所需的人员为3个人

软件的工作任务分解结构(WBS)如表 4-4 所示。

表 4-4　WBS 分解情况

编号	任 务 名 称	任务内容定义	备注
1	客房管理子系统	涉及客房部经理及部门员工的功能	
1.1	客房登记	登记信息,生成报表	
1.1.1	入住登记	登记信息,生成入住报表,收取押金,交给客户住房卡及钥匙等	
1.1.2	退房登记	登记信息,生成退房报表,收银结算,收回住房卡和钥匙,交给客户票据、副根等	
1.2	客房预订	客房的预订服务	
1.2.1	预订登记	预订登记并生成报表	
1.2.2	预订查询	对已订房查询	
1.3	客房更换	客户要求改变客房时对报表操作	

续表

编号	任 务 名 称	任 务 内 容 定 义	备注
1.4	客户遗失物管理	管理客户遗失物品	
1.4.1	遗失物信息录入	录入客户遗失的物品	
1.4.2	遗失物查询	遗失物查询及数据备份,防止纠纷	
1.5	客房经理	涉及客房部经理的功能模块	
1.5.1	客房价格调整	显示客房价格变更的信息	
1.5.2	工作报告	年、月预算报表的提交,酒店正式年、月预算的查看,员工绩效考核等	
1.6	信息查询	查询客房历史记录及客户信息等	
2	餐饮管理子系统	涉及餐饮部经理及部门员工的功能	
2.1	点单	生成点菜单报表	
2.2	预订	记录客户预订餐饮服务并生产报表	
2.3	买单	收银结算并生成清单,交付客户票据、副根等	
2.4	换台	更新报表	
2.5	餐饮经理	涉及餐饮部经理的功能模块	
2.5.1	餐饮价格调整	显示餐饮价格变更的信息	
2.5.2	工作报告	年、月预算报表的提交,酒店正式年、月预算的查看,员工绩效考核等	
2.6	信息查询	查询餐饮历史记录及客户信息等	
3	财务管理子系统	涉及财务的相关功能	
3.1	查看财务预算汇总表	查看汇总后的预算报表	
3.1.1	查看月度预算汇总表	查看汇总后的月度预算报表	
3.2.2	查看年度预算汇总表	查看汇总后的年度预算报表	
3.2	酒店财务预算	综合各信息后由相关负责人发布酒店正式的财务预算报表	
3.2.1	酒店年度预算发布	发布酒店年度预算报表并显示在部门经理窗体下相应版块	
3.2.2	酒店月度预算发布	发布酒店月度预算报表并显示在部门经理窗体下相应版块	
3.2.3	查看	查看酒店的年度预算报表及月度预算报表	
3.3	查看报表	查看报表	
3.3.1	年度报表	查看年度报表	
3.3.2	月度报表	查看月度报表	
3.4	财务经理	查看酒店的财务报表	
3.4.1	月度报表	查看各部门的月度财务报表,并可将其整合为总月度财务报表	
3.4.2	年度报表	查看各部门的年度财务报表,并可将其整合为总年度财务报表	
3.5	工作报告	写入业务文档备份,为财务预算提供信息	
4	人力资源管理子系统	涉及人力资源管理的相关功能	
4.1	员工管理	管理员工信息的录入、修改、删除	
4.1.1	员工添加	添加新员工的信息	
4.1.2	员工信息修改	修改员工信息	
4.1.3	员工删除	删除被解雇的员工信息	
4.2	绩效考核	调出员工月度考核表并对员工做出加薪、降薪、升职、解雇等命令等	
4.3	员工查看	调出员工信息表以备查询	
4.3.1	个人基本信息	查看员工的基本信息	
4.3.2	培训档案	查看员工的培训档案	
4.4	人力资源经理	人力资源部经理的各项职能	
4.4.1	工作报告	写入业务文档备份	

基于项目背景的 WBS 的细化方案如表 4-5 所示。

表 4-5　WBS 细化方案

项 目 阶 段	各活动下的任务	任务内容定义	责任人
需求分析阶段	1. 对各个子系统进行需求获取	用多种方式进行需求获取	赵工程师
	2. 对获得的需求进行确认	分阶段地开需求评审会议	赵工程师
概要设计阶段	1. 各个系统的用例描述和图	各个系统总的用例、分用例和所有的用例解说	钱工程师
	2. 各个系统的概念数据建模	各个系统的 E-R 模型和 UML 模型	钱工程师
	3. 概要设计评审	分阶段开概要评审会议	钱工程师
详细设计阶段	1. 各个系统对象关系建模	各个系统的对象模型建立	赵工程师
	2. 各个系统分析类	各个系统的分析类、界面类、控制类	钱工程师
	3. 各个系统设计类	设置所有类的属性值和方法头	孙工程师
	4. 各个系统物理数据库设计	对所有关系进行物理数据库设计	赵工程师
	5. 详细设计评审	分阶段开详细评审会议	孙工程师
编码阶段	1. 客房管理子系统编码	对客房子系统的分析类的方法进行编码	赵工程师
	2. 客房管理子系统集成	对客房子系统所有模块进行集成	赵工程师
	3. 餐饮管理子系统编码	对餐饮管理子系统的分析类的方法进行编码	钱工程师
	4. 餐饮管理子系统集成	对餐饮管理子系统所有模块进行集成	钱工程师
	5. 财务管理子系统编码	对财务管理子系统的分析类的方法进行编码	赵工程师
	6. 财务管理子系统集成	对财务管理子系统所有模块进行集成	赵工程师
	7. 人力资源管理子系统编码	对人力资源管理子系统的分析类的方法进行编码	孙工程师
	8. 人力资源管理子系统集成	对人力资源管理子系统所有模块进行集成	孙工程师
系统集成	系统集成	对各个子系统进行集成	孙工程师
系统测试	1. 集成测试	对各个子系统的集成进行测试	孙工程师
	2. 环境测试	对发布版本的环境进行测试	孙工程师
提交	1. 编写用户使用手册	包括使用的方法	赵工程师
	2. 提供给用户安装程序	主要是安装向导	赵工程师
用户培训	给用户进行	初期进行系统应用的基本培训	钱工程师

2. 实施计划

进度计划如下，此处用甘特图或进度表格描述。进度计划如表 4-6 所示。

表 4-6　进度计划

任 务 名 称	工　期	开始时间	结束时间	资　　源
酒店管理系统	306d	2018-12-6	2020-2-6	
软件项目规划	13d	2018-12-6	2018-12-24	赵工程师，全体人员参与
—项目规划	6d	2018-12-6	2018-12-13	赵工程师
—计划评审	7d	2018-12-16	2018-12-24	全体人员参与

续表

任 务 名 称	工　期	开始时间	结束时间	资　源
需求开发	12d	2018-12-27	2019-1-13	赵工程师,全体人员参与
—用户界面设计	3d	2018-12-27	2018-12-31	赵工程师
—用户需求评审	1d	2019-1-3	2019-1-3	用户
—修改需求、修改用户界面	4d	2019-1-6	2019-1-9	钱工程师
—编写需求规格说明书	1d	2019-1-10	2019-1-10	钱工程师,孙工程师
—需求验证	1d	2019-1-13	2019-1-13	全体人员参与
概要设计	15d	2019-1-14	2019-2-3	钱工程师
—用例描述图	5d	2019-1-14	2019-1-20	钱工程师
—概念数据建模	5d	2019-1-21	2019-1-27	钱工程师
—概要设计评审	5d	2019-1-28	2019-2-3	全体人员参与
详细设计	21d	2019-2-4	2019-3-4	赵工程师,全体人员参与
—对象关系建模	4d	2019-2-4	2019-2-7	赵工程师
—分析类	5d	2019-2-10	2019-2-14	钱工程师
—设计类	5d	2019-2-17	2019-2-21	孙工程师
—物理数据库设计	5d	2019-2-24	2019-2-28	赵工程师
—详细设计评审	2d	2019-3-3	2019-3-4	全体人员参与
项目实施	182d	2019-3-7	2019-11-17	全体人员参与
—客房管理子系统	48d	2019-3-7	2019-5-13	赵工程师
—通用功能-增量 1	3d	2019-3-7	2019-3-11	赵工程师
——信息查询	1d	2019-3-7	2019-3-7	赵工程师
——增量 1 评审	2d	2019-3-10	2019-3-11	赵工程师
—客房登记-增量 2	7d	2019-3-14	2019-3-24	赵工程师
——入住登记	1d	2019-3-14	2019-3-14	赵工程师
——退房登记	2d	2019-3-17	2019-3-18	赵工程师
——客房更换	1d	2019-3-21	2019-3-21	赵工程师
—增量 2 评审	1d	2019-3-24	2019-3-24	赵工程师
—客房预订-增量 3	9d	2019-3-25	2019-4-4	赵工程师
——预订登记	4d	2019-3-25	2019-3-28	赵工程师
——预订房查询	4d	2019-3-31	2019-4-3	赵工程师
——增量 3 评审	1d	2019-4-4	2019-4-4	赵工程师
—客户遗失物管理-增量 4	10d	2019-4-7	2019-4-18	赵工程师
——遗失物信息录入	5d	2019-4-7	2019-4-11	赵工程师
——遗失物查询	1d	2019-4-14	2019-4-14	赵工程师
——增量 4 评审	4d	2019-4-15	2019-4-18	赵工程师
—客房经理-增量 5	10d	2019-4-21	2019-5-2	赵工程师
——客房价格调整	2d	2019-4-21	2019-4-22	赵工程师
——工作报告	2d	2019-4-25	2019-4-28	赵工程师
——增量 5 评审	4d	2019-4-29	2019-5-2	赵工程师
—客房管理子系统集成	7d	2019-5-5	2019-5-13	赵工程师
——子系统集成测试	5d	2019-5-5	2019-5-9	赵工程师
——子环境测试	2d	2019-5-12	2019-5-13	赵工程师
—餐饮管理子系统	41d	2019-5-16	2019-7-11	钱工程师

续表

任 务 名 称	工　期	开始时间	结束时间	资　源
一通用功能-增量1	22d	2019-5-16	2019-6-16	钱工程师
——点单	2d	2019-5-16	2019-5-19	钱工程师
——信息查询	4d	2019-5-20	2019-5-23	钱工程师
——预订	5d	2019-5-26	2019-5-30	钱工程师
——买单	5d	2019-6-2	2019-6-6	钱工程师
——换台	2d	2019-6-9	2019-6-10	钱工程师
——增量1评审	2d	2019-6-13	2019-6-16	钱工程师
一餐饮经理-增量2	11d	2019-6-17	2019-7-1	钱工程师
一餐饮价格调整	5d	2019-6-17	2019-6-23	钱工程师
一工作报告	4d	2019-6-24	2019-6-27	钱工程师
一增量2评审	2d	2019-6-30	2019-7-1	钱工程师
一餐饮管理子系统集成	6d	2019-7-4	2019-7-11	钱工程师
——子系统集成测试	2d	2019-7-4	2019-7-7	钱工程师
——子环境测试	4d	2019-7-8	2019-7-11	钱工程师
一财务管理子系统	50d	2019-7-14	2019-9-19	赵工程师
一财务经理-增量1	10d	2019-7-14	2019-7-25	赵工程师
——月度预算审核	5d	2019-7-14	2019-7-18	赵工程师
——年度预算审核	1d	2019-7-21	2019-7-21	赵工程师
——增量1评审	4d	2019-7-22	2019-7-25	赵工程师
一查看财务预算汇总表-增量2	10d	2019-7-28	2019-8-8	赵工程师
——查看月度预算汇总表	2d	2019-7-28	2019-7-29	赵工程师
——查看年度预算汇总表	1d	2019-8-1	2019-8-1	赵工程师
——增量2评审	5d	2019-8-4	2019-8-8	赵工程师
一酒店财务预算-增量3	11d	2019-8-11	2019-8-25	赵工程师
——酒店年度预算发布	1d	2019-8-11	2019-8-11	赵工程师
——酒店月度预算发布	4d	2019-8-12	2019-8-15	赵工程师
——查看	2d	2019-8-18	2019-8-19	赵工程师
——增量3评审	2d	2019-8-22	2019-8-25	赵工程师
一查看报表-增量4	11d	2019-8-26	2019-9-9	赵工程师
——月度报表	4d	2019-8-26	2019-8-29	赵工程师
——年度报表	5d	2019-9-1	2019-9-5	赵工程师
——增量4评审	2d	2019-9-8	2019-9-9	赵工程师
一财务管理子系统集成	6d	2019-9-12	2019-9-19	赵工程师
——子系统集成测试	2d	2019-9-12	2019-9-15	赵工程师
——子环境测试	4d	2019-9-16	2019-9-19	赵工程师
一人力资源管理子系统	41d	2019-9-22	2019-11-17	孙工程师
一人力资源经理-增量1	10d	2019-9-22	2019-10-3	孙工程师
——绩效考核	5d	2019-9-22	2019-9-26	孙工程师
——工作报告	1d	2019-9-29	2019-9-29	孙工程师
——增量1评审	4d	2019-9-30	2019-10-3	孙工程师
一员工管理-增量2	10d	2019-10-6	2019-10-17	孙工程师
——员工添加	2d	2019-10-6	2019-10-7	孙工程师

续表

任 务 名 称	工 期	开始时间	结束时间	资 源
——员工信息修改	1d	2019-10-10	2019-10-10	孙工程师
——员工删除	1d	2019-10-13	2019-10-13	孙工程师
——增量2评审	4d	2019-10-14	2019-10-17	孙工程师
—员工查看-增量3	15d	2019-10-20	2019-11-7	孙工程师
——个人基本信息	5d	2019-10-20	2019-10-24	孙工程师
——培训档案	2d	2019-10-27	2019-10-28	孙工程师
——增量3评审	6d	2019-10-31	2019-11-7	孙工程师
—人力资源管理子系统集成	6d	2019-11-10	2019-11-17	孙工程师
——子系统集成测试	5d	2019-11-10	2019-11-14	孙工程师
——子环境测试	1d	2019-11-17	2019-11-17	孙工程师
系统集成	24d	2019-11-18	2019-12-19	孙工程师
——系统集成	24d	2019-11-18	2019-12-19	孙工程师
系统测试	30d	2019-12-22	2019-1-30	孙工程师
——系统测试	15d	2019-12-22	2019-1-9	孙工程师
——环境测试	15d	2019-1-12	2019-1-30	孙工程师
提交	5d	2019-2-2	2019-2-6	赵工程师
——完成文档	2d	2019-2-2	2019-2-3	赵工程师
——验收、提交	3d	2019-2-4	2019-2-6	赵工程师
备注：安排的时间范围已包含节假日				

项目的 PDM 图如图 4-14 所示。

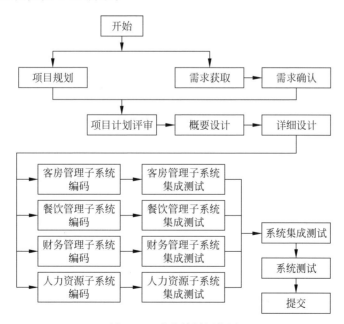

图 4-14　进度计划网络图

项目进度计划的甘特图如图 4-15 所示。

项目甘特图实施部分的计划展开如图 4-16 所示。

图 4-15 进度计划甘特图

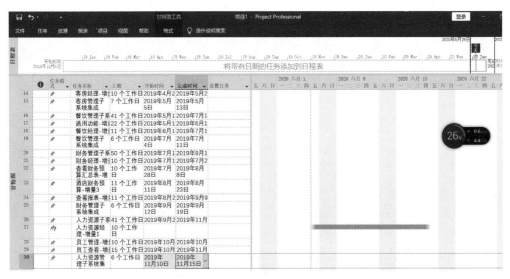

图 4-16 实施部分的甘特图

里程碑如表 4-7 所示。

表 4-7 里程碑表

事 件	时 间
增量 1——客房管理通用功能	2019-03-11
增量 2——客房登记	2019-03-24
增量 3——客房预订	2019-04-05
增量 4——客房遗物管理	2019-04-18

事　件	时　间
增量 5——客房经理	2019-05-02
增量 6——客房管理子系统集成	2019-05-13
增量 7——餐饮管理通用功能	2019-06-16
增量 8——餐饮经理	2019-07-01
增量 9——餐饮管理子系统集成	2019-07-11
增量 10——财务经理	2019-07-25
增量 11——查看财务预算汇总表	2019-08-08
增量 12——酒店财务预算	2019-08-25
增量 13——查看报表	2019-09-09
增量 14——财务管理子系统集成	2019-09-19
增量 15——人力资源经理	2019-10-03
增量 16——员工管理	2019-10-17
增量 17——员工查看	2019-11-07
增量 18——人力资源管理子系统集成	2019-11-17

基于进度计划的成本核算如表 4-8 所示。

表 4-8　基于进度计划的成本核算表

任 务 名 称	开 始 时 间	结 束 时 间	比 较 基 准
酒店管理系统	2018-12-6	2019-2-6	340 000
• 软件项目规划	2019-12-6	2019-12-24	12 000
—项目规划	2019-12-6	2019-12-13	7000
—计划评审	2019-12-16	2019-12-24	5000
• 需求开发	2019-12-27	2019-1-13	30 000
—用户界面设计	2019-12-27	2019-12-31	10 000
—用户需求评审	2019-1-3	2019-1-3	9000
—修改需求、修改用户界面	2019-1-6	2019-1-9	4000
—编写需求规格说明书	2019-1-10	2019-1-10	3000
—需求验证	2019-1-13	2019-1-13	4000
• 概要设计	2019-1-14	2019-2-3	13 000
—用例描述图	2019-1-14	2019-1-20	4000
—概念数据建模	2019-1-21	2019-1-27	6000
—概要设计评审	2019-1-28	2019-2-3	3000
• 详细设计	2019-2-4	2019-3-4	40 000
—对象关系建模	2019-2-4	2019-2-7	8000
—分析类	2019-2-10	2019-2-14	11 000
—设计类	2019-2-17	2019-2-21	11 000
—物理数据库设计	2019-2-24	2019-2-28	6000
—详细设计评审	2019-3-3	2019-3-4	4000
• 项目实施	2019-3-7	2019-11-17	210 000
—客房管理子系统	2019-3-7	2019-5-13	60 000
——通用功能-增量 1	2019-3-7	2019-3-11	13 000

续表

任 务 名 称	开 始 时 间	结 束 时 间	比 较 基 准
——客房登记-增量2	2019-3-14	2019-3-24	10 000
——客房预订-增量3	2019-3-25	2019-4-5	10 000
——客户遗失物管理-增量4	2019-4-7	2019-4-18	10 000
——客房经理-增量5	2019-4-21	2019-5-2	12 000
——客房管理子系统集成	2019-5-5	2019-5-13	5000
—餐饮管理子系统	2019-5-16	2019-7-11	50 000
——通用功能-增量1	2019-5-16	2019-6-16	30 000
——餐饮经理-增量2	2019-6-17	2019-7-1	15 000
——餐饮管理子系统集成	2019-7-4	2019-7-11	5000
—财务管理子系统	2019-7-14	2019-9-19	60 000
——财务经理-增量1	2019-7-14	2019-7-25	15 000
——查看财务预算汇总表-增量2	2019-7-28	2019-8-8	11 000
——酒店财务预算-增量3	2019-8-11	2019-8-25	11 000
——查看报表-增量4	2019-8-26	2019-9-9	13 000
——财务管理子系统集成	2019-9-12	2019-9-19	5000
—人力资源管理子系统	2019-9-22	2019-11-17	40 000
——人力资源经理-增量1	2019-9-22	2019-10-3	10 000
——员工管理-增量2	2019-10-6	2019-10-17	13 000
——员工查看-增量3	2019-10-20	2019-11-7	12 000
——人力资源管理子系统集成	2019-11-10	2019-11-17	5000
• **系统集成**	2019-11-18	2019-12-19	15 000
系统集成	2019-11-18	2019-12-19	15 000
• **系统测试**	2019-12-22	2019-1-30	15 000
系统测试	2019-12-22	2019-1-9	9000
环境测试	2019-1-12	2019-1-30	6000
• **提交**	2019-2-2	2019-2-6	5000
完成文档	2019-2-2	2019-2-3	3500
验收、提交	2019-2-4	2019-2-6	1500

项目开发人员为3个人员。项目开发用到52个人月。预算总成本为340 000元（见表4-8），与估算的成本333 900元基本持平（有一点儿差距）。这样340 000元就可以作为项目的成本控制参考。

调整后的进度计划如下。

（1）逐项列出影响初始计划的因素和调整的条目（包括影响项目成败的关键问题、技术难点和风险），指出这些问题对项目的影响，然后给出调整后的进度计划。

（2）由于系统规模不是很大，开发团队的人员对本系统也很熟悉，所以开发的过程中风险较小。所以，进度计划没有太大的改动。

关于进度计划的其他说明如下。

（1）本进度计划是按照交付日期倒推确定时间，然后安排计划内容。

（2）进度安排提交的日期并非真实的交付日期，而是留有半个月左右的余量时间，以备变化。

关于其他计划的说明如表 4-9 所示。

表 4-9 关于其他计划的说明

其 他 计 划	说 明
质量管理计划	1. 软件质量是设计出来的,不是检查出来的。所以质量管理的关键是预防重于检查,事前计划好质量,而不是事后检查。 2. 软件质量计划的主要内容为:针对项目过程中那些对最终产品起着重要作用的中间产品——需求规格、设计说明书,源程序,测试计划,测试结果等的管理
配置管理计划	1. 管理的主要内容为:版本信息。 2. 管理的主要目标:软件配置的完整性和可追溯性
项目跟踪管理计划	1. 基本原理: 2. 项目跟踪的主要目的是:保证正确的人在正确的时候得到正确的信息

3. 项目成果产品

软件程序包括:

(1) 程序名称,如酒店管理系统安装程序。

(2) 所用的编程语言,如 Visual C♯。

(3) 存储程序的媒体形式,如移动硬盘。

本系统能够完成用户所提的基本功能需求和非功能需求,安全性能比较高,且能同时容纳 2000 人访问服务器。

软件文档包括:

(1) 验收报告:客户对产品的验收情况的记录。

(2) 用户安装手册:指导用户怎样安装产品。

(3) 用户使用手册:指导用户怎样使用本系统。

(4) 帮助:提供给用户在使用过程中的参考。

软件服务如表 4-10 所示。

表 4-10 软件服务

服 务 名 称	服务的级别	服务开始日期	服 务 期 限	是 否 收 费
安装培训	低	软件提交给用户时	1d	不收
系统维护	高	每年寒假开始	2d	视情况而定
运行支持	高	软件提交给用户时	1d	不收

非移交的软件产品包括:

(1) 项目计划。

(2) 质量保证计划。

(3) 配置管理计划。

(4) 项目范围说明书。

（5）概要设计说明书。

（6）详细设计说明书。

（7）设计术语及规范。

（8）源程序。

（9）编码规则。

（10）测试计划。

（11）测试用例。

（12）测试报告。

验收标准如下。

（1）验收测试的对象：软件包括程序、数据和文档。

（2）验收测试要注意以下问题。

① 验收测试始终要以双方确认的需求规格说明和技术合同为准，确认各项需求是否得到满足，各项合同条款是否得到贯彻执行。

② 验收测试和单元测试、集成测试不同，它是以验证软件的正确性为主，而不是以发现软件错误为主。

③ 对验收测试中发现的软件错误要分级分类处理，直到通过验收为止。

④ 验收测试中的用例设计要具有全面性、多维性、效率性，能以最少的时间在最大程度上确认软件的功能和性能是否满足要求。

（3）验收测试的目的是确认系统是否满足产品需求规格说明和技术合同的相关规定。通过实施预定的测试计划和测试执行活动确认软件的功能需求、性能需求、文档需求。测试包括安装测试、功能测试、界面测试、性能测试、文档测试、负载压力测试、恢复测试、安全性测试、兼容性测试等。

① 安装测试：安装测试的目的在于验证软件能否在不同的配置情况下完成安装，并确认能否正常运行。

② 功能测试：功能测试是验收测试中的主要内容。功能测试要包含以下项目：单个模块的查询、增加、删除、修改、保存等操作；数据的输入与输出；数据处理操作，如导入、结转等；基础数据定义的精度；计算的准确性，如仓库的历史库存、当前库存、货位库存是否准确；数据共享能力；身份验证和权限管理。

③ 界面测试：界面要符合现行标准和用户习惯。软件企业可以形成自己的特色，但要确保整个软件风格一致。界面测试要从友好性、易操作性、美观性、布局合理、分类科学、标题描述准确等方面入手。测试用例的设计要重点掌握以下几点：第一，背景和前景的颜色是否协调，颜色反差是否用得恰当；第二，软件的图标、按钮、对话框等外观风格是否一致，美观效果所要求的屏幕分辨率；第三，窗口元素的布局是否合理，并保持一致；第四，各种字段标题的信息描述是否准确；第五，快捷键、按钮、鼠标等操作在软件中是否一致；第六，窗口及报表的显示比例和格式是否能适应用户的预期需求；第七，误操作引起的错误提示是否友好；第八，活动窗口和被选中的记录是否高亮显示；第九，是否有帮助信息，菜单导航能否正常执行；第十，检查一些特殊域和特殊控件能否运行。

④ 性能测试：性能测试主要测试软件的运行速度和对资源的消耗。通过调整软硬件配置、网络拓扑结构、工作站点数、数据量和服务请求数来测试软件的移植性、运行速率、稳

定性和可靠性。一般借助 WinRunner 之类的企业级自动化测试工具来辅助测试,通过极限测试来分析评估软件性能。

⑤ 文档测试:文档是软件的重要组成部分,也是软件质量保证和软件配置管理的重要内容。文档测试主要通过评审的方式检查文档的完整性、准确性、一致性、可追溯性、可理解性。

⑥ 其他测试:第一,安全性测试,通过非法登录、漏洞扫描、模拟攻击等方式检测系统的认证机制、加密机制、防病毒功能等安全防护策略的健壮性。第二,兼容性测试,通过硬件兼容性测试、软件兼容性测试和数据兼容性测试来考察软件的跨平台、可移植的特性。

4. 其他

因为项目开发是个循环迭代的过程,在项目计划编制过程中存在清楚的依赖关系,原则上要求它们按照基本相同的顺序进行。但在具体的实现过程中,可能会有所变动。因此,项目计划是一个逐步完善的过程。项目计划的开发是贯穿项目始终的,可以渐进式进行,例如,初始计划可能包含资源的属性和未定义的项目日期的活动排序,而后可以细化项目计划,包括具体的资源和明确的项目日期等。

如今,大数据驱动的软件工程新思维,将革新传统软件工程的方法。过程数据将为制定行业软件过程管理办法、软件定价、企业能力评估提供量化依据。项目管理者和生产过程之间存在着迷雾,管理者无法通过数据精确评估企业的软件开发过程,包括人力投入、开发者技能、管理规范性、变更的可追踪性,甚至无从知道企业是否使用了工具来进行过程管理。这也使得项目管理者难以准确评估项目的投资效益。如果能够收集企业在开发过程中的人员、版本控制、缺陷、测试等信息,就可以基于这些过程数据,提出评价模型来评估企业的投入和软件能力成熟度,进而评价项目的投资收益。

小结

进度是对执行的活动和里程碑制订的工作计划日期表,它决定是否达到预期目的,它是跟踪和沟通项目进展状态的依据,也是跟踪变更对项目影响的依据。主要目标是:最短时间、最少成本、最小风险,即在给定的限制条件下,用最短时间、最少成本,以最少风险完成项目工作。

计划是通向项目成功的路线图,按时完成项目是对项目管理最大的挑战,因为时间是项目规划中灵活性最小的因素,进度问题又是项目冲突的主要原因,尤其是在项目的后期。所以进度计划是项目计划中最重要的部分,是项目计划的核心。项目的进度问题经常是所有项目冲突的主要原因,为了缓解这个冲突,必须编写项目进度计划说明书。本章给出了编写项目进度计划常用的方法和工具,并以一个简单的实例对编制的内容进行了说明。

思考题

1. 简述软件项目进度计划包含的内容。
2. 简述软件项目进度计划常用的工具和方法。
3. 简述甘特图绘制的步骤。
4. 简述关键路径的特征。
5. 试编写"学生管理系统"的项目进度计划说明书。

第5章

软件项目风险管理

员工培训是企业风险最小，收益最大的战略性投资。

——沃伦・贝尼斯（Warren G. Bennis）

软件工程师总是非常乐观，当他们在计划软件项目时，经常认为每件事情都会像计划那样进行，或者会走向另外一个极端。软件开发的创造性本质，意味着软件工程师不能完全预测会发生的事情，因此制订一个详细计划的关键点很难。当有预想不到的事情引起项目脱离正常轨道时，都会导致软件项目的失败。

目前，风险管理被认为是软件项目中减少失败的一种重要手段。当不能很确定地预测将来事情的时候，可以采用结构化风险管理来发现计划中的缺陷，并且采取行动来减少潜在问题发生的可能性和影响。风险管理，意味着危机还没有发生之前就对它进行处理，这就提高了项目成功的机会，减少了不可避免风险所产生的后果。

本章共分为七部分。5.1 节介绍风险概念；5.2 节介绍风险管理模型；5.3 节介绍风险管理计划；5.4 节介绍风险识别；5.5 节介绍风险分析；5.6 节介绍风险监控；5.7 节介绍风险管理实践。

5.1 概述

视频讲解

5.1.1 项目风险的警示

1. 案例 A

瓦萨号（Vasa）是瑞典国王古斯塔夫二世于 1626—1628 年间下令建造的一艘军舰。1628 年 8 月 10 日，瓦萨号从其建造地扬帆起航，但在航行了不到 1 海里后，便浸水沉没，如图 5-1 所示。17 世纪，人们试图取回这艘沉船上颇具价值的加农炮，但在后来，这艘船便为世人所遗忘。直到 1950 年，有人在斯德哥尔摩港一条繁忙航线的一侧，再次找到了瓦萨号沉船的位置。1961 年 4 月 24 日,瓦萨号庞大的船躯被完整地打捞上岸,并被临时存放在瓦萨船坞(Wasavarvet)博物馆中。1987 年,瓦萨号被移往斯德哥尔摩的瓦萨沉船博物馆展出。

图 5-1　博物馆陈列的瓦萨号战舰

由于在建造时没有填入足够的压舱物,瓦萨号即便在港口停靠时也不能保持平衡。尽管有着严重的结构缺陷,瓦萨号依然被允许起航。不出所料的是,在出海航行几分钟后,瓦萨号便被一阵微风吹倒,继而全船倾覆。

瓦萨号匆忙起航的因素来自以下几方面:身处国外的古斯塔夫二世急于让瓦萨号加入波罗的海舰队备战,而国王的下属们则缺少政治勇气,没有向国王禀报船只的结构缺陷,亦未请求将首航时间推延。事后,瑞典枢密院曾组织了一次针对事故的调查,以追查负责人的责任,但最后却无疾而终。

2. 案例 B

××信息技术有限公司(CSAI)为某省某运营商建立一个商务业务平台,并采用合作分成的方式。也就是说,所有的投资由 CSAI 方负担,商务业务平台投入商业应用之后运营商从所收取的收入中按照一定的比例跟 CSAI 分成。同一时间,平台有两个软件公司(CSAI)和 G 公司一起进行建设,设备以及技术均独立,也就是说,同时有两个平台提供同一种服务,两个平台分别负责不同类型的用户。

但是,整个项目进行了 10 个月,并经历了一个月试用期之后,准备正式投入商业应用时,运营商在没有任何通知的情况下,将该商务业务平台上所有的用户都转到了 CSAI 竞争对手 G 公司的平台上去了,也就是停止使用 CSAI 的商务业务平台。

3. 案例 C

国内一家省级电信公司(H 公司)打算开发某项目,经过发布 RFP 需求建议书,以及谈判和评估,最终选定××信息技术有限公司(CSAI)为其提供 IP 电话设备。宏达公司作为 CSAI 的代理商,成为该项目的系统集成商。李先生是该项目的项目经理,该项目的施工周期是三个月。由 CSAI 负责提供主要设备,宏达公司负责全面的项目管理和系统集成工作,包括提供一些主机的附属设备和支持设备,并且负责项目的整个运作和管理。

CSAI 和宏达公司之间的关系是一次性付账。这就意味着 CSAI 不承担任何风险,而宏达公司虽然有很大的利润,但是也承担了全部的风险。

三个月后,整套系统安装完成。但自系统试运行之日起,不断有问题暴露出来。H 公司要求宏达公司负责解决,可其中很多问题涉及 CSAI 的设备问题。因而,宏达公司要求 CSAI 予以配合。但由于开发周期的原因,CSAI 无法马上达到新的技术指标并满足新的功能。于是,项目持续延期。为完成此项目,宏达公司只好不断将 CSAI 的最新升级系统(软件升级)提供给 H 公司,甚至派人常驻 H 公司。又经过了三个月,H 公司终于通过了最初验收。在宏达公司同意承担系统升级工作直到完全满足 RFP 的基础上,H 公司支付了 10%的验收款。然而,年底,CSAI 由于内部原因暂时中断了在中国的业务,其产品的支持力度大幅下降,结果致使该项目的收尾工作至今无法完成。

类似以上案例结局的项目很多,风险管理不再只是纸上谈兵,而应有具体的量化评估体系。

5.1.2   什么是风险管理

所谓"风险",归纳起来主要有两种意见。主观学认为,风险是损失的不确定性;客观学认为,风险是在给定情况下一定时期可能发生的各种结果间的差异。两个基本特征是不确定性和损失。IT 行业中的软件项目开发是一项可能损失的活动,不管开发过程如何进行都有可能超出预算或时间延迟。

项目风险管理实际上就是贯穿在项目开发过程中的一系列管理步骤,其中包括风险识别、风险计划、风险分析、风险解决和风险监控。它能让风险管理者主动"攻击"风险,进行有效的风险管理,如图 5-2 所示。

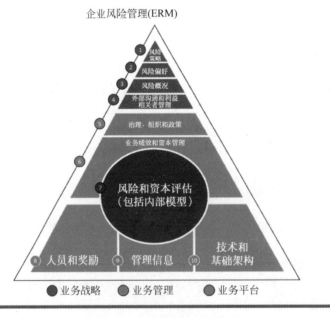

图 5-2   企业风险管理和风险控制

表 5-1 按照 3 个层次给出了风险管理规划组件。

表 5-1　风险管理规划组件

1级	2级	3级
所有项目风险	业务风险	• 竞争对手 • 供应商 • 现金流
	技术风险	• 硬件 • 软件 • 网络
	组织风险	• 执行支持 • 用户支持 • 团队支持
	项目管理风险	• 估计 • 沟通 • 资源

风险管理(Risk Management)指如何在项目或者企业一个肯定有风险的环境里,把风险减至最低的管理过程。

风险管理通过对风险的认识、衡量、分析,选择最有效的方式,主动地、有目的地、有计划地处理风险,以最小成本争取获得最大安全保证的管理方法。当企业面临市场开放、法规解禁、产品创新,变化波动程度提高,连带增加经营的风险性。良好的风险管理有助于降低决策错误的概率,避免损失的可能,相对提高企业本身的附加价值。

风险管理作为企业的一种管理活动,起源于 20 世纪 50 年代的美国。当时,美国一些大公司发生了重大损失,使公司高层决策者开始认识到风险管理的重要性。其中一次,是1953 年 8 月 12 日通用汽车公司在密歇根州的一个汽车变速器厂因火灾损失了 5000 万美元,成为美国历史上损失最为严重的 15 起重大火灾之一。这场大火与 20 世纪 50 年代其他一些偶发事件一起,推动了美国风险管理活动的兴起。

后来,随着经济、社会、技术的迅速发展,人类开始面临越来越多、越来越严重的风险。科学技术的进步在给人类带来巨大利益的同时,也给社会带来了前所未有的风险。1979 年3 月美国三里岛核电站的爆炸事故,1984 年 12 月 3 日美国联合碳化物公司在印度的一家农药厂发生了毒气泄漏事故,1986 年切尔诺贝利核电站发生的核事故等一系列事件,大大推动了风险管理在世界范围内的发展,同时,在美国的商学院里首先出现了一门涉及如何对企业的人员、财产、责任、财务资源等进行保护的新型管理学科,就是风险管理。

目前,风险管理已经发展成企业管理中一个具有相对独立职能的管理领域,在围绕企业的经营和发展目标方面,风险管理和企业的经营管理、战略管理一样具有十分重要的意义。

风险管理能增加项目成功的概率,使项目达到预期的结果。由于软件生产的特殊性,软件风险包括软件项目风险、技术风险产品风险,如图 5-3 所示。

从项目进度、质量和成本目标看,项目管理与风险管理的目标是一致的。通过风险管理以减少风险对项目进

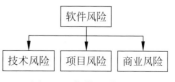

图 5-3　软件风险分类

度、质量、成本的影响，最终实现项目目标。从计划职能看，项目计划考虑的是未来，而未来存在不确定因素，风险管理的职能之一是减少项目整个过程中的不确定性，有利于计划的准确性。从项目实施过程看，不少风险是在项目实施过程中由潜在变成现实的，风险管理就是在风险分析的基础上拟定具体措施来消除、缓和及转移风险，并避免产生新的风险，因此有利于项目的实施。

PMP 风险管理过程包括：①风险管理计划；②风险识别；③风险定性分析；④风险定量分析；⑤风险应对计划；⑥风险监控。

CMMI 风险管理域内容如下。

特定目标 1：风险管理标准（对应风险计划）

    执行方法 1.1：决定风险来源和类别

    执行方法 1.2：定义风险参数

    执行方法 1.3：建立风险管理策略

特定目标 2：界定并分析风险（对应风险识别和分析）

    执行方法 2.1：界定风险

    执行方法 2.2：评估、分类及排序风险

特定目标 3：降低风险（对应风险应对和监控）

    执行方法 3.1：开发风险降低计划

    执行方法 3.2：执行风险降低计划

风险管理的流程图如图 5-4 所示。

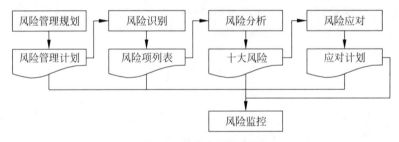

图 5-4   风险流程管理图

在 IT 软件项目管理中，应该任命一名风险管理者，该管理者的主要职责是在制订与评估规划时，从风险管理的角度对项目规划或计划进行审核并发表意见，不断寻找可能出现的任何意外情况，试着指出各个风险的管理策略及常用的管理方法，以随时处理出现的风险，风险管理者最好是由项目主管以外的人担任。

5.2   风险管理模型

视频讲解

针对软件项目中的风险管理问题，不少专家、组织提出了自己的风险管理模型。

5.2.1   玻姆模型

如图 5-5 所示，美国著名的软件工程专家、软件过程螺旋式模型之父、USC（南加州大学)教授巴利·玻姆(Barry Boehm)用公式 $RE=P(UO)\times L(UO)$ 对风险进行定义。

其中,RE 表示风险或者风险所造成的影响,$P(UO)$ 表示令人不满意的结果所发生的概率,$L(UO)$ 表示糟糕的结果会产生的破坏性的程度。在风险管理步骤上,Boehm 基本沿袭了传统的项目风险管理理论,指出风险管理由风险评估和风险控制两大部分组成,风险评估又可分为识别、分析、设置优先级三个子步骤,风险控制则包括制订管理计划、解决和监督风险三步。

Boehm 思想的核心是十大风险因素列表,其中包括人员短缺、不合理的进度安排和预算、不断的需求变动等。针对每个风险因素,Boehm 都给出了一系列的风险管理策略。在实

图 5-5 巴利·玻姆

际操作时,以十大风险列表为依据,总结当前项目具体的风险因素,评估后进行计划和实施,在下一次定期召开的会议上再对这十大风险因素的解决情况进行总结,产生新的十大风险因素表,以此类推。

十大风险列表的思想可以将管理层的注意力有效地集中在高风险、高权重、严重影响项目成功的关键因素上,而不需要考虑众多的低优先级的细节问题。而且,这个列表是通过对美国几个大型航空或国防系统软件项目的深入调查,编辑整理而成的,因此有一定的普遍性和实际性。但是,它只是基于对风险因素集合的归纳,尚未有文章论述其具体的理论基础、原始数据及其归纳方法。另外,Boehm 也没有清晰明确地说明风险管理模型到底要捕获哪些软件风险的特殊方面,因为列举的风险因素会随着多个风险管理方法而变动,同时也互相影响。这就意味着风险列表需要改进和扩充,管理步骤也需要优化。

虽然其理论存在一些不足,但 Boehm 毕竟可以说是软件项目风险管理的开山鼻祖。在其之后,更多的组织和个人开始了对风险管理的研究,软件项目风险管理的重要性日益得到认同。

5.2.2 持续风险管理模型

美国卡内基梅隆大学的软件工程研究所(Software Engineering Institution,SEI)作为世界上著名的旨在改善软件工程管理实践的组织,也对风险管理投入了大量的热情。SEI 提出了持续风险管理模型(Continuous Risk Management,CRM)。

SEI 的风险管理原则是:不断地评估可能造成恶劣后果的因素,决定最迫切需要处理的风险,实现控制风险的策略,评测并确保风险策略实施的有效性。

CRM 模型要求在项目生命周期的所有阶段都关注风险识别和管理,它将风险管理划分为 5 个步骤,即风险识别、分析、计划、跟踪、控制。框架显示了应用 CRM 的基础活动及其之间的交互关系,强调了这是一个在项目开发过程中反复持续进行的活动序列。每个风险因素一般都需要按顺序经过这些活动,但是对不同风险因素开展的不同活动可以是并发的或者交替的。

5.2.3　李维特模型

SEI 和 Boehm 的模型都以风险管理的过程为主体，研究每个步骤所需的参考信息及其操作。而丹麦奥尔堡大学（Aalborg University）提出的思路则是以李维特（Leavitt）模型为基础，着重从软件开发风险的不同角度出发探讨风险管理。

1964 年提出的李维特模型将形成各种系统的组织划分为 4 个组成部分，即任务、结构、角色、技术。

这 4 个组成部分和软件开发的各因素很好地对应起来。角色覆盖了所有的项目参与者，例如软件用户、项目经理和设计人员等；结构表示项目组织和其他制度上的安排；技术则包括开发工具、方法、硬件软件平台；任务描述了项目的目标和预期结果。李维特模型的关键思路是：模型的各个组成部分是密切相关的，一个组成部分的变化会影响其他的组成部分，如果一个组成部分的状态和其他的状态不一致，就会造成比较严重的后果，并可能降低整个系统的性能。

将这个模型和软件风险的概念相对应，即一个系统开发过程中任何李维特组成成分的修改都会产生一些问题，甚至导致软件修改的失败。根据李维特模型，任何导致风险发生的因素都可以归结为模型中的组成部分，例如技术及其可行性；或者归结为组成部分之间的联系，例如程序开发人员使用某一技术的能力。因此，使用李维特模型从四方面分别识别和分析软件项目的风险是极有条理性和比较全面的。在进行软件项目管理时，可以采用不同的方法对不同的方面进行风险管理。

李维特模型实际上是提出一个框架，可以更加广泛和系统地将软件风险的相关信息组织起来。李维特理论的设计方法和实现研究已经广泛应用于信息系统中，它所考虑的都是软件风险管理中十分重要的环节，而且简单，定义良好，适用于分析风险管理步骤。

5.2.4　CMMI 风险管理模型

软件能力成熟度模型集成（Capability Maturity Model Integration，CMMI）是由美国卡内基梅隆大学 SEI 在 CMM 的基础上发展而来。目前，CMMI 是全球软件业界的管理标准。风险管理过程域在 CMMI 的第三级，即已定义级中建立一个关键过程域（Key Practice Area，KPA）。

CMMI 认为风险管理是一种连续的前瞻性的过程。它要识别潜在的可能危及关键目标的因素，以便策划应对风险的活动和在必要时实施这些活动，缓解不利的影响最终实现组织的目标。CMMI 的风险管理被清晰地描述为实现三个目标，每个目标的实现又通过一系列的活动来完成。

CMMI 风险管理模型如图 5-6 所示。

该模型的核心是风险库，实现各个目标的每个活动都会更新这个风险库。其中，活动"制定并维护风险管理策略"与风险库的联系是一个双向的交互过程，即通过采集风险库中相应的数据并结合前一活动的输入来制定风险管理策略。

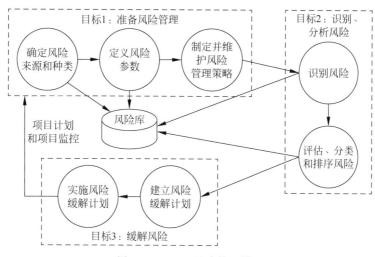

图 5-6 CMMI 风险管理模型

5.2.5 MSF 风险管理模型

微软解决方案框架(Microsoft Solutions Framework,MSF)的风险管理思想是,风险管理必须是主动的,它是正式和系统的过程,风险应被持续评估、监控、管理,直到被解决或问题被处理。

该模型最大的特点是将学习活动融入风险管理,强调了学习以前项目经验的重要性。

它的风险管理原则是:

(1) 持续的评估。

(2) 培养开放的沟通环境:所有组成员应参与风险识别与分析,领导者应鼓励建立没有责备的文化。

(3) 从经验中学习:学习可以大大降低不确定性,强调组织级或企业级的从项目结果中学习的重要性。

(4) 责任分担:组中任何成员都有义务进行风险管理。

5.3 风险管理计划

视频讲解

风险在人类的大多数活动中存在,并随时间的变化而变化,但风险是可以通过人类的活动来改变其形式和程度的,因而风险是可以管理的。

制订风险管理计划就是为了实现对风险的管理而制定一份结构完备、内容全面且互相协调的风险管理策略文件,以尽可能消除风险或尽量降低风险危害。风险管理计划对于能否成功进行项目风险管理及完成项目目标至关重要。

5.3.1 风险管理计划的内容

风险管理计划描述如何安排与实施项目风险管理,它是项目管理计划的从属计划。

1. 基本内容

风险管理计划的基本内容如下。

（1）方法论。确定实施项目风险管理可使用的方法、工具及数据来源。

（2）角色与职责。确定风险管理计划中每项活动的领导、支援与风险管理团队的成员组成。为这些角色分配人员并澄清其职责。

（3）预算。分配资源，并估算风险管理所需费用，将之纳入项目成本基线。

（4）计时法。确定在项目整个生命周期中实施风险管理过程的次数和频率，并确定应纳入项目进度计划的风险管理活动。

（5）风险分类。风险分类为确保系统地、持续一致地、有效地进行风险识别提供了基础，为风险管理工作提供了一个框架。组织可使用先前准备的典型风险分类。风险分解结构（Risk Breakdown Structure，RBS）如图5-7所示。

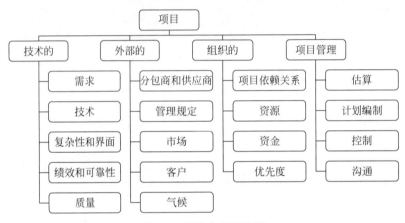

图 5-7　风险分解结构图

该结构也可通过简单列明项目的各方面表述出来。在风险识别过程中需对风险类别进行重新审核，较好的做法是在风险识别过程之前，先在风险管理规划过程中对风险类别进行审查。在将先前项目的风险类别应用到现行项目之前，可能需要对原有风险类别进行调整或扩展来适应当前情况。风险分解结构列出了一个典型项目中可能发生的风险分类和风险子分类。

不同的RBS适用于不同类型的项目和组织，这种方法的一个好处是提醒风险识别人员风险产生的原因是多种多样的。

（6）风险概率和影响的定义。为确保风险定性分析过程的质量和可信度，要求界定不同层次的风险概率和影响。在风险计划制订过程中，通用的风险概率水平和影响水平的界定将依据个别项目的具体情况进行调整，以便在风险定性分析过程中应用。可使用概率相对比例，例如，从"十分不可能"到"几乎确定"，或者也可分配某数值表示常规比例（例如0.1、0.3、0.5、0.7、0.9）。测定风险概率的另外一种方法是描述与风险相关的项目状态（例如项目设计成熟度水平等）。

（7）概率和影响矩阵。根据风险可能对实现项目目标产生的潜在影响，进行风险优先排序。风险优先排序的典型方法是借用对照表或概率和影响矩阵形式。通常由组织界定哪些风险概率和影响组合是具有较高、中等或较低的重要性,据此可确定相应风险应对规划。在风险管理规划过程中可以进行审查并根据具体项目进行调整。

(8)修改利害关系者承受度。可在风险管理规划过程中对利害关系者的承受水平进行修订,以适用于具体项目。

(9)汇报格式。阐述风险登记单的内容和格式,以及所需的任何其他风险报告。界定如何对风险管理过程的成果进行记录、分析和沟通。

(10)跟踪。说明如何记录风险活动的各方面,以便当前项目使用,或满足未来需求或满足经验教训总结过程的需要。说明是否对风险管理过程进行审计和如何审计。

2. 其他内容

风险管理计划的其他内容包括角色和职责、风险分析定义、低风险、中等风险和高风险的风险限界值、进行项目风险管理所需的成本和时间。

很多项目除了编制风险管理计划之外,还有应急计划和应急储备。

(1)应急计划:是指当一项可能的风险事件实际发生时项目团队将采取的预先确定的措施。例如,当项目经理根据一个新的软件产品开发的实际进展情况,预计到该软件开发成果将不能及时集成到正在按合同进行的信息系统项目中时,他们就会启动应急计划,例如,采用对现有版本的软件产品进行少量的必要更动的措施。

(2)应急储备:是指根据项目发起人的规定,如果项目范围或者质量发生变更,这一部分资金可以减少成本或进度风险。例如,如果由于员工对一些新技术的使用缺乏经验,而导致项目偏离轨迹,那么项目发起人可以从应急储备中拨出一部分资金,雇佣外部的顾问,为项目成员使用新技术提供培训和咨询。

5.3.2 制订风险管理计划的工具与技术

制订项目风险计划需要利用一些专门的技术和工具,如风险核对表技术、风险管理表格、风险数据库模式等。

1. 风险核对表法

核对表是基于以前类似项目信息及其他相关信息编制的风险识别核对图表。核对表一般按照风险来源排列。利用核对表进行风险识别的主要优点是快而简单,缺点是受到项目可比性的限制。

人们考虑问题有联想习惯,在过去经验的启示下,思想常常变得很活跃,浮想联翩。风险识别实际是关于将来风险事件的设想,是一种预测。如果把人们经历过的风险事件及其来源罗列出来,写成一张核对表,那么项目管理人员看了就容易开阔思路,容易想到本项目会有哪些潜在的风险。

核对表可以包含多种内容,例如,以前项目成功或失败的原因、项目其他方面规划的结果(范围、成本、质量、进度、采购与合同、人力资源与沟通等计划成果)、项目产品或服务的说明书、项目班子成员的技能及项目可用资源等。

还可以到保险公司去索取资料,认真研究其中的保险例外,这些东西能够提醒还有哪些风险尚未考虑到。

2．风险管理表格

风险管理表格记录着管理风险的基本信息。风险管理表格是一种系统地记录风险信息并跟踪到底的方式。

3．风险数据库模式

风险数据库表明了识别风险和相关的信息组织方式，它将风险信息组织起来供人们查询、跟踪状态、排序和产生报告。一个简单的电子表格可作为风险数据库的一种实现，因为它能自动完成排序、报告等。风险数据库的实际内容不是计划的一部分，因为风险是动态的，并随着时间的变化而改变。

5.3.3　制订风险管理计划的输入输出

制订风险管理计划的输入包括：

（1）企业环境因素：组织及参与项目的人员的风险态度和风险承受度将影响项目管理计划。风险态度和承受度可通过政策说明书或行动反映出来。

（2）组织过程资产：组织可能设有既定的风险管理方法，例如风险分类、概念和术语的通用定义、标准模板、角色和职责、决策授权水平。

（3）项目范围说明书。

（4）项目管理计划。

制订风险管理计划的输出包括风险管理计划。

5.4　风险识别

视频讲解

5.4.1　风险识别概述

风险识别（Risk Identification）是企图采用系统化的方法，识别某特定项目已知的和可预测的风险。

作为用感知、判断、归类的方式对现实的和潜在的风险性质进行鉴别的过程，风险识别是风险管理的第一步，也是风险管理的基础。只有在正确识别出所面临的风险的基础上，人们才能够主动选择适当有效的方法进行处理。

存在于人们周围的风险是多样的，既有当前的，也有潜在于未来的；既有内部的，也有外部的；既有静态的，也有动态的。风险识别的任务就是要从错综复杂的环境中找出经济主题所面临的主要风险。

风险识别一方面可以通过感性认识和历史经验来判断，另一方面，也可通过对各种客观的资料和风险事故的记录来分析、归纳、整理，以及必要的专家访问，从而找出各种明显和潜在的风险及其损失规律。风险具有可变性，因而风险识别是一项持续性和系统性的工作，要求风险管理者密切注意原有风险的变化，并随时发现新的风险。

企业风险识别，指对企业面临的尚未发生的潜在的各种风险进行系统的归类分析，从而加以认识、辨别的过程。

常用方法是建立"风险条目检查表",利用一组提问来帮助项目风险管理者了解在项目和技术方面有哪些风险。

在风险条目检查表中,列出了所有可能的与每一个风险因素有关的提问,使得风险管理者集中来识别常见的、已知的和预测的风险,如产品规模风险、依赖性风险、需求风险、管理风险及技术风险等。风险条目检查表可以以不同的方式组织,通过判定分析或假设分析,给出这些提问确定的回答,就可以帮助管理或计划人员估算风险的影响。

软件风险包含以下两个特征。

(1) 不确定性:刻画风险的事件可能发生也可能不发生,没有100%发生的风险。

(2) 损失:如果风险变成了现实,就会产生恶性后果或损失。

1. 量化损失程度

进行风险分析时,重要的是量化不确定的程度和与每个风险相关的损失的程度。为了实现这点,必须考虑以下几种不同类型的风险。

(1) 项目风险:项目风险是指潜在的预算、进度、人力(工作人员和组织)、资源、客户、需求等方面的问题以及它们对软件项目的影响。项目风险威胁项目计划,如果风险变成现实,有可能会拖延项目的进度,增加项目的成本。项目风险的因素还包括项目的复杂性、规模、结构的不确定性。

(2) 技术风险:是指潜在地设计、实现、接口、验证和维护等方面的问题。此外,规约的二义性、技术的不确定性、陈旧的技术,以及"过于先进"的技术也是风险因素。技术风险威胁要开发的软件的质量及交付时间。如果技术风险变成现实,则开发工作可能变得很困难或者不可能。

(3) 商业风险:商业风险威胁到要开发软件的生存能力。商业风险常常会危害项目或产品。

主要的商业风险包括:

(1) 开发一个没有人真正需要的优秀产品或系统(市场风险)。

(2) 开发的产品不再符合公司的整体商业策略(策略风险)。

(3) 建造了一个销售部门不知道如何去卖的产品(销售风险)。

(4) 由于重点的转移或人员的变动而失去了高级管理层的支持(管理风险)。

(5) 没有得到预算或人力上的保证(预算风险)。

2. 风险方式

风险分为以下方式。

(1) 已知风险,是通过仔细评估项目计划、开发项目的商业及技术环境,以及其他可靠的信息来源(如不现实的交付时间,没有需求或软件范围的文档、恶劣的开发环境)之后可以发现的那些风险。

(2) 可预测风险,能够从过去项目的经验中推测出来(如人员调整,与客户之间无法沟通,由于需要进行维护而使开发人员精力分散)。

(3) 不可预测风险,它们可能出现,但很难事先识别出它们来。

3. 识别风险

识别风险是试图系统化地确定对项目计划(估算、进度、资源分配)的威胁。通过识别已知和可预测的风险,项目管理者就有可能避免这些风险,且必要时控制这些风险。

每一类风险可以分为两种不同的类型:一般性风险和特定产品的风险。"一般性风险",对每一个软件项目而言都是一个潜在的威胁。"特定产品的风险",只有那些对当前项目的技术、人员及环境非常了解的人才能识别出来。为了识别特定产品的风险,必须检查项目计划及软件范围说明,从而了解本项目中有什么特殊的特性可能会威胁到项目计划。

一般性风险和特定产品的风险都应该被系统化地标识出来。识别风险的一个方法是建立风险条目检查表。该检查表可以用来识别风险,并可以集中来识别下列常见子类型中已知的及可预测的风险。

(1) 产品规模:与要建造或要修改的软件的总体规模相关的风险。

(2) 商业影响:与管理或市场约束相关的风险。

(3) 客户特性:与客户的素质以及开发者和客户定期通信的能力相关的风险。

(4) 过程定义:与软件过程被定义的程度以及它们被开发组织所遵守的程度相关的风险。

(5) 开发环境:与用以建造产品的工具的可用性及质量相关的风险。

(6) 建造的技术:与待开发软件的复杂性以及系统所包含技术的新奇性相关的风险。

(7) 人员数目及经验:与参与工作的软件工程师的总体技术水平及项目经验相关的风险。

风险条目检查表能够以不同的方式来组织。与上述话题相关的问题可以由每一个软件项目来回答,这些问题的答案使得计划者能够估算风险产生的影响。

1) 产品规模风险

项目风险是直接与产品规模成正比的。下面的风险检查表中的条目标识了产品(软件)规模相关的常见风险。

(1) 是否以 LOC 或 FP 估算产品的规模?

(2) 对于估算出的产品规模的信任程度如何?

(3) 是否以程序、文件或事务处理的数目来估算产品规模?

(4) 产品规模与以前产品的规模的平均值的偏差百分比是多少?

(5) 产品创建或使用的数据库大小如何?

(6) 产品的用户数有多少?

(7) 产品的需求改变多少? 交付之前有多少? 交付之后有多少?

(8) 复用的软件有多少?

2) 商业影响风险

销售部门是受商业驱动的,而商业考虑有时会直接与技术实现发生冲突。下面的风险检查表中的条目标识了与商业影响相关的常见风险。

(1) 本产品对公司的收入有何影响?

(2) 本公司是否得到公司高级管理层的重视?

(3) 交付期限的合理性如何?

(4) 将会使用本产品的用户数及本产品是否与用户的需要相符合?

(5) 本产品必须能与之互操作的其他产品/系统的数目?

(6) 最终用户的水平如何?

（7）政府对本产品的开发如何约束的？

（8）延迟交付所造成的成本消耗是多少？

（9）产品缺陷所造成的成本消耗是多少？

对于待开发产品的每一个回答，都必须与过去的经验加以比较。如果出现了较大的百分比偏差或者如果数字接近过去很不令人满意的结果，则风险较高。

3）客户相关风险

首先，客户有不同的需要。一些人只知道他们需要什么，而另一些人知道他们不需要什么。一些客户希望进行详细的讨论，而另一些客户则满足于模糊的承诺。

其次，客户有不同的个性。一些人喜欢享受客户的身份，而另一些人则根本不喜欢作为客户。一些人会高兴地接受几乎任何交付的产品，并能充分利用一个不好的产品，而另一些人则会对质量差的产品猛烈抨击。一些人会对质量好的产品表示赞赏，而另一些人则不管怎样都抱怨不休。

然后，客户和供应商之间也有各种不同的通信方式。一些人非常熟悉产品及生产厂商，而另一些人则可能素未谋面，仅通过信件来往和电话与生产厂商沟通。

一个"不好的"客户，可能会对一个软件项目组能否在预算内完成项目产生很大的影响。对于项目管理者而言，不好的客户是对项目计划的巨大威胁和实际的风险。下面的风险检查表中的条目，标识了与客户特征相关的常见风险。

（1）你以前是否曾与这个客户合作过？

（2）该客户是否很清楚需要什么？他能否花时间把需求写出来？

（3）该客户是否同意花时间召开正式的需求收集会议，以确定项目范围？

（4）该客户是否愿意建立与开发者之间的快速通信渠道？

（5）该客户是否愿意参加复审工作？

（6）该客户是否具有该产品领域的技术素养？

（7）该客户是否愿意你的人来做他们的工作？

（8）该客户是否了解软件过程？

如果对于这些问题中的任何一个答案是否定的，则需要进一步的调研，以评估潜在的风险。

4）过程风险

如果软件过程定义得不清楚，如果分析、设计、测试以无序的方式进行，如果质量是每个人都认为很重要的概念，但没有人切实采取行动来保证它，那么这个项目就处在风险之中。

过程问题包括：

（1）高级管理层是否有一份已经写好的政策陈述？该陈述中是否强调了软件开发标准过程的重要性？

（2）开发组织是否已经拟定了一份已经成文的、用于本项目开发的软件过程的说明？

（3）开发人员是否同意按照文档所写的软件过程进行开发工作，并自愿使用它？

（4）该软件过程是否可以用于其他项目？

（5）管理者和开发人员是否接受过一系列的软件工程培训？

（6）是否为每一个软件开发者和管理者提供了印好的软件工程标准？

（7）是否为作为软件过程一部分而定义的所有交付物建立了文档概要及示例？

（8）是否定期对需求规约、设计和编码进行正式的技术复审？

（9）是否定期对测试过程和测试情况进行复审？

（10）是否对每一次正式技术复审的结果建立了文档，其中包括发现的错误及使用的资源？

（11）是否有什么机制能保证按照软件工程标准来指导工作？

（12）是否使用配置管理来维护系统/软件需求、设计、编码、测试用例之间的一致性？

（13）是否使用一个机制来控制用户需求的变化及其对软件的影响？

（14）对于每一个承包出去的子合同，是否有一份文档化的工作说明、一份软件需求规约和一份软件开发计划？

（15）是否有一个可遵循的规程来跟踪及复审子合同承包商的工作？

技术问题包括：

（1）是否使用方便易用的规格说明技术来辅助客户与开发者之间的通信？

（2）是否使用特定的方法进行软件分析？

（3）是否使用特定的方法进行数据和体系结构的设计？

（4）是否90%以上的代码都是使用高级语言编写的？

（5）是否定义及使用特定的规则进行代码编写？

（6）是否使用特定的方法进行测试用例的设计？

（7）是否使用配置管理软件工具控制和跟踪软件过程中的变化活动？

（8）是否使用工具来创造软件原型？

（9）是否使用软件工具来支持测试过程？

（10）是否使用软件工具来支持文档的生成和管理？

（11）是否收集所有软件项目的质量度量值？

（12）是否收集所有软件项目的生产率度量值？

如果对于上述问题的答案多数是否定的，则软件过程是薄弱的，且风险很高。

5）技术风险

突破技术的极限极具挑战性和令人兴奋，但这也是有风险的。下面的风险检查表中的条目标识了与建造的技术相关的常见风险。

（1）该技术对于你的公司而言是新的吗？

（2）客户的需求是否需要创建新的算法或输入、输出技术？

（3）待开发的软件是否需要使用新的或未经证实的硬件接口？

（4）待开发的软件是否需要与开发商提供的未经证实的软件产品接口？

（5）待开发的软件是否需要与功能和性能均未在本领域得到证实的数据库系统接口？

（6）产品的需求是否要求采用特定的用户界面？

（7）产品的需求中是否要求开发某些程序构件，这些构件与你的公司以前开发的构件是否完全不同？

（8）需求中是否要求采用新的分析、设计、测试方法？

（9）需求中是否要求使用非传统的软件开发方法？

（10）需求中是否有过分的对产品的性能约束？

（11）客户能确定所要求的功能是可行的吗？

如果对于这些问题中的任何一个答案是肯定的,则需要进一步的调研,以评估潜在的风险。

6）开发环境风险

软件工程环境支持项目组、过程及产品,但是,如果环境有缺陷,它就有可能成为重要的风险源。下面的风险检查表中的条目,标识了与开发环境相关的风险。

（1）是否有可用的软件项目管理工具?

（2）是否有可用的软件过程管理工具?

（3）是否有可用的分析及设计工具?

（4）分析和设计工具是否适用于待建造产品?

（5）是否有可用的编译器或代码生成器?

（6）是否有可用的测试工具?

（7）是否有可用的软件配置管理工具?

（8）环境是否利用了数据库或数据仓库?

（9）项目组的成员是否接受过每个所使用工具的培训?

（10）是否有专家能够回答有关工具的问题?

（11）工具的联机帮助及文档是否适当?

如果对于上述问题的答案多数是否定的,则软件开发环境是薄弱的,且风险很高。

7）与人员数目及经验相关的风险

与人员数目及经验相关的风险包括:

（1）是否有最优秀的人员可用?

（2）人员在技术上是否配套?

（3）是否有足够的人员可用?

（4）开发人员是否能够自始至终地参加整个项目的工作?

（5）项目中是否有一些人员只能部分时间工作?

（6）开发人员对自己的工作是否有正确的期望?

（7）开发人员是否接受过必要的培训?

（8）开发人员的流动是否仍能保证工作的连续性?

如果对于这些问题中的任何一个答案是否定的,则需要进一步的调研,以评估潜在的风险。

5.4.2　用于风险识别的方法

1. 分析识别的步骤

风险识别一般可分为以下三步进行。

（1）收集资料。资料和数据能否到手、是否完整必然会影响项目风险损失的大小。能帮助我们识别风险的资料包括项目产品或服务的说明书;项目的前提、假设和制约因素;与本项目类似的案例。

（2）风险形势估计。风险形势估计是要明确项目的目标、战略、战术、实现项目目标的手段和资源以及项目的前提和假设,以正确确定项目及其环境的变数。

（3）根据直接或间接的症状将潜在的风险识别出来。

风险识别首先需要对制订的项目计划、项目假设条件和约束因素、与本项目具有可比性的已有项目的文档及其他信息进行综合会审。风险的识别可以从原因查结果，也可以从结果反过来找原因。

2. 风险识别的具体方法

在具体识别风险时，需要综合利用一些专门技术和工具，以保证高效率地识别风险并不发生遗漏，这些方法包括德尔菲法、头脑风暴法、检查表法、SWOT 技术、检查表和图解技术等。现将方法简要介绍如下。

1）德尔菲技术

如 3.3.1 节所述，德尔菲技术是众多专家就某一专题达成一致意见的一种方法。项目风险管理专家以匿名方式参与此项活动。主持人用问卷征询有关重要项目风险的见解，问卷的答案交回并汇总后，随即在专家之中传阅，请他们进一步发表意见。此项过程进行若干轮之后，就不难得出关于主要项目风险的一致看法。德尔菲技术有助于减少数据中的偏倚，并防止任何个人对结果不适当地产生过大的影响。

2）头脑风暴法

如 2.3.3 节所述，头脑风暴法的目的是取得一份综合的风险清单。头脑风暴法通常由项目团队主持，虽然也可邀请多学科专家来实施此项技术。在一位主持人的推动下，与会人员就项目的风险进行集思广益。可以以风险类别作为基础框架，然后再对风险进行分门别类，并进一步对其定义加以明确。

图 5-8　SWOT 分析法

3）SWOT 分析法

SWOT 分析法是一种环境分析方法。所谓的 SWOT 是英文 Strength(优势)、Weakness(劣势)、Opportunity(机遇)和 Threat(挑战)的简写，如图 5-8 所示。

SWOT 分析是列出项目的优势和劣势、可能的机会与威胁，填入道斯矩阵的 I、II、III、IV 区。道斯矩阵如图 5-9 所示。

		III	IV
		优势	劣势
		列出自身的优势	具体列出弱点
I		V	VI
机会		SO 战略	WO 战略
列出现有的机会		抓住机遇，发挥优势战略	利用机会，克服劣势战略
II		VII	VIII
挑战		ST 战略	WT 战略
列出正面临的威胁		利用优势，减少威胁战略	弥补缺点，规避威胁战略

图 5-9　道斯矩阵

SWOT 分析一般分为如下 5 步。

（1）将内部优势与外部机会相组合，形成 SO 策略，制定抓住机遇、发挥优势的战略，填入道斯矩阵的Ⅴ区。

（2）将内部劣势与外部机会相组合，形成 WO 策略，制定利用机遇、克服劣势的战略，填入道斯矩阵的Ⅵ区。

（3）将内部优势与外部威胁相组合，形成 ST 策略，制定利用优势、减少威胁战略，填入道斯矩阵的Ⅶ区。

（4）将内部劣势与外部挑战相组合，形成 WT 策略，制定弥补缺点、规避威胁的战略，填入道斯矩阵的Ⅷ区。

4）检查表

检查表（Check List）是管理中用来记录和整理数据的常用工具，如表5-3 所示。

在进行风险识别时，将项目可能发生的许多潜在风险列于一个表上，供识别人员进行检查核对，用来判别某项目是否存在表中所列或类似的风险。

检查表中所列都是历史上类似项目曾发生过的风险，是项目风险管理经验的结晶，对项目管理人员具有开阔思路、启发联想、抛砖引玉的作用。一个成熟的项目公司或项目组织，要掌握丰富的风险识别检查表工具，如表5-2 所示。

表 5-2　项目演变过程中可能出现的风险因素检查表

生命周期	可能的风险因素
全过程	◇ 对一个或更多阶段的投入时间不够 ◇ 没有记录下重要的信息 ◇ 尚未结束一个或更多前期阶段就进入下一阶段
概念	◇ 没有书面记录下所有的背景信息与计划 ◇ 没有进行正式的成本-收益分析 ◇ 没有进行正式的可行性研究 ◇ 不知道是谁首先提出项目创意
计划	◇ 准备计划的人过去没有承担过类似的项目 ◇ 没有写下项目计划的某些部分 ◇ 遗漏了项目计划的某些部分 ◇ 项目计划的部分或全部没有得到所有关键成员的批准 ◇ 指定完成项目的人不是准备计划的人 ◇ 未参加制订项目计划的人没有审查项目计划，也未提出任何疑问
执行	◇ 主要客户需求发生变化 ◇ 收集到的有关进度情况和资源消耗的信息不够完整或不够准确 ◇ 项目进展报告不一致 ◇ 一个或更多找到的项目支持者有了新的分配任务，项目成员就被分配到新的项目组中 ◇ 在实施期间替换了项目组的成员 ◇ 市场特征或需求发生了变化 ◇ 做了非正式的变更，并且没有对它们带给整个项目的影响做出分析
结束	◇ 一个或更多的项目驱使着没有正式批准项目的成果 ◇ 在尚未完成项目的所有工作下，项目成员被分配到新的项目组

5）图解技术

图解技术包括如下内容。

（1）因果图（Cause-and-Effect Diagram）：又被称作石川图或鱼骨图，用于识别风险的成因，如图 5-10 所示。

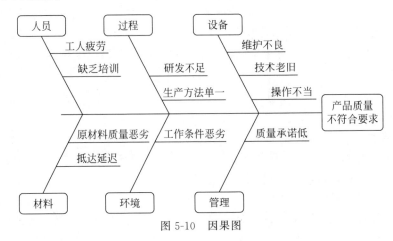

图 5-10　因果图

（2）系统或过程流程图（Flow Chart）：显示系统的各要素之间如何相互联系以及因果传导机制。

（3）影响图（Influence Diagram）：显示因果影响。影响图是不确定条件下决策制定的图形辅助工具，将一个项目或项目中的一种情境表现为一系列实体、结果、影响，以及之间的关系和相互影响。如果因为存在单个项目风险或其他不确定性来源，使影响图中的某些要素不确定，就在影响图中以区间或概率分布的形式表示这些要素。然后，借助模拟技术（如蒙特卡罗分析，Monte Carlo Aralysis)来分析哪些要素对重要结果具有最大的影响，如图 5-11 所示。

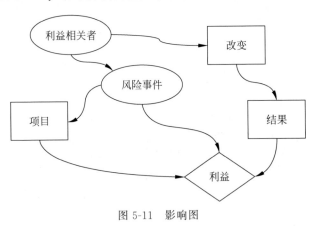

图 5-11　影响图

5.4.3　风险识别的输入输出

1. 风险识别的输入

风险识别的输入包括如下几方面。

（1）企业环境因素：在风险识别过程中，可依据公布的信息，例如商业数据库、学术研究、基准参照或其他行业研究作用。

（2）组织过程资产：可从先前项目的项目档案中获得相关信息，包括实际数据和经验教训。

（3）项目范围说明书：通过项目范围说明书可查到项目假设条件信息。有关项目假设条件的不确定性，应作为项目的潜在风险，进行评估。

（4）风险管理计划：风险管理计划向风险识别过程提供的主要依据信息包括角色和职责的分配、预算和进度计划中纳入的风险管理活动因素、风险类别。风险类别有时可用风险分解结构形式表示。

（5）项目管理计划：风险识别过程也要求对项目管理计划中的进度、成本和质量管理计划有所了解。应对其他知识领域过程的成果进行审查，以确定跨越整个项目的可能风险。

2. 风险识别的输出

风险识别的输出是风险登记单。风险识别过程的主要成果形成项目管理计划中风险登记单的最初记录。最终，风险登记单也将包括其他风险管理过程的成果。风险登记单的编制始于风险识别过程，其中记录的信息也可供其他项目管理过程和项目风险管理过程使用。所记录的主要信息如下。

（1）已识别风险清单：在此对已识别风险进行描述，包括其根本原因、不确定的项目假设等。

（2）潜在应对措施清单：在风险识别过程中，可识别风险的潜在应对措施。如此确定的风险应对措施可作为风险应对规划过程的依据。

（3）风险基本原因：指可导致已识别风险的基本状态或事件。

（4）风险类别更新：在识别风险的过程中，可能会识别新的风险类别，进而将新风险类别纳入风险类别清单中。基于风险识别过程的成果，可对风险管理规划过程中形成的风险分解结构进行修改或完善。

5.5 风险分析

视频讲解

风险分析（Risk Analysis）有狭义和广义两种。

狭义的风险分析指通过定量分析的方法给出完成任务所需的费用、进度、性能三个随机变量的可实现值的概率分布。广义的风险分析则是一种识别和测算风险，开发、选择、管理方案来解决这些风险的有组织的手段，包括风险识别、风险评估、风险管理三方面的内容。

风险识别确定哪些可能导致费用超支、进度推迟、性能降低的潜在问题，并定性分析其后果。在这一步须做的工作，是分析系统的技术薄弱环节及不确定性较大之处，得出系统的风险源，并将这些风险源组合成一格式文件，供以后分析参考。风险分析对潜在问题可能导致的风险及其后果实行量化，并确定其严重程度。

其中，可能牵涉到多种模型的综合应用，最后得到系统风险的综合印象。风险管理在风险识别及风险分析的基础上，采取各种措施来减小风险及对风险实施监控。这也可以说是风险分析的最终目的。

风险分析对风险影响和后果进行评价和估量，包括定性分析和定量分析。①定性分析是评估已识别风险的影响和可能性的过程，按风险对项目目标可能的影响进行排序。作用和目的为识别具体风险和指导风险应对，根据风险对项目目标的潜在影响对风险进行排序，通过比较风险值确定项目总体风险级别。②定量分析是量化分析每一风险的概率及其对项目目标造成的后果，也分析项目总体风险的程度。作用和目的为测定实现某一特定项目目标的概率，通过量化各个风险对项目目标的影响程度，甄别出最需要关注的风险，识别现实的和实现的成本、进度、范围目标。

5.5.1　定性风险分析

定性风险分析指通过考虑风险发生的概率、风险发生后对项目目标及其他因素（即费用进度范围和质量风险承受度水平）的影响，对已识别风险的优先级进行评估。

通过概率和影响级别定义，以及专家访谈可有助于纠正该过程所使用的数据中的偏差，相关风险行动的时间紧迫性可能会夸大风险的严重程度。对目前已掌握的项目风险信息的质量进行评估有助于理解有关风险对项目重要性的评估结果。

1. 定性风险分析的方法

定性风险分析的方法有风险概率与影响评估、概率和影响矩阵、风险分类、风险紧迫性评估等。

1）风险概率与影响评估

风险概率指调查每项具体风险发生的可能性，风险影响评估旨在分析风险对项目目标（如时间、费用、范围或质量）的潜在影响，既包括消极影响或威胁，也包括积极影响或机会。

可通过挑选对风险类别熟悉的人员采用召开会议或进行访谈等方式对风险进行评估，其中包括项目团队成员和项目外部的专业人士。组织的历史数据库中关于风险方面的信息可能寥寥无几，此时需要专家做出判断，由于参与者可能不具有风险评估方面的任何经验，因此需要由经验丰富的主持人引导讨论。

在访谈或会议期间对每项风险的概率级别及其对每项目标的影响进行评估，其中也需要记载相关的说明信息，包括确定概率和影响级别所依赖的假设条件等，根据风险管理计划中给定的定义，确定风险概率和影响的等级。有时风险概率和影响明显很低，此种情况下，不会对之进行等级排序，而是作为待观察项目列入清单中供将来进一步监测。

2）概率和影响矩阵

根据评定的风险概率和影响级别，对风险进行等级评定。通常采用参照表的形式或概率影响矩阵的形式，评估每项风险的重要性及其紧迫程度。概率和影响矩阵形式规定了各种风险概率和影响组合，并规定哪些组合被评定为高重要性、中重要性或低重要性。

对目标的影响，每一风险按其发生概率及一旦发生所造成的影响评定级别。矩阵中所示组织规定的低风险、中等风险与高风险的临界值确定了风险的得分。

组织应确定哪种风险概率和影响的组合可被评定为高风险（红灯状态）、中等风险（黄灯状态）或低风险（绿灯状态）。在黑白两种色彩组成的矩阵中，这些不同的状态可分别用不同深度的灰色代表，深灰色（数值最大的区域）代表高风险，中度灰色区域（数值最小）代表低风险，而浅灰色区域（数值介于最大和最小值之间）代表中等程度风险。通常，由组织在项目开展之前提前界定风险等级评定程序。

风险分值可为风险应对措施提供指导。例如，如果风险发生会对项目目标产生不利影响（即威胁），并且处于矩阵高风险（深灰色）区域，可能就需要采取重点措施，并采取积极的应对策略。而对于处于低风险区域（中度灰色）的威胁，只需将之放入待观察风险清单或分配应急储备，无须额外采取任何其他直接管理措施。

同样,对于处于高风险(深灰色)区域的机会,最容易实现而且能够带来最大的利益,所以应先以此为工作重点。对于低风险(中度灰色)区域的机会应对之进行监测。

3)风险分类

可按照风险来源(使用风险分解矩阵)、受影响的项目区域(使用工作分解结构)或其他分类标准(例如项目阶段)对项目风险进行分类,以确定受不确定性影响最大的项目区域。根据共同的根本原因对风险进行分类,有助于制定有效的风险应对措施。

4)风险紧迫性评估

需要近期采取应对措施的风险可被视为亟须解决的风险。实施风险应对措施所需的时间、风险征兆、警告和风险等级都可作为确定风险优先级或紧迫性的指标。

2. 定性风险分析的输入输出

1)定性风险分析的输入

(1)组织过程资产:在进行风险定性分析过程中,可借用先前项目的风险数据及经验教训知识库。

(2)项目范围说明书:常见或反复性的项目对风险事件发生概率及其后果往往理解比较透彻。而采用新技术或创新性技术的项目或者极其复杂的项目,其不确定性往往要大许多。可通过检查项目范围说明书对此进行评估。

(3)风险管理计划:风险管理计划中用于风险定性分析的关键元素包括风险管理角色和职责、风险管理预算和进度活动、风险类别、概率和影响的定义以及概率和影响矩阵及相关干系人承受度。在风险管理规划过程中,通常按照项目具体情况对这些元素进行调整。如果这些元素不存在,可在风险定性分析过程中建立这些元素。

(4)风险登记单:就风险定性分析而言,来自风险登记单的一项关键依据是已识别风险的清单。

2)定性风险分析的输出

定性风险分析的输出是风险登记单。风险登记单是在风险识别过程中形成的,并根据风险定性分析的信息进行更新,将更新后的风险登记单纳入项目管理计划之中。依据风险定性分析对风险登记单进行更新的内容如下。

(1)项目风险的相对排序或优先度清单:可使用风险概率和影响矩阵,根据风险的重要程度进行分类。项目经理可参考风险优先度清单,集中精力处理高重要性的风险,以获得更好的项目成果。如果组织更关注其中一项目标,则可分别为成本、进度、范围和质量目标单独列出风险优先度。对于被评定为对项目十分重要的风险而言,应对其风险概率和影响的评定基础和依据进行描述。

(2)按照类别分类的风险:进行风险分类,可揭示风险的共同原因或特别需要关注的项目领域。在发现风险集中的领域之后,可提高风险应对的有效性。

(3)需要在近期采取应对措施的风险清单:需要采取紧急应对措施的风险和可在今后某些时候处理的风险应分入不同的类别。

(4)需要进一步分析与应对的风险清单:有些风险可能需要进一步分析,包括风险定量分析以及采取风险应对措施。

(5)低优先度风险观察清单:在风险定性分析过程中把评为不重要的风险放入观察清单中,进行进一步监测。

（6）风险定性分析结果的趋势：在分析重复进行后，特定风险的分析结果可能出现某种明显趋势，从而采取应对措施或者进一步进行分析变得比较紧迫或者比较重要。

5.5.2　定量风险分析

定量风险分析是指对定性风险分析过程中识别出的对项目需求存在潜在重大影响而排序在先的风险进行的量化分析，并就风险分配一个数值。风险定量分析是在不确定情况下进行决策的一种量化的方法。该项目过程采用蒙特卡罗模拟与决策树分析等技术。

（1）对项目结果以及实现项目结果的概率进行量化。

（2）评估实现具体项目目标的概率。

（3）通过量化各项风险对项目总体风险的影响确定需特别重视的风险。

（4）在考虑项目风险的情况下确定可以实现的切合实际的成本进度或范围目标。

（5）在某些条件或结果不确定时确定最佳的项目管理决策。

下面来看看数据收集和表示的方法及应用。

1．期望货币值

期望货币值（Expected Monetary Value，EMV）是一个统计概念，用以计算在将来某种情况发生或不发生情况下的平均结算（即不确定状态下的分析）。

预期货币值和决策树一起使用，是将特定情况下可能的风险造成的货币后果和发生概率相乘，项目包含风险和现金的考虑。正值表示机会，负值表示风险。

机会的期望货币价值一般表示为正数，而风险的期望货币价值一般被表示为负数。每个列结果的数值与其发生概率相乘之后加总，即得出期望货币价值。这种分析最通常的用途是用于决策树分析。

决策树是对所考虑的决策以及采用现有方案可能产生的后果进行描述的一种图解方法，如表 5-3 所示。它综合了每项可用选项的成本和概率以及每条事件逻辑路径的收益。当所有收益和后续决策全部量化之后，决策树的求解过程可得出每项方案的预期货币价值或组织关心的其他衡量指标。

表 5-3　决策树分析

决策定义	决策节点	机会节点	纯路径价值
制定决策	依据：每项选择成本 成果：已定决策（对、错）	依据：情景概率发生后的奖励 成果：期望现金价值	计算 （盈利减去成本）沿路径

2. 计算分析因子

人们通常按照高、中、低来描述风险概率。为了量化风险的概率和后果,美国国防系统管理学院开发了一项技术,用于计算风险因子——求各种具体事件的整体风险的数字(基于其发生的概率和对项目造成的结果)。这项技术使用概率和影响矩阵显示风险发生的概率或可能性,以及风险的影响或结果。

3. 计划评审技术

计划评审技术(Program/Project Evaluation and Review Technique,PERT)是利用网络分析制订计划以及对计划予以评价的技术,能协调整个计划的各道工序,合理安排人力、物力、时间和资金加速计划的完成。

PERT网络是一种类似流程图的箭线图,描绘出项目包含的各种活动的先后次序,标明每项活动的时间或相关的成本。

对于PERT网络,项目管理者必须考虑要撤掉哪些工作,确定时间之间的依赖关系辨认出潜在的可能出问题的环节,借助PERT还可以方便地比较不同行动方案在进度和成本方面的效果。

PERT首先是建立在网络计划基础之上的,其次是工程项目中各个工序的工作时间不肯定,过去通常对这种计划只是估计一个时间,到底完成任务的把握有多大,决策者心中无数,工作处于一种被动状态。在工程实践中,由于人们对事物的认识受到客观条件的制约,通常在PERT中引入概率计算方法,由于组成网络计划的各项工作可变因素多,不具备一定的时间消耗统计资料,因而不能确定出一个肯定的单一的时间值。

在PERT中,假设各项工作的持续时间服从 p 分布,近似地用三时估计法估算出三个时间值,即最短、最长和最可能持续时间,再加权平均算出一个期望值作为工作的持续时间。在编制PERT网络计划时,把风险因素引入到PERT中,人们不得不考虑按PERT网络计划在指定的工期下完成工程任务的可能性有多大,即计划的成功概率,也就是计划的可靠度,这就必须对工程计划进行风险估计。

在绘制网络图时必须将非肯定型转换为肯定型,把三时估计变为单一时间估计,其计算公式为:

$$T = \frac{T_o + 4T_m + T_p}{6}$$

其中:

T:被估算工作的平均持续时间。

T_o:被估算工作最短持续时间(乐观估计时间)。

T_p:被估算工作最长持续时间(悲观估计时间)。

T_m:被估算工作正常持续时间,可由施工定额估算。

4. 蒙特卡罗分析

蒙特卡罗(Monte Carlo)方法又称为统计模拟法、随机抽样技术,是一种随机模拟方法,以概率和统计理论方法为基础,是使用随机数(伪随机数)来解决很多计算问题的方法。将所求解的问题同一定的概率模型相联系,用计算机实现统计模拟或抽样,以获得问题的近似解。

蒙特卡罗方法由美国在第二次世界大战中研制原子弹的"曼哈顿计划"计划的成员斯塔尼斯拉夫·乌拉姆(Stanisław Marcin Ulam)和冯·诺依曼(von Neumann)于20世纪40年代提出。冯·诺依曼用驰名世界的赌城摩纳哥的蒙特卡罗来命名这种方法，为它蒙上了一层神秘色彩。1777年，法国布丰(Buffon)提出用投针实验的方法求圆周率π，这被认为是蒙特卡罗方法的起源，如图5-12所示。

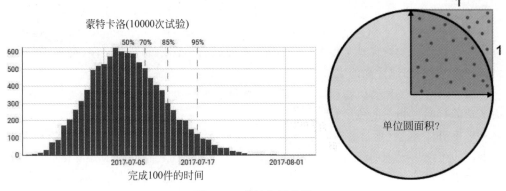

图 5-12　蒙特卡罗分析

蒙特卡罗的基本步骤如下。

(1) 针对现实问题建立一个简单且便于实现的概率统计模型，使所求的解恰好是所建立模型的概率分布或其某个数字特征，例如某个事件的概率或者该模型的期望值。

(2) 对模型中的随机变量建立抽样方法，在计算机上进行模拟实验，抽取足够的随机数，并对相关的事件进行统计。

(3) 对模拟结果加以分析，给出所求解的估计及其方差的估计。必要时改进模型以提高估计精度和模拟计算的效率。在这种模拟中，项目模型经过多次计算（叠加），其随机依据值来自根据每项变量的概率分布，为每个迭代过程选择概率分布函数（例如项目元素的费用或进度活动的持续时间），据此计算概率分布（例如总费用或完成日期）。对于成本风险分析，可用传统的项目工作分解结构或成本分解结构作为模拟。对于进度风险分析，可用优先顺序图法(Precedence Diagramming Method,PDM)。

5.5.3　定量风险分析的输入输出

1. 定量风险分析的输入

定量风险分析的输入有如下项目。

(1) 组织过程资产：包括先前完成的类似项目的信息、风险专家对类似项目的研究以及行业或专有渠道获得的风险数据库。

(2) 项目范围说明书。

(3) 风险管理计划：就风险定量分析而言，风险管理计划的关键要素包括风险管理角色和职责、风险管理预算和进度活动、风险类别、风险分解结构和修改的利害关系者风险承受度。

（4）风险登记单：就风险定量分析而言，风险登记单的项目包括已识别风险列表、项目风险的相对排序或优先度表以及按照类别归类的风险。

（5）项目管理计划：包括项目进度管理计划和项目费用管理计划。项目进度管理计划为项目进度的制定和控制规定了格式和标准。项目费用管理计划为项目费用的规划、架构、估算、预算和控制规定了格式和标准。

2．定量风险分析的输出

定量风险分析的输出是风险登记单（更新）。风险登记单在风险识别过程中形成，并在风险定性分析过程中更新。在风险定量分析过程中会进一步更新。风险登记单是项目管理计划的组成部分。此处的更新内容如下。

（1）项目的概率分析：项目潜在进度与成本结果的预报，并列出可能的竣工日期或项目工期与成本及其可信度水平。该项成果（通常以累积分布表示）与利害关系者的风险承受度水平结合在一起，以对成本和时间应急储备金进行量化。需要把应急储备金将超出既定项目目标的风险降低到组织可接受的水平。

（2）实现成本和时间目标的概率：采用目前的计划以及目前对项目所面临的风险的了解，可用风险定量分析方法估算出实现项目目标的概率。

5.5.4　应对风险的基本措施

通过对项目风险识别、估计和评价，把项目风险发生的概率、损失严重程度以及其他因素综合起来考虑，可得出项目发生各种风险的可能性及其危害程度，再与公认的安全指标相比较，就可确定项目的危险等级，从而决定应采取什么样措施以及控制措施应采取到什么程度。风险应对就是对项目风险提出处置意见和办法。项目风险的应对包括对风险有利机会的跟踪和对风险不利影响的控制。

因此，风险应对规划策略可分为以下三种。

1．消极风险或威胁的应对策略

通常使用三种策略应对可能对项目目标存在消极影响的风险或威胁。这些策略分别是规避、转移与减轻。

1）规避

规避风险是指改变项目计划，以排除风险或条件，或者保护项目目标，使其不受影响，或对受到威胁的一些目标放松要求，例如延长进度或减少范围等。但是这是相对保守的风险对策，在回避风险的同时也就彻底放弃了项目带给我们的各种收益和发展机会。

规避风险的另一个重要的策略是排除风险的起源，即利用分隔将风险源隔离于项目进行的路径之外。事先评估或筛选适合于本身能力的风险环境进入经营，包括细分市场的选择、供货商的筛选等，或选择放弃某项环境领域，以准确预见并有效防范，完全消除风险的威胁。

我们经常听到的项目风险管理 80-20 规律（参见第 1 章）告诉我们，项目所有风险中对项目产生 80% 威胁的只是其中的 20% 的风险，因此要集中力量去规避 20% 的最危险的风险。

2）转移

转移风险是指设法将风险的后果连同应对的责任转移到他方身上，转移风险实际只是把风险损失的部分或全部以正当理由让他方承担，而并非将其拔除。

风险转移策略几乎总需要向风险承担者支付风险费用。转移工具丰富多样，包括但不限于利用保险、履约保证书、担保书和保证书。出售或外包将自己不擅长的或自己开展风险较大的一部分业务委托他人帮助开展，集中力量在自己的核心业务上，从而有效地转移风险。同时，可以利用合同将具体风险的责任转移给另一方。

在多数情况下，使用费用加合同可将费用风险转移给买方，如果项目的设计是稳定的，可以用固定总价合同把风险转移给卖方。有条件的企业可运用一些定量化的风险决策分析方法和工具来精算优化保险方案。

3）减轻

减轻是指设法把不利的风险事件的概率或后果降低到一个可接受的临界值。提前采取行动减少风险发生的概率或者减少其对项目所造成的影响，比在风险发生后亡羊补牢进行的补救要有效得多。例如，设计时在系统中设置冗余组件有可能减轻原有组件故障所造成的影响。

2. 接受

采取该策略的原因在于很少可以消除项目的所有风险。

采取此项措施表明，已经决定不打算为处置某项风险而改变项目计划，无法找到任何其他应对良策的情况下，或者为应对风险而采取的对策所需要付出的代价太高（尤其是当该风险发生的概率很小时），往往采用"接受"这一措施。针对机会或威胁，均可采取该项策略。

该策略可分为主动或被动方式。最常见的主动接受风险的方式就是建立应急储备，应对已知或潜在的未知威胁或机会。被动地接受风险则不要求采取任何行动，将其留给项目团队，待风险发生时视情况进行处理。

3. 积极风险或机会的应对策略

通常，使用三种策略应对可能对项目目标存在积极影响的风险。这些策略分别是开拓、分享和提高。

（1）开拓：如果组织希望确保机会得以实现，可就具有积极影响的风险采取该策略。该项策略的目的在于通过确保机会肯定实现而消除与特定积极风险相关的不确定性。直接开拓措施，包括为项目分配更多的有能力的资源，以便缩短完成时间或实现超过最初预期的高质量。

（2）分享：分享积极风险是指将风险的责任分配给能为项目的利益获取机会的第三方，包括建立风险分享合作关系，或专门为机会管理目的形成团队、特殊目的项目公司或合作合资企业。

（3）提高：该策略旨在通过提高积极风险的概率或其积极影响，识别并最大程度发挥这些积极风险的驱动因素，致力于改变机会的"大小"。通过促进或增强机会的成因，积极强化其触发条件，提高机会发生的概率，也可着重针对影响驱动因素以提高项目机会。

5.6 风险监控

风险监控(Risk Monitoring and Control)在决策主体的运行过程中,对风险的发展与变化情况进行全程监督,并根据需要进行应对策略的调整。因为风险是随着内部外部环境的变化而变化的,在决策主体经营活动的推进过程中,可能会增大或者衰退乃至消失,也可能由于环境的变化又生成新的风险。

项目风险监控是通过对风险规划、识别、估计、评价、应对全过程的监视和控制,从而保证风险管理能达到预期的目标,是项目实施过程中的一项重要工作。

监控风险实际是监视项目的进展和项目环境,即项目情况的变化,目的是核对风险管理策略和措施的实际效果是否与预见的相同,寻找机会改善和细化风险规避计划,获取反馈信息,以便将来的决策更符合实际。风险监控过程中,及时发现那些新出现的以及随着时间推延而发生变化的风险,然后及时反馈,并根据对项目的影响程度,重新进行风险规划、识别、估计、评价、应对。

风险监控就是要跟踪风险,识别剩余风险和新出现的风险,修改风险管理计划,保证风险计划的实施,并评估消减风险的效果,从而保证风险管理能达到预期的目标,它是项目实施过程中的一项重要工作。

监控风险实际上是监视项目的进展和项目环境,即项目持续的变化,如图 5-13 所示。其目的是核对风险管理策略和措施的实际效果是否与预见的相同,寻找机会发送和细化风险规避计划,获取反馈信息,以便将来的决策更符合实际。

图 5-13 监控风险:输入、工具与技术、输出

在风险监控过程中,及时发现那些新出现的以及预先制定的策略或措施不见效或性质随着时间的推延而发生变化的风险,然后及时反馈,并根据对项目的影响程度,重新进行风险规划、识别、估计、评价和应对,同时还应对每一风险事件制定成败标准和判据。应该在项目生命周期中实施项目管理计划中所列的风险应对措施,还应该持续监督项目工作以便发现新风险、风险变化以及过时的风险。

监控风险过程需要采用诸如偏差和趋势分析的各种技术,这些技术需要以项目实施中生成的绩效信息为基础,监控风险过程的其他目的在于确定:

(1) 项目的假设条件是否仍然成立。

(2) 某个已评估过的风险是否发生了变化或已经消失。

(3) 风险管理政策和程序是否已得到遵守。

(4) 根据当前的风险评估是否需要调整成本或进度应急储备。

监控风险可能涉及选择替代策略、实施应急或弹回计划、采取纠正措施，以及修订项目管理计划。风险应对责任人应定期向项目经理汇报计划的有效性、未曾预料到的后果，以及为合理应对风险所需采取的纠正措施，在监控风险过程中，还应更新组织过程资产（如项目经验教训数据库和风险管理模板）以使未来的项目受益。

监控风险的数据流向图如图 5-14 所示。

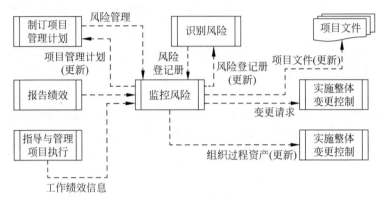

图 5-14　监控风险的数据流向图

视频讲解

5.7　案例研究：风险管理实践

5.7.1　公司背景简介

湖北 K-E 会计师事务所是湖北省财政厅对国有大中型企业进行社会审计的试点所，承担省直大中型企业的审计工作，具有丰富的工作经验，拥有一批具有丰富实践经验的注册会计师。

湖北省某研究所是省直科研单位，现有 50 多位员工。在基于 Windows 平台开发软件方面，具备较丰富的实战技能。湖北 K-E 会计师事务所在审计工作中发现，很多企业都采用了会计电算化软件，对审计工作提出新的要求。由于社会审计工作的需要，对开发计算机辅助审计软件的愿望越来越强烈，所以就联合湖北省某研究所进行联合开发。

5.7.2　实际项目分析

1. 项目介绍

该系统基于 Windows 和 SQL Server 进行开发，开发工具是 Visual Studio。项目开发过程中，共生成程序源代码数万行，项目开发的难度和源代码行数都比预计的要多。计算机辅助审计软件具有工作底稿制作能力和查证功能。数据可传递，能自动生成和人工输入相结合，产生合并抵消分录，能自动产生审计报告和会计报表附注，有灵活开放的系统，方便用户进行二次开发。

2. 开发队伍的风险

开发团队维持在 10 人上下，事务所 3 人，开发单位 6～7 人，有一些人员只能部分时间工作,开发人员能够自始至终地参加整个项目的工作。开发人员的流动基本能保证工作的连续性。

3. 技术风险

数据结构复杂,关联比较多。需要创建新的算法或输入、输出技术,软件需要与其他软件产品的数据库系统接口,客户能确定所要求的功能是可行的。同时,由于当时审计软件在国内的应用尚处于起步阶段,开发人员普遍对该系统比较陌生,这也带来了一定的技术风险。

4. 客户相关风险

用户对自己真正的需求并不是十分明确,他们认为计算机是万能的,只要简单地说说自己想干什么就是把需求说明白了,而对业务的规则、工作流程却不愿多谈,也讲不清楚。有的用户日常工作繁忙,他们不愿意付出更多的时间和精力向分析人员讲解业务,这样就加大了分析人员的工作难度和工作量,也可能导致因业务需求不足而使系统风险加大。

5. 项目按时完成的风险

另外,这个项目也像许多其他软件项目一样,面临着竣工日期带来的巨大压力。

5.7.3 实际的风险管理状况

凭借公司以往的经验,在此软件项目的整个生命周期中,任何阶段都有可能有风险存在,工作分解结构(Work Breakdown Structure,WBS)是完整表示项目,且伴随整个项目生命周期的项目要素,如图 5-15 所示。

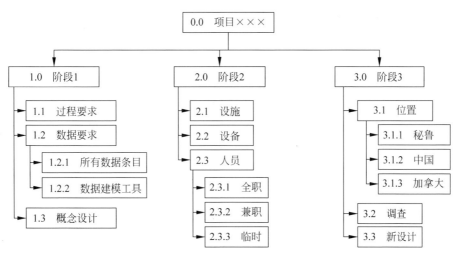

图 5-15 工作分解结构

所以,以 WBS 为基础进行风险管理,既可以方便地识别、标识相应的风险来源,又方便和项目其他工作一起统一管理。在软件项目中各阶段主要工作简述如下。

(1)启动阶段:进行项目预研,以确定项目是否立项,并对项目的范围进行比较清晰的定义。

(2)计划编制阶段:进行初步的需求分析,详细定义项目的范围,并对项目涉及的所有相关活动做尽可能详细的计划。

（3）执行阶段：详细分析需求，保证软件开发生命周期各阶段中不同需求的来源是可追溯的，并按需求进行设计、编码、测试，以确定软件产品达到计划给定的范围和标准，并做相应的部署测试。

（4）控制阶段：该阶段贯穿计划和执行两个阶段，主要进行各种控制，如需求变更、进度、费用控制，等等。

（5）收尾阶段：项目的收尾工作主要是安装和维护。

在软件开发生命周期的主要阶段中，通过研究不同阶段的侧重点，不同的阶段目标以及衡量不同阶段目标的标准，在软件开发的各个阶段中，即需求分析阶段、软件设计阶段、编码阶段和测试阶段，可以发现存在于各阶段中的风险项，并由项目经理在启动、计划、执行、控制、结束五个阶段予以控制。

1. 需求分析阶段

需求分析阶段的风险识别如表5-4所示。

表5-4 需求分析阶段识别的主要风险

阶段目标衡量标准	出现的风险
文字描述的清晰程度	错误理解，开发错误的软件
需求分析的完整性	系统设计困难、实现的系统与用户需求不一致、测试困难
需求文档的易理解程度	系统设计困难、实现的系统与用户需求不一致、测试困难，理解错误
需求的稳定性	系统不稳定，编码困难

需求分析阶段的风险分析如表5-5所示。

表5-5 需求分析阶段风险定性分析

风 险 项	概率	对本阶段目标的影响力	对其他阶段目标的影响力	对软件开发综合影响力
错误理解需求分析	高	高	高	很高
开发不符合客户需求	一般	高	高	很高
设计困难	一般	一般	高	高
对需求的变动无法做出调整	一般	高	一般	一般
无法在规定时间内完成	高	一般	高	高

需求分析阶段的风险解决如表5-6所示。

表5-6 需求分析阶段风险解决方案

出现的风险项	解 决 方 案
错误理解需求分析	准确规范文字的表达，必要时召开会议向全体成员介绍需求分析的详细情况，和客户保持会晤，采用增量开发模式，先开发一个基本可以运行的版本，有利于和客户的交流
开发不符合客户需求的软件	往往是由需求分析的不完备引起的，可以每周和客户保持会晤，尽可能细化需求，以使需求尽可能地完备

续表

出现的风险项	解 决 方 案
下游阶段工作无从下手	对需求文档采用统一的格式,另外,人员之间关系比较重要,该项目组经常进行活动,以培养成员之间的关系。
需求的经常性变更引起的系统不稳定、编码困难、无法及时做出反应、花费时间长、增加成本	计划安排时预先留有余地,另外,对项目开发过程的需求变更严格控制,主要依靠一个需求变更系统进行控制,任何可能影响进度的需求变更都需要经项目经理的认可,项目经理和客户协商后最终决定该变更是否被接受或是延迟到下一版本
无法在规定的时间内完成工作	计划安排的时间预先留有余地,严格按照日程安排完成工作、影响进度的需求变更需要项目经理的认可方被引用,采用增量开发模式,万一项目无法完成,先交付一个替代版本给用户使用,而不至于没有任何东西可以交付

2. 设计阶段

设计阶段的风险识别如表 5-7 所示。

表 5-7　设计阶段识别的主要风险

阶段目标的衡量标准	出现的风险
设计报告文字的清晰度	错误理解设计,产生错误的软件
设计的完整性	工作无从下手,功能无法满足需求,编码时间长
设计结构清晰	模块结构中出现错误
设计的复杂性	难度高、更多地关注细节、时间长、对编码人员的要求高
优秀的设计模式	增加设计难度、降低设计效率

设计阶段的风险分析如表 5-8 所示。

表 5-8　设计阶段风险定性分析

风 险 项	概率	对本阶段目标的影响	对其他阶段目标的影响	对软件开发的综合影响
错误理解设计	高	高	高	很高
开发不符合客户要求	一般	低	高	高
下游阶段的工作无从下手	低	低	高	一般
错误的设计结论	一般	高	高	很高
设计复杂性	一般	高	高	很高
无法在规定的时间内完成	低	低	高	高

设计阶段的风险解决如表 5-9 所示。

表 5-9　设计阶段风险解决方案

出现的风险项	解 决 方 案
错误理解设计	准确规范文字的表达,使用统一的设计文档格式,对设计文档的描述方式进行详细的规定,对函数的接口,采用易于理解的代码进行描述,确保不同技术背景的编码人员都能做出准确的理解

续表

出现的风险项	解 决 方 案
开发不符合客户需求的软件	准确规范和具体的文字表达模式,要求设计文档描述尽可能详细,同时项目按模块分为多个小组,各模块的小组长可以随时和编码人员进行沟通
下游阶段工作无从下手	准确规范和具体的文字表达模式,要求设计文档描述尽可能详细,同时项目按模块分为多个小组,各模块的小组长可以随时和编码人员进行沟通
错误的设计结构	尽可能选用技术水平高、经验丰富的人员承担设计任务,鼓励人员在各部门之间流动,有利于集中各个部门的技术骨干解决项目中的困难
设计复杂	与开发人员沟通,必要时进行内部的培训,采用增量的开发模式,划分模块进行设计,逐个解决困难
无法在规定的时间内完成	计划安排预先留有余地,严格按照日程安排完成工作;尽可能选用技术水平高、经验丰富的人员承担设计任务,采用增量的开发模式,交付替代版本,同时保证各个小组之间的并发工作

5.7.4 实施效果与总结分析

1. 实施效果

此项目开发的目标是为了向审计公司提供辅助审计管理系统。

开发流程也是比较遵从软件工程的规范的。但是最终的结果却不尽如人意,投入了比预计多几倍的人力物力。根据当时参与项目的人员的分析,失败的原因主要如下。

1) 需求不明确

由于出发点和利益不同,系统开发者与用户对于同一问题常有不同看法,这样需求分析的风险就逐渐加大了。另外,对需求变更的控制做得不好,需求的改变就会产生连锁反应,有时候这种反应会导致程序的不稳定。严重的时候,一个错误的修改又引起另一处程序的错误,而新的错误的修改会导致更新的错误。更严重的情况,不是所有的错误都能被修改。

2) 技术风险

此软件数据结构复杂,逻辑关联性比较强。软件需要与第三方财务软件产品的数据库系统接口,带来了开发困难,阻碍了项目的进行。

由于以上原因到了测试阶段,未确定的需求和不断发现的 bug 成了灾难。结果测试当天就因为一个 bug 导致数据被误删和数据混乱。于是暂停测试,改为封闭式开发,并且继续增加人员,第二次修改时才发现整个数据结构也要发生变动,这就无异于重新开发一次,所以最后不得不投入大量的人员予以弥补。

2. 分析

分析原因,为什么这个项目会失败?

看来好像是需求没有做好,其实是没有把风险放在整个项目这个大系统下来对待,没有建立一套完整的风险管理机制,这样一来,风险因素就容易被忽略。然而,软件项目前一阶段的失误会对下一阶段产生严重的影响。一旦发生了变化,就不得不修改设计、重写代码、修改测试用例、调整项目计划等,为项目的正常进展带来不尽的麻烦。

所以,没有切实可行的风险管理过程机制,就很难有效地保证风险管理活动的效率。建立切实可行的风险管理过程机制是软件风险管理理论研究成果最终在实践中得到应用的最根本保证。

小结

本章论述了风险及风险管理的概念,介绍了软件风险是导致软件项目进度延迟、预算超支、项目部分或整体失败的因素,以及不确定性和损失时风险的两大属性。软件项目是即将或正在进行的生产过程,既然是未来的事情,就要在项目计划中确定项目的进度、预算和采用的技术等。

视频讲解

风险是伴随软件项目过程而产生的,在软件项目中必须进行风险管理。软件项目的风险管理是一个不断识别风险、分析风险、应对风险及风险监控的过程。

项目风险指可能导致项目损失的不确定性,为某一事件发生给项目目标带来不利影响的可能性。项目风险管理为了最好地达到项目的目标,识别、分配、应对项目生命周期内的风险的科学与艺术,是一种综合性的管理活动。项目的风险管理是一个动态的工作过程,在这个过程中,项目风险的各项作业是相互交叉和互相重叠开展和进行的。项目风险识别是项目风险管理的重要环节。若不能准确地识别项目面临的所有潜在风险,就会失去处理这些风险的最佳时机。

思考题

1. 简述软件项目存在较大风险的原因。
2. 简述常见风险及其处理措施。
3. 风险管理是一个系统的过程,请阐述该过程应包含的方面及各个阶段的主要任务。
4. 请阐述一个风险计划所应包含的主要任务。
5. 请列举几种识别风险的方法。谈谈你会如何运用各种方法使其效率及有效性最大化。
6. 请结合自身体会,阐述对于风险识别的认识。

第6章

软件配置管理

> "管理"既不是一种独有的特权,也不是企业经理或企业领导人的个人责任。它同别的基本职能一样,是一种分配于领导人与整个组织成员之间的职能。
>
> ——亨利·法约尔(Henry. Fayol)

软件配置管理(Software Configuration Management,SCM)是软件工程领域的重要课题,也是软件产品开发过程中的核心控制过程。

与传统产品开发生产相比,软件产品的开发生产具有较强的复杂性和不确定性。主要体现在开发进度难以控制,开发结果难以预计。所幸的是,软件配置管理通过一整套可视化可跟踪和可控制管理方法为软件开发项目提供了保护伞。

软件配置管理在开发过程中各阶段管理计算机程序,作为软件工程的关键元素,已经成为软件开发和维护的重要组成部分。软件配置管理提供了结构化的、有序化的、产品化的管理软件工程的方法,涵盖了软件生命周期的所有领域并影响所有数据和过程。

配置管理是对产品进行标识、存储和控制,以维护其完整性、可追溯性以及正确性的控制过程。

本章共分为七部分。6.1节是概览;6.2节介绍软件项目配置管理的任务和活动;6.3节介绍软件项目配置管理的核心要素;6.4节介绍软件项目配置管理的主要过程;6.5节介绍软件项目配置管理的角色;6.6节介绍常用软件项目配置管理工具;6.7节介绍软件配置管理的案例。

6.1 概述

视频讲解

计算机软件产品的总体发展趋势,就是系统自身的复杂化与系统使用的简单化。如何控制日益复杂化的系统,管理系统开发和维护过程,始终是软件从业者头痛的难题。

　　软件配置管理正是在软件产品与软件开发产业进化过程中不断演练出来的解决这一难题的主要方法。遗憾的是,由于软件配置管理本身也是在软件产业发展过程中逐步形成和完善的,即使是资深软件从业人员,也经常混淆其概念和方法。

　　先谈谈什么是配置和配置管理。如图 6-1 所示,配置(Configuration)一词来源于拉丁语的"Com-"("与"或者"一起")和"figure"("形成"),意为多个部件集合在一起形成一个整体。由此,配置管理可以理解为使事物的各个部件或元素组合成整体的管理过程。

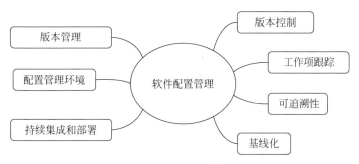

图 6-1　软件配置管理的内容

图 6-2 给出了软件部件分解图的一个例子。

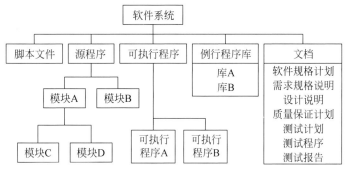

图 6-2　软件部件分解图

　　软件配置管理(Software Configuration Management,SCM)就是在软件开发过程中管理软件的配置。这里的配置是指构成软件产品的各种原始部件,包括源程序、数据文件、设计文档、用户文档,及其组织关系(如目录结构)。相应的管理包括管理这些部件的产生、修改、提取与发布,以保证整个产品的正确性、完整性,产品部件的一致性。

　　软件配置管理的正式定义在不同的标准规范中有不同的表述。

　　(1) ISO/IEC 12207—2008《信息技术——系统和软件生态周期过程》:配置管理过程是在整个软件生命周期中实施管理和技术规程的过程,它标识、定义系统中软件项素,并定制基线(Baseline)。控制软件项素的修改和发行,记录和报告软件项素的状态和修改请求,保证软件项素的完整性、协调性和正确性,以及控制软件项素的存储、装载和交付。

　　(2) GB/T 11457—2006《软件工程术语》:软件配置管理是标识和确定系统中配置项的过程,在系统整个生命周期内控制这些项的投放和变动,记录并报告配置的状况和变动要求,验证配置项的完整性和正确性。

　　(3) 集成化成熟度模型(CMMI):配置管理是通过配置标识、配置控制、配置状况统计与配置审计来建立与维持工作产品的完整性的管理过程。CMMI中的定义概括了软件配置管理的主要任务和方法。

上述定义无一例外都包含这几个要点：软件生命周期、软件配置项、修改控制与产品完整性。

软件配置管理即在软件产品生命周期中，通过对软件配置项进行标识、控制、报告和审计等方式管理软件的开发维护过程，实现软件产品的正确性、完整性的一种软件工程方法。

6.1.1　起源与发展

配置管理的概念最早来源于制造工业，尤其是在国防工业中。

这些工业产品往往相当复杂，包含数万种部件，经历几代人多年的开发，每种部件都在不断地改进、演化。这就需要有一套机制去管理产品部件的变更、版次，保存完整的产品开发信息，以保持不同阶段产品开发的连续性。1962年，美国空军在进行喷气式飞机设计时，制定了一个标准规范配置管理，这被视为第一个配置管理标准，该标准被美国国防部和军方其他标准广泛引用。

在软件开发领域，随着计算机程序在规模上越来越大，结构也越来越复杂，技术越来越先进。单一产品需要的开发人员不断增多，开发人员之间的信息沟通、进度协调和交付管理等方面的矛盾日益突出。

从20世纪80年代起，美国国防部（United States Department of Defense，DoD）、美国电气和电子工程师协会（Institute of Electrical and Electronics Engineers，IEEE）、美国国家标准协会（American National Standards Institute，ANSI）和国际标准化组织（International Organization for Standardization，ISO）都开始关注软件开发过程中的配置管理并陆续制定了各自的标准。由于各个组织定义的标准大同小异，因此造成了软件配置管理的定义纷杂混乱，难以统一的现状。

现在，软件配置管理已经作为一种重要的软件开发管理环节，被大多数软件标准化组织所采纳，成为衡量软件开发组织成熟程度的基本标准。用于软件配置管理的工具也在不断地丰富和完善。这些工具可有力地帮助软件开发机构实现软件配置管理自动化。

6.1.2　解决哪些问题

没有配置管理的"手工作坊"式的软件开发项目经常会遇到许多问题。

例如，一个严重的错误被修正了，却在一段时间后又重现了；一个已经开发并经过测试的功能在手工集成后完全消失了；系统崩溃了，却很难查出是什么修改造成的；用于测试的执行程序与源代码严重不一致；新的开发人员对现有代码难以理解，不知其前因后果；无法判断单个功能的实现进度和整个项目的完成程度；无法确知整个产品的代码修改频度和每个版本的代码修改量。

种种这些问题，在没有配置管理或配置管理系统不完善的项目中必然会出现，并让项目所有相关人员感到困惑，甚至十分恼火。

配置管理的原则如图 6-3 所示。

完善的软件配置管理系统有助于规范开发人员的工作流程,明确角色分工,清楚记录代码的任何修改,同时又能加强代码修改时的沟通协作;完善的配置关联系统也有助于项目经理更好地了解项目的进度、开发人员的负荷、工作效率与产品质量状况、交付日期等关键信息;配置管理系统中的完整配置信息和修改历史使新的成员可以快速实现任务交接,尽量减少因人员流动而造成的损失。

图 6-3　配置管理的原则

软件配置管理通过对软件产品各个部件的管理控制,协调软件开发项目中不同角色的活动,能够有效地帮助软件开发团队避免上述问题。软件配置管理的功能如图 6-4 所示。

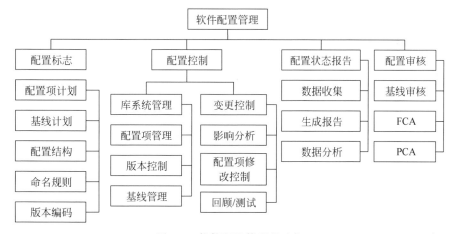

图 6-4　软件配置管理的功能

6.2　软件配置管理的任务和活动

6.2.1　软件和配置项

在讨论软件配置管理任务和活动之前,先来了解一下活动的客体,即软件和软件配置项。

在普通用户看来,软件就是能够在计算机上运行的一个完整的程序,把它安装到计算机的硬件中后,硬件就会按照指令工作,完成用户所需的功能。在软件开发人员看来,软件是大堆琐碎而纷杂的文件拼接而成的脆弱复杂体,它很容易被改变或被破坏。有人形象地把软件比作海绵,以揭示其极大的易变性特点。

确实,开发人员简单的几个键盘操作就可以彻底改变整个软件的执行效果,甚至使整个系统崩溃。即使从用户的角度来看,错误地修改了一个系统选项或采用了一个不正确的输入数据也经常会导致灾难性结果。

软件的脆弱性和易变性的根源在于软件的复杂性,大型软件通常由数以千万个文件组成,这些文件包括以下内容。

视频讲解

（1）定义产品功能、描述设计实现细节的设计文档。

（2）规定产品开发过程、进度计划和交付合同等项目管理文档。

（3）各种语言的源程序文件，这是数量最多、最关键的文件。

（4）各种格式的数据文件，包括数字、文字、图片、视频等。

（5）构造生成的中间文件、可执行文件和可安装文件。

（6）实现源程序文件到可执行文件和可安装文件转换的构造、包装脚本。

（7）该软件所依赖的其他文件：包括开发运行工具、硬件环境说明或相关软件说明。

软件系统中所有这些类型的文件都可称为软件配置管理的管理对象，而且是基本管理单元，即配置项（Configuration Item，CI），如图 6-5 所示。

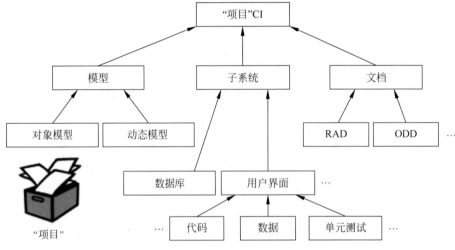

图 6-5　软件配置项树（例子）

正如国家标准 GB/T 12505—1990《计算机软件配置管理计划规范》中所定义的：“软件配置是指一个软件产品在软件生命周期各阶段产生的各种形式（机器可读或人工可读）和各种版本的文档、程序及数据的集合。该集合中的每个元素称为该软件产品软件配置中的一个配置项”。软件配置管理就是对软件系统中的配置项进行管理。

软件配置管理是软件项目运作的一个支撑平台，它将项目干系人的工作协同起来，实现高效的团队沟通，使工作成果及时共享。这种支撑贯穿在项目的整个生命周期中，如图 6-6 所示。

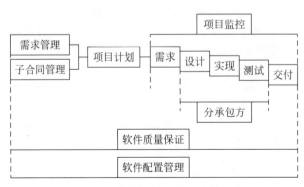

图 6-6　软件配置管理作为支撑平台

6.2.2 标识

标识指从物理上确定软件系统中的每个组件。配置项标识的主要任务是唯一地标识出需要控制的软件配置项,并确定它和外界及其他配置项的关系。

配置项标识是所有配置管理活动的基础。在项目初始,将原始产品置于配置管理系统控制时就要进行配置项标识活动。配置项标识的结果是形成各个配置项的元数据记录,包括配置项的名字、描述、编号、类型、创建者、创建时间、存储方式和位置等信息。

标识任务的主要活动如下。

(1) 定义配置项选取原则:根据项目实际情况规定产品开发中哪些类型的文件必须置于配置管理系统之中,并约定唯一标识的形式与格式。一般应将各种源程序文件和系统依赖的重要数据文件包含在选取原则中。

(2) 选择配置项:按照既定原则从项目文件中选出需要进行配置管理的文件,并给每个配置项予以编号登记,规定其授权和访问约束。在常用的自动化配置管理系统中,系统会自动填充编号和相关配置创建信息,并提供访问控制机制。

(3) 确定存取方案:标识好了的配置项必须存放到软件配置库中。选择哪种工具存储管理配置项是一件复杂的工作。一般要考虑项目的规模、开发环境、项目成员的使用习惯。应兼顾存取的方便性和数据的安全性。

6.2.3 变更控制

软件产品是极易改变的,而且在软件产品开发与维护过程中变更在所难免,可能是客户的需求发生了改变,也可能是以前的代码实现有待改进。为了使产品按照既定的需求进行演化,就必须对产品的变更进行引导、控制。这正是软件配置管理对软件产品开发管理的主要贡献。

变更控制的目的是控制对产品中已标识的所有配置项的任何修改,从而实现全面控制产品的更改。事件记录是变更控制活动的输入,变更控制的输出结果是归档化的事件与变更请求以及对相应软件配置项的修改。

变更控制的主要活动有以下几方面。

(1) 创建事件记录:以文字形式描述事件,并通过适当的渠道提交。

(2) 分析事件记录:确定可能需要对哪些配置项进行变更,并估计这些变更的波及面。

(3) 拒绝或者接受事件记录:事件记录被接受,就为每个受影响的配置项创建一个变更请求,分配给相关的开发人员。

(4) 实施变更:依据变更请求的描述,实施配置项的修改,确保修改结果在配置管理库中得到体现。

(5) 关闭变更请求:当变更完成并被验证后,就可以关闭变更请求了。

(6) 关闭事件记录:当同一事件所派生出的所有变更请求都关闭后,就可以关闭该事件记录。

6.2.4　状态报告

配置管理的其他几方面的活动为状态报告提供了数据基础。

状态报告的任务是提取、报告整个软件生存周期中软件各个部件的相关信息，以一种可读的形式呈现给相关人员。报告的内容主要是针对软件配置项的状态、事件记录与变更请求，以及变更请求的执行结果（即实现的变更）三方面的数据。不同开发组织有不同的状态报告格式和形式，可以是发布注释、配置项列表（包含状态、属性和历史）或者是跟踪矩阵，还可能是通过在配置库中搜索动态得到的特定信息。

软件配置状态报告通常用来回答如下问题。

（1）配置项当前有何属性，处于什么状态？

（2）配置项的每一版本是如何生成的？

（3）配置项的新旧版本有何区别？

（4）变更请求何时被谁批准，如何实现？

（5）近期有哪些配置项发生了改变？

（6）近期批准了多少变更请求，完成了多少？

（7）哪些开发人员最近对配置项进行了修改？

完成状态报告任务的主要活动有以下几方面。

（1）确定报告范围：不同组织、同一组织在不同阶段关注的侧重点不同，对状态报告内容的需求也不同，应根据实际需要选定报告的内容范围，有选择地回答上述几个问题。

（2）定义报告模板：格式化的报告通常便于阅读者迅速、准确地抓住关键信息。

（3）提取配置数据：根据确定的报告范围定期（每天、每周、每月）从配置库中把相关配置数据提取出来，按模板整理成便于阅读的文档。

（4）发布状态报告：配置状态报告应该发布给项目的所有开发与管理人员，同时必须归档以备日后查考。

（5）定制特定信息查找途径：为满足不同用户的专门需求，必须在周期性的报告之外定制灵活的配置数据查找方式，并提供便捷、友好的界面。

6.2.5　配置审计

软件配置审计的任务是确认整个软件在生命周期中各个部件在技术上和管理上的正确性与完整性。审计过程通过审查软件配置项的状况和修改历史寻求以下两个问题的答案：软件的演化过程是否符合既定的流程，软件实现的功能是否与需求保持一致。

配置审计的主要活动是评审与测试。前者确保软件配置变更和软件开发流程的正确执行，后者确保软件产品功能的正确性。测试任务主要由软件质量保证人员完成，具体过程将在后续章节中详细阐述。

配置评审活动主要包括如下环节。

（1）项目经理和配置经理确定审计的人员。

（2）配置审计人员准备配置审核检查单，并制订审计计划。

（3）配置审计人员按照计划安排时间对配置数据进行审计，与相关人员面谈。

（4）配置审计人员将在审计中发现的不符合现象做记录，并发送给项目经理。

（5）项目经理和配置经理对上报的问题进行解决跟踪。

6.3 软件配置管理的核心要素

视频讲解

软件配置管理的主要任务是管理软件产品的演变，确保产品在演变过程中仍保持正确性、完整性与一致性。显然，这是一个不容易完成的任务，必须借助于一些特别的机制、专门的过程才能实现。

下面看看有哪些核心要素支撑配置管理活动，以实现配置管理任务。

6.3.1 版本和版本树

版本是软件配置项在演化过程中的每一个实例。软件产品由许多文件（即配置项）组成，其中的每一个文件在软件的开发、演化过程中都会不断地被修改，每次修改都形成不同的文件内容。

如果检取出同一文件任何一次修改后形成的内容，都可看作该文件的一个实例，即该文件的一个版本。对同一文件的每次修改总是有先后顺序的。因此文件的每一个版本也是有先后顺序的。后一版本总是在前一版本的基础上形成的。此外，同一个版本还能根据不同的需要同时衍生出多个后续版本。如果把一个文件的所有版本按衍生顺序描绘出来，通常会出现为一种树形图，称为该文件的版本树。

如图 6-7 所示，版本树中分叉处的版本大多是重要修改的开始，如新功能的开发、产品新发布的开始，或是新开发小组的介入。文件版本管理是软件配置管理的基础。只有对每个文件的每个版本实现了严格有序的管理，保证每个文件的版本树能自由而又稳健地成长，能随时方便地提取版本树中任意一个版本，才能构建更为复杂的软件配置管理功能。

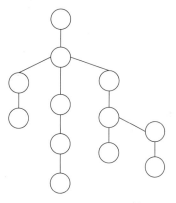

图 6-7 某一文件的版本树

6.3.2 软件配置库

软件配置库又称软件受控库，是指用来存放软件配置项的存储池，保存软件产品配置项的所有版本与每个版本相关的控制信息。

最原始的软件配置库是以笔书形式登记的软件项目中所有文件及其版本的手工清单。软件配置管理自动化以后，软件配置库的存储一般采用数据库的形式，可以是通用的商业数据库，也有些是软件配置管理系统私有数据库。

早期的软件配置库通常只在软件生命周期的某一阶段结束时存放软件产品和与软件产品开发工作有关的计算机或人工可读信息，仅用作软件产品资产库，不要求实时在线存取，只要求安全性、完整性与可维护性。现代软件配置库是软件开发项目的核心基础设施,是项目开发人员随时需要访问的软件代码库。

最新、常用的软件开发工具通常都具有与软件配置库直接连接访问的功能。因此,现代化的软件配置库应该具有较高的实时性和容错性,同时有较强的可扩展性、可分布性和可复制性,以满足不断增长的开发团队对配置项的巨大访问量。

6.3.3　工作空间

工作空间是每个开发人员访问软件配置库、存取文件版本并进行产品开发的主要渠道。它为开发人员提供了一个具有稳定性与一致性的工作环境。

工作空间首先是一个相对稳定的私有文件区,在该区域里开发人员可以相对独立地编码、修改和测试,不受其他开发人员的代码的影响。其次,工作空间内的代码本身必须是一致的,即所选取的各个文件(配置项)的版本必须是相互兼容的,在进行任何修改之前工作空间内的文件应该是可编译、可运行的。由此,工作空间一般初始化为产品的某一稳定基线(Baseline)所标识的配置项集合,以保证不同开发人员可以获得相同的工作空间。

拥有一致性和稳定性的工作环境才能使每个开发人员发挥其最大的工作效率。但是,软件开发是一种团队活动,完全由每个开发人员在各自私有的、稳定的工作空间内独立活动是不可能生产出一个完整、统一的软件产品的,必须有一个集中的过程。每个开发人员生产的代码或其他配置项必须及时提交到软件配置库中,并正确地与其他开发人员所提交的成果合并,这才能使整个产品的开发向前推进。

同时,每个开发人员的工作空间必须及时更新到最新的产品基线才能保证工作空间的实效性,避免在旧版本上做无用的开发。"刻舟求剑"的寓言在软件开发过程中时有上演。工作空间通常提供相应的机制为开发人员方便进行修改的合并和基线的刷新。

总之,软件配置管理中的工作空间为开发人员提供了一个相对稳定一致的开发环境,使得开发人员既可以独自分离地进行开发,又可以方便、快捷地合并开发结果。软件开发中的"分"与"合"的基本逻辑在工作空间中得以实现。

6.3.4　变更请求与变更集

如前所述,软件产品总是处在不断变化、演进过程中的,软件配置管理的核心任务就是管理软件产品的变化,使其在变化过程中保持正确性、完整性和一致性。

实现这一任务的关键是对软件的变更进行管理,确保产品的任何变化都有凭有据。变更请求就是开发人员对软件产品进行修改的凭据,对产品的每一点儿改动都应该通过变更请求详细登记,并取得相关人员的批准。

Rational统一过程(Rational Unified Process,RUP)将变更请求定义为"用于描述利益相关者对工件或过程进行变更的所有请求的通用术语。变更请求中记录的是关于变更起源、影响、实施建议及费用等信息"。

变更请求通常被分为两大类:增强请求和缺陷。增强请求是指系统的新增特征或对系统现有功能的有计划的修改。缺陷是指存在于一个已交付产品中的与所设计功能不一致的异常现象,这里的交付对象可以是最终客户,也可以是同产品的开发或测试人员。例如,每个里程碑或基线的交付。

变更集是记录一个变更请求实施后生成的配置项新版本的集合,是该变更请求完成后的结果。

每个已实施的变更请求都关联一个变更集,变更集中通常列举出为实现该变更请求所做的全部文件或目录改动,包括文件或目录的增加和删除。通过变更请求和变更集的关联,可以轻易地追踪软件代码的修改历史,实现更改原因与更改结果双向可查。从管理颗粒度来看,变更集是介于单个配置项版本和整个产品基线之间的配置管理单元。从产品角度来看,产品的开发演化过程就是一系列变更集的叠加过程,而基线则是体现变更集的阶段性叠加效果。

6.3.5　软件配置管理工具

软件配置管理工具是一些软件工具,其自动化软件配置管理最佳实践并提供方便的操作接口以便于开发人员日常使用。同编辑器、编译器和调试一样,软件配置管理工具是今天的软件工程师工具箱中必要的组成部分。没有工具很难实现有效的软件配置管理。

在早期软件开发项目中,配置管理由配置库管理员手工完成,记录每个开发人员取出和生成的每个配置项版本,烦琐、缓慢而又容易出错。现代化的软件配置管理工具能精确、有效地管理软件配置管理中的各种要素,尽可能地自动化软件开发过程中用于配置管理相关的过程,同时保持对软件产品的有力控制。

6.4　软件配置管理的主要过程

视频讲解

接下来看看这些要素是通过哪些方法和过程衔接起来,以实现整体的配置管理过程的。

这些过程和方法大多在配置管理工具中实现,尽管不同品牌的工具有不同的实现细节,但仍可以根据常用工具的情况进行介绍。

6.4.1　配置项标识与存储过程

标识过程的关键是如何给每个配置项赋予一个唯一而又有意义的标识。

在普通的文件系统中,文件名及其目录路径可以作为一个文件的唯一标识,但在配置管理系统中,同一个文件(配置项)有许多版本,必须把每个版本也标识出来。给版本赋予标识首先要确定版本的命名规则,版本命名规则确定就在整个配置管理系统或过程中保持不变(在自动化配置管理系统中,版本命名规则一般是固化在配置管理工具中的)。同一配置项的前后版本之间存在传递关系,相邻版本之间存在分支关系。

版本命名规则应该体现这些关系。常用配置管理工具通常采用两级制版本命名规则,前一级标识版本分支,后一级标识同一分支中的特定版本,多个前后级标识串联起来可以表示任何复杂的版本。不同配置管理工具可能用不同的符号连接每级标识(常用的连接符号有“.”和“/”),而且也可能采用字符或数字来标识分支,但其本质构成是相同的。

常用的两种版本命名方式和相应的版本树如图 6-8 所示。

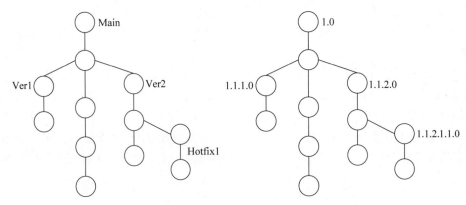

图 6-8　两种常用的版本标识方式

图中,同一分支中的版本都是从"0"开始顺序编号,因此,这两个版本树中最右下角的版本标识分别为"Main/1/Ver2/l/Hotfix1/1"和"1.1.2.1.1.1.1.0"。

配置项存储过程指如何把普通文件系统中的文件转换为受配置管理系统控制的配置项的过程,其与生成配置项初始标识的过程几乎是同时发生的。经过一定选取标准选定的作为配置项的文件先被存放在工作空间,然后由工作空间的拥有者把该文件由工作空间添加到配置库中。

此时,该文件在工作空间中的相对文件路径会记录在配置库中,该文件的内容作为配置项初始版本内容,被赋予初始版本标识,同时该文件的其他相关属性也被记录到配置库中,例如,作者、类型、大小、创建时间,等等。

此后,配置项每经历一次改变将形成一个新的版本并被分配相应的版本标识。配置库中通常以增量方式存储配置项的各个版本,以减少空间消耗并增强版本处理的灵活性。

6.4.2　版本管理过程

版本管理过程是实现完整的配置管理功能的基础。版本管理的主要内容是管理产品配置项的每一个版本的生成和使用,主要方法包括版本访问与修改控制、版本分支和合并、版本历史记录,以及历史版本检取。

软件开发人员不能直接访问配置库对源文件(配置项)进行修改,所有修改必须在开发人员各自的工作空间中进行。

一般说来,工作空间是开发人员本地文件系统中的一个文件夹,具有文件系统提供的访问控制机制。开发人员可以按特定方法选取所需要的并且授予访问权的文件版本,从配置库中加载到工作空间内。由于产品源代码是产品开发中最重要的信息,项目管理人员通常会在配置库中设置额外的访问权限控制,以确保只有授权的人员才可以访问相应产品或模块的代码版本。

加载到工作空间中的文件版本,一般只有只读属性或仅仅是本地可读写,只有在经过检出操作后才能够修改入库。检出和检入机制是版本管理中实现修改控制的主要方法。检出就是将软件配置项的某一版本从配置库中提取出来,以供开发人员在工作空间内修改的操作。检入就是将修改过的软件配置项从工作空间中上传到配置库中,从而生成新的版本的操作。检出和检入操作通常会触发配置库中版本的加锁和解锁动作,由此实现修改的并发控制,即同一配置项的同一个版本在任何时间只能由一个人修改入库。

检出、检入机制限制了对同一版本的并发修改,但是实际开发过程中往往又需要对代码进行并发修改。分支与合并机制是解决这一矛盾的主要方法。分支是从配置项的某版本在配置库中"复制"出一个新的版本,并使新版本能被单独修改而不影响旧的版本。形象地从版本树中看,分支就是从旧版本的节点生出一个新的树枝。

新生成的版本分支可以被其他开发人员修改从而形成新的分支版本。如果这个新分支上修改的代码需要同旧版本修改的代码协同工作,可以通过合并操作把两个分支上的修改汇合在一起。配置管理工具通常都有自动合并代码修改的功能,但不同的配置管理工具有不同的合并算法,合并结果可能大相径庭,最好对自动合并结果再进行人工检查。

尽管软件配置项经过不断的修改、分支合并形成复杂的版本关系,版本管理系统总是能清晰、完整地记录各个配置项的版本历史的。版本历史记录中,通常包括每个版本的版本标识、修改时间、修改人员、修改说明等基本信息。这些信息可以被项目开发人员查找浏览,用于问题追溯、影响分析、版本重构或项目审计等活动。

版本管理的另一个重要功能是历史版本检取。配置管理工具大多可以根据配置项版本标识或基线名称检取出一个或多个配置项的指定历史版本,也可通过调整工作空间的版本选取条件加载整个产品的某一历史版本。

6.4.3 变更控制过程

软件产品在开发过程中进行变更是不可避免的,但不对变更加以控制是万万不可的。变更和变更控制是矛盾的统一体。变更控制过程就是通过一系列方法、手段对变更进行引导约束,使变更的结果有利于改进产品、满足客户需要,同时使变更的实施对项目影响较小。变更控制过程主要包括提出变更请求、分析变更请求、变更决策、实施变更和验证变更等步骤。这些步骤需要有不同的软件开发人员参与,每个步骤主要由不同角色负责。

变更控制过程一般遵循固定的流程如图 6-9 所示。

变更都是有原因的,任何人提出变更请求都是受相关事件的触发造成的。这些事件可以是用户使用产品过程中遇到的产品故障或需要产品新功能的愿望,也可以是开发人员在开发环节发现的各种错误,如测试时发现的功能错误,审查文档时发现的描述与实际操作不符,浏览代码时发现某行代码逻辑有误等。发生这些事件后,相关人员可自行提出变更请求或通过各种渠道委托项目开发人员提出变更请求。

变更请求通常分为新功能请求和缺陷报告两种类型。提交变更请求时一般都会标明请求类

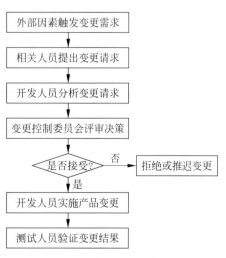

图 6-9 基本的变更控制流程

型，介绍引发请求的事件，详细描述所希望的变更并标识交付期限。变更请求提交后，必须在配置库中保存，作为后续步骤的输入数据。

通过自动、手工分配方式提交的每一个变更请求将被分配给相关的开发人员进行初步的分析。

变更分析主要从客观的角度验证变更请求的正确性和合理性，提出初步的修改可行性判断、修改方案和工时，并预测可能对项目和产品带来的影响。变更分析一般由开发小组负责人或有经验的开发人员完成。变更分析的结果必须附加到该变更请求在配置管理库的记录中。

经过初步分析的变更请求将被变更控制组（Change Control Board，CCB）统一评审决策，以确定是否实施变更。CCB根据变更请求的相关信息和变更分析的结果，结合项目当前状况决定每个变更请求实施与否。决定实施的变更将被分配给相应开发人员去实施；决定实施的变更将被终止，并告知变更提交者。CCB通常也为待实施的变更分配优先级或重新指定其他开发人员去实施。

开发人员接收到CCB分配的待实施变更请求后，才实施相应的变更。具体活动包括：深入分析变更请求所提出的问题，设计修改方案，确定需要修改的配置项。之后，再对这些配置项检出修改。配置项的修改过程应在工作空间中完成，以保证配置项版本的正确性。所做的修改经过开发人员自己测试通过后，即可将新版本检入或提交到配置库中，相应的变更集将在配置库中自动生成。

开发人员实施变更并提交修改后必须经过质量保证人员进行变更验证，确保所做的修改不多不少地实现了相应的变更请求。验证通过的变更将反映在产品的下个版本中，并告知相应的变更请求提出者。验证未通过的变更将被要求返工或回滚。

从理论上说，配置项的所有修改都必须经过上述的变更控制过程。这对许多开发人员来说或许是难以忍受的繁文缛节和官僚主义。优秀的配置管理工具能根据项目的需要对变更控制流程加以定制，如小项目可通过合并或自动化某些步骤使得变更控制过程更为灵活高效。相反，大型项目可通过扩充变更控制步骤以实现更严格的控制过程。

6.4.4 基线管理过程

基线（Baseline）是由软件产品所有配置项的特定版本构成的一个固定的产品版本，它是一定阶段变更请求实施后的累加效果。基线标志产品开发前一个阶段的结果，又作为下一阶段开发的基础。基线管理和产品开发模式、开发阶段划分，以及产品发布过程紧密相关。

基线管理过程主要解决基线的创建、发布、使用、维护等方面的问题，如图6-10所示。

基线通常是由代码集成或构造人员在特定的工作空间中创建的，以保证基线的一致性。该工作空间中每一个配置项的版本将作为新基线的成员版本，在配置项版本树的相应节点将标明基线标识。因此，创建基线就是在特定时间给产品代码做一个"快照"。常用的配置管理工具都有简单的命令用来创建基线，但是这种命令一般只由项目中指定的人员执行。基线创建者通常会将基线中的版本进行构造，生成该版本的可执行代码，并进行初步的验证。根据项目的规模与开发方式的不同，基线创建的时机也不同，大型项目通常定期（如每天）创建基线，小型项目则按开发进度需要或仅在项目里程碑处创建基线。

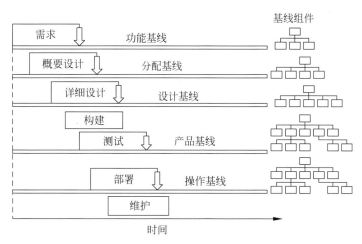

图 6-10 基线管理过程

基线一旦创建就成为整个产品的一个正式标准,随后的开发都基于此标准进行,直到下一个基线被创建。因此,每一个新创建的基线都需要以正式的方式发布给项目中所有人员,发布内容包括基线的名称、包含的版本、可执行代码,以及初步验证结果。

基线发布后,代码开发人员可以将基线内的配置项版本更新到他的工作空间中,使个人的工作环境与项目中的整体变更保持同步。项目测试人员可以取得基线对应的可执行代码,进行进一步的测试验证,根据发现的问题提出新的变更请求,推动下一个基线的生成。在项目的进展过程中,也可以利用旧的基线重新建立基于某个特定发布版本的配置,用来重现报告的错误或定位重复发生的问题。

此外,基线也可作为新项目的起点,由此生成一个单独的分支进行新项目的开发,新项目将与随后对原始项目(在主要分支上)所进行的变更相互隔离,必要时再进行合并。

基线反映的是配置项已经发生的变更,是固化的版本,因此基线的内容本身不需要什么维护工作。基线的维护主要是保存基线记录,并结合产品开发过程标识基线状态。

任何产品在整个开发过程中都会形成多个基线。为了清楚地辨别、正确地使用每一个基线,必须对每一个基线的相关信息准确记录、长久保存。有些配置管理工具能够把基线信息记录在配置库中,有些工具不具备这一功能,需要配置管理人员自行记录。基线维护的另一重要任务是标识基线状态。基线生成时一般是处于初始状态,表明该基线初步可用,经过进一步的测试验证之后,可将该基线标为测试成功或测试失败状态。在项目里程碑处的测试成功基线将被标为里程碑基线,如果该里程碑需要对外发布版本(如 Beta版),则相应基线被标为相应的发布状态。

如图 6-11 所示为一个开发过程中的产品的不同状态的基线。

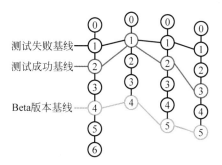

图 6-11 产品配置项的不同基线

6.5　软件配置管理中的角色

软件配置管理涉及软件开发过程中几乎所有的环节,需要项目所有人员的参与。确实对软件产品的开发和维护人员来说,配置管理是不可避免的日常工作。不管你担任的是什么样的开发过程中的角色,都会涉及软件配置管理活动。区别在于同一种角色在软件开发过程中和在配置管理过程中的角色主次不同。从另一方面看,配置管理中有些任务是需要专门的配置管理人员来完成的,如配置管理规划、配置库和配置管理工具的维护、配置审计等。

下面从配置管理专职人员、开发机构运营管理人员和软件项目人员等方面来了解其中的主要角色在配置管理中的职责。

6.5.1　配置管理专职人员

配置管理专职人员主要包括配置管理负责人、配置库管理员和配置控制委员会。

1. 配置管理负责人

配置管理负责人的职责是在开发机构管理层提供的框架内实施、维护并改进软件配置管理流程与设施。有些机构的配置管理负责人需要全面负责整个机构的配置管理,有些机构按项目或组织单元设置配置管理负责人。配置管理负责人的工作包括以下内容。

(1) 为组织机构规划配置管理方案,将机构或组织对配置管理的需求转换为实际的生产过程、工具和操作规范。

(2) 部署和更新配置管理工具。

(3) 跟踪机构或组织的配置管理执行情况,确保所定的流程被严格地执行。

(4) 为管理层提供配置管理状态报告、数据分析结果和相关改进建议。

2. 配置库管理员

配置库管理员负责建立产品配置库,并维护每个配置库的内部完整性与存储空间的安全性。配置库管理员的工作范围主要有以下几方面。

(1) 建立配置库。

(2) 创建并维护组成配置库的元数据(非配置项数据)。

(3) 对配置库的使用者进行日常支持。

(4) 从配置库中提取配置项状态信息与其他过程度量信息,以供配置报告和审计。

3. 配置控制委员会

配置控制委员会全面负责配置项的变更控制,因此又称为变更控制委员会。配置控制委员会有一位专职的主席,负责协调和决策,委员会的成员则由项目经理、产品经理、客户代表,以及质量保证负责人等项目中的重要人员担当。配置控制委员会的主要工作有以下几点。

(1) 评估变更请求,批准或否决所请求的变更。

(2) 协调变更请求的执行过程,安排合理的优先级。

（3）跟踪变更请求的执行状况，并向变更请求的提出者及相关人员提供反馈。

（4）决定产品基线的创建和使用策略，确定对外发布的基线。

6.5.2　机构运营管理人员

配置管理专职人员是一个机构或项目中配置管理过程的构造者和推广者，但他们只有获得了机构或项目管理层的支持与认可后才能有效地完成其职责任务。因此，机构运营和管理人员是配置管理的有力支持者。在此，我们把一个机构的组织管理人员和负责日常运营工作人员都划归为配置管理的重要支持力量。这些人员主要包括机构管理层、资产负责人、工程管理负责人、环境与工具负责人，这些角色对配置管理有不同的支持作用。

机构管理层对配置管理的支持主要体现在两方面：为配置管理的实施和改进提供资本和对实施相关人员授予所需的特权；为配置管理专职的人员明晰岗位职责，并提供职业晋升途径。

资产负责人管理产品开发中生成与使用的软硬件资产，他们对配置管理的支持体现在遵循配置管理原则，并从配置管理的角度去进行资产的管理，包括资产的使用、更新、发展过程都应该和配置管理过程项相结合。

过程管理负责人制定组织或机构的各种过程，保证这些过程满足生产和发展的需求，能够正确地得到实施。配置管理过程是其中的一种过程。因此，过程管理负责人会参与配置管理策略和过程的编制，使其与其他过程相互衔接兼容，同时确保同一机构中不同项目的配置管理过程基本一致。

环境与工具负责人为开发机构提供环境和工具的支持，例如网络、数据存储、开发工具等方面的支持。配置管理活动同样离不开这些环境和工具。环境与工具负责人为配置管理活动提供所依环境和工具的安装和培训支持，同时协助配置管理负责人定制配置管理工具，以实现与其他开发工具的集成。

6.5.3　项目开发人员

项目开发人员是配置管理活动中的重要参与者和执行者。

从前面关于配置管理过程的描述中可以看出，配置管理过程和项目开发过程紧密相关，其中的许多步骤和开发环节紧密关联，需要相应环节的开发人员去实施相应的配置管理操作，下面来看看项目中主要开发角色在配置管理中的职责。

项目经理对项目以及项目生成的产品承担总体责任。在配置管理方面，项目经理应该根据项目需求来计划配置管理，并在项目预算中包括配置管理相关的花费，在项目进行过程中提供有预算的资源。此外，项目经理参与变更控制决策、审批配置管理报告和配置审计报告等配置管理活动。

分析人员（或系统工程师、系统架构师）在项目中负责完成产品生命周期的早期活动，如软件的需求说明、系统的整体架构与核心功能设计。在从事这些活动时，分析队员所参与的配置管理过程包括：将分析设计成果标识为配置项，并存储到配置库中；根据变更请求修改这些配置项；验证这些配置项与其他配置项（如实现代码）之间的一致性。此外，分析人员还可能成为配置控制委员会的成员，评估和审批变更请求。

设计人员生成产品整体结构以及详细设计，并在产品整个生命周期内维护这些设计结果。设计人员与分析人员参与类似的配置管理活动。

程序员完成所有的编程活动，生成并维护源代码和相关文件。程序员从事的配置管理操作包括：标识代码和数据文件为配置项，并存储到配置库中；依据变更请求修改代码，生成正确的代码版本检入到配置库中；跟踪产品基线的发布，更新自己的工作空间。资深程序员还可作为配置控制委员会成员，参与变更决策。

集成人员将源代码或派生文件集合成一个完整、一致的系统，并生成系统的可执行文件。集成人员从事的配置管理活动有：创建并发布基线，维护基线状态，审查基线中配置项一致性，参与配置审计等。

测试人员根据测试计划来测试验证产品的各个版本，包括内部发行的中间版本。测试人员需要将测试方案和相关的用例、脚本标识为配置项，并存储在配置库中。测试人员还主要负责变更结果验证和基线状态标定等配置管理任务。

6.6 常用软件配置管理工具

视频讲解

由第 5 章的介绍可知，软件配置管理是软件开发过程中的一项十分烦琐而又重要的工作，同时又和软件的开发项目的整个过程紧密地联系在一起，所以必须要有合适的工具来协助配置管理过程。

软件配置管理工具在软件的整个生命周期中起着重要的支持和控制作用。选择合适的软件配置管理工具，能给配置管理的实施和整个开发过程提供强有力的保障。本章将按照配置管理工具的发展日程和功能特点对常用的配置管理工具进行简单的介绍。

6.6.1 软件配置管理工具的发展历程

软件配置管理工具几乎是伴随着计算机软件的出现而产生的。当计算机还在以打孔纸带输入程序时，配置管理工具就形成了。最原始的配置管理工具是以手工方式在记录本或公示板上记录每个纸带的检出状态和使用者的简单数据记录。之后，在 19 世纪 50 年代末，主机系统（Mainframe）中的系统更新程序（Update System）就可以通过记录打孔带的修改位置来生成新的程序版本了，这就是自动化的配置管理（版本管理）工具的雏形。

随着主机系统文件存储的电子化和 UNIX 系统的兴起，现代意义上配置管理（含版本管理）工具也就产生了。这类工具中最早出现的是由贝尔实验室的 Marc J. Rochkind（*Advanced UNIX Programming* 的作者）在 1972 年开发的源代码控制系统（Source Code Control System，SCCS），它基于文件的配置（版本）管理系统。之后的几十年内，不断有新的配置管理工具出现，这些工具的功能不断完善。从总体上看，配置管理系统的功能发展经历了第一代面向文件的系统、第二代面向变更集的系统和第三代面向开发流程的系统 3 个阶段。

下面来看看配置管理工具不同发展阶段的主要功能特性。

早期的软件配置管理工具只是在程序文件一级进行版本控制的，因此，可称为面向文件的配置管理工具。

从功能上看,这类系统基本上具备了现有配置管理系统中的版本管理功能,能够标志和记录每个文件的各个修改版本;提供检出和检入机制以避免版本覆盖;具有简单的工作空间管理机制,用于开发人员和配置库交互;通过版本分支与合并机制支持并行开发(尽管操作可能很复杂);能够方便提取历史版本的内容与控制信息;提供文件版本比较功能;记录重要版本信息和数据存取日志以供配置审计。

这类系统一般提供简洁的命令行操作方式,以方便其他系统封装,调用相应命令。这类配置管理工具的主要特点如下。

(1) 大多以单个文件为处理对象,对每个文件的改变以独立的版本文件存储在配置库中。

(2) 配置库只是普通的文件系统,在每个程序文件中嵌入版本控制信息,没有复杂的配置管理元数据(Meta Data)。

(3) 开发人员必须对每个要修改的文件分别进行检出和检入。

(4) 系统没有开发任务的概念,只能由开发人员通过其他方式记录、查找每个任务所修改的文件。

面向文件的配置管理工具相当简单易用,主要功能是版本控制,通常可以被封装在其他系统中。SCCS 基于单一文件的版本控制,适用于任何正文文件的版本维护。由于已经无人维护和改进,现在使用 SCCS 的项目已经极少了。

6.6.2 版本控制工具及功能

1. 版本控制系统

版本控制系统(Version Control System,VCS)是一种记录一个或若干文件内容变化,以便将来查阅特定版本修订情况的系统。版本控制系统不仅可以应用于软件源代码的文本文件,而且可以对任何类型的文件进行版本控制。

版本控制是一种在开发的过程中用于管理我们对文件、目录、工程的修改历史,方便查看更改历史记录,备份以便恢复以前的版本的软件工程技术。

版本控制的目的包括:①实现跨区域多人协同开发;②追踪、记载一个或者多个文件的历史记录;③组织、保护源代码和文档;④统计工作量;⑤并行开发、提高开发效率;⑥跟踪记录整个软件的开发过程;⑦减轻开发人员的负担,节省时间,同时降低人为错误,简单地说,就是用于管理多人协同开发项目的技术。

没有进行版本控制或者版本控制本身缺乏正确的流程管理,软件开发过程中会引入很多问题,如软件代码的一致性、软件内容的冗余、软件过程的事物性、软件开发过程中的并发性、软件源代码的安全性,以及软件的整合等问题。

版本控制可以自动生成备份,在知道改动的地方随时回滚。

版本控制产品非常多,如 Perforce、Rational ClearCase、RCS(GNU Revision Control System)、Serena Dimention、SVK、BitKeeper、Monotone、Bazaar、Mercurial、SourceGear Vault,现在广泛使用的是 Git 与 SVN。

版本控制分类包括本地版本控制、集中版本控制、分布式版本控制,如图 6-12 所示。

存所有文件的修订版本。协同工作的人们通过客户端连接到这台服务器,获取最新的文件或者提交更新。

所有的版本数据都保存在服务器上,协同开发者从服务器上同步更新,或上传自己修改所有版本的数据都存在服务器上,用户的本地只有以前所同步的版本,如果不联网,用户就看不到历史版本,也无法切换版本验证问题,或在不同分支工作。而且,所有数据都保存在单一的服务器,这个服务器有很大的风险会损坏,这样就会丢失所有的数据,当然可以定期备份。代表产品有 SVN、CVS、VSS。

集中化的版本控制系统显而易见的缺点是中央服务器的单点故障问题。如果宕机,那么就会出现谁都无法提交更新的情况,也就无法协同工作;如果磁盘发生故障,而备份又不够及时,那么就有丢失数据的风险,最坏情况是丢失整个项目的历史更改记录。因此,分布式版本控制系统(Distributed Version Control System,DVCS)问世。

3) 分布式版本控制

分布式版本控制系统中,客户端不仅是提取最新版本的文件快照,而是把代码仓库完整地镜像下来。所以,每一次提取的操作都是对代码仓库的完整备份,也就不必担心协同工作用的服务器发生故障。

所有版本信息仓库全部同步到本地的每个用户,这样就可以在本地查看所有版本历史,可以离线在本地提交,只需在联网时 push 到相应的服务器或其他用户。由于每个用户那里保存的都是所有的版本数据,只要有一个用户的设备没有问题,就可以恢复所有的数据,但这增加了本地存储空间的占用。

2. CVS

CVS(Concurrent Version System)版本控制系统是一种 GNU 软件包,主要用于在多人开发环境下的源码的维护。实际上,CVS 可以维护任意文档的开发和使用,例如,共享文件的编辑修改,而不仅局限于程序设计。

CVS 维护的文件类型可以是文本类型,也可以是二进制类型。CVS 用 Copy-Modify-Merge(复制、修改、合并)变化表支持对文件的同时访问、修改,明确地将源文件的存储和用户的工作空间独立开来,并使其并行操作。CVS 基于客户端/服务器的行为使其可容纳多个用户,构成网络也很方便。这一特性使得 CVS 成为位于不同地点的人同时处理数据文件(程序源代码)时的首选。

所有重要的免费软件项目都使用 CVS 作为其程序员之间的中心点,以便能够综合各程序员的改进和更改。这些项目包括 GNOME、KDE、THE GIMP、Wine 等。

CVS 的基本工作思路是在一台服务器上建立一个源代码库,库里可以存放许多不同项目的源程序。由源代码库管理员统一管理这些源程序。每个用户在使用源代码库之前,首先要把源代码库里的项目文件下载到本地,然后用户可以在本地任意修改,最后用 CVS 命令进行提交,由 CVS 源代码库统一管理修改。这样就好像只有一个人在修改文件一样,既避免了冲突,又可以做到跟踪文件变化等。

CVS 也是一个典型的客户端/服务器两层结构的软件,并且服务器和客户端都有 UNIX 版本、Linux 版本和 Windows 版本。客户端版本还演化出多种丰富的图形界面支持。使用 CVS 可以记录下源文件的修改历史,CVS 把一个文件的所有版本信息保存在了一个系统文件里,通过版本差异记录和重构每个历史版本。CVS 也可以隔离不同的开发者,使每个开发人员在自己的工作空间里工作,直到完成了工作任务后才将所有修改的文件检入到配置库中,这时 CVS 会将各个开发人员的修改内容合并到一起。

3. VSS

VSS(Visual SourceSafe)是微软 Visual Studio 的成员,主要任务是负责项目文件的管理,几乎可以适用任何软件项目,如图 6-13 所示。VSS 管理软件开发中各个不同版本的源代码和文档,占用空间小,并且方便各个版本代码和文档的获取,开发小组可对源代码的访问进行有效的协调。

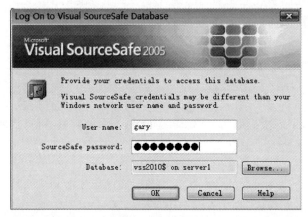

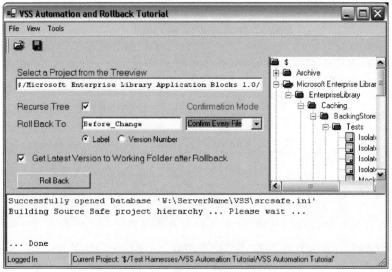

图 6-13　微软 Visual SourceSafe

VSS 是一款历史悠久的版本管理工具,在早期扛起了版本管理系统方面的重任,能帮助解决一部分版本控制方面的问题,在一定程度上帮助解决代码共享方面的难题,但是依旧存在一些不足,例如:

(1) 文件大多会以独占的形势进行锁定。如果一个人正在修改文件,其他人没有办法同时对文件进行修改。

(2) VSS 只支持 Windows 版本,且只兼容微软的开发工具。

(3) 文件存储时,服务器必须共享文件夹,对文件的安全性没有足够保障。

VSS 最初只是为 Windows 平台上的开发人员使用的,因此只有 Windows 版本,后来发布了 UNIX 和 Macintosh 的版本。VSS 可以记录系统、项目和文件级修改的历史,允许在多个程序员之间分配开发工作,跟踪修改信息,并恢复个别文件或整个应用程序的早期版本。

VSS 为建立一个项目的多个版本提供了良好的模式:具有共享(Share)、分支(Branch)、标签(Label)、合并(Merge)、链接(Links)、路径(Paths)等版本管理机制和相关操作的命令。在版本的描述上,它不像 SCCS 用数字串来描述版本,而是使用逻辑版本和客户名称来标识。VSS 简单易用,可以在很多平台上使用,能够更方便地与微软公司的软件开发平台,如 VS. NET 集成。

4. SVN

SVN(SubVersion)作为 CVS 的重写和改进产品,其目标就是成为一个更好的版本控制软件,以更新传统的 CVS 系统,如图 6-14 所示。

图 6-14 SVN

SVN 是开源的配置管理系统中新的杰作,主要开发人员都是业界知名的 CVS 专家,它支持绝大部分的 CVS 功能和命令,其命令风格与界面也与 CVS 非常接近。SVN 在继承了CVS 的功能基础上增加了许多新的特性。

首先,SVN 采用的全局性版本编号带来了诸多功能上的优势。例如,对目录或文件进行复制时,无论涉及多少文件,SVN 不需要对单个文件依次执行"复制"命令,仅需要建立一个指向相应的全局版本号的指针即可。CVS 只能对文件进行版本控制,不能对目录进行版本控制,而 SVN 可以像记录普通文件的修改历史一样,记录对目录的修改历史。当发生文件或目录的移动、改名或复制操作时,SVN 能够准确记录操作前后的版本联系。

其次,CVS 采用线性、串行的批量提交,而 SVN 采用原子性的版本提交方式。当提交成功完成时,一个唯一的、新的全局版本编号便会产生,而提交时用户提供的日志信息与该新的版本编号关联,只进行一次存储(区别于 CVS 的按文件重复存储)。由于 SVN 的所有提交是原子性的,每次成功提交形成的唯一的全局版本号对应此次批量提交的所有文件修改,因此将版本管理从单纯的文件修改的层次上升到更便于理解和交流的开发活动的层次。

最后,与 CVS 相比,SVN 还可以进行差异化的二进制文件处理,并且高效、快速地创建分支和基线。在访问方式上,SVN 通过与 Apache Web Server 的集成,使得业务用户或非技术用户在不安装任何版本管理客户端的情况下通过浏览器可以轻松访问 SVN 版本库。

SVN 是一个开放源代码的版本控制系统,相较于 RCS、CVS,SVN 采用了分支管理系统,设计目标就是取代 CVS。互联网上很多版本控制服务已从 CVS 迁移到 SubVersion。SVN 就是用于多个人共同开发同一个项目,共用资源的目的。

和 VSS 相比,SVN 除了最基本的代码和文件管理功能外,主要的革新是提供了分支的功能,从而解决了 VSS 文件独占的问题,大幅提升了开发人员的工作效率。谁写完代码,随时可以提交到自己的分支上,最后对所有分支进行合并,解决冲突即可。相比 VSS 而言,在工作模式上有了翻天覆地的改变。

而 SVN 作为集中式的版本管理系统,优点在于:①管理方便,逻辑明确,操作简单,上手快;②易于管理,集中式服务器更能保证安全性;③代码一致性非常高;④有良好的目录级权限控制系统。劣势在于:①对服务器性能要求高,数据库容量经常暴增,体量大;②必须联网,如果不能连接到服务器上,基本上不可以工作,如果服务器不能连接上,就不能提交、还原、对比;③不适合开源开发;④分支的管控方式不灵活。

5. Git

Git 是一款免费、开源的分布式版本控制系统,用于敏捷高效地处理任何或小或大的项目,如图 6-15 所示。作为一个开源的分布式版本控制系统,可以有效、高速地处理从很小到非常大的项目版本管理。

图 6-15　Git

分布式相比于集中式的最大区别,在于开发者可以提交到本地,每个开发者通过克隆(Clone),在本地机器上复制一个完整的 Git 仓库。

Git 的优缺点为:①适合分布式开发,每个个体都可以作为服务器,每一次 Clone 就是从服务器上 pull 到了所有的内容,包括版本信息;②公共服务器压力和数据量都不会太大;③速度快、灵活,分支之间可以任意切换;④任意两个开发者之间可以很容易地解决冲突,并且单机上就可以进行分支合并;⑤离线工作不影响本地代码编写,等有网络连接以后可以再上传代码,并且在本地可以根据不同的需要新建自己的分支。

Git 和其他版本控制系统的主要差别在于,Git 只关心文件数据的整体是否发生了变化,而多数其他系统则只关心文件内容的具体差异,在每个版本中记录着各个文件的具体差异。在 Git 中的绝大多数操作都只需要访问本地文件和资源,不需要联网。这是因为 Git 在本地磁盘上就保留着所有当前项目的历史更新,所以处理起来速度飞快,这是使用空间换时间的处理方式。使用 Git,即使在没有网络或 VPN 的情况下,同样可以非常愉快地频繁提交更新,等到有了网络的时候,再提交到远程的仓库。

6. ClearCase UCM

ClearCase 是 IBM 公司 Rational 产品部门生产的一款业界领先的重量级软件配置管理工具,如图 6-16 所示。

不同于第一代与其他第二代配置管理产品,ClearCase 提供更全面的开发环境与配置管理功能,包括版本控制、变更控制、基线管理、工作空间管理与构建管理等。ClearCase 可应用于从小型团队到企业级团队的开发项目,而且可以通过分布式配置库方便地支持跨地域的大型开发项目。ClearCase 的主要功能特点有以下几点。

图 6-16　IBM Rational ClearCase

1）版本管理

ClearCase 能够管理文件和目录项的每个修改版本，并通过分支和归并功能支持并行开发。ClearCase 支持不同文件类型的差异化版本管理，能自动识别二进制文件和特殊的文本文件（如 XML 文件），对不同类型的文件采用不同的方式进行版本比较和合并操作。版本信息保存在私有的关系数据库中，保证数据的安全性和访问效率。

2）工作空间管理

ClearCase 给每位开发者提供了独立的工作空间（视图），开发人员在各自的工作空间中可以方便地访问或修改文件版本。通过先进的多版本文件系统，ClearCase 使工作空间与本地文件系统无缝集成，开发人员能够透明地以本地文件目录的形式访问配置项的任何版本。

3）构建管理

ClearCase 能方便地生成软件构造文件清单，而且可以完全、可靠地重建任何构造版本。ClearCase 也可以通过共享二进制文件和并发执行多个构建脚本的方式支持有效的软件构件，既可以使用定制脚本，也可以使用自身的 Clearmake 程序。

4）变更控制

ClearCase 可以通过配置策略的设置和使用钩子程序（Hook）来加强变更控制，规定只有符合特定条件的变更才能用来修改程序文件。

ClearCase UCM 是在大量软件工程实践和 ClearCase 用于反馈建议的基础之上，提炼出来的最佳配置管理方案——统一变更管理。

UCM 定义了一个可以立即用于软件开发项目的基于活动的变更管理流程。UCM 将软件开发项目中的各种任务抽象为活动（Activity），并基于活动对配置项进行管理。这种抽象简化了开发过程管理的复杂度，提升配置管理的粒度。通过 UCM，一个开发活动可以自动地同其变更集（封装所有用于实现该活动的配置项版本）相关联，这样就避免了管理人员手动跟踪所有文件变化的琐事。

6.6.3 面向开发流程的配置管理工具及功能

第二代面向变更集的配置管理工具具有配置项和任务的关联能力，但它自身的任务管理功能很有限，只起到了基于任务的版本收集的功效。在面向变更集的配置管理的基础上，产生了更新一代的面向开发流程的配置管理工具。这类工具中的任务有更丰富的数据，具备较强的任务管理功能，并能通过任务管理对项目的开发流程进行规范。

这类工具中，有些自带流程支持功能，有些需要与配套的工具集成来支持开发流程；有些只支持相对固定的开发流程，有些可方便地进行流程设定，甚至任意定制流程。

面向开发流程的配置管理工具是现有配置管理工具中的佼佼者，也是大型软件开发项目中必不可少的支持工具。这类工具通常都功能全面，可作为性能卓越的企业级应用，能方便地支持多个大型项目的开发，因此这类工具一般是大型软件开发机构的首选配置管理系统。下面来介绍这类工具中的几个著名的工具。

1. 集成的 ClearCase 和 ClearQuest

6.6.2 节介绍了 IBM Rational 的配置管理工具 ClearCase UCM，它是属于第二代的面向变更集的配置管理工具。但是 ClearCase 可以方便无缝地与 IBM Rational 的变更管理产品 ClearQuest 集成,由此形成一个完整、强大的面向开发流程的配置管理系统,提供全方位的用于加速软件开发周期和改进开发流程的解决方案。

ClearQuest 是一个强大的企业级流程自动化工具,它通过定制可以适用于任何领域的流程控制。不过通常的用法是作为缺陷管理或变更管理系统,用于软件开发或类似的具有复杂流程的生产项目中。尽管 ClearQuest 提供了多种预定义的流程方案供客户选择,但其主要的功能特性还是支持自定义流程。多数 ClearQuest 用户都会基于某种预定义的流程定制出适合本组织实际情况的开发流程。

总体来说,集成的 ClearCase 和 ClearQuest 系统有如下功能特点。

1) 有效地记录、管理和追踪变更请求

ClearQuest 通过多种易于使用的客户端(Windows、UNIX、Web、E-mail),使用户在任何地点、以任何方式都可以提交、获取在整个开发生命周期中出现的各种类型的变更请求,包括测试阶段出现的缺陷、需求分析阶段的需求扩展请求等。所有的变更请求在 ClearQuest 中被集中存储在统一的数据库之中,以便进行各种形式的查询,同时也便于集中管理。

2) 有效地加强变更请求和版本修改的联系

集成的方案中 ClearCase UCM 的活动将会与 ClearQuest 中的变更请求相对应,可以通过 ClearCase 策略规定只有处于某种状态(如 CCB 批准后)的变更请求才能用来修改代码,并且修改后的代码版本将和该变更请求紧密绑定,便于代码审查和追踪。

3) 能促进团队的沟通和协作

ClearQuest 提供一套完备的电子流管理系统。它可以利用企业现有的邮件服务系统实现自动电子邮件通知功能。当系统内提交了新的变更请求或已有变更请求的状态发生变化时,ClearQuest 会自动通过电子邮件通知相关的人员,从而大大提高了团队的协作效率。

4) 随时随地了解项目状况

ClearQuest 支持通过 Web 的方式对系统进行访问,在浏览器中可以查询变更请求的状态,浏览变更请求的信息,生成多种统计分析图表和项目状态报告。所以,项目经理可以及时、准确地了解项目的状况。

5) 具有很强的可定制性

在 ClearQuest 系统中所涉及的表单信息域、状态变迁过程、分析图表和状态报告等都是可以根据用户的实际需要进行定制的,并且可以随项目的发展不断进行调整。因此,ClearQuest 可以适用于任何类型,以及任何规模的项目。

2. 其他面向开发流程的工具

1) CCC/Harvest

CCC/Harvest 起源于 20 世纪 70 年代初加州大学的 Leon Presser 教授所写的一篇论文,他提出了控制变更和配置的概念。

之后,在美国国防部的资助下,Leon Presser 教授开发了一整套用于管理飞机发动机部件的工具——变更和配置管理(Change and Configuration Management,CCC),这就是 CCC/Harvest 的前身,即用于管理飞机硬件配置的工具。几年以后,商业化的软件配置工具的 CCC/Harvest 才由 SoftTool 公司推出,并经过多次公司并购。

CCC/Harvest 是一个综合性的变更和配置管理系统,它支持各种主要的计算机平台,从中大型系统到 VAX 小型计算机、UNIX 系统、PC 系统。CCC/Harvest 采用商用的关系型数据库提供集成的版本管理、变更控制、缺陷跟踪、过程管理和构造管理等开发流程配置管理功能；它可用于异构的开发平台上、远程分布的开发团队，以及并发开发活动状态下保持开发工作的协调和同步。

CCC/Harvest 自带一系列预先定义好的开发阶段和适用于常规应用开发环境的生命周期模型。用户也可以选择其中一个模型，然后进行相应的定制，以实现客户化流程。

2）Sablime

Sablime 是贝尔实验室开发的面向开发流程的配置管理工具。

Sablime 能管理包含软件、硬件、可用文档的产品的开发过程，提供从产品构想到开发、交付、维护、支持等过程的支持。Sablime 的主要功能特点有以下 3 点。

（1）集成的变更与版本管理：对代码的每次修改都必须通过变更请求（Modification Request，MR）按照变更控制过程去执行。

（2）工作流程管理：集成了一个行之有效的开发过程，其兼顾了项目经理、开发人员、测试人员、集成人员的需求，包含设计、开发、测试、集成、审核、批准等过程，能够增加项目需要定义不同的测试阶段。

（3）并行开发支持：支持多个开发人员同时修改同一文件，能准确、高效地进行版本合并。

3）CMVC

配置管理版本控制（Configuration Management Version Control，CMVC）是 IBM 开发的大型软件配置系统，主要用于 IBM 早期大型项目的开发管理。

CMVC 也是基于客户端/服务器的主体架构，提供图形化和命令行两种终端界面。在功能上集成了缺陷跟踪和版本管理功能。其主要特点是支持通过文件链接的方法实现文件共享，实现严格的文件访问控制强大的基线管理功能，建立了版本、缺陷和构造的相互联系。在流程管理方面提供配置和新功能的开发流程，并支持自定义的子流程。系统默认的开发流程集成了分析、设计、开发、集成、测试与发布等开发阶段。

在 CMVC 中，所有的信息包括文件版本、缺陷记录等都存储在关系型数据库中。它支持 Database、DB/2、甲骨文和 Informix 等主流商业数据库系统。这使 CMVC 在配置审计和报告方面有很强的支持性。它提供一个前台的工具，可以执行 SQL 查询去直接获取配置库中的数据。

此外，除了上述 3 个发展阶段的工具外，新的配置管理工具还在不断产生，功能还在不断完善，以满足不断更新的软件开发技术和新生代开发人员的需求。随着 Web 2.0 技术的普及和终端类型的多样化，随着互联网对工作交流方式的颠覆性改变，随着扁平化的地球对变化的加速和人们适应变化的能力提高，软件开发过程也朝着乐于接纳变化、加强团队协作的敏捷方式演化。为此，在面向开发流程的基础之上，借用协同软件技术构建的实现开发人员无缝协作的新一代配置管理工具开始出现。

这种新一代工具中的代表作是 IBM Rational Team Concert（RTC），它是为敏捷开发量身定做的软件开发平台。

6.7　案例研究

1. 案例 A：软件项目的配置管理实例

视频讲解

某省电信公司的一个软件开发项目工作量大约是 16 人/年，项目周期约为 1 年。大部分的开发工作需要在前 8 个月内完成，后期的工作主要是由维护人员进行系统维护与调整。

在 8 个月的开发时间中，前 5 个月由开发人员在公司进行开发，根据用户的需求完成设计，确定系统架构并实现整个框架，部分功能以及公用模块也在这段时间内完成。后 3 个月部分开发人员在现场、部分开发人员在公司共同完成后期的开发工作。整个项目采用的开发语言是 C++、Java、ASP. NET，涉及的平台包括 Solaris 和 Windows，采用的开发工具包括 Visual Studio 和 Solaris 上的 CC。

此外，整个项目还使用了一些第三方的平台，如 IBM 的 MQ 等。除用户需求之外，公司还对项目组提出了代码复用方面的要求，开发人员在开发过程中必须注意代码的可重用性。

1）配置管理的前期准备工作

在项目正式启动之后，配置管理工作就开始了。配置管理工作开始的第一步就是一份配置管理计划。在配置管理计划中明确了以下内容。

（1）配置管理软硬件资源。

（2）配置库结构。

（3）人员、角色以及配置管理规范。

（4）编制基线计划。

（5）配置库备份计划。

2）配置管理环境

在配置管理环境时主要考虑网络环境、配置管理服务器的处理能力、空间需求、配置管理软件的选择等。配置管理环境的确定，需要综合考虑各方面的因素，包括采用的开发工具、开发方式、开发人员对配置管理工具的熟悉程度等。其中，开发人员对配置管理工具的认可和熟悉程度常常直接决定配置管理能否正常进行，如果选择了需要开发人员花费比较大的精力去熟悉的配置管理软件，就必须花费大量时间来进行培训。同时，配置管理软件和开发工具的集成程度也是一个必须考虑的因素。

（1）配置管理工具的选择。从开发人员具有的配置管理工具使用经验与配置管理工具使用的难易度方面来说，VSS 是最好的选择，在现有基础上只需要对开发人员进行简单的培训。但 VSS 不能满足对远程接入方式的支持以及对 Solaris 平台的支持。而增强软件 SOS(Source OffSite)基于 VSS 的数据库，可以支持通过 TCP/IP 方式访问与操作 VSS 库，在 Windows、Solaris 和 Linux 上都提供了客户端，并且通过传输数据的压缩和加密方式，使得文件操作的速度大大加快并增强了系统的安全性。事实证明，VSS 和 SOS 的组合在整个项目过程中起到了关键的支持作用。

（2）软、硬件环境的选择。在确定了配置管理工具后，利用公司购置的一台 IBM PC Server 作为配置管理的硬件环境，该服务器配置如下：CPU 为英特尔至强八核处理器；内存为 32GB DDR3、硬盘空间为 10TB；网卡为 HPG-bit 网卡。最终确定的方案是该服务器安装 Windows 操作系统，为了保证配置数据的安全性，采用 RAID 0＋1 方式，总的可用空间在 9TB 左右；另外为了备份的需要，还为服务器配置了一台桌面式移动硬盘。

（3）网络环境的选择。公司已有现成的 1000Mb/s 局域网，通过一个交换机和路由器连接至互联网，有一个公网的静态 IP；配置管理服务器是内网的一台机器，具有一个内网 IP。为了满足远程访问的需要，通过在路由器上设置端口映射，将 SOS 需要使用的端口映射到配置管理服务器上（默认情况下，SOS 使用 8888 和 8890 两个端口）。

网络拓扑图如图 6-17 所示。公司的开发人员通过局域网使用 VSS 访问与操作配置库，现场的开发人员通过互联网远程接入对配置库进行访问和操作。

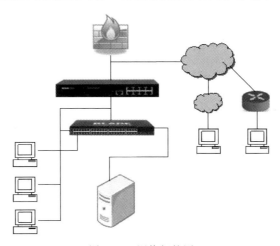

图 6-17　网络拓扑图

3）配置库维护与备份计划

配置库的维护与备份，需要由专职的配置库管理员来负责。在整个项目中采用的配置库维护策略是根据微软的 Best Practice 白皮书建议，包括以下要点。

（1）保持配置数据库的大小不超过 5GB；微软建议，配置库的大小为 3～5GB 比较合适，太大的数据库会极大影响 VSS 的效率，应减小配置库大小。

（2）每周进行 VSS 数据库的分析，发现问题及时修正。VSS 提供了 Analysis 和 Fix 工具。由于不合理的 Delete 等操作，VSS 数据库有可能会出现一些 Interrupt Data 之类的问题，通过定期的每周分析工作，可以极大减少数据库出现问题的风险。

（3）每日进行配置库的增量备份，每周进行数据库的完全备份；VSS 库的备份可以通过 VSS 自己的 Archive 功能或者是操作系统的 Backup 程序来进行。VSS 的 Archive 功能对 VSS 中文件数据进行压缩并保留 VSS 的所有状态，但只能对 VSS 库进行完全备份，不能实现增量备份功能。

Windows 提供的 Backup 实用程序可以对文件进行备份，由于 VSS 库就是以文件形式存在的，因此针对 VSS 的 data 目录进行备份也可以完全达到备份的目的，使用系统备份工具的好处是可以实现增量备份：使用系统的备份工具，每周五生成的完全备份采用刻录光盘的方式保存，每天的增量备份数据存放在文件服务器上。

4）配置管理规范

（1）配置项及其命名规则。配置项包括项目管理过程文档、项目任务书、项目计划、项目周报、个人日报和周报、项目会议纪要、培训记录和培训文档、QA 过程文档、QA 不符合报告、QA 周报、评审记录、工作产品、需求文档、设计文档、代码、测试文档、软件说明书和手册。

（2）项目中使用的第三方产品。实践中，一个工程型的项目会大量使用第三方的软件，对这些产品的管理至少可以解决以下三方面的问题。

第一，版本配合的问题。大部分第三方软件在升级之后，并不能实现二进制层面上的兼容，需要对原有的代码重新编译。甚至有的第三方软件在升级之后，API 层面上的兼容性都做不到；因此，在工程实施的过程中，版本的配合问题是一个需要关注的问题。

第二，发布的完整性问题。一般来说，大型的第三方软件在发布过程中都不会有遗漏，但对一些小的第三方软件来说，比如我们使用的许多 Perl 的 CPan 模块，如果在开发过程中没有有意识地进行管理的话，很容易就会发生遗漏。

第三，在某些特殊条件下由于第三方软件的变化引起的基线变更。这种情况极少会发生，但在以前的项目中确实遇见过。一般是因为原来选型时使用的第三方软件不能满足要求，只能通过更换新的第三方软件解决，这就不可避免地需要变更基线（例如需求文档、设计文档等）。将第三方软件纳入配置管理的范畴可以更方便地管理基线的变更。

（3）配置项的命名包括两方面的内容。第一，配置项标识。项目中一般使用"项目名_配置类别_配置项特殊标识"来命名，配置项命名中的"配置项特殊标识"根据配置类别的不同而不同。第二，配置项版本命名。配置项版本命名是针对配置项的版本进行命名，在项目中，配置项版本通过对 Project 的 Label 操作来实现，配置项版本的命名需要能清楚标识配置项的状态。对配置项的版本命名规定如下。

① 基线版本：按照基线的状态，这个项目中的基线有两方面，一是作为里程碑的基线，另外一个是模块的阶段性成果基线（对工作产品而言），由模块的负责人确定。对项目来说，采用的是迭代的开发过程，以一个迭代过程为例，分为需求分析、概要设计、详细设计、代码实现、单元测试、集成测试、系统测试 7 个阶段，每个阶段都需要产生里程碑，对每个里程碑都有明确的标识标明当前状态。阶段性成果主要体现在代码过程中，比如代码进行到一个阶段，开发组长认为代码的这个状态可以保留，就可以确定为一个代码基线。这种基线一般不需要通过评审等正式手段来确定，但必须有相应的验证手段。例如在代码阶段，确定代码基线的责任人是开发组长，但开发组长必须保证代码基线符合一定的条件。

② 其他版本：除基线版本外，有时候还需要在开发与维护过程中确定其他版本。例如，产品在测试过程中不断的问题修复过程中，可能会有多种反复，此时需要将每次修改的内容作为一个版本。

5）配置库目录结构

在确定配置管理库目录结构的时候，开发人员曾经考虑过两种产品目录结构的方式。一种是按照模块划分，在模块下再划分诸如设计文档、代码等目录。另一种方式是按照产品类型划分。这两种方式各有优缺点，但最终还是选择了前一种划分方式，一方面是考虑到便于进行权限的分配，另一方面是考虑到便于将同一模块的所有内容组织起来进行版本的管理。表 6-1 是实际中采用的配置库结构。

表 6-1　实际中采用的配置库结构(部分)

第　一　级	第　二　级	第　三　级	第　四　级	说　　明
M				管理类文档
	PM			项目管理
		0-Init		初始阶段
			PC	
			PTR	
			PN	
		1-plan		计划阶段
……	……	……	……	……

从这里配置库的结构中可以看到,在最上层将配置项分为管理类和产品类。

管理类中的项目管理部分基本是按照"初始-计划-执行-收尾"4 个阶段来划分,在项目产品类别中按照 4 个阶段划分目录。在实现阶段为每个模块划分了代码、详细设计、概要设计与单元测试 4 个目录。在实际使用中,可以根据自己的需要修改。

6)角色定义与权限分配

角色是配置管理流程的执行者与参与者,定义明确的角色有利于实现明确的授权和明晰的流程,虽然在实际中可能多个角色由一个人担任,但还是应该保留角色的定义。下面是该项目的角色定义。

(1)配置管理员:整个配置管理库由配置管理员管理。配置管理员负责分配与修改其他成员的权限,要维护所有目录与配置项。

(2)开发经理:开发经理在本项目中负责主导完成需求分析和系统总体设计,对项目的总体进度负责。开发经理拥有对管理类文档的读取权限,可以对项目类文档进行读写操作。

(3)开发组长:开发组长对本小组的工作负有组织与管理任务,同时开发组长也需要承担一定的开发任务。开发组长对管理类文档有读取权限,对本组负责的模块有读取权限、对自己负责的模块有读写的权限。

(4)开发工程师:开发工程师完成具体的开发任务,对自己负责的模块目录有读写权限,对管理类文档有读取权限。

(5)测试组长:测试组长负责组织测试,给出测试计划与测试方案,并核定测试报告。测试组长对所有目录都有读取权限,对测试目录有读写权限。

(6)测试工程师:测试工程师负责完成测试工作,包括测试用例开发与测试执行,测试报告编写。测试工程师对自己负责的模块有读取权限,对测试用例目录有读写权限。

(7)QA 工程师:QA 工程师拥有对所有目录的读取权限,拥有对 QA 类文档目录的读写权限。

2. 案例 B:AVR 团队使用配置管理加快开发速度

AVR 团队是一个由 10 多位编程爱好者组成的小型软件开发团队,专门给中小企业开发 Web 应用程序。

过去,他们在项目开发中没有使用配置管理工具,所有的工作都是先分配给每个队员,待各个模块都开发好后再统一集成。在缺少配置管理的日子里,队员们面临种种问题,如代码被别人覆盖,搞不清楚哪个是最新版本,以及测试版与发布版十分混乱等。有的队员干脆提出只有程序的原编写者才有权利更新他的代码而其他人等只能阅读,不能修改。这又导致编程的效率低下,经常加班加点赶进度。

2012年年初,AVR团队决定开发一套新产品。这次,他们使用IBM Rational面向软件交付技术的下一代协作平台Jazz工具。

1) Jazz 是什么

Jazz平台是C/S架构,因而支持异地协同工作。Server端提供服务和Repository,Client端通过HTTP与Server端交互。Jazz平台由一系列组件组成,其中核心组件是Repository和Team Process。

如图6-18所示,SCM组件提供软件配置管理的支持,如源代码、文档的控制和管理;Build组件提供构建管理的支持,如构建定义、构建服务器的管理;Work Item组件提供数据类型的支持,如需求、缺陷及计划等;Report组件提供报表的支持。Repository由关系数据库支持,而Team Process是Jazz平台支持不同流程的基础。

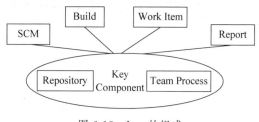

图 6-18　Jazz 的组成

2) 创建项目

经过开发组长与测试组长的共同讨论,团队确定了基本的项目组件和开发流程。所有组件、流程以及队员的信息都作为Jazz工件存储在Repository里面。

Repository里面包含项目域(Project Area),用来记录项目相关的信息,如项目状态和项目流程。AVR团队制定的项目流程包含两个元素:一个是详细流程定义,主要定义项目迭代过程以及每次迭代所要完成的工作;另一个是流程描述,对流程进行详细的解释。

项目域内还包含团队域(Team Area),用来描述项目团队。项目组长创建团队域,根据开发流程为成员分配工作项(Work Item)。团队成员登录Jazz后可以创建自己的Repository工作区进行工作。这样,分布在不同地理位置的多名队员协同工作时,就在Repository工作区中,在版本控制机制下编写代码或文档。队员可以检出(Check Out)项目文件到自己的Repository工作区,也可以把修改后的文档检入(Check In)到工作项中。

3) 版本控制

如果两个队员同时修改了同一个文件,那么在检入时就有可能发生潜在的版本冲突。Jazz使用乐观锁模型来控制版本,队员无须对要修改的文件进行检出或锁定,他们每检入一次变更,Jazz会自动增加一个版本号。

例如,当成员小张在修改某个文件时,成员小王检入了对于该文件的变更。这时,变更会出现在小张的Incoming文件夹下。Jazz会自动把Incoming文件夹下可能造成潜在冲突的变更集高亮显示。小张可以在Compare Editor中打开Outgoing和Incoming文件夹下的变更集,对比两个用户所进行的变更,根据对比结果选择不同的处理方法。可以选择回退以消除可能产生冲突的片段；选择撤销以删除自己进行的更改；选择挂起从而挂起自己的变更进行进一步审查；也可以选择接受小王的更改，再利用 Jazz 提供的合并功能，将不冲突的片段合并在一起。

4）配置管理的成效

通过使用配置管理工具，他们有效地实现了版本管理、并行开发、异地开发、应用分支与合并、软件复用、基于构件的配置管理及变更管理等操作，对代码与文档等都进行了细致的维护，项目也比预期提前了大约 3 周时间完成。每个队员的脸上都露出了久违的微笑。

3. 案例 C：东软集团某研究中心的系统集成

1）实践产生需求

东软集团下属某研究中心是一家专门从事软件研发的科研机构。多年的软件开发经验使研究中心认识到软件配置管理是软件工程的重要组成部分，也是软件项目管理的先行军；选择软件配置管理是进行软件产品管理的一个切入点，是项目计划、需求管理、质量保证及项目监控等的基础工作之一。该中心希望能够通过软件配置管理实现以下功能。

（1）软件开发库、受控库与产品库分级管理，对各种软件资源的历史状态与变更过程进行控制。

（2）对软件中间阶段的软件制品和最终产品的技术状态控制，保证软件过程和产品质量。

（3）对软件开发过程的资源进行管理，实现核心知识产权的积累和开发成果的复用。

（4）企业软件开发过程的实际数据积累和管理，为今后软件项目计划、需求管理、测试实施、质量保证和其他方面的决策提供基础数据。

（5）各研发部门以及相关管理部门需要参与具体的配置管理工作的部门，可以直接通过配置管理系统获取相关项目、课题的数据信息。

（6）各级领导依托配置管理系统在网站上获取项目相关信息，以便及时了解项目的研发状况，对全所的研发工做出相应的决策。

2）需求得到满足

（1）配置管理制度建设：建立一套完善的配置管理规则与制度，确保以质量为核心的软件配置管理在全所范围内的统一实施。

（2）企业级的配置管理系统建设：研究中心购买了由北大软件公司开发的软件配置管理系统青鸟软件配置管理系统（Jade Bird Configuration Management，JBCM）企业版，建立两级四库的配置管理体系。实现对项目计划部门、软件开发部门、测试部门、质量管理部门和产品管理部门的配置管理活动的全面支持。

JBCM 企业版是由开发库、受控库与产品库组成的集成化软件配置管理与变更控制系统。在配置库中管理软件的版本和基线资源，三库之间通过变更流程控制基线的状态提升。JBCM 支持以下功能。

（1）构件化的配置资源管理。

（2）层次化的配置关系管理。

（3）里程碑化的基线管理。

（4）流程化的变更控制。

（5）多级配置库管理。

（6）构件化的配置资源管理。

JBCM 采用构件化大粒度的配置资源管理方式，支持基于复用的软件开发过程，提供构件以下的目录文件结构视图和构件以上的配置结构视图，有针对性地支持开发人员和配置管理人员的配置活动。

JBCM 既能从细节上支持小规模、嵌入式软件的开发，更能够有效地支持具有复杂体系结构的分布式的大规模软件的开发。

3）软件配置管理系统 JBCM 企业版的多级配置管理

JBCM 针对软件资源达到的不同状态，提供开发库、受控库与产品库的多级管理机制，如图 6-19 所示。

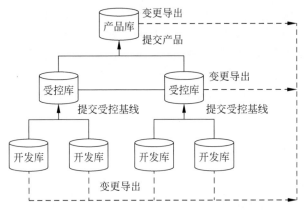

图 6-19　JBCM 多级配置管理模型

（1）多库物理分布式部署：JBCM 支持多个配置库逻辑或物理分离部署，可以在同一个节点上部署多个配置库或者把多个配置库部署在不同的物理节点上。对于外包项目和异地开发项目，JBCM 提供移动配置库支持以及多库之间的同步机制。

（2）JBCM 开发库：JBCM 开发库主要对开发人员提供版本控制、并行开发等通用配置管理活动的支持，对项目负责人提供软件开发过程管理的支持。管理软件开发期间未达到受控状态的成果。

（3）JBCM 受控库：JBCM 受控库管理由开发库提升的配置资源管理这些资源的变更过程与基线状态，提供基线测试流程和基线变更流程支持。

（4）JBCM 产品库：JBCM 产品库管理由受控库提升的配置资源管理这些资源的变更过程与产品发布过程，提供基线测试流程、基线变更流程和产品发布流程支持。JBCM 产品库和受控库可以一体化部署。

小结

配置管理可以有效地管理产品的完整性与可追溯性，而且可以控制软件的变更，保证软件项目的各项变更在配置管理系统下进行。一般配置管理过程包括：配置项标识、跟踪，配置管理环境建立，基线变更管理，配置审核，配置状态统计，配置管理计划。

所有的配置管理活动都应在配置管理计划中进行合理的规划。配置管理计划可以根据项目的具体情况选择相应的配置管理过程。配置管理首先是理念,然后是方法,再后是工具。

如果说成功的项目计划是项目成功的一半,那么按照计划实施就是项目成功的另外一半。随着软件项目进入实施控制阶段,资源利用随之增加,控制力度也需要不断加强。项目实施的过程虽然是执行计划的过程,但同时也是检验项目计划的一个过程。在项目实施时会面临更多实际情况和变化,变化并不是人们最害怕的,最怕的是跟不上变化的步伐。只有对项目的范围、进度、质量、成本和风险这些重要方面进行跟踪,才能够及时掌握项目的变化,有效地管理和控制,保证项目按照预期的目标顺利完成。

思考题

1. 如何理解配置管理的定义?
2. 如果缺乏对软件开发过程的统一管理,会产生哪些问题?
3. 配置管理的作用是什么?
4. 什么是软件配置项? 软件配置项包括哪些状态? 软件配置项如何分类?
5. 如何理解 IEEE 对基线的定义? 为什么要建立基线?
6. 版本演变有哪两种方式?
7. 配置管理组织结构的组成及各成分的作用是什么?

第7章

软件项目合同管理

管理只有恒久的问题,没有终结的答案。

——斯图尔特·克雷纳(Stuart Crainer)

项目合同是指项目业主(客户)或其代理人与项目提供(承接)商或供应商为完成某一确定的项目所指向的目标或规定的内容,明确相互的权利义务关系而达成的协议。

合同是甲乙双方在合同执行过程中履行义务和享受权利的唯一依据,是具有严格的法律效力的文件。作为项目提供商与客户之间的协议,合同是客户与项目提供商关于项目的一个基础,是项目成功的共识与期望。在合同中,承接商同意提供项目成果或服务,客户则同意作为回报付给提供(承接)商一定的酬金。合同必须清楚地表述期望提供商提供的交付物。项目合同既保证项目开发方、客户方既可享受合同所规定的权利,又必须全面履行合同所规定的义务的法律约束,对项目开发的成败至关重要。

本章共分为五部分介绍。7.1节是合同管理概述;7.2节介绍签订合同时应注重的问题;7.3节介绍软件项目合同条款分析;7.4节介绍合同管理;7.5节对软件项目合同模板进行介绍。

7.1 概述

视频讲解

7.1.1 合同的概念

项目管理中,合同管理(Contract Management)是一个较新的管理职能。在国外,从20世纪70年代初开始,随着工程项目管理理论研究和实际经验的积累,人们越来越重视对合同管理的研究。在发达国家,在20世纪80年代前,人们较多地从法律方面研究合同;在20世纪80年代,人们较多地研究合同事务管理(Contract Administration);20世纪80年代中期以后,人们开始更多地从项目管理的角度研究合同管理问题。近十几年来,合同管理已成为工程项目管理的一个重要的分支领域和研究热点,将项目管理的理论研究和实际应用推向新阶段。

合同又称为契约,有广义与狭义之分。广义上的合同是两个以上当事人之间变动民事权利义务的双方民事法律行为。狭义上的合同专指债权合同,即当事人之间以设定、变更或消灭债权关系为目的的双方民事法律行为。

图 7-1 给出的合同生命周期管理包括合同请求、授权、协商/合作、评审/批准、执行、责任管理、期满/更新、修订。

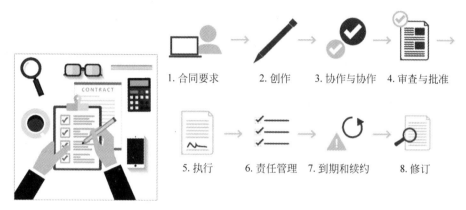

1. 合同要求   2. 创作   3. 协作与协作   4. 审查与批准

5. 执行   6. 责任管理   7. 到期和续约   8. 修订

图 7-1 合同生命周期管理

《中华人民共和国民法典》第三编"合同"规定,合同是民事主体之间设立、变更、终止民事关系的协议,根据订立合同领域的不同,有时也将合同称为"协议"或"子合同"等。

在合同概念中,自然人指依照宪法和法律相关规定享有权利和承担义务的自然人。法人指法律赋予民事权利能力和民事行为能力,依法独立享有民事权利和承担民事义务的社会组织。其他组织指不具有法人资格,但可以以自己名义进行民事活动的组织,也称为"非法人组织"。

合同概念中的设立民事权利义务关系,指当事人通过订立合同形成某种法律关系,从而享有具体的民事权利,履行相应的民事义务。变更民事权利义务关系指当事人通过订立合同,使原有的合同关系在内容上发生变化。终止民事权利义务关系指当事人停止享有原有合同关系中的民事权利,同时也停止履行相应的民事义务。

需要特别注意的是,订立合同的当事人必须符合法律的规定,具有相应的签约资格和资质条件。签约资格指的是在合同上签字的人是否具备签署合同的资格。根据法律规定,法人组织的法定代表人及其他组织的负责人均具有签约主体的资格。而由其他人员代表法人组织或其他组织订立合同时,必须持有授权委托书。资质条件指的是签约方具有相应的资质证明。

7.1.2 合同类型

国际上通行的有 5 种合同类型。

如图 7-2 所示分别为固定价格型（Fixed Price，FP）、成本加成本百分比合同（Cost Plus Percentage of Cost，CPPC）、成本加固定费合同（Cost Plus Fixed Fee，CPFF）、成本加奖励合同（Cost Plus Incentive Fee，CPIF），以及固定总价加奖励合同（Fixed Price Incentive Fee，FPIF）。

国际通用的五　｛固定价格型（FP）
种合同类型　｛成本加成本百分比合同（CPPC）
　　　　　　｛成本加固定费合同（CPFF）
　　　　　　｛成本加奖励合同（CPIF）
　　　　　　｛固定总价加奖励合同（FPIF）

图 7-2　国际通用合同类型

（1）成本加成本百分比合同（Cost Plus Percentage of Cost，CPPC）：补偿服务的成本再加上事先规定的成本百分比作为利润。

（2）成本加固定费合同（Cost Plus Fixed Fee，CPFF）：是成本报销合同最常见的一种形式，格式等同于 CPCC。只不过无论实际成本如何，成本总是固定的。

（3）成本加奖励合同（Cost Plus Incentive Fee，CPIF）：成本报销合同支付所有成本及事先规定的成本加奖励。

（4）固定总价加奖励合同（Fixed Price Plus Incentive Fee，FPIF）：在固定价合同的基础上，可以给一个奖励费，同时风险共担。

（5）固定价格合同（Firm Fixed Price，FFP）：供方承担最高的风险，获利可能性达到最大。供方注重控制成本，适当的生产规范对买卖双方都是必需的。

在软件项目中，选用固定价格合同比较常见。

不同的合同类型与供方和需方相应的风险如图 7-3 所示。

从图 7-4 给出的合同风险管理可以看出，一方面要最小化风险，另一方面要最大化价值，并包括三方面：合同策略、合同执行、监控/遵守。

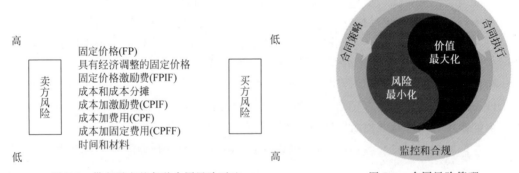

图 7-3　供方需方的各种合同风险对比　　　　图 7-4　合同风险管理

如图 7-5 所示，在缺乏有效的风险处理方法的情况下，再加上"最低出价者"方法，客户和承包商都在获取短期利益。冒险是有代价的，是一种隐藏的、不可预测的成本，最终可能导致预算和/或项目超支。

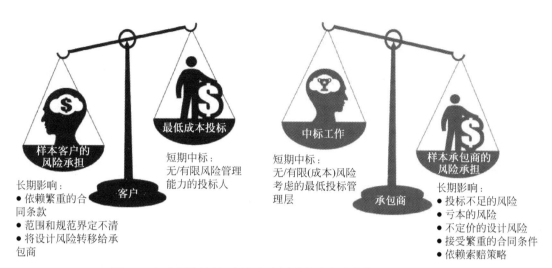

图 7-5　权衡风险情景：招标和合同谈判阶段的峰值风险管理问题

如果管理不当,将承包商任命的决定权完全放在成本上,可能会为交付阶段的重大问题打开大门。除了竞争成本外,了解承包商交付项目的能力以及管理风险的经验也是采购风险管理的重要因素。

研究良好风险管理的例子可以挖掘见解,帮助决策者在合同和谈判投标阶段实施最佳行业做法。

7.1.3　技术合同

技术合同是法人之间、法人和公民之间、公民之间以技术开发、技术转让、技术咨询和技术服务为内容,明确相互权利义务关系所达成的协议。

软件项目签订的合同主要是技术合同。软件合同和专利使用权转让协定非常重要。

技术合同有如下特点。

(1) 技术合同的标的与技术有密切联系,不同类型的技术合同有不同的技术内容。技术转让合同的标的是特定的技术成果。技术服务与技术咨询合同的标的是特定的技术行为。技术开发合同的标的兼具技术成果与技术行为的内容。

(2) 技术合同履行环节多,履行期限长,价款、报酬或使用费的计算较为复杂,一些技术合同的风险性很强。

(3) 技术合同的法律调整具有多样性。技术合同标的物是人类智力活动的成果,这些技术成果中许多是知识产权法调整的对象,涉及技术权益的归属、技术风险的承担、技术专利权的获得、技术产品的商业标记、技术的保密、技术的表现形式等,受专利法、商标法、商业秘密法、反不正当竞争法、著作权法等法律的调整。

(4) 当事人一方具有特定性,通常应当是具有一定专业知识或技能的技术人员。

(5) 技术合同是双务(是指双方当事人都享有权利和承担义务的合同)、有偿合同。

视频讲解

7.2　签订合同时应注重的问题

签订合同时既要有明确的责任分工，又要有一系列严密的、行之有效的管理手段。明确责任划分是指客户、提供商和监理三者之间的责任划分，这是合同责任的最重要的划分机制。在签订合同时还应注意以下问题。

1. 规定项目实施的有效范围

在签订合同时，决定项目应该涵盖多大的范围是一项比较复杂的工作，也是一项必须完成并做好的工作。

经验表明，软件项目合同范围定义不当而导致管理失控是项目成本超支、时间延迟及质量低劣的主要原因。有时由于不能或者没有清楚地定义软件项目合同的范围，以致在项目实施过程中不得不经常改变作为项目灵魂的项目计划，相应的变更也就不可避免地发生，从而造成项目执行过程的被动。

所以，强调对项目合同范围的定义和管理，无论对项目涉及的任何一方来说，都是必不可少和非常重要的。当然，在合同签订的过程中，还需要充分听取软件提供商的意见。他们可能在其优势领域提出一些建设性的建议，以便合同双方达成共识。

2. 合同的付款方式

对于软件项目的合同而言，很少有一次性付清合同款的做法，一般都是将合同期划分为若干个阶段，按照项目各个阶段的完成情况分期付款。

在合同条款中必须明确指出分期付款的前提条件，包括付款比例、付款方式、付款时间、付款条件等。付款条件是一个比较敏感的问题，是客户制约承包方的一个首选方式。承包方要获得项目款项，就必须在项目的质量、成本和进度方面进行全面有效的控制。在成果提交方面，以保证客户满意为宗旨。因此，签订合同时在付款条件问题上规定得越详细，越清楚越好。

3. 合同变更索赔带来的风险

软件项目开发承包合同存在着区别于其他合同的明显特点。在软件的设计与开发过程中，存在着很多不确定因素。因此，变更和索赔通常是合同执行过程中必然要发生的事情。在合同签订阶段就明确规定变更和索赔的处理办法可以避免一些麻烦。变更和索赔所具有的风险不仅包括投资方面的风险，而且变更和索赔对项目的进度乃至质量都可能造成不利的影响。

因为有些变更和索赔的处理需要花费很长的时间，甚至造成整个项目的停顿，尤其是对于国外的软件提供商，所以他们的成本和时间概念特别强，客户很可能由于管理不善造成对方索赔。要知道索赔是承包商对付客户的一个十分有效的武器。

4. 系统验收的方式

不管是项目的最终验收，还是阶段验收，都是表明某项合同权利与义务的履行和某项工作的结束，表明客户对软件提供商所提交的工作成果的认可。严格意义上说，成果一经客户认可便不再有返工之说，只有索赔或变更之理。因此，客户必须高度重视系统验收这道手续，在合同条文中对有关验收工作的组织形式、验收内容、验收时间甚至验收地点等做出明确规定,验收小组成员中必须包括系统建设方面的专家和学者。

5. 维护期问题

系统最终验收通过之后,一般都有一个较长的系统维护期,此期间客户通常保留着 5%～10% 的合同费用。

签订合同时,对这一点也必须有明确的规定,当然,这里规定的不只是费用问题,更重要的是规定软件提供商在维护期应该承担的义务,对于软件项目开发合同来说,系统的成功与否并不能在系统开发完毕的当时就能作出鉴别,只有经过相当时间的运行才能逐渐显示出来,因此,客户必须就维护期内的工作咨询有关的专家,得出一个有效的解决办法。

7.3　软件项目合同条款分析

软件项目合同对软件环境、实施方法、双方的权利义务等方面的重要条款规定得是否具体、详细、切实可行,对项目实施能不能达到预期的目的,或者在发生争议、纠纷的情况下能否公平地解决,具有决定性的作用。因此,有必要对软件项目实施合同的主要条款的意义进行分析,以提高双方的签约能力,促进项目实施的成功率,如图 7-6 所示。

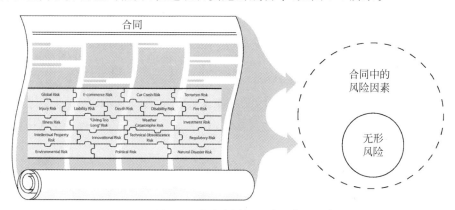

图 7-6　影响合同的风险因素

1. 与软件产品有关的合法性条款

1) 软件的合法性条款

软件的合法性主要表现在软件著作权上。

首先,当软件的著作权明晰时,客户单位才能避免发生因使用该软件而侵犯他人知识产权的行为。其次,只有明确了软件系统的著作权主体,才能够确定合同付款方式中采用的"用户使用许可报价"方式是否合法。因为,只有软件著作权人才有权收取用户的"使用许可费",如果没有经过软件著作权人的许可,软件的代理商是无权采用单独收取用户使用许可报价的方式的。

因此,如果项目采用的是已经产品化的软件系统,应当在实施合同中明确记载该软件的著作权登记的版号。如果没有进行著作权登记,或者项目完全是由客户单位委托软件开发商独立开发的,则应当明确规定开发商承担软件系统合法性的责任。

2）软件产品的合法性

软件产品的合法性主要是指该产品的生产、进口、销售已获得国家颁布的相应的登记证书。

我国《软件产品管理办法》规定，凡在我国销售的软件产品必须经过登记和备案。无论是软件开发商自己生产或委托加工的软件产品，还是经销、代理的国内外软件产品，如果没有经过有关部门的登记和备案，都会引起实施行为的无效。

国内的软件开发商和销售商要为此承担民事上的主要责任，以及行政责任。如果是软件上接受客户单位的委托而开发的，并且是客户单位自己专用的软件，则不用进行登记和备案。因此，在签订信息化项目实施合同时，如果采用的软件系统的主体是一个独立的软件产品，就应当在合同中标明该软件产品的登记证号。

2. 与软件系统有关的技术条款

1）与软件系统匹配的硬件环境

一是软件系统适用的硬件技术要求，包括主机种类、性能、配置、数量等内容。二是软件系统可以支持、支撑的硬件配置和硬件网络环境，包括服务器、台式终端、移动终端、掌上设备、打印机与扫描仪等外部设备。三是客户单位现有的、可运行软件系统的计算机硬件设备，以及项目中对该部分设备的利用。

签订硬件环境条款的目的是为了有效地整合现有设备资源，减少不必要的硬件开支，同时，也可以防止日后发生软件系统与硬件设备不配套的情况。

2）软件匹配的数据库等软件系统

软件要与数据库软件、操作系统相匹配才能发挥其功能。因此，在项目实施合同中，必须明确这些匹配软件的名称、版本型号及数量，以便客户单位能够尽早购买相应的软件系统，为项目实施、培训做好准备。

3）软件的安全性、容错性、稳定性的保证

我国对计算机信息系统的安全、保密方面已经有明确的规定。计算机信息系统的安全保护应当保障计算机及其相关的和配套的设备、设施、网络的安全与运行环境的安全，保障信息的安全，保障计算机功能的正常发挥，以维护计算机信息系统的安全运行。因此，项目合同中，软件提供商必须对所提供的管理系统软件承诺安全性保证。

这种保证对今后的保修、维护，甚至终止合同、退货、对争议与诉讼的解决都有重要的意义。另外，合同中还应该对信息化管理软件的容错功能、稳定性进行文字化表述，以确定客户单位在实际运用中要求软件提供商进行技术维修、维护或补正的操作尺度。

3. 软件适用的标准体系的条款

软件肯定会涉及国家、行业的部分标准，或者国际质量认证标准。

软件是否符合相关的标准规范，对客户单位是非常重要的，特别是对一些特殊行业的生产性企业，是能否进行生产的必要条件。

例如，药品生产企业的管理软件系统必须保证与其匹配的企业相关的业务流程和管理体系符合良好作业规范（Good Manufacturing Practice，GMP）质量认证标准。否则，就可能引发纠纷。所以客户单位在签订实施合同之前，必须与软件提供商确定软件对有关标准的支持或符合程度。一般来说，除了以上所述的计算机信息安全方面的标准外，管理软件涉及的标准有以下几类。

（1）会计核算方面的标准。

（2）通用语言文字方面的标准。

（3）产品分类与代码方面的标准。

（4）计量单位、通用技术术语、符号、制图等方面的标准。

（5）国家强制性质量认证标准等。

因此，在合同中应当指明适用的标准，或者符合哪项标准的要求，或者应有利于客户单位在实施过程中进行标准化管理。

4. 软件实施方面的条款

项目实施方面的条款是合同的主体部分，通常包括项目实施定义、项目实施目标、项目实施计划、双方在项目实施中的权利与义务、项目实施小组及其工作任务、工作原则与工作方式、项目实施的具体工作与实施步骤、实施的修改与变更、项目实施时限、验收等主要内容。

1）项目实施定义

项目实施定义是确定整个项目实施范围的条款。表面上看，它没有具体的实质性内容，但它是项目实施的纲。其他具体的实施条款都是在它的框架下生成的。如果因为实施范围发生争议或纠纷，就要根据这个条款的约定裁量。例如，把实施完毕定义在以软件系统安装调试验收为终点，还是定义在以客户单位数据录入后的试运行结束为终点，差别就大得多。前者，软件提供商只要把软件系统安装成功，就完成了实施义务，可以收取全额实施费用，而不承担软件系统适用性的任何风险。后者，却要承担试用期的风险。

按照我国合同法规定，在试用期内，客户单位有权决定是否购买标的物。因此，在实施合同中签订这个条款，对维护双方的权利是非常必要的。通常，实施定义可以表述为，项目实施是软件提供商在客户单位的配合下，完成软件系统的安装、调试、修改、验收、试运行等全过程的行为。

2）项目实施目标

项目实施目标是通过软件项目的全部实施，使客户单位获得的技术设备平台和达到的技术操作能力。在实施合同中约定的项目实施目标是项目验收的直接依据和标准。因此，它是合同中最重要的条款之一。

但是当前相当一部分合同中并没有这个条款，而是把它放在软件提供商的项目实施建议书中。如果该建议书是合同的附件，与合同具有同等效力，其约束力还是比较强的；如果不是合同的附件，其效力的认定就是一个比较复杂的问题或过程了。

3）项目实施计划

项目实施计划是双方约定的整个实施过程中各个阶段的划分、每个阶段的具体工作及所用时间、工作成果表现形式、工作验收方式及验收人员、各时间段的衔接与交叉处理方式，以及备用计划或变更计划的处理方式。项目实施计划是合同中最具体的实施内容之一，有明确的时间界限，对软件提供商的限制性是很强的。

4）双方在实施过程中的权利与义务

双方的权利与义务一般体现在以下几方面：组建项目组；对客户单位实际状况的了解与书面报告；提交实施方案；实施过程中的场地、人员配合；对客户方项目组成员的技术培训；软件安装及测试、验收；客户方的数据录入与系统切换；新设备或添加设备的购买；实施工作的质量管理认证标准等。

5）项目工作小组及其工作任务、工作原则和工作方式

首先，对项目小组的要求主要表现在组成人员的素质、技能、水平、资格、资历和组成人员的稳定性保证两方面。从素质角度看，软件提供商组成人员以往的实施经历与经验，以及对客户单位行业特点的熟悉程度等都是很重要的；而客户单位的组成人员的IT背景和对业务部门的指挥、决策权力很关键。从组成人员的稳定性角度看，当然是越稳定越好。但是有些软件项目的实施周期比较长，人员完全固定是不现实的。因此，在合同中规定对人员变动的程序，以及变动方对因人员变动而产生的负面作用的承担等条款是有必要的。

其次，工作小组的任务一般包括以下内容：软件系统安装、测试；项目全程管理；项目实施进度安排、调整与控制；客户单位业务需求分析、定义和流程优化建议；系统实施分析、评价和管理建议；对软件系统进行客户化配置；在合同规定范围内对软件系统的修改与变更；对实施中突发的技术上、操作程序上或管理上的问题的分析、报告与解决；对在实施过程中发生的争议、矛盾与纠纷进行协调、报告和解决；项目小组成员间的专业方面的咨询、交流与培训；对客户单位操作人员进行系统的应用培训；对软件系统实施的进度验收、阶段性验收和最终验收。

再次，项目小组的工作原则方面，由于项目小组只是合同的主要执行者，并不是合同的履行人，因此，项目小组的工作原则是严格执行合同、协调各方关系、报告新情况、提出变更方案与设想。它是一个协调、配合性的组织，应当以协同为总原则，尽量避免发生不必要的矛盾与纠纷。

最后，项目小组的工作方式根据项目进度及现实工作的不同，项目小组可以采取协调会议、配合工作、情况报告、交换记录等工作方式，以确保双方沟通顺畅。

6）项目实施的具体工作与实施步骤

双方签约文件中，必须包括项目实施的具体工作及其实施步骤，不管是体现在合同中，还是表述在双方签字的项目实施计划中。具体工作应逐一列出，同时，应标出工作人员、工作内容、开始与结束的时间、工作场所、验收方式与验收人、工作验收标准等内容。实施步骤是把具体工作做成一个完整的流程，使双方都明确应当先做什么，再做什么，知道自己工作的同时，对方在干什么。这样就可以在双方心理有同一盘棋，便于相互间的配合与理解。

7）实施的修改与变更

从软件本身的结构上看，一些国外的高端企业信息化软件系统与固定的管理理念和业务流程方式结合得非常紧密，在项目实施中对软件系统的修改几乎不可能。因此，客户单位应当在咨询商的指导、协助下，把重点放在改造自己企业的业务流程上，而不要刻意坚持在合同中对软件系统的修改条款。因为如果写入修改条款，就有可能使之成为指责软件提供商违约的理由，进而导致争议或纠纷。

从软件系统的修改主体看，通常情况下是由软件开发商根据客户单位的实际情况，对自己的软件系统进行客户化改造或修改。这样做既可以保证软件修改的质量，又在合同的权利义务的分配上比较合理。

在实施过程中对软件系统的客户化改造与变更，必须按照合同规定的程序进行，不能随意处理。通常的程序是提出或记录书面的软件修改需求、双方商定修改的软件范围及修改

的期限、接受方书面确认对方提出的需求。为了简化书面形式,可制定一个固定格式的软件修改需求表,双方在提出及确认需求、修改完毕时在同一张表上签字。

在双方签署的合同或实施计划中,软件提供商应当明确声明软件系统不能修改的范围,以避免误导客户、侵犯客户知情权及妨碍后续软件模块使用等行为的发生。

要规范在实施过程中对软件修改的行为,必须在合同中约定允许提出修改需求的时间段。

只有在这个时间段内提出才有效,对方应当对修改建议进行探讨与协商,在技术许可的条件下,应达成双方都接受的处理方案。这种修改属于合同许可的范围,一般情况下不引起合同实质性权利义务的变更。否则,对方可以不予考虑和答复。如果对方同意进行协商,应属新的要约,是对原合同的修改。双方可以对包括费用在内的实质性内容进行新的协商。总的要求是本着公平合理的原则,来划分因软件系统修改不成功而产生的责任。

8) 项目验收

由于软件系统涉及的业务流程比较多,实施过程中分项目、分阶段实施的情况经常存在,因此会有不同类型的验收行为。体现在实施合同上,就应当明确约定各个验收行为的方式及验收记录形式。

通常,验收包括对实施文档的验收、软件系统安装调试的验收、培训的验收、系统及数据切换的验收、试运行的验收、项目最终验收等。软件的验收要以企业的项目需求为依据,最终评价标准是它与原来的工作流程与工作效率,或者是与原有系统相比的优劣程度,只有软件的功能完全解决了企业的矛盾,提高了工作效率,符合企业的发展需要,才可以说项目是成功的。

5. 技术培训条款

技术培训是软件项目实施成功的重要保障和关键的一步。

签约双方都享有权利,并承担义务。通常情况下,双方签约条款涉及以下权利义务。

(1) 要求制订培训计划的权利。客户单位有权要求软件提供商制订详细的培训计划,并以此了解培训的计划、时间、地点、授课人情况、培训步骤、培训内容、使用的教材、学员素质与资格要求、考核考察标准、考核方式、培训所要达到的目标、补救措施等内容与安排,以便做出相应的安排。

(2) 要求按约定实施培训计划和按期完成培训的权利。客户单位有权要求软件提供商按照培训计划全面、正确、按时完成其承担的培训义务,以保障软件项目的实施与运用。

(3) 普遍接受培训的权利。客户单位现有人员只要纳入软件操作流程的,都应当受到专业化的培训。或者说,同等软件操作岗位的人员应当受到同等的培训。不应当发生不平等的培训待遇的现象。即不应当出现只由专业人员培训少数骨干,而实际操作人员只能接受指导的状况。

(4) 要求达到培训目标或标准的权利。客户单位接受培训的目的是要达到既定的技术操作水平,而不仅仅是需要培训的过程,所以其有权要求软件提供商通过培训实现约定的培训目标。

(5) 要求派遣合格的授课人员的权利。授课人员的综合水平及责任心是达到培训标准的重要因素之一。客户单位有权利在合同中要求软件提供商出具授课人员的资历背景、授课能力等介绍,也有权利在培训过程中要求更换不合格或授课效果明显达不到培训标准或目标的授课人员。

(6) 要求学员在计算机操作应用方面达到一定水准的权利。只有学员的计算机操作能力与水平相对一致,才能在短时间的集中、共同培训中获得较好的效果。因此,在培训条款中,应当明确学员的条件或标准,并要求在履行中按照约定派出符合条件的学员参加培训,以此作为客户单位的义务加以规定。

(7) 保证学员认真接受培训的权利。客户单位有义务保证其所派出的学员遵守培训纪律,认真参加培训,接受专业技术培训和技术指导。只有这样,才能为授课人员营造、维系一个良好的培训环境与气氛,才能保证培训的效果。

(8) 考核标准。考核标准的确定,对客户单位日后的具体实施有着十分重要的影响。标准定得太低,学员在实施操作和工作中,就不可能真正、完全、熟练地使用软件管理系统处理日常工作。标准定得太高,学员的学习期间就会延长,可能影响项目实施的进程。如果在合同中没有约定考核标准,当项目实施因实际操作人员的能力而搁浅或发生矛盾时,就没有判断是非的标准了。

6. 支持和服务

售后技术支持和售后服务是软件提供商的法定义务,同时也是企业提高产品市场竞争力的重要手段。

因此,软件企业应当严格服务制度,加强售后服务力量,建立健全服务网络,忠实履行对用户的服务承诺,实现售后服务的规范化。从合同约定上看,软件提供商除了承担用户使用软件的培训外,还应承担维护、软件版本更新、应用咨询等售后服务工作,并对其分支机构及代理销售机构的售后服务工作承担责任。软件提供商承担的售后技术支持与服务,分为免费和收费两种。合同的具体条款包括以下方面。

(1) 软件产品的免费服务的项目。法定的免费维修的故障项目包括:硬件系统在标准配置情况下不能工作,不支持产品使用说明明确支持的产品及系统,不支持产品使用说明明示的软件功能。约定的免费维修项目除了法定的免费维修项目外,双方可以约定其他的免费服务项目,例如,软件运行中的故障带来的排错、软件与硬件设备在适配方面的调整、应用软件与系统软件或数据库适配方面的调整、客户单位人员的非正常操作引起的系统或数据的恢复,等等。

(2) 免费维修的实现。应规定软件产品法定的免费维修期。由于管理软件系统实施的特殊性,起始日期的确定是非常重要的,应在合同中明确规定。

(3) 可以约定的收费服务项目。收费服务的项目由当事人双方在合同中明确约定。通常包括二次开发、软件的修改或增加、系统升级、应用模块或功能的增加、因客户单位的机构变化引起的软件系统的调整,等等。

(4) 软件提供商采用的售后技术支持与服务的方式。主要有以下几种:到客户单位现场服务;通过电话、传真、电子邮件、信函等联系方式解答问题;通过专门的网站提供软件下载、故障问题解答、热线响应、操作帮助或指南等网络支持服务;通过指定的专业或专门的技术支持和售后服务机构提供服务。

(5) 技术支持与服务的及时性条款。在合同中还应约定软件商提供技术支持与服务的响应时间和到场时间,以及到场前应了解的故障情况。还可以对到场工程师的能力及要求做出约定。

7. 管理咨询条款

如果在项目实施中软件提供商还承担了管理咨询的业务,则在合同中还应有关于管理咨询的条款。管理咨询条款包括诊断、沟通、分析、提供方案和规章制度、培训、指导和咨询等各个环节。

(1) 确定咨询的范围和目标。咨询的范围包括从信息化管理的整体进行咨询,从宏观的角度对实施单位进行管理思想、理念、原理等方面的咨询,以及对信息化管理项目中具体的、实际的管理制度等的咨询。

(2) 特别是对当前项目的实施部分的咨询要细化和具体。不要盲目扩大到尚未实施的规划上,也不要只热衷于整体设计和规划上,这样有可能淡化咨询商在咨询项目中对具体的、实际的对象所承担的咨询义务,对最终界定和落实咨询商的可量化的咨询义务是有不利影响的。客户单位在与咨询商签订合同时,一定要把希望达到的管理状态用文字表述体现在合同中,作为项目实施的管理目标,由咨询商负责提供咨询的义务,并用于检验咨询项目实施是否成功。

(3) 针对实施企业的实际情况进行需求分析和业务流程诊断。软件提供商应当在获得充分的时间和客户单位的全力配合下,对客户单位的实际管理状况和业务流程情况进行全面的考察、分析。在这个过程中,客户单位应承担提供时间、人员、访问与座谈、数据与资料、现场考察等义务,以保证考察与诊断的真实性。

(4) 提交详细的书面分析报告、咨询方案及实施计划。这是咨询商应当承担的合同义务。其中文字表述的咨询实施计划、为客户单位指定的目标与措施等内容,经过确认后,即作为管理咨询的目标,由咨询商负责承担相应的义务,并用于检验咨询项目实施是否成功。

(5) 制定实施企业的业务流程的每一个岗位的岗位职责和相关的管理规章制度。由咨询方提供一整套的、与实施单位的信息化管理项目相匹配的业务流程岗位职责和相应的管理规章制度,使实施单位能够在一开始就站在一个相对成熟和相对完整的管理平台上,这样对项目的成功实施、提高人员的信心都是非常重要的。

(6) 管理咨询的培训。包括针对客户单位管理人员或项目组成员的管理思想和业务流程管理的培训与咨询,又包括进行岗位职责和管理制度的培训、演练和指导,但不包括对软件系统的技术操作规范的培训。

(7) 对软件系统试运行阶段出现的管理问题进行指导和咨询。软件实施与管理咨询是同步进行的,在软件系统的试运行阶段,管理咨询和技术支持应当同时对客户单位提供服务,以保证操作、流程、管理之间的配合与默契,并防止因为签约方的失误而导致项目实施的延期或搁置。

(8) 对在合同有效期内实施企业遇到的管理问题进行咨询和指导。针对软件项目的管理咨询,与其他咨询最显著的区别就在于合同的期限比较长,有的时候要延至软件实施完毕后的一段时间。那么在合同期内,对客户单位出现的信息化管理问题也应当承担提供咨询的义务。同时,合同中也可以约定在有效期内咨询商定期或不定期对客户企业进行回访、指导和咨询。

(9) 明确每一项服务的咨询费标准。现在,很多客户单位不知道咨询为什么收那么高的费用,也不知道咨询商提供的每一项服务的费用是多少,更不知道在项目实施不成功的情况下要求咨询商退还一部分费用。

7.4 合同管理

7.4.1 合同管理概述

合同管理是确保供方的执行符合合同要求的过程。

对于需要多个产品和劳务供应商的大型项目，合同管理的主要方面就是管理不同供应商的界面。执行组织管理合同时要采取一系列行动。合同关系的法律本质性使得执行组织在管理合同时必须准确地理解行动的法律内涵。合同管理贯穿于项目实施的全过程和项目的各方面，它作为其他工作的指南，对整个项目的实施起总控制和总保证作用。合同管理与其他管理职能，如计划管理、成本管理、组织和信息管理等之间存在着密切的关系。

这种关系既可看作是工作流，即工作处理顺序关系，又可看作是信息流，即信息流通和处理过程。图 7-7 给出了合同生命周期管理，包括请求、授权、协商、审判、执行、责任、服从、更新。

图 7-7　合同生命周期管理

1. 需方（甲方）合同管理

对于企业处于需方（甲方）的环境，合同管理是需方对供方（乙方）执行合同的情况进行监督的过程，主要包括对需求对象的验收过程和违约事件的处理过程。

验收过程是需方对供方的产品或服务进行验收检验，以保证它满足合同条款的要求。具体包括根据需求和合同文本制定对本项目涉及的建设内容、采购对象的验收清单，组织有关人员对验收清单及验收标准进行评审，制定验收技术并通过供需双方的确认，需方处理验收计划执行中发现的问题；起草验收完成报告等。

另外，需要进行违约事件处理。如果在合同执行过程中，供方发生与合同要求不一致的问题，导致违约事件，需要执行违约事件处理过程。具体活动包括需方合同管理者负责向项目决策者发出违约事件通告；需方项目决策者决策违约事件处理方式；合同管理者负责按项目决策者的决策来处理违约事件，并向决策者报告违约事件处理结果。

2. 供方(乙方)合同管理

企业处于供方的环境，合同管理包括对合同关系适用适当的项目管理程序并把这些过程的输出统一到整个项目的管理中。主要内容包括：合同跟踪管理过程、合同修改控制过程、违约事件处理过程、产品交付过程和产品维护过程。必须执行的项目合同管理过程应包括：

(1) 项目计划执行，在适当时候授权合同方的工作。

(2) 执行报告，监控合同方的成本、进度和技术绩效。

(3) 质量控制，检验合同方的产品是否合格。

(4) 变更控制，确保变更被正确地批准，以及需要了解情况的人知晓变更的发生。

合同管理还包括资金管理部分。支付条款应在合同中规定。支付条款中，价款的支付应与取得的进展联系在一起。图 7-8 给出了供方合同管理。

图 7-8 供方合同管理

3. 合同管理的输入

(1) 合同：合同本身。

(2) 工作结果：供方的工作结果，即子项目是否完成、符合质量标准的程度、花费的成本等都作为项目计划执行的一部分收集起来。

(3) 变更请求：变更请示包括对合同条款的修订和对产品和劳务说明的修订。如果供方工作不令人满意，那么，终止合同的决定也作为变更请求处理。供方和项目管理小组不能就变更的补偿达成一致的变更是争议性变更，称为权利主张、争端或诉讼。

(4) 供方发票：供方应不断开出发票清偿已做的工作。开具发票的要求，包括必要的文件资料附具，通常在合同中加以规定。

4. 合同管理的工具和方法

(1) 合同变更控制系统：合同变更控制系统定义可以变更合同的程序，包括书面工作、跟踪系统、争端解决程序和变更的批准级别。合同变更控制系统应被包括在总体的变更控制系统中。

(2) 执行报告：执行报告向管理方提供供方是否有效地完成合同目标的信息。合同执行报告应同整个项目的执行报告一致。

(3) 支付系统：对供方的支付通常由执行组织的应付账款系统处理。对于有多种或复杂的采购需求的大项目，项目应设立自己的支付系统。不管哪一种情况，支付系统都应包括项目管理小组的适当的审查和批准过程。

5. 合同管理的输出

（1）信函：合同条款和条件常常要求需方、供方在某些方面的沟通以书面文件进行。例如，对执行令人不满意的合同的警告、合同变更或条款的澄清。

（2）合同变更：合同变更（同意的或不同意的）是项目计划和项目采购过程的反馈。项目计划和相关的文件应做适当的更新。

（3）支付请求：支付请求假定项目采用外部支付系统，如项目有自己的支付系统，在这里的输出为"支付"。

7.4.2　合同收尾

项目合同当事双方在依照合同规定履行了全部义务之后，项目合同就可以终结了。

项目合同的收尾需要伴随一系列的项目合同终结管理工作，如图 7-9 所示。项目合同收尾阶段的管理活动包括产品或劳务的检查与验收，项目合同及其管理的终止（这包括更新项目合同管理工作记录，并将有用的信息存入档案），等等。需要说明的是，提前终止合同是合同收尾的特殊情况。

图 7-9　合同收尾

合同收尾的输入包括：合同文件资料，合同文件资料包括（但不限于）合同本身以及支持进度；请求和批准的合同变更；供方开发的技术资料；供方执行报告；金融证件（例如发票和支付记录）；与合同有关的检验结果。

合同收尾的工具和方法需要采购审计。采购审计是从采购计划到合同管理的采购过程的一种结构性复查。采购审计的目标是确认成功和失败，以确保向本工程其他采购项目的转移或向执行组织内的其他项目的转移。

合同收尾的输出包括：

（1）合同文卷档案：应准备一完整的索引记录设备以容纳最终的项目记录。

（2）正式接收和总结：负责合同管理的个人或组织提供给供方合同已完成的正式书面通知，正式接收和总结的要求常常在合同中规定。

视频讲解

7.5　软件项目合同模板

计算机软件开发合同书

甲方：_____

乙方：_____

根据_____公司组织的招标采购结果,甲方将项目委托予以乙方进行软件开发。双方经友好、平等协商,现就该系统软件的设计、开发、测试、安装调试、运行、维护等事宜达成本合同,以便双方共同遵守。

一、定义

本合同中使用的下列词语具有如下含义。

1. "软件"包括"软件系统",除另有指明外,指在本合同履行期内所开发和提供的当前和将来的软件版本,包括乙方为履行本合同所开发和提供的软件版本和相关的文件。

2. "交付"指乙方在双方规定的日期内交付约定开发的软件的行为。但是乙方完成交付行为,并不意味着乙方已经完成了本合同项下所规定的所有义务。

3. "规格"是指在技术或其他开发任务上所设定的技术标准、规范。

4. "源代码"指用于该软件的源代码。其必须可为熟练的程序员理解和使用,可打印以及被机器阅读或具备其他合理而必要的形式,包括对该软件的评估、测试或其他技术文件。

5. "服务"指根据合同规定乙方应承担的技术支持,包括但不限于安装、调试、开发、测试、维护、培训、咨询等服务。

二、合同标的

本合同项软件的处理对象、运行环境、规格、功能和目的以及系统和子系统的名称等详见招投标文件。

三、交付时间

自合同签字生效之日起计算,乙方应在_____个日历日内完成软件开发建设的全部内容,并安装至甲方指定的地方且通过甲方组织的测试。

四、软件开发

(一)开发自本合同签订之日起,乙方应尽力履行其在开发计划中所规定的义务,其质量标准应符合招投标文件的规定。

(二)未经甲方的书面同意本合同项下的软件开发禁止转包。

(三)软件开发小组的主要组成人员:组长_____、开发经理_____、计划经理_____、质量经理_____、技术支持经理_____,如乙方中途更换的,应向甲方提出书面申请,并获得甲方的书面同意。

(四)乙方有权根据本合同的规定和项目需要,向甲方了解有关情况,调阅有关资料,向有关职能人员调查、了解甲方现有的相关数据和资料,以对该软件进行全面的研究和设计。甲方应予以积极配合,向乙方提供有关信息与资料。

(五)乙方为开发软件所做的需求说明书、概要设计说明书和详细设计说明书等应先经甲方的审核和认可,双方签字后,可作为本合同的附件,与本合同具有同等效力。

(六)甲方对上述说明书的签字认可,仅代表对上述说明书中开发软件的适用性、需求性、可用性、_____等的审核。甲方并不对说明书中的技术问题进行审核。如说明书中出现任何与乙方设计相关的技术问题或技术调整,仍由乙方承担责任。

(七)甲方有权聘请第三方作为本软件开发的监理。如甲方指定了第三方作为甲方的监理,依甲方的授权,该监理享有与本合同中所约定的甲方同等的权利,以监理本项目的进行。监理方应拥有相应的资质并依法行使其监理职责,否则乙方有权拒绝接受监理。

五、项目变更

（一）甲方有权在合同履行过程中以书面形式向乙方提出部分项目的变更,乙方应当在_____个工作日内对此做出书面回复,其内容包括该变更对合同价格、项目交付日期、软件的系统性能、项目技术参数的影响和变化以及对合同条款的影响等。

（二）甲方在收到乙方的上述回复后,应在_____个工作日内以书面方式通知乙方是否接受上述回复。如果甲方接受乙方的上述回复,则双方应对此变更以书面形式确认,并按变更后的约定履行本合同。

（三）如果甲方不同意乙方有关合同价格变化和项目交付日期变更的回复,但上述变更如不执行,将会影响开发软件的正常使用或主要功能,则乙方应执行变更要求。同时,甲、乙双方均有权按照本合同有关争议的解决条款的规定解决争议。

六、交付、领受与测试

（一）乙方在交付前应根据本合同、招投标文件等所列的检测标准对该交付内容进行测试,以确认其符合本合同的规定。

（二）交付内容包括但不限于源代码、安装盘、文档、用户指南、操作手册、安装指南和测试报告等,所交付的文档与文件应当是可供人阅读的。

（三）甲方在领受上述交付内容后,应立即对软件进行测试和评估,以确认其是否符合开发软件的功能和规格,测试合格的,甲方应向乙方签发《完工证书》;如有缺陷不合格的,甲方应递交缺陷说明及指明应改进的部分,乙方应立即纠正该缺陷,并再次进行测试和评估。

七、试运行

（一）试运行的期限为_____个月,自甲方向乙方签发《完工证书》之日起计算。

（二）在试运行期间,系统由甲方使用、保管,但除合同规定的原因及硬件故障原因之外,乙方应对系统的正常运行负责,保证立即对影响到运营功能的软件缺陷派人进行修改,并且至少派驻两名技术人员（招标文件要求的技术人员）常驻施工现场。

（三）在此期间,乙方应保证软件的任何问题或故障能在_____小时内（节假日也不例外）免费修复,如果系统试运行期内达不到指标要求,则应在修复之后由双方重新确定再一次连续试运行开始的日期。

（四）所有试运行期间的软件变化乙方应在试运行结束后写入相应的软件文档中。

八、交工验收

（一）软件试运行完成后,甲方应及时按规定对该软件进行系统验收。乙方应以书面形式向甲方递交验收通知书,甲方在收到验收通知书的_____个工作日内,安排具体日期,由甲、乙双方按照本合同的规定完成软件系统验收。

（二）如属于非甲方的原因致使软件未通过系统验收,乙方应排除故障,并承担相关费用,同时延长试运行期限_____个工作日,直至软件系统完全符合验收标准。

（三）经验收后软件系统达到相关要求的,甲方向乙方签发《交工验收合格证书》。

九、缺陷责任期

（一）缺陷责任期为_____个月,从甲方签发《交工验收合格证书》之日起计算。

（二）缺陷责任期内,乙方应提供免费服务以纠正、修复系统缺陷,且由此引起的额外费用全部由乙方承担。

（三）在缺陷责任期内，乙方除保证系统正常运行和完好外，还应负责运营管理单位的技术指导和系统的免费优化。

（四）缺陷责任期具体的维护服务要求以及紧急事件的响应时间和计划详见招投标等有关文件的规定。

十、乙方保证

（一）保证履行本合同项下的义务。授予甲方的许可权没有受到任何第三方的约束或限制，也没有承担任何约束或限制性义务。

（二）保证本软件或其授予的权利不会侵犯任何第三人的知识产权或其他权利，也没有其他针对乙方拥有本软件权利的未决诉讼，或甲方行使乙方所授予的软件权利会侵犯任何第三人的合法权利。

（三）保证其开发的软件符合国家有关软件产品方面的规定和软件标准规范。

（四）保证在所交付的软件系统中，不含任何可以自动终止或妨碍系统运作的软件。

（五）如乙方所交付和许可甲方使用的软件需经国家有关部门登记、备案、审批或许可的，乙方应保证所提供的软件已完成了上述手续。

十一、维护和培训

（一）软件的维护和支持：乙方同意在自_____之日起的_____年内向甲方提供免费的软件维护和支持服务。

（二）项目培训：乙方应及时对甲方的相关人员进行培训，培训目标为受训者能够独立、熟练地完成操作，实现依据本合同所规定的软件的目标和功能。培训计划详见招投标文件。

十二、价款及付款方式

（一）本软件开发总价款为：人民币_____（￥_____），各部分价格组成见投标文件。

（二）在合同履行过程中，如甲方要求增减软件的功能或模块的，双方将以上述规定的价格为原则，商定变更后的具体价款。

（三）缺陷责任期满后的_____个工作日内，甲方无息支付合同价款_____％的质量保证金，但是，如乙方在缺陷责任期内未及时解决本合同项下的软件系统质量问题的，甲方可以不予支付或减少支付质量保证金。

（四）乙方在每次收款前应向甲方提供符合税务部门要求的发票。

十三、知识产权和使用权

（一）知识产权

1. 如有第三方声称甲方或甲方所许可的单位使用本软件侵犯了第三方的知识产权或其他财产权利的，乙方不仅应直接参与纠纷的解决，还应承担由此产生的全部法律责任；如给甲方造成损失的，乙方应承担赔偿全部损失的责任。

2. 如本软件或其任何部分被依法认定为侵犯第三人的合法权利，或任何依约定使用或分销该软件或行使任何由乙方授予的权利被认定为侵权，乙方应尽力用相等功能的且非侵权的软件替换本软件，或取得相关授权，以使甲方能够继续享有本合同所规定的各项权利。

3. 甲方拥有本项目开发实施过程中产生的全部知识成果的知识产权，包括但不限于著作权、专利权、专有技术等权利以及软件源代码和各种技术文档资料所有权。乙方非经甲方同意,不得以任何方式向第三方披露、转让和许可有关的技术成果、计算机软件、秘密信息、技术资料和文件。

（二）使用权

1. 甲方对软件具有永久使用权,本使用权的使用范围为：交通运输行业,包括但不限于省内各县交通行政主管部门、公路管理部门、公路运输管理部门、海事航道管理部门及_____等。

2. 甲方在使用乙方提供的属于第三方软件时,应当依照乙方与第三方对该软件使用的约定进行。乙方应将该约定的书面文件的复印件交甲方参阅。

3. 甲方在领受本合同项下的软件后,应严格遵守相关的知识产权及软件版权保护的法律、法规,并在本合同所规定的范围内使用本软件。甲方因非经授权而实施的商业性复制行为构成违约或侵权责任造成对方损失的,由其承担相关责任。

十四、违约责任

（一）如乙方开发延时未能按期交付的,每逾期一日,则按合同总价的_____％向甲方承担违约责任,并继续履行本合同所规定的义务；如超过_____日的,则甲方有权解除合同,乙方不但自解除通知生效之日起的_____个工作日内全额返还甲方的已付款,还应依甲方的指示退还所有的资料,并按合同价款的_____％向甲方承担违约责任。

（二）如乙方交付的软件系统,经甲方测试连续_____次不能通过的,或者,经过两个试运行期后,仍不能通过交工验收的,其有权单方解除合同,并依据本条第一款的规定向乙方主张违约责任。

（三）如擅自更换软件开发小组主要组成人员的,乙方应按每人每次_____元向甲方承担违约责任。

（四）甲方如未按照合同约定的金额和时间付款,每逾期一日,按应付款金额的同期银行贷款利率向乙方支付逾期付款违约金。

（五）任何一方违反本合同所规定的义务,除本合同另有规定外,违约方应按合同总价_____％的金额向对方支付违约金。

十五、不可抗力

（一）合同签订后,如发生不可抗力,受阻方无法履约,则履约期限按照不可抗力影响履约的时间做相应的延长；如不可抗力导致全部或部分合同无法履行时,双方可以终止合同,受阻方可部分或全部免除责任,但因受阻方未尽合同职责及其他违约行为导致合同顺延期间发生的不可抗力除外。

（二）当不可抗力发生和终止时后,受阻方应尽快以书面方式通知另一方,并提供权威部门的证明供其认可。

（三）如果不可抗力持续超过_____天,另一方有权书面通知受阻方终止合同,通知到达时即生效。

十六、保密义务

任何一方对于在履行合同过程中所知悉的对方的商业秘密或其他需要保密的信息均负有保密义务,未经对方的书面同意或者法定权力机构的许可或者要求,不得向任何他方予以披露、使用许可或者进行其他任何形式的泄露和使用。

十七、合同的生效和终止

（一）本合同双方法定代表人或授权代表人签字并加盖公章后生效。

（二）任何一方行使单方解除合同的权利时，应当书面通知对方，本合同自通知到达对方时解除，其异议期限为 15 日，自接到通知之日起计算。

十八、通知

（一）本合同一方给对方的通知应采取书面形式按照本合同中的通信地址以快递方式送达被通知方，如因地址不详或拒签而退回的，视为已通知。如一方欲改变通知地址的，应提前以书面方式通知另一方。

（二）通知以送到日期或通知书的生效日期为生效日期，两者中以晚的一个日期为准。

十九、争议的解决

（一）在本合同履行中所发生的一切争端，双方协商解决。如协商不成，任何一方均可向人民法院提起诉讼。

（二）如对任何争议向人民法院提起诉讼，除争议事项或争议事项所涉及的条款外，双方应继续履行本合同项下的其他义务。

（三）如提起诉讼的，败诉方应承担对方的律师代理费。

二十、其他

（一）本合同未尽事宜双方协商解决，可以另订补充协议，补充协议与本合同具有同等法律效力。

（二）本项目的招标文件、中标通知书、投标文件及其他承诺文件均为本合同的组成部分，本合同未涉及内容按上述文件执行，文件中与本合同不一致的，以本合同为准，但本合同中注明以招、投标文件为准的内容除外。

（三）本合同的签订地为甲方的住所地。

（四）本合同一式六份，双方各执三份。

（五）本合同附件：

甲方：_____（盖章）

住所地：_____

法定代表人：_____（签字）

电　　话：_____　传　　真：_____

联系人：_____电子邮箱地址：_____

联系人 QQ 号：_____

开户银行：_____

账　　号：_____

通信地址：_____

邮政编码：_____

合同签订地：_____

乙方：_____（盖章）

住所地：_____

法定代表人：＿＿＿＿＿＿＿＿＿＿＿＿＿＿＿（签字）

电　　话：＿＿＿＿＿　传　　真：＿＿＿＿＿

联系人：＿＿＿＿＿电子邮箱地址：＿＿＿＿＿

联系人 QQ 号：＿＿＿＿＿＿＿＿＿＿＿＿＿

开户银行：＿＿＿＿＿＿＿＿＿＿＿＿＿＿＿

账　　号：＿＿＿＿＿＿＿＿＿＿＿＿＿＿＿

通信地址：＿＿＿＿＿＿＿＿＿＿＿＿＿＿＿

邮政编码：＿＿＿＿＿＿＿＿＿＿＿＿＿＿＿

合同签订地：＿＿＿＿＿＿＿＿＿＿＿＿＿＿＿

小结

合同标志一个项目的真正开始，是甲乙双方在合同执行过程中履行义务和享受权利的唯一依据，是具有严格的法律效力的文件。

作为项目提供商与客户之间的协议，合同是客户与项目提供商关于项目的一个基础，是项目成功的共识与期望。在进行合同签订的时候，需要对合同的条款有详细的认知，并注意一些关键问题的说明，为以后的合作减少争议。针对企业在不同合同环境中承担的不同角色，又可将合同管理分为需方合同管理、供方合同管理。供方和需方在合同管理上有相同的地方也有不同的地方。

合同管理是当事人双方或数方确定各自权利和义务关系的协议，虽不等于法律，但依法成立的合同具有法律约束力，工程合同属于经济合同的范畴，受经济和刑法法则的约束，合同管理是法学、经济学理论和管理科学在组织实施合同中的具体运用。

作为软件企业，一般是处于供方（乙方）的角色，因此，软件企业的项目经理应该重点掌握供方（乙方）的合同管理过程以及合同的撰写和具体条款的分析。

思考题

1. 简述合同的类型。
2. 简述签订合同时应注意哪些问题。
3. 简述供方和需方合同管理的异同。
4. 简述项目合同收尾阶段的 IPO。
5. 试根据自己开发的项目对合同模板进行完善。

第8章

软件项目人力资源管理

设计和编程都是由人来进行的；忘掉这一点的话，其他任何事都没有意义。
　　　　　　　　　　　　　　　　　——本贾尼·斯特劳斯特卢普(Bjarne Stroustrop)

软件开发活动是智力活动的集合，人占主导因素。软件项目强调以人为本，决定了人力资源管理是软件项目管理中至关重要的组成部分。

在 IT 行业，很难在合适的时间找到合适的人才，很难合理地组织人才、培养人才，很难恰当地使用人才、培养人才。人是最重要的资产，人的因素决定了软件企业的兴衰、项目的成败。无论是国外的微软(Microsoft)、谷歌(Google)、脸书(Facebook)，还是国内的百度、阿里巴巴、腾讯三巨头，概莫能外。建设高效的软件项目开发团队将是软件项目顺利实施的保证。

团队是指一起工作的一组人，也就是在同一办公室工作(集中办公)的人。创建一个团队是为了共同完成一项工作任务。项目组是指所有为项目工作的人员。这些人可能属于不同的工作组，处于不同的工作地点，这些组也可能随着时间的推移而发生变化。所以随着项目的开始和结束，软件开发人员可能在不同的项目组之间调动。在软件项目人力资源管理中，那些对于项目目标达成起着至关重要作用的任务最好由一个人完成，而其他需要判断或做出决策的任务则由工作组完成。

那么，如何把人员组织成有效率的团队，并把大家的潜能都发挥出来呢？如何加强开发人员以及团队之间的沟通，并在工作时进行协调呢？

本章共分为五部分来回答上述问题。8.1 节介绍软件企业中的人力资源；8.2 节介绍项目人员管理；8.3 节介绍项目团队建设；8.4 节介绍沟通和协作；8.5 节对压力和团队会议进行了剖析。

8.1 软件企业中的人力资源

8.1.1 企业经营管理透视

视频讲解

1. 软件企业的特点

软件企业，即以开发、研究、经营、销售软件产品或软件服务为主的高新技术组织形态。

软件企业是指与提供软件产品、服务相关的一系列经济单位的集合，是直接从事计算机软件产品生产或服务活动的企业。软件是信息技术的核心，软件企业是信息产业的核心。

软件企业通常具有高成长性、高风险性的特点，这类企业的经营与传统企业有很大的不同，具有以下特点。

1）开发成本高，生产成本低

软件产业具有高投入、高产出的特点。一个大型工具类软件的开发往往要投入数亿美元，集中几十甚至几百个软件工程师，协同工作数月乃至数年，才会有结果。

许多人戏称软件业是无本买卖，确实软件产业的直接成本与硬件经营相比，可以说是微乎其微。正由于这一特点，吸引了许许多多的人向往这个一本万利的行业。

2）人是最根本的因素

软件业是现代高技术产业中的"人才密集"型产业，人才的素质、水平的高低决定着事业的成败。软件业又是一门特别要求创造性的产业，产品的档次、质量，生产率的好坏，无不取决于人的因素。人是软件企业的最大资源，公司的实力所在。软件业这种创造性劳动的最大特点是它的不可见性，无论开发和生产都难于用量化方式进行管理，考核透明度不高。因此，在管理中如何采用各种方法激励和保持员工的工作热情至为重要。

3）技术骨干流动风险大

软件企业无须很多的固定资产，其最大的资产就是软件人才以及他们拥有的知识、技能，而这种知识是无形的，它固化在软件开发人员的大脑中。因此，对于软件企业而言，软件人才的流失，尤其是技术骨干的流失，将带走它们最重要的财富，有的甚至是毁灭性的打击。

4）手里要有拳头产品

企业手里的拳头产品是企业生存、发展的关键，如微软公司的 Windows、甲骨文公司的 Oracle 数据库软件、谷歌的搜索引擎，都是公司发迹的源泉。

因此，软件企业的界定包括以下几方面的内容：企业提供的产品和服务，企业人员，企业条件、能力保证，企业研发经费投入、软件销售收入、自产软件收入。符合以上条件的企业是软件企业，软件企业可以向信息产业主管部门申请软件产品和软件企业的认证，通过"双软"（软件产品评估和软件企业评估）等有关认证的企业，可以享受国家、地方税收、产业扶持资金等政策和条件的支持。双软认证，即软件产品认证和软件企业认证，但是在做软件产品认证前，要先办理软件著作权登记和软件检测。

2. 软件组织和管理

软件企业在组织和管理方面呈现出以下特性。

1）柔性化

不管是直线职能制还是事业部制,传统企业都强调稳定和秩序,一旦面对意外的变化,很难做出迅速的反应和调整。所以传统的组织结构对软件企业来说,难以快速适应环境,软件企业组织结构正逐渐从传统的刚性向柔性发展。

2）扁平化

减少层级和分权,使得汇报层级少是扁平化管理的特征。中层管理的作用主要是监督下属以及采集、分析、评价和传播组织上下和各层次的信息。互联网的广泛应用使这一功能更多地由计算机网络来完成,这必然会带来中层管理人员的冗余;同时,信息技术又使管理人员能够控制更多的下属;再加上中层管理人员的工作具有很大的伸缩性,压缩中层并不会对企业的整体经营带来多大的影响,这些因素都将导致软件企业的组织结构日趋扁平化。

3）网络化

软件企业内外部环境的变化使传统的层级结构日益削弱,而趋向更有利于沟通协调的网络结构。企业组织结构的网络化主要体现在企业形式集团化、经营方式连锁化、内部组织网状化、信息传递网络化。

4）虚拟化

未来的企业要同时具备生产经营的全部资源已变得越来越困难,企业开始突破有形的界限,借用外部资源进行整合,以互享技术,分担成本。虚拟化的企业没有办公室,没有组织图,在这种组织结构下,运作的企业有完整的生产、营销、研发、财务等功能,但没有完整的执行这些功能的部门。

8.1.2　管理者的管理技能

人力资源(Human Resources,HR)即人事,指人力资源管理工作,也是软件企业独立的研发团体所需人员具备的能力(资源),包含七大模块:战略目标、员工、培训、员工招聘、奖励、商业价值、成功,如图 8-1 所示。

图 8-1　人力资源管理

人力资源管理（Human Resource Management，HRM）指在经济学与人本思想指导下，通过招聘、甄选、培训、报酬等管理形式，对组织内外相关人力资源进行有效运用，满足组织当前及未来发展的需要，保证组织目标实现与成员发展的最大化的一系列活动的总称。

图 8-2 给出了从管理到人力资本优势的人力资源金字塔，按照增值，从高到低共分为 5 层，依次是：商业策略；改变管理组织设计；HR 政策，HR 策略，遵守法律，问题评价，HR 指标；人力资源建议，评议，培训，发展；HR 进程设计和 HR 管理服务：支付，利益，招聘，训练，发展。

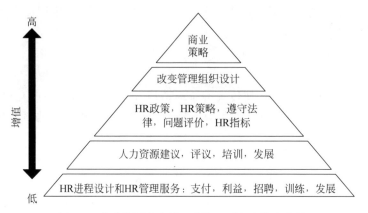

图 8-2　人力资源金字塔：从管理到人力资本优势

软件企业离不开人。通过了解自己和团队成员的性格能够更好地协作。一个人的性格特征可以用 4 种典型的动物来描述，如图 8-3 所示。其中，大多数技术人员属于猫头鹰性格，一个好的技术人员的前提条件是有严谨、缜密的思维。在项目中，程序员（猫头鹰）也会表现出老虎、孔雀、考拉般的性格。

图 8-3　人的典型性格

（1）老虎（Driven）：指挥者，积极主动关注事物的结果。

（2）孔雀（Expressive）：外交者，外向关注人的情绪。

（3）猫头鹰（Analytical）：规划者，理性思考，不善交流。

（4）考拉（Amiable）：协作者，耐心合作。

相应地，要想成为一名有效率的管理者，需要掌握3种技能：技术技能、团队建设技能、动力技能，如表8-1所示。

表 8-1　管理者的管理技能

技 巧 类 型	技　　巧	描　　述
技术： 将知识、训练、经验有效地运用到组织任务、工作计划中去	1. 专业技能	通过教育、经历获得的技能，理解和传达关键技能细节
	2. 任务、目标的澄清	为了达到预期的目标、标准所应具备的组织、安排部门工作能力
	3. 问题解决	处理日常工作问题的能力；面临问题时，采取团队合作方式进行解决
	4. 想象力、创造力	产生思想、改进、发展提高生产力的能力
团队建设： 通过认真倾听、认真交流，去发展、协调高效的群体或团队	5. 倾听了解	意识到自己团队或邻近部门的活动；提升作为一名领导者的能力
	6. 指导、训练	完成任务和实现标准，保持团队技能随着任务难度加大而提高
	7. 团队合作解决问题	一个特殊角色有助于团队成员为提升业绩而献计献策
	8. 协调、合作	表现出乐意与他人合作的意愿，包括群体、群体成员和邻近部门
动力： 通过设定目标，保持一定标准和评估业绩而达到包括成本、生产、产品质量和消费者服务在内的有效的成果	9. 业绩标准	为保持组织运转继续努力，乐意为达到新的目标而忙碌努力
	10. 细节控制	密切监督工作业绩，完成业绩任务和标准
	11. 活力	向团队和同事证明，你乐意去工作，并告诉他们，你期待与其合作
	12. 施加压力	在团队工作中，通过完善自身能力来督促他人，而不是支配他们

以谷歌为例。谷歌认为最优秀的管理者应当具有以下8种特质。

（1）是一个好的指导者。

（2）富有生产力，以结果为导向。

（3）帮助员工在事业上取得进步。

（4）关注团队成员的成功和个人生活状况。

（5）具有清晰的眼光，并能够为团队制定明确的战略。

（6）具有重要的技能，能够帮助本人为团队提供意见。

（7）是一个好的交流者，可以倾听他人的意见，并与他人共享信息。

（8）能够赋予工作团队权力，而不是事无巨细地参与各种微观管理。

8.1.3 管理体系与组织设计

软件企业人力资源管理体系通常由几组相互联系的活动构成,包括:人力资源的需求预测和规划、人力资源招募和甄选、绩效评估、薪酬激励、培训和开发以及维护有效的员工关系等。

下面对软件企业的人力资源管理进行详尽的讨论。

1. 以项目为核心的组织

在一个持续经营的软件企业中,往往同时存在着运营管理(Operation)和项目管理(Project)这两种主要的管理模式,一些经营管理活动经常采用项目的方式来实现,从根本上说,应该从项目管理的组织方式上考虑在企业内部形成适应项目管理的组织结构、规章制度、企业文化。例如,以软件企业为代表的硅谷的特质包括:叛逆和宽容、多元文化、拒绝平庸、宽容失败的文化、工程师文化、不迷信权威、扁平式管理、世界的情怀。因此,软件企业的组织架构有着与传统企业有所不同的设计。

1) 传统企业:以职能为中心的组织架构

这是一种呈金字塔形分布的结构,高层管理者位于金字塔的顶部,中层和低层管理者则沿着塔顶向下分布。公司的经营活动按照产品研发、设计、生产、营销、财务管理等职能划分成部门。

麻雀虽小,五脏俱全。根据这种模式的要求,无论企业是由几十人还是数百人构成,都少不了要设置总经办、人力资源部、市场部、财务部、技术(工程)部。其中,"总经理"负责人力资源部、财务部的运营;"副总经理"负责市场部运作;"总工程师"负责工程技术部门的日常工作。当市场部争取到项目订单后,立刻通过总经理协调,转给总工程师所辖的工程技术部门,按用户的要求进行需求调研、规划、设计、开发、安装、调试,平时"守株待兔"的部门一下子忙乱了套,加班加点做设计方案、竞标。如遇其他项目投标、紧急的售前支持或者售后服务任务时,工程技术部门的技术支持便难以到位。为此,企业必须具有工程技术人员储备。

这种组织结构的缺点是:内部沟通困难,等级结构使信息沟通、民主决策、解决问题进展缓慢;外部反应迟钝,等级结构使人们强烈地忠诚于自己的部门,而不是项目或客户。这种模式显然不能满足高新企业高效运营的要求。

2) 软件企业:以项目为中心的组织架构

最近几年,软件企业涌现出了与职能式组织结构截然相反的、以项目为中心的人力资源组织结构。

这种结构是根据企业已签或待签的几个大中型项目的要求,把传统的工程技术部门分为几个相应的项目组,设立项目经理,并实行项目经理负责制。

对于各个项目所需的人力资源规划和招聘事宜,本着"自下而上"的原则,由项目经理向人力资源部提交人力资源申请表,其中包括岗位需求,对应聘人员的学历、专业、知识结构、工作能力和到岗时间的要求。对骨干人员的招聘,由人力资源部配合项目经理共同面试、甄选和完成。同时,公司总经理授予项目经理辞退项目组员工的权利。这样做,一方面提高了项目的运作效率,另一方面也减小了总经理办公室、人力资源部、财务部门的管理工作量和管理人员的总数，从而真正做到因事设岗，因岗用人，精兵简政，少人高效，提高了软件企业的劳动生产率。

在这种组织结构中，每个项目就如同一个微型公司那样运作。

项目从公司的组织中剥离出来，作为独立的单元，有自己的企划人员、管理人员、技术人员。有些公司对项目的行政管理、财务、人事、监督等方面做了规定；而有些公司则在项目的责任范围内给予项目自主权；还有好多公司采取了介于这两者之间的做法。各个项目目标所需的所有资源完全分配给这个项目，专门为这个项目服务，专职的项目经理对项目团队拥有完全的人事、行政权力。由于每个项目团队严格致力于一个项目，所以项目型组织的设置完全是为了迅速、有效地对项目目标和客户需要做出反应。

2. 程序员职业生涯进阶

软件企业有一句名言"员工因公司而加入，却因主管而离开"，意思就是说员工加入公司是冲着这家公司的品牌，而离开公司往往是因为经理的原因。这其实就是软件企业人才流失的关键原因。

所以作为软件企业的管理者，必须时刻提醒自己，不要被你的员工抛弃。作为团队的管理者，比如技术总监或是项目总监，需要更多地和员工们工作、生活在一起，时时刻刻了解他们的想法，帮助他们分析问题、解决问题。

另外，要明确软件团队的岗位体系和每个人的职业生涯。软件从业人员的职业生涯是一个 Y 字形，走到高端会出现分叉，即两条路：

① 程序员 → 设计工程师 → 系统分析员 → 架构设计师
② 程序员 → 设计工程师 → 系统分析员 → 项目经理

和真实的社会一样，程序员的世界也处于不断的进化当中，社会分工往往是社会进步的标志。大多数软件技术人员都是从程序员起步的，随着程序量的积累，程序员会逐步地体会到设计的重要性，并形成自己的设计思路和设计模式，他也就自然而然地成长为一名"设计工程师"；随着大量的设计工作积累，设计工程师会对系统的整体有了一定的把握能力，由于做过很多项目，积累了一定的客户沟通经验，设计工程师中的一部分人会成长为"系统分析员"；系统分析员是一个项目组的重要成员，也是除了项目经理之外最重要的客户界面，由于做过许多不同的项目，积累了丰富的实战经验，下一步的发展会出现分叉，即喜欢技术的人会向架构设计师方向发展，而喜欢跟客户沟通的人会向项目经理方向发展。

在 Y 字形职业生涯的初期，新人融入软件公司的时候，需要关注以下三方面。

(1) 职务：代表一个职位的任务以及技术要求。大学里的课程教学生们通用的知识（如编程、数据结构、软件工程）和专业领域知识（如图形设计、人工智能、操作系统），这些课程可以很好地解决这个问题。

(2) 层级：是公司从上至下的指挥体系。学校并没有太多涉及这方面。举例来说，虽然在很多的计算机专业的课程中，都需要组成小组并进行合作，但是小组中每个人的权力都相同，而且往往经验也相同，这与职场新人需要面对的状况非常不同。

(3) 社会网络：是职场新人逐渐创造新的人脉和社会关系，并从社会网络的边缘向中心移动的过程。这一点上，学校帮不了什么忙，如何发展完全靠学生自己。

成为公司"技术总监"，是很多程序员的梦想。这条路线是从初级程序员成长为高级程序员之后，以做项目为工作重点，进而发展成项目经理、开发经理，最终成为技术总监甚至公司副总裁。这些程序员走的是技术管理路线，从做项目开始，逐渐积累管理经验，然后成长为优秀的技术管理者。技术总监在公司甚至技术界的影响力非同一般，对于那些有志于成为公司领导层的程序员，是个很大的诱惑。但是权力大、管的人多，就意味着更大的压力，技术总监不仅要保持对新技术的敏感，还要抽出精力做管理。比起成为纯技术专家，这条路也许更为艰难。

还有一些程序员职业发展的终点是"总架构师""总设计师"。这类程序员的兴趣不是某种特定的技术，而是偏重对软件产品或者软件应用项目的设计。如果将软件项目开发团队比作一个乐队，那么程序员就相当于一名乐手（如小提琴手、长笛手等），他们负责将自己的乐器演奏好；项目经理是乐队指挥，负责指挥和协调这个乐队的配合；架构师则相当于作曲家。从入门的架构师开始，逐渐成为资深架构师乃至总架构师。如同历史上伟大的作曲家，杰出的架构师能够在各种软件中谱写出旋律优美的"曲子"。

另外一些程序员心怀创业的理想，等到自己有了一定的技术积累，再掌握一些市场需求以及管理方法，他们会开始创业之路。一旦成功，这类人的影响力会非常大，像谷歌和雅虎的创始人，都是技术创业的成功典范。但是这条路也是最艰辛的，不当家不知柴米贵，不亲自创业的人也很难体会它的艰辛。创业涉及方方面面，稍有差池，就会功亏一篑，投身创业的程序员并不少，但是真正能成功的少之又少。踏上这条路不仅需要过人的勇气和魄力，还需要坚韧不拔的毅力，以及深度的商业智慧，再加上市场机会，才能够赢到最后。

很多程序员会走上技术支持路线，进而发展成为精通业务的"技术和行业咨询专家"。这类程序员会在成为高级程序员之后加入销售团队，直接面对客户，负责技术层面的问题。如果对某一行业（如银行、电信）非常熟悉，久而久之，就会成为精通这个行业技术的专家；如果对于某一类解决方案（如 ERP、CRM、SCM）非常擅长，就可以发展成为跨行业的技术专家。

还有一部分程序员会成为"IT 专栏作家"和"自由职业者"。这些人通常对写作比较感兴趣，文字表达能力也不错，他们会将自己从事技术工作的内容或心得写出来，然后发表文章赚取稿费。只要对技术足够精通，这类人是很受杂志欢迎的。在北美还有一种自由职业者叫作合同工，就是不定期地承接项目，在项目开始前签订协议，项目完成后结束合作。虽然这种职业目前在中国还不太多，但是其自由性对于很多程序员来讲，也非常有吸引力。

上面提及的若干条路，程序员可以根据自己的兴趣进行选择，但是一般来说，无论走哪条路，都有一个前提条件：从初级程序员进阶为高级程序员。因为在这之前，你甚至没有选择的机会。从初级进阶到高级，通常需要 2～5 年的时间，因个人素质而异。程序员要耐得住寂寞和枯燥，年轻的程序员更要克服浮躁的心态。在职业生涯的起步阶段，很多人总会摸不着头脑，这时一定要静下心来，多向资深程序员求教，慢慢熟悉技术、熟悉开发流程和行业。有时你会感觉掉进了一个知识海洋，身边全是陌生的事物，很难抓住，所以就更要四处探路，逐渐寻找到方向，在寻找中进步。

成功进阶为高级程序员，也并不意味着前途一片光明。如果说从初级到高级需要的是学习，那么从高级到专家，需要的是不断地尝试和坚持。比起前一个阶段，这个过程更为漫长，通常需要 5～8 年。在这期间，因为有了之前的积累，并且已经取得一定的成就，人会更加自信，同时也会更加彷徨，有一个问题会时常盘旋在脑中：将来的路到底要怎么走？这时就可以利用自己所积累的资源，多做一些尝试，尝试不同角色、不同的项目，与不同的客户打交道,时间长了,自然会找到最适合自己的发展方向。

总结起来,初级程序员和高级程序员时期,都属于职业生涯发展的第一阶段,可以称之为黄金时期。这个阶段程序员的年龄在20~35岁,因为年轻,所以更善于学习,而且体力充沛,很多走过这个阶段的程序员有过通宵工作的经历。在这个时期,有大把的时间学习、提高,为将来的事业打下坚实的基础。而一旦超过30岁,无论从体力还是精神上都会有所改变。30~40岁是转型时期,这时的程序员(很多人已经不再编程)已经明确了自己的发展方向,并且向着目标努力,让自己有所建树。40~60岁是专家时期,至此,一名优秀的程序员会彻底实现破茧成蝶的愿望,成长为专家。

程序员的职业很精彩,同时也很艰苦。享受高工资,掌握最新的技术,有可能成为创业成功的富豪,甚至有机会改变人类的生活方式,例如,搜索引擎的开发、电子商务的应用等。正因为如此,每年都会有很多新人加入到这个庞大的团队,体验向往已久的精彩生活。但是大多数人却忽略了光鲜背后的艰辛,高工资的代价是工作强度高,学习新技术的代价是工作压力大,成为富豪的代价是心力交瘁,而若想改变人类的生活方式,就要耐得住日复一日的枯燥、寂寞。酸甜苦辣都要自己品尝,程序员的发展道路有很多条,要看自己怎么选。

"让员工和企业一起成长"是一个全新的理念。如果选择了软件项目管理这条职业生涯之路,必须考虑几个关键的成功因素,如图8-4所示,其中的建议是建立在实际策略的基础上,并被证明是成功的。

图8-4 成功的管理型职业的进阶

因此,在软件项目里面,作为初级开发人员需要强调学习与思考、沟通与协作;作为项目管理者需要强调管理能力、沟通与协作的能力;而更高层的管理者则需要大局观,例如,一个首席技术官(Chief Technology Officer,CTO)需要对项目预算和技术需求有大局的把握。

从普通程序员成长为团队的管理者是技术人员常常会面临的重大转型。对于技术人员和管理者来说,衡量他们是否成功的标准相差很多。作为技术人员,如果大家看到任何事情都由他一个人完成,这便是最大成功。然而,作为团队领袖,要和他的团队一起进步,让新成员逐渐成熟,让所有人各尽其能、扬长避短,通过分工协作高效率地完成每项任务。

3. 组织结构的发展趋势

现代管理之父彼得·德鲁克(Peter F. Drucker)在他的《后资本主义社会》中第一次明确指出:"我们正在进入知识社会。它从根本上改变了社会结构,它创造了新的社会动力,它创造了新的经济动力,它创造了新的政治。"

与传统企业相比,软件企业人力资源管理的发展呈现以下几个趋势。

(1) 研发部门处于主导地位:传统企业往往以生产、销售部门为主体,而软件企业则以技术的研究开发为主体。企业的主要功能和作用是技术创新,所以组织结构以研发部门为主体,企业大部分资源都投在高技术的研究开发和商品化上,其他各部门围绕着研发部门开展工作。

(2) 组织结构灵活多变:传统企业组织结构相对比较稳定,这是因为传统企业产品的周期较长,新产品开发及上市的步调相对趋缓。而软件企业由于身处迅速变化着的高技术领域,要不断地把前所未有的产品推入未知的市场,这就要求组织结构具有快速感觉和反应的能力。为了使组织结构与环境变化相适应,就必须经常对组织结构加以调整。因为在高技术领域中,游戏规则始终在变化。

(3) 组织结构更具弹性:传统企业有明确的分工、清晰的等级、详尽的规章制度,强调遵循规则。而高技术企业每天都要面对无从预料的新竞争的出现,所以其结构较传统企业更具弹性。就像杰克·韦尔奇(Jack Welch)说的那样"要能在汽车行驶过程中更换轮胎。"

(4) 信息渠道畅通:传统组织要求组织内部的信息传递,按照权力等级链进行,但软件企业以研制开发高技术为主,需要群体的努力和经常性的信息交流。如果还是要求组织内部的信息传递按权力等级链进行,就会妨碍信息的快速传递、交流,从而影响研发和各项工作间的协调,所以信息常采用非正式却简单直接的方式进行传递。

(5) 组织地位源于威信:在传统企业中,一个人在公司里的职位即可大致决定他的地位和影响力的大小。而在高技术企业中,一个人在公司里的地位如何,要视其个人的品质和专长,即奉行能力至上主义。有能力、有创意的人很容易在公司里受到肯定和尊敬。

8.2　项目人员管理

视频讲解

8.2.1　管理者和组织行为

组织的素质高低在很大程度上取决于其所聘用的雇员的素质。大多数组织的成功都有赖于能够发现并使用具有高水平技能的员工,而这些员工往往能够成功地执行各项任务,并最终达到公司的战略目标要求。人员配备和人力资源管理的决策对于确保组织聘用并留住合适人员至关重要。

　　管理者在组织中工作。组织(Organization)是将一定的人员系统地安排在一起,以达到特定的目标。组织指的是一个有着特定目标、特定成员和一个系统化结构的实体。组织提供的力量,即组织力。例如,组织内有比较好用的代码库,那么不管谁都可以从中受益。软件项目管理不应当只涉及所谓的高层管理、亿元级企业或者跨国公司,软件项目管理的主题应该覆盖组织中的所有个人,无论他是最基层的管理者,还是首席执行官。

　　首先,每个组织都有一个目标,并且是由一定的人员按照一定的方式聚合而成的。如图 8-5 所示,一个组织的特定目标通常体现在某一个或某一系列目标之中。例如,朗讯技术公司(Lucent Technologies)的总裁理查德·迈克金(Richard McGinn)把公司的目标定位于在一个 6000 亿美元的通信市场上占有更大的市场份额;施乐公司(Xerox)的 CEO 克·托曼(Rich Thoman)希望他的公司每年都能获得两位数以上的销售增长。其次,目标不会自然实现,人们必须为树立目标而进行决策,并通过各种活动来实现这个目标。最后,所有组织都需要构建一个系统来规范、限制员工的行为。构建的系统包括编制工作说明书,以便使组织成员明确公司需要他们做什么,等等。

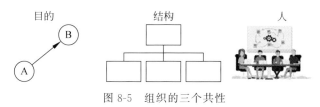

图 8-5　组织的三个共性

　　组织行为(Organizational Behavior,OB)指组织的个体、群体、组织本身从组织的角度出发,对内源性或外源性的刺激所做出的反应。

　　组织行为所涉及的一些问题并不显而易见。就像水中的冰山,如图 8-6 所示,许多组织行为是肉眼看不见的。当我们考察组织时,通常看到的是组织的正式方面,即战略、目标、政策和程序、结构、技术、正式权威及指挥链,但是在这些表象下面,隐藏了管理者需要了解的非正式的方面。组织行为为管理者深入了解组织中这些重要但是隐藏着的内容,提供了大量的真知灼见。

图 8-6　组织像一座冰山

8.2.2 人力资源管理过程

人力资源管理是为了开发"现在员工"和"未来员工"的最大潜能。

图 8-7 给出了组织中有关人力资源管理过程的关键要素结构。这些要素概括为 8 个活动单元或 8 项步骤。如果按照这些步骤正确地执行,组织将会获得具有较强竞争力的高素质员工,这些员工能够长期保持他们的绩效水平。

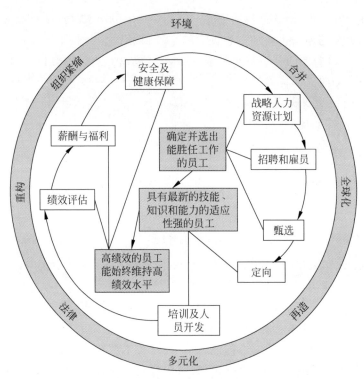

图 8-7 战略人力资源管理过程

前 3 个步骤分别为雇佣计划、通过招聘增员或通过解聘减员、甄选。若能按照这些步骤正确执行,组织便能确定并挑选出能胜任工作的员工,这有助于战略目标的实现。组织一旦建立起自己的战略和组织结构的设计,接下来就是人员的配备问题。这是人力资源管理最重要的职能之一,由此也增强了人力资源管理者在组织中的重要性。

组织在挑选出能胜任工作的员工之后,需要帮助他们适应组织,确保他们的工作技能和知识不会过时。通过定向、培训、人员开发,可以达到这一目的。人力资源管理过程的最后几个步骤设计是确定绩效目标,纠正绩效改进中所暴露出的问题,以及帮助员工在其整个职业生涯发展过程中能够始终维持高绩效水平。这几个步骤包括绩效评估、薪酬与福利、安全及健康保障。

8.2.3 选择合适人选

很多因素(如软件工具、方法的使用)都会影响编程的效率,然而软件开发能力中最大的差别在于开发人员的技能差异。早在 1968 年,就有数据显示,同样是经验丰富的专业程序员,在进行系统的编程工作时,最短和最长的编码时间之比是 1∶25,更有甚者,最短和最长的调试工作时间之比是 1∶28。因此,需要尽可能地选择合适的人员为他们工作。

和其他领域的人士比起来,信息系统领域人士的社交需求非常少。如图 8-8 所示,软件领域最著名的专家之一,美国计算机名人堂的代表人物杰拉尔德·温伯格(Gerald Weinberg)说过"如果要问,绝大部分编程人员很可能会说,他们更喜欢在不受打扰的地方自己单独地工作。"可以看到,许多迷恋编程而且擅长编写软件的人,在他们后来的事业中并不适合做一个好的经理。

图 8-8　温伯格和《程序开发心理学》

1. 社会化开发的复杂性

目前,程序员个体差异及其协作等社会性因素再次被广泛关注。一方面,软件工程过去一直在研究可控制、可复制等技术因素,如今人们开始反省之前忽略的变化性最大的因素——"人"。另一方面,目前许多互联网系统由大量独立系统及其背后的人们交互而成,复杂性很难再从纯粹的技术角度来看待。

例如,在开源、众包模式中,分布在世界各地的开发者,需要协同发布一个可用的高质量软件,这将面临大规模通信、协调、合作,由此可以看到社会化开发的复杂性。软件社区中蕴含着海量软件数据和丰富的软件知识,需要利用它们,需要对程序员的技能、成长途径与环境的交互进行度量,从而进一步理解群体构造的机理和演化规则,解决社会化开发的可知与可控难题。

研究程序员个体的工作还包括程序员的成熟度模型。例如,从哪些维度度量程序员在项目中解决关键问题的能力,他们在项目中的成长轨迹;承担哪些任务,如何逐步增加任务的难度和重要性,变成核心程序员。基于这些度量,可以评估项目中程序员的技能和效率,以及完成任务的能力与进度。

项目协作程度最高时,项目中新进人员的数量最多,当项目协作程度最低时,则新进者成为长期贡献者的概率最高。开源项目中,如果参与者的初始缺陷报告能得到解决,则留在社区的概率会翻倍;如果从社区得到的关注太少,留下来的概率将会减半。这些结果有助于开源项目的过程管理及招募志愿者。

一方面,群体协作聚焦于理解和量化协作中的问题和最佳实践。高产程序员会随着时间改变他们对电子通信媒体的使用,因此,在协作需求与协作活动之间可达到更高的和谐一致性。在项目迁移到新的地方时,人们的组织协作结构将由产品结构决定。另一方面,是尝试建立机制和框架来协调程序员开发任务之间的依赖性。

2. 岗位招聘和选拔

招聘的最终目的是为了生成一个符合新的工作要求和现有工作要求申请人的"大水池"。项目负责人对于成员的可选择余地通常很小。招聘通常是组织级的职责，招聘来的人在一段时间中可能会在组织的不同部门工作。

需要有效区分合格的(eligible)和合适的(suitable)两种候选人：合格的候选人会有这样的简历(Curriculum Vitae，CV)，即过去在某些岗位有"一定的"工作年限，并获得了"恰当的"资格证书；而合适的候选人却能够出色地完成任务。人们往往会犯这样的错误，即选择了合格的候选人，而该候选人却不是合适的候选人。

相反，不是那么合格但却是合适的候选人，可能是理想的人选。因为一旦上任，这些候选人会更加忠诚。应该设法评估实际的技能，而不是以往的经验，并提供必要的培训来缩小专业技能方面的差距。

比较常用的招聘和选拔方法有以下几种。

(1) 创建岗位要求：不论是正式还是非正式的岗位，对于需求和任务类型描述都应该发文并获得认可。

(2) 创建岗位说明：岗位说明用于构造执行该项工作所需人员的一个简表。要在简表中列出品质、任职资格、受教育程度、需要的经验。

(3) 招聘：通常采用广告的形式，要么在组织内部，要么在当地媒体中。岗位说明要被仔细地检查来确定最合适的媒体，如领英(LinkedIn)、58同城、赶集网、智联、前程无忧等，以便以最小的成本获得最多的潜在职位申请者。例如，若需要一个专业人士，则在相关的专业杂志上刊登广告是比较明智的。另外需要在广告上给出足够的信息，让不满足条件的人员自动退出，例如给出工资、职位、工作范围和基本条件等，这样申请者就会限制在更理想的候选人中。

(4) 检查CV：简历应该仔细阅读，并与岗位说明比较，即简历明显说明申请者不能胜任所申请的工作，而该申请者还要求面试。图8-9给出了软件开发工程师的CV模板，包括个人简介、工作经历、认证、技能、兴趣爱好、参考等。

(5) 面试：选择的方法包括能力测试、人品测试及以前工作的抽样检查。每种测试都是针对岗位说明中的特点品质而制定的。面试是最常用的方法，最好的申请者有多个面试会议，而每个会议不应该超过两个面试人员，否则会影响后续问题和讨论。面试要么是评估候选人实际经验的技术面试，要么是综合的全面面试。后一种情况下，面试的主要部分是评价、确认CV内容。例如，要检查受教育程度和工作经历的时间差距，而且要考察以前工作的性质。

例如，在招聘过程中，微软最有名的面试题目"井盖为什么是圆的?"就有很多不同的答案：①圆的井盖是最安全的，不可能掉下去。如果是方的井盖，在某个角度可能会掉下去；②在相同的面积下，圆的井盖所用材料是最省的，通过物体的能力最好；③下水井是圆的，所以井盖是圆的；④圆的井盖容易滚动，在井盖搬运时，要比方的井盖省很多力；⑤圆的井盖造型是最美的。关键是考察应聘者是从哪个角度分析、如何推理演绎、有何新颖观点或思想火花等。所以上面的解答也许只给出某个侧面，而其他的侧面还有待读者去思考，加深对项目管理、软件测试或软件工程等方面的理解。

Software Developer CV

Name Surname
Address
Mobile No/Email

PERSONAL PROFILE

I am an enthusiastic and professional Software Developer with experience of writing in Visual Basic, C++, C and SQL. I am keen to continue learning new skills and enjoy working in software and learning new things.

I am a professional person with excellent communication skills and time management. I work on a number of projects at any one time and ensure that I always get my work completed on time and within the client's budget.

I have always had a keen interest in IT and pay great attention to detail in the work that I do. I have a technical nature but I can explain technical plans and details to my clients in a non technical manner so that they understand.

EMPLOYMENT HISTORY
Date to Date or To Date – Software Developer – Where?
In my role as Software Developer, I help to develop new software for my clients and tailor systems to their requirements. My responsibilities include:

- Meeting new clients
- Working with other colleagues and professionals developing the right systems for our clients
- Discuss requirements and technical specifications
- Work on tests to give the client something to look at initially
- Keep detailed plans and records for testing
- Perform quality checks
- Maintenance and support once the software up and running.

QUALIFICATIONS
University, College, School – For all include titles/subjects and qualifications.

SKILLS AND ABILITIES
Computer skills – MS Office, Excel??? (Aside from the topics that provide support on the helpdesk on).
Any specific training that you have been on that would be of interest?
Specific programming languages that you work with – C, C++, SQL, Visual Basic etc and to what degree can you use these, what level and for how long.

HOBBIES & INTERESTS
What do you like to do outside of work?

REFERENCES
Available on request.

图 8-9 软件开发工程师 CV 模板

一个好的开发人员必定逻辑清晰，拥有很强的解决问题能力。因此，可以加一些开放性的问题，就像软件需求一样，了解对方有多强的分析、解决问题的能力。这些问题虽然没有标准答案，但可了解到应聘者的知识面、技术偏好、解决方案是否全面。我们可以把整个招聘过程按其首字母缩写成 PROCEED，PROCEED 的每个字母都代表了招聘过程的一个步骤，如表 8-2 所示。该模式会帮助管理者对招聘过程有一个系统的看法。

表 8-2 员工的选拔程序：PROCEED 模式

第一步：准备(Prepare)	界定某项工作的优秀员工
	创建该职位的工作描述
	确定该职位所需的能力、技巧
第二步：复审(Review)	重新审视问题的合法性、公平性
第三步：组织(Organize)	成立招聘小组，选择招聘途径
	指派团队成员，分配面试问题
第四步：执行(Carry out)	搜集应聘者信息
第五步：评估(Evaluate)	挑选与工作岗位相匹配的候选人
第六步：交流(Exchange)	召开招聘成员讨论会交流信息
第七步：决定(Decide)	雇佣决定

　　另外,有两类人需要区分。在项目中,总有一两个人从团队中脱颖而出。他们的能力远远超出了完成项目的要求,就像传奇牛仔约翰·韦恩(John Wayne)骑马而去,消失在日落中。他们都是软件开发中的传奇牛仔,可以解决棘手问题的人,他们知道项目中的所有重要信息,他们是不可缺少的。

　　然而,在项目中还存在另外一种类型的英雄,他们在幕后做了许多工作,却似乎从来没有受到大家的关注。他们的方法有条不紊、逻辑清晰、易于理解。这些人都是软件开发中的无名英雄。虽然他们不会像牛仔程序员那样享受荣誉,但他们对组织来说是更为重要和更有价值的。

　　最后,需要考虑两个更深层次的问题,来确定是否能够定义优秀的程序员。

　　(1) 程序员身上的哪些因素,使其有优秀的编程表现? 是否因为他的经验? 或者是他的个性? 又是否需要测量他的智商? 结对编程(Pair-Programming)和在团队工作时,这些问题的答案又如何?

　　(2) 什么是优秀的编程表现? 例如,应该雇佣单位时间写代码最多的人,还是不管所耗时间,代码质量最高的人(无论质量是如何定义的)?

3. 知识传递和培训

　　优秀的团队必须把重点放在团队成员的技术能力上。

　　因此,确保团队技术能力的方法除了如何招聘适当的人员,还包括"360度培养战略":如何找到合适的实践方法(例如,编写规格说明书或做代码评审),如何培训团队成员,如何全面地帮助那些已展示天赋的成员并提高他们的技能,让他们成为更出色的程序员。

　　当雇佣新的小组成员时,小组负责人需要仔细计划,使他们加入到小组中。这在项目已经顺利地展开后,并不是一件很容易的事情。然而,必须要这么做,目的是使新雇佣的成员能够更快地成为一名有效的组员。

　　小组负责人应该知道,需要不断地评估小组成员的培训需求。这像在考虑一个新的系统之前要先考虑用户需求,以及招聘员工之前必须有岗位说明一样,当考虑特定的课程时,需要为每个员工起草一份培训需求描述。有些培训可能是外部课程培训公司提供的。当资金很紧张时,要考虑其他培训资源,但不能放弃培训。当然,外部课程的好处是能够和其他公司的同行进行交流。

　　培训就是用指导性的范例改变员工的行为和态度。

　　无论怎样仔细地审查、挑战应聘者,终究会有一条"缺口"横亘在应聘者的面前,那就是他们本身掌握的知识和他们胜任工作所应该通晓的知识之间的差距,而培训则会填充这个缺口。

　　例如,脸书(该平台品牌部分更名为 Meta)创始人马克·扎克伯格(Mark Zuckerberg) 2012 年宣布 IPO 时,对外发表的公开信中提到了脸书的新兵训练营(Basecamp),并说"业内有许多人从事管理岗位,并不愿亲自动手编写代码,然而,我们寻找的实践型人才都希望也能够经受新兵训练营的检验。"脸书的新兵训练营以严格著称,不仅是一个培养、训练人的地方,同时也是生产真正符合组织文化员工的工厂。

　　又例如,位于美国加州圣克拉拉的英特尔公司致力于人力资本的开发。该公司不断地"收养"中小学校,通过提供计算机、助学金等方式培养有才能的人,并鼓励员工去帮助学校。英特尔公司声称,员工在当地学校每义务工作 20 小时,公司就捐献 200 美元。正如人们对高科技公司所预料的那样,数学、科技才是重点。另外,英特尔公司每年将高达 10 000 美元的捐款匹配给公司员工的母校,同时,每年给国家科技竞赛中的中学高年级学生优胜者,提供总值达到 125 万美元的助学金、奖学金。那些从这些活动中受益的人是不会结束与英特尔公司合作的。

8.2.4　激励

激励(Motivation)就是在满足个体某些需求的情况下,个体付出很大的努力去实现组织目标的某种意愿。

尽管激励可以泛指为达到任何目标所付出努力,但由于所关注的是与软件项目相关的行为,所以"激励"一词的目标对象,专指软件组织目标,3 个关键要素分别是努力、组织目标和需求。

努力要素是对强度的衡量。当某人被激励时,会努力地工作。但是,除非这种努力结果有利于组织,否则付出再大的努力,也不一定产生令人满意的工作绩效。因此,在考虑努力强度的同时,还要考虑努力的质量。指向组织目标并与其保持一致的努力才是我们所追求的。最后,还要认为激励就是一个满足需求的过程,如图 8-10 所示。

图 8-10　激励过程

另外,需求(need)指的是一种内部心理状态,它使某种特定结果具有吸引力。一种需求未被满足,会使个体产生紧张感,进而激发个体的内在驱动力,这将导致个体寻求特定目标的行为。如果特定目标实现,那么个体需求将得以满足,同时紧张感得以缓解。

一个软件开发者需要把谋生手段上升到能享受软件开发的乐趣,并满怀激情地投入去做一件事情才能获得成功。

1. 泰勒模型

如第 1 章所述,泰勒的观点体现在制造业中的计件工资率和销售人员的销售奖金的应用上。如果新的系统将改变工作习惯,那么使用计件工资率(piece-rate)会有问题。如果新的技术提高了生产率,如何调整计件工资率会是很敏感的问题。通常,工作习惯剧烈变化时,必须先将计件工资率改为工资率(day-rate)。软件开发项目中的"虚拟团队"成为时尚,也就是说,距离组织办公场所有点儿远的员工可以在自己家里工作,而不是按工作时间来计报酬。

泰勒的科学管理理论将管理职能独立出来,让专职人员分担,这种分离使得管理人员与作业人员分工明确,各司其职,有利于人力资源与物质资源的配置优化,也有利于企业内部员工之间人际关系的协调,为企业人事管理理论的发展奠定了基础。

即使在工作习惯很稳定、产出和报酬容易挂钩的情况下,按产出量获取报酬的人,也不会积极主动地增加产量来获得更多的收入。产出量经常会因为所谓的"组内标准",即同事之间关于开发数量的非正式甚至是口头的协议而受到限制。

以计件工资率为基础的付酬方式需要直接和产出量挂钩。在开发计算机应用程序的情况下,分离、量化每个人所做的工作是很难的,因为系统开发和支持常常是一个团队工作。做软件支持工作的人会说“这个支持部门工作得很好,因为我们是一个团队,而不是单个的个体。”

在这种环境下,如果在合作者之间过于清楚地区分报酬,就有可能降低士气、生产率。组织有时采用在项目成功结束后给项目组成员发放奖金的方式来解决这个问题,尤其是在员工自发地为了使项目完成而进行大量无酬劳的加班时。

2. 马斯洛人类需求五层次模型

美国著名心理学家马斯洛(Abraham Maslow)对世界管理学做出了卓越贡献,他在20世纪40年代对人的需求层次的发现,引发了一场社会对个体的认识和企业管理的革命。他没有想到,这个基于非常有限的精神病人临床研究得出的试探性建议,竟成为管理领域最重要的思想之一。

事实上,该模型高度浓缩了以美国为代表的西方企业发展的历史,也体现了管理理论的演进历程。金字塔式的需求模型把人的需求分为 5 个层次,如图 8-11 所示,从低到高依次为生理需求、安全需求、社会需求、尊重需求和自我实现需求。马斯洛的基本观点如下。

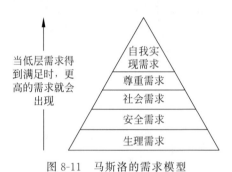

图 8-11　马斯洛的需求模型

(1) 需求的发展是逐层递升的。某一层次的需求得到满足后,就追求高一层次的需求,而追求高一层次的需求就成为行为的驱动力。

(2) 同一时期,人可以同时拥有几个层次的需求,但是总有一个占主导地位,对行为起着决定性作用。

(3) 各层次的需求相互依赖、重叠,高层次的需求发展后,低层次的需求仍然存在,它不会因为更高层次的发展而消亡,只是对行为的影响程度会大大降低了。

对一个具体的人来讲,起激励作用的需求可能并不止一种,而是多种需求的混合,即同时包含多种需求,如可能既需要安全的需求,又需要社会的需求、尊重的需求,等等。这种需求已经突破了马斯洛需求理论的等级界限,甚至可能直接以高级需求为起点。

一些拥有精湛技术的 IT 业界员工,他们的最大需求就是能够在良好的环境中,充分发挥自己的影响力和专业特长。在这种情况下,每个人的混合需求的类型各不相同,因此,管理者必须了解下属混合需求的类型,了解强度最大的需求是什么。如果一个人强度最大的需求是生理需求,那么企业最好是把钱作为主要的奖励手段;如果一个人强度最大的需求是尊重,那么企业应该考虑对工作出色的个人更多地给予表扬,等等。

3. 赫茨伯格双因素理论

激励-保健因素理论(Motivation-Hygiene Theory)是美国心理学家弗雷德里克·赫茨伯格(Frederick Herzberg)提出的。他认为,个人对工作的态度,很大程度上决定着任务的成功、失败。为此,他对“人们希望从他们的工作中得到什么”进行了调查。赫茨伯格要求人们详细描述他们认为自己工作中特别好或特别差的方面,并对调查结果进行了分类归纳,发现结果如图 8-12 所示。

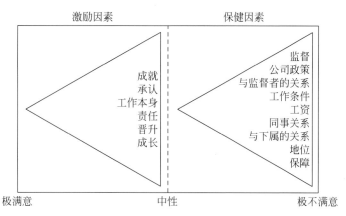

图 8-12　赫茨伯格的激励-保健双因素理论

　　分析调查结果时,赫茨伯格发现,对于工作感到满意的员工和对工作感到不满意的员工的回答有显著的区别。图 8-12 的左侧列出了与工作满意相关的因素,图 8-12 的右侧列出了与工作不满意相关的因素。内在因素诸如成就感、认同感、责任和工作满意相关,当员工对工作感到满意时,员工趋向于将这些因素归功于他们自身;相反,当他们感到不满意时,则常常抱怨外部因素,如公司的政策、管理、监督、人际关系、工作条件,等等。

4. 弗罗姆的期望理论

　　期望理论(Expectancy Theory)很大程度上是基于维克多·弗罗姆(Victor H. Vroom)的《工作和动机》形成的,当个体被提供获得报酬的工作选择时,能够有效地解决高度个人化的理性选择问题,如图 8-13 所示。该模型标志了以下三种影响工作热情的因素。

　　(1) 期望(Expectancy):坚信更努力工作会获得更好的成果。

　　(2) 助益(Instrumentality):坚信好的成果会获得好的回报。

　　(3) 回报(Perceived Value):所得到的奖励。

图 8-13　维克多·弗罗姆和基本期望模式

　　如果三个因素都很高,人们的工作热情也就很高。如果任何一个因素是零,那么就会失去工作热情。

　　(1) 零期望的例子:假设要获得一个第三方提供的软件产品,假如你明白因为这个软件产品有缺陷而无法工作,你会选择放弃。

　　(2) 零助益的例子:你在为用户修改一个软件,虽然你能够完成任务,但你发现用户开始用另一个软件产品了,你觉得你在浪费时间,依然选择放弃。

（3）低回报的例子：假设用户真的需要该软件产品，你获得的可能仅是同事得到帮助之后的感激。事实上，用户使用软件后只是抱怨，并把所有缺点归罪于你。如果他们后来要求你开发另外一个软件产品，你就会很自然地选择放弃，而不再参与。

5. 提高工作热情

为了提高工作热情，经理们可能需要做以下这些工作。

（1）制定特定的目标：这些目标在保证严格的同时，也需要能被员工所接受。让员工们参加制定目标，这样，能够让他们更容易接受这些目标。

（2）提供反馈：不仅要设定目标，而且员工们应该定期对目标的进展状况进行反馈。

（3）考虑任务合理分工：可以让他们更加感兴趣所分配的工作，并且增强员工们的责任感。

有以下两种方法可以增强任务分工的有效性，扩充工作范畴并执行工作。

（1）扩充工作范畴：执行工作的人参与更广泛的各种活动，这和增加需求不是一回事。例如，维护小组的软件开发人员，可能有权去负责较小的变更并执行实际的代码变更。而程序员/分析员对于工作的满意度，高于单纯的程序员。

（2）执行工作：工作人员执行的一般是管理层、监督层做的工作。对于维护小组的程序员来讲，他们可能在不需要经理批准的情况下就有权接受变更请求，条件是这种变更只能少于五个工作日的工作量。

技术人才的激励机制包括丰厚的薪酬、股权激励，特殊的技术人才培养模式，研发专家升迁通道，工作中有充分的自主权。

视频讲解

8.3　项目团队建设

8.3.1　团队发展的阶段

思科的首席执行官约翰·钱伯斯（John Chambers）说道"很久以前，我就意识到团队合作比个体独立工作更有优势，如果你拥有一打的人才，那么你就有机会创造一个'王朝'。"

团队（Group）是两个或两个以上能够自由交流，并且拥有共同身份和目标的人。团队有4个特征，如图8-14所示。

图8-14　组成一个团队需要什么

作为一个管理者，在开发软件产品的时候，需要思考怎样规划一个团队的产出，而不再是一个个人的产出。团队的发展是一个动态过程，多数团队会发现自己处在一种连续的变化状态之中。尽管团队可能从来没有达到过稳定，但仍然可以用一般的模式来描述大多数团队的演化过程。团队的发展过程可以分为5个阶段，如图8-15所示。

（1）形成阶段（Forming）：特点是组织的目标、结构、领导关系等都还不是很确定，成员都在不断地摸索，以确定什么样的行为可以接受。当每位成员都已经意识到自己已是团队

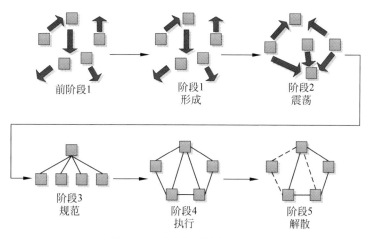

图 8-15　团队发展的各个阶段

中的一部分时,这个阶段就完成了。

(2) 震荡阶段(Storming):也是一个团队内部发生激烈冲突的阶段。团队成员虽然接受了团队存在这一事实,但对于团队对个体施加影响的控制行为仍存有抵触。冲突的焦点在于谁将控制团队。当这一阶段完成时,团队内部将会产生一个相对明确的领导。

(3) 规范阶段(Norming):团队中成员之间的关系有了进一步发展,成员间有了一定的凝聚力,更强烈的团体身份感、认同感形成了。当团队的结构固定下来,并且对什么是正确的成员行为已达成共识时,形成规范化阶段。

(4) 执行阶段(Performing):团队结构开始完全发挥作用并被团队成员所接受,成员的精力也从相互认识与相互了解,转移到了执行必要的工作上。

(5) 解散阶段(Adjourning):对于长期性存在的团队,前面的执行阶段是团队发展中的最后一个阶段,对于临时性团队,执行的任务十分有限,这时团队就到了解散阶段。在解散阶段,团队已经在为它的解散做准备了,高水平的工作绩效已不再是团队成员中首要关注的问题,他们的注意力已经转移到了收尾活动中。

团队需要以下不同类型的成员。

(1) 主管(Chair):不一定是很聪明的领导人,但他们必须善于主持会议,保持冷静,个性坚强并且能够忍耐。

(2) 决策者(Plant):非常有主意并擅长解决问题的人。

(3) 监督-评价人员(Monitor-Evaluator):擅长评价不同的想法和潜在的解决方案,并帮助选择最佳方案的人。

(4) 寻找问题的人(Shaper):相当于操心组内事务的人,帮助组内其他人找出存在的重要问题。

(5) 组员(Team Worker):善于建立一个好的工作环境,比如能让大家快乐起来。

(6) 资源调查人员(Resource Investigator):善于找到不同的资源,如物理资源和信息。

(7) 完成人员(Complete-Finisher):关注要完成的任务。

(8) 公司工作人员(Company Worker):好的团队参与者愿意承担那些并不是非常具有吸引力却是团队成功所必需的任务。

组建团队,首先需要选择项目必不可少的技术专业人员,然后评价这些人员在团队中的角色,接下来,再选择那些能使团队角色构成更加平衡的人员。

8.3.2　组建团队和成员角色

1. 组建团队

有时候,团队中最优秀的成员并不一定是技术力量最强的,而团队中技术力量最强的人有时甚至对于工作的完成是有害的。人们需要能够一起融洽地工作,否则技能再好也没有用。实际上,有些从技术角度看最好的程序员过于自以为是,结果让项目的完工变得更困难,但那些人往往又是团队中最重要的人。如图 8-16 所示,软件开发团队中,首先根据具体需要,通过参与模型的灵活性来开发工作;同时,优化关键资源、项目、最佳位置参数,来降低总体开发费用;最后,扩展开发团队,产生可重复的产品创新。

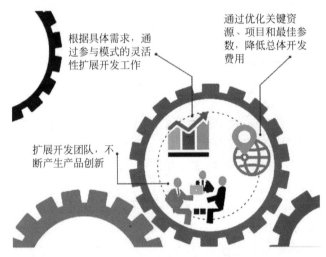

图 8-16　软件开发团队

那么,如何组建团队呢?

首先,团队要有明确的价值观和软件开发思想。价值观和软件开发思想都是历史形成的,不因为个人的意志所改变。团队中的成员会进进出出、相互来往,但是如果团队不能保持自己的价值观和软件开发思想,就会显得没有战斗力。

对于软件开发组织来说,要帮助团队保护自己的荣誉,并传承好的传统。这些,比投入更多的团队建设经费更重要。

其次,对于软件开发来说,团队的规模应该尽可能精炼,这是因为考虑到统一价值观和软件开发思想上的困难,人们思想交流上的困难,团队成员间技术沟通的困难,等等。

每个人都有一个属于自己的内涵丰富、潜力无限的世界。只有在一个精炼的团队中,才能充分关注个人的世界,并发挥个人潜力。人们需要关注,需要沟通,需要化学反应。苍白的团队统计报表无法带来这一切。

精炼的团队往往具备足够的生产力来完成相互独立、目标明确的任务。人海战术只能带来盲目的自信。

接下来是对团队成员的工作任务进行明确的分工。分工是为了更好地调整团队内部的知识结构,也是提高团队效率的关键。

例如,一个软件的开发,功能设计谁来做? 整个过程的计划、分配、推进、异常解决、报告,谁来负责? 数据库设计谁来做? 用户界面(User Interface,UI)设计谁来做? 质量谁来保证? 文档谁来做? 等等。把软件生产整个链条分解成若干个环节,每个人负责其中一环,项目经理主管计划和推进。没有明确分工的团队往往缺少知识的积累。

最后,组织文化是组织长期积累、沉淀,形成自己的习惯、观念、理念等,是定义组织行为的一整套价值观、信仰、假设和符号,是组织中的全体人员共同遵循以价值观为核心的行为观念、价值取向及其表现的组合。

分别以亚马逊、谷歌、脸书(2021 年部分平台更名为 Meta)、微软、苹果、甲骨文为例,图 8-17 给出了各自的团队组织结构。团队结构指团队成员的组成成分,是团队协调、协作、协同工作的基础,因此,团队的组织结构在队形保持中起着重要的作用。团队是由一群不同背景,不同技能及不同知识的人员所组成,通常人数不多。他们分别选自组织中的不同部门,那是各人的“家”。组成团队后,他们共为某一特殊的任务而工作。

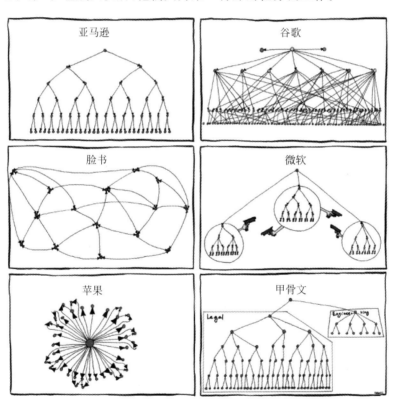

图 8-17　亚马逊、谷歌、脸书(Meta)、微软、苹果、甲骨文的团队组织结构

团队中通常有一人为领导人,在团队的存在期间,长期为团队的领导人。所谓领导,是按工作的逻辑而领导,在团队中并无主管、部属之分,只有高级人员与普通人员之分。

任何机构遇有不常见的临时任务时,均曾采用组成团队的方式。此种临时性的团队名为“任务部队团队组织”,是一种长期性的结构设计的原则。团队以一项特定的任务为使命,如产品开发等。团队组织的本身却可能是长期性的。团队的成员也许因任务的不同而不同，但团队的基础却可以保持不变。随着任务变了，团队的成员可能变动，甚至于同一成员可以同时归属于两个以上的不同团队。

大型组织以团队结构作为正规化结构的补充，以弥补正规化结构的僵化和刻板。

谷歌的层次结构如图 8-18 所示。

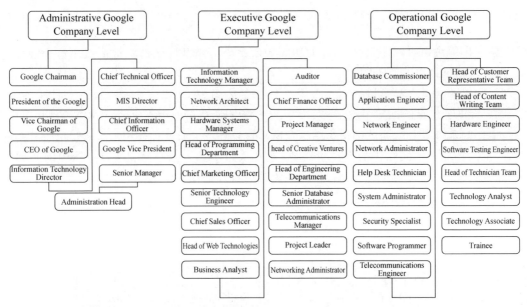

图 8-18　谷歌的层次结构

2. 团队成员在项目中的角色

一个好的软件开发者，从普通程序员到管理者的角色变换中，往往会有这样一个误区：什么事都亲力亲为。这不仅在软件行业里，任何一个行业都存在这种现象。这时，不仅是说一个管理者自己要做多少事情，而是要特别注意去根据团队成员的角色，发掘他们的不同特点，让他们有充分发挥的空间。

项目团队中应该有表 8-3 中的这些角色。

表 8-3　团队成员在项目中的角色

职 位 名 称	项目中的角色
架构师	组织、指导整个系统的开发，包括测试系统
开发人员	设计、编写产品代码
测试人员	设计、编写测试，包括测试代码
技术文案	设计、编写产品文档
业务分析员	收集、编写需求
发布工程师	设计、编写、维护系统，包括与系统相关的任何脚本
项目经理	组织项目工作

项目可能还需要其他角色，比如 UI 设计师或固件开发人员。项目经理应该知道项目中的技术风险何在，以确定哪些角色是必需的。

另外,上述这些角色不一定都要由不同的人担任。举例来说,架构师也可以承担开发人员和测试系统架构师的工作,而测试人员也可以是测试系统架构师。

有些工作在由团队完成时能产生更好的结果,而有些事情如果不把它分成不同的个人任务,则会变慢。这都需要依赖于要承担的任务的类型。下面把任务分成4种类型。

(1) 附加性的任务(Additive Task):要增加每个参与者的工作量才能得到最后的结果(例如,一组扫雪的人)。参与的人可以轮换。

(2) 补偿性的任务(Compensatory Task):单个组员的判断要汇总在一起,以便某些人的不足能够从其他人那里得到弥补。例如,要求组的各成员估计开发软件所需要的工作量,然后对结果进行平均。在这种情况下,组的工作一般要比个人工作更有效。

(3) 分离性的任务(Disjunctive Task):组的效率取决于有人能够得出正确的答案,以及其他人能够认识到他的答案是正确的。整个组要么和最好的组员一样好,要么更坏。

(4) 关联性的任务(Conjunctive Task):进度是由最慢的执行者决定的。典型的例子是在软件开发中不同的人员负责不同的模块。整体任务只有在所有参与者完成了他们的工作后才能完成。在这种情况下,只有协作才能高效。

对所有类型的集体任务,特别是附加性的任务,很可能出现集体不稳定的危险。在这种情况下,有些人不能完成自己该完成的任务。这在学生组成的组活动中肯定是要发生的,但在实际的工作环境中也不是没有的。

8.3.3　决策制定

决策是计划工作的核心部分,以至于美国著名的管理学专家西蒙(Herbert A. Simon)认为"管理就是决策。"只有拟定了决策,即对资源方向、战略等做出了选择之后,才能说有了计划。

1. 复杂决策流

如果把决策比作溪流,由不计其数的零碎信息、事件、选择组成的溪流,那么,决策制定者可以比作什么呢？这些溪流不会解决被完全包裹起来的问题,也不会准备好了去做出决策,相反,它们只是没有规律地输送一些问题和选择的零星片段。组织中的决策制定者在这个溪流上来回漂移,随着问题的不断凸显而反复变化,并且他们需要在给定的地点、时间找到地方靠岸。

如图 8-19 所示,复杂源中 8 种相互包含的内容有助于决策制定者在溪流上成功地航行。

乔布斯说"人生最重要的决定不是你做什么,而是你不做什么。"因此,对于现代决策制定者来说,明确利益相关者和权衡他们的利益冲突是一个主要的挑战。

图 8-19　现代管理中决策制定者的复杂源

2. 专家意见法

专家意见法采用讨论会的形式,将一些见识广博、学有专长的专家召集起来,向他们提出要决策的问题,让这些专家提出各种方案,并进行讨论,最终决定最佳方案。这种方法有一定的效果,但也存在一些严重的缺陷。例如,与会者可能会受到专家间的相互影响和对权威的迷信,导致从众现象,或是因为面子问题而固执己见。

考虑到传统方法的缺点,美国兰德公司发展的一种新的专家意见法,即德尔菲法(Delphi)试图在专家们不相互见面的情况下比较他们的判断。当考虑问题时,会执行下面的规程。

(1) 先向有关专家提出相关的情况、问题。

(2) 然后,主持人把个人的意见再交互寄给那些专家,得出分析意见后再收集起来,进行综合、整理,再反馈给每个人。

(3) 个人在修改、增添后,再寄给主持人。

(4) 如此反复多次,直到各专家的意见大体趋于一致为止。

这个方法的好处在于专家们所处的位置可能发布得很广,然而会太耗费时间,不适于需要快速做决策的场合。

3. 解决意见冲突

为了鼓励创新,改善讨论结果,同时降低外界干扰,在做产品决策之前,应该先确定决策要解决什么问题,让大家在以下几个要点上达成共识。

(1) 究竟要解决什么问题?

(2) 要为哪些人物角色解决这个问题?

(3) 产品要达到什么目标?

(4) 每项目标的优先级是什么?

每当团队内出现严重的意见分歧时,并非大家对事实的认定有争议,而是对目标和目标的优先级有不同的理解。

例如,团队首先应该确定哪个目标对用户最重要,是易用性、响应速度、功能、成本、安全性,还是用户隐私? 只有先统一对产品目标和目标优先级的认识,大家才能在此共识上,进一步讨论各种方案的合理性、可行性。

从最重要到最不重要逐项排序,务必认真分析产品目标的优先级,让团队达成共识。切不可把所有目标都贴上"关键"和"重要"的标签,一定要区分什么第一重要,什么第二重要,等等。

8.3.4　软件开发环境中的团队精神

虽然存在各种问题,但有时候团队还是可以很好地进行工作。

用体育比赛做类比,当每个队友都只顾炫耀个人技能,而不注意其他队员的配合时,这个球队的表现将无法令人满意。队员会将球传给处于射门的理想位置的队友,这是团队精神的一个实例。团队成员理解队员为了获取团队成功而采取的行动,以及清楚地知道如何去支持队友。这时,似乎有一种集体意识表现为共同认识、相互渗透、良好沟通。

在软件开发环境中为促进这种团队精神做了很多积极的尝试,例如无我编程、主程序员和 Scrum 等概念。

1．无我编程

在计算机开发的早期,经理们总觉得软件开发人员和平台在进行神秘的交流。这种倾向是由于程序员把程序看成是自己的延续,并过于保护他的程序。可以想象,这种方式对程序的可维护性的影响非常大。杰拉尔德·温伯格(Gerald Weinberg)提出了革命性的建议,他认为程序员和编程小组的负责人应该阅读其他人的程序,这样程序就会变成编程小组的共同财产,而且编程就会变成"非自我的"。同行代码评审就是以这个想法为基础的,代码是由组员个人编写并由选定的同事进行检查。

下面是无我编程(Egoless Programming)十条戒律,来自于1971年温伯格的《程序开发心理学》。

(1) 理解和接受自己会犯错误。关键是要尽早发现,在错误进入到最终产品前发现它们。幸运的是,除了我们少数几个在喷气推进实验所开发火箭导航系统的人外,在软件行业中犯错误通常不会导致灾难性事故。我们应该从错误中吸取教训,微笑,并继续前进。

(2) 你不是你的代码。记住代码审查的全部目的就是去发现问题,相信问题会被我们发现。当有问题疏漏时不要自责。

(3) 不管你对"空手道"有多了解,一定会有人知道得更多。如果你去问,这样的人可以告诉你一些新的招数。从别人那里寻找和接受新的知识,特别是那些你认为不需要的知识。

(4) 不要在没有讨论的情况下重写代码。在"调整代码"和"重写代码"之间有一条很细致的界限,应该在代码审查的制度下做风格上的调整,不要独断专行。

(5) 对那些不如你的人要尊敬,礼遇,有耐心。经常跟开发人员打交道的非技术人士通常持有这样的观点:程序员凭借一技之长狂放不羁。不要让你的发怒和缺乏耐性,让他们心中的这种形象加深。

(6) 这世界上唯一不变的就是变化。开放思考,面带微笑地接受它。把需求上、平台、工具里的每个改变都视作一种新的挑战,而不是把它们当作大麻烦来抵制。

(7) 真正的权威来自知识,而不是职位。知识造就权威,权威带来尊敬。所以,如果你想在一个无私的环境中获得尊敬,去培养自己的知识吧。

(8) 为信仰奋斗,但我文雅地接受失败。有时候你的想法会被拒绝,即使你是对的,你也不要报复或说"I told you so."千万不要让你心爱的被抛弃的想法,变成殉道者或抱怨素材。

(9) 不要成为"角落里的程序员"。不要成为隐藏在黑暗办公室里,只因为口渴才出现的人。藏在角落里的程序员短视、与世隔绝、不受控制。这样的人在公开的、合作的工作环境中发不出声音。参与到交流中去,成为你的办公室团体中的一员。

(10) 批评代码而不是人,对编码人友善,但不要对代码友善。尽可能地让批评具有积极性,以改进代码为目标。批评要联系本地标准、编程规格文档和提高后的性能等。

2．主程序员组

项目开发组越大,效率就越低,因为需要的交流越多。因此,大型的、非常强调时间性的项目需要一个正式的、集中的结构。佛瑞德·布鲁克斯(Fred Brooks)指出,开发大型复杂软件时需要设计一致性,但是在软件开发中如果涉及的人太多,这相当困难。他建议减少软件开发实际涉及的人员数量,但是要给程序员以足够的支持,让他们尽可能地提高生产率。

产生的结果就是主程序员组(Chief Programmer Team)。主程序员定义需要规格说明书,并设计、编码、测试和文档化软件。当然还有一个副手,主程序员可以和他讨论问题,并由他进行部分编码。由文档人员来编辑由主程序员起草的文档,并由程序员来维护实际的代码,还要有测试人员。总的来说,这个组是统一由一个有才能的人来控制的。

例如,主程序员的概念用在有影响的《纽约时报》的数据银行项目中,这个项目中尝试了结构化编程的许多方面。这个案例中,主程序员管理一个高级程序员和一个程序库管理员。附加的成员可以临时加入这个组来处理个别问题或者任务。

这种组织的问题在于如何选择真正出色的程序员来担任主程序员的职务。还可能出现这样的危险:即主程序员得到的信息过多,以及那些仅仅为了满足主程序员的需要而存在的人员的不满。

8.3.5　产品管理模式及组织结构

1. 大公司的运作方式

在谈到如何顺利展开工作,让整个公司支持软件产品,协助设计、开发、发布产品之前,需要了解一下大公司的现实情况。

首先,大公司都遵循一条潜规则"尽量避免风险"。这并非偶然,随着业务规模变大,公司会不可避免地变得保守。因为大公司承担更大的风险,如果出现问题,损失也比小公司惨重。所以创新容易发生在小公司里,而在大公司工作,首先要面对的是公司现有的流程、规定、条条框框。

其次,大多数大公司都采取矩阵式的管理方式,核心部门(如设计部门、开发部门、QA部门、运维部门、市场部门)共享资源,产品经理要确保争取到足够的资源才能研发出产品。采用这种组织结构不是因为它的效率高,而是为了节约公司运营的成本。

在矩阵管理模式中,项目管理者和其他项目成员来自组织内不同的部门。例如,公司的服务团队由项目管理部门、咨询部门、Java技术部门和C♯技术部门构成。当一个项目启动后,需要在项目管理部门挑选项目经理,在咨询部门挑选懂得客户业务的咨询人员,在Java技术部门挑选Java技术人员,在C♯技术部门挑选C♯技术人员。

2. 最佳产品管理模式

看到谷歌、苹果、微软、eBay、雅虎的成功,我们不禁会提出这样的疑问:如何才能像它们那样管理软件项目? 然而,成功是不可以复制的,盲目地模仿可能会酿成大错。

创建成功的产品管理模式,不仅要提升产品经理的管理技巧,更要确保他们能和团队成员有效合作,此外,还要知道如何创造公司需要的产品类型,清楚如何在市场上击败对手,取得成功。

可以从以下几方面选择适合公司的最佳产品管理模式。

(1)产品类型:明确公司的产品类型是面向大众的网络服务、消费电子设备、企业级软件,还是小型企业服务。每种类型的产品拥有不同的特征,因此,要根据不同的产品类型,找出合适的产品管理模式。

（2）产品开发过程：例如，若产品团队使用敏捷方法开发产品，会对产品管理者和设计者有特别的要求。此时，理解产品开发过程非常重要。而每种开发过程都有局限性，只有打破这种局限性，才能称得上是最佳。

（3）产品管理的角色：不同公司的责任分工方式不同，最佳产品管理模式能让员工有能力、激情来扮演好自己的角色。这样的模式也同样适用于其他重要角色，如交互设计师、工程师、投资人、管理层。

（4）组织规模：小型创业团队，资金来源于风险投资，创始人专注于产品；大型上市公司拥有大批客户和千余名雇员。两者规模不同，需求也不同，管理模式自然不同。

（5）企业文化：有时企业文化是主导因素。例如，在公司里有一两个人能高效地做出产品决策，并希望将这一状态保持下去，这时产品管理模式要能推动这种状态，而不是形成阻碍。

3. 重构产品部门组织

组织结构会影响人们的行为。其他条件不变的情况下，如果按照下述方法改变产品部门的组织结构，会收获意料不到的好效果。

（1）营销部门：包括其企业营销、营销传播、现场营销、产品营销。

（2）产品管理及设计部门：负责产品管理和用户体验设计（交互设计/信息架构、视觉设计、原型设计、用户研究/可用性开发），如果条件允许，该部门还可以引入行业专家。

（3）产品开发部门：主要负责产品架构、代码编写、质量测试、产品发布、平台运营（SaaS 软件运营公司）和项目管理（PMO，项目管理办公室）。

8.4 沟通和协作

8.4.1 沟通风格

视频讲解

1. 沟通信息来源

管理大师彼得·德鲁克说"人无法只靠一句话沟通，总是得靠整个人来沟通。"况且，程序员的工作环境多样、复杂，人和人的关系错综复杂，充满变数，稍不留神就会引起误解。

因此，对软件项目管理者而言，有效沟通不容忽视，管理者所做的每一件事都包含着沟通。管理者没有信息就不可能做出决策，而信息只能通过沟通得到。一旦做出决策，就要进行沟通，否则将没有人知道决策已经做出。最好的想法、最有创意的建议、最优秀的计划不通过沟通都无法实施。因此，软件项目管理者需要掌握沟通的技巧。

沟通是人与人之间思想、信息的交换，是将信息从一个人传达给另一个人并逐渐广泛传播的过程。因此，日本企业之神，著名国际电器企业松下电器公司的创始人松下幸之助（Konosuke Matsushita）有句名言"伟大的事业需要一颗真诚的心与人沟通。"

如图 8-20 所示，沟通过程中的环节包括发送者、编码、媒介、解码、接收者、反馈。像链条一样的沟通过程，

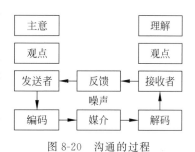

图 8-20 沟通的过程

主要是为了把信息以一种能被接收者理解的方式,从一个人传到另一个人。与其他链条一样,沟通链条中最薄弱的环节也恰恰是最关键环节。

通过观察程序员的日常工作,可以了解到程序员的信息来源。程序员们最常询问同事以获得信息。其他的沟通信息来源按照从最常用到最少用排列如下。

(1) 各种团队或者公司专用的工具。

(2) 程序员自己的直觉、逻辑推论或者记忆。

(3) Bug 数据库(bug)。

(4) 调试器(dbug)。

(5) 源代码、注释、历史记录(code)。

(6) 规格说明之外的文档(docs)。

(7) 电子邮件(E-mail)。

(8) 规格说明(specs)。

(9) 程序执行的日志文件(log)。

(10) 即时通信工具(im)。

软件开发是由人来执行的工作,是由人际关系和相互沟通来推动的。有限沟通是区别成功团队和失败团队的首要因素。要想取得成功,就需要承认每个人的关系并且能实现人和人之间的沟通,大家都是有着重要影响的利益相关者(Stakeholder)。

2. 失败的沟通

软件开发过程中,信息、知识的传递非常重要。软件开发需要经历不同的阶段,所以需要不同的角色来协同工作。如果信息传递不正确,就会发生各种各样的问题。图 8-21 给出了一个失败的软件工程沟通例子。其中,各个角色对软件实现的功能描述进行信息传递,经过各个阶段,信息传递误差被不断放大,最后导致令人啼笑皆非的结果。

从图中可以看出,沟通问题不仅存在跟客户的交流之中,还存在于项目的各个角色中。设计人员看不懂项目的分析报告,开发人员看不懂设计人员的方案,测试人员看不懂开发的结果,等等,都是沟通问题。

不仅在工作组内,与组织内的其他部门内的其他同事之间,甚至某些情况下,和合作组织之间都需要沟通。

已经有些工作在研究各种沟通的方法特征,其中之一是识别沟通类型。这不仅指沟通的技术类型,即人们已经习惯的沟通类型,还包含一些沟通时机和方法的基本原则。对某些沟通类型,比如正式会议,这些原则也许相当正式。在那些冠以"管理会议"头衔的沟通中,有些类型的会议会有自己的惯例,从这些惯例本身也可以看出沟通类型。

原始的信息传递方式也需要被考虑进来。

(1) 信息被传递的范围和复杂度? 一个电话,也许是简单信息传递非常快的一种方式,但对于大容量的信息的传递,还是有一些不利之处。

(2) 信息容易被理解吗? 举例来说,信息内容对于发送方、接受方都容易理解吗? 假如接受方需要澄清、阐述信息的某些方面,那么,交流的模式使用双向的是最佳的。

(3) 当信息比较敏感时,面对面的沟通是比较有效的沟通模式,即使涉及的内容令人感到不舒服或者不方便。

图 8-21　失败的工程与软件信息传递

3. 有效沟通的障碍

人际交往中存在许多沟通障碍,这些有助于解释为什么信息接受者所得到的信息与信息提供者常常不同。下面对沟通产生显著作用的那些障碍因素,在表 8-4 中进行了总结。

表 8-4　有效沟通的障碍

过滤	故意操纵信息,使信息显得对接受者更为有利
选择性知觉	接受者会根据自己的需要、动机、经验、背景有选择地去看或去听信息
信息过载	信息超出处理能力
情绪	信息传递时,信息被理解的结果很大程度上依赖于接受者情绪的好与坏
语言	同样的词汇对不同的人来说含义不同,词汇的意义不存在于词汇中,而在于使用者
沟通恐惧	当两个人需要面对面沟通时,有人会有一种莫名的焦虑

4. 人际交往技能

在 1958 年的索诺玛会议上,惠普(HP)的创始人威廉·休利特(William Redington Hewlett)曾经表示,无论是对上还是对下,他与人打交道的原则可以总结为如下几条。

(1) 首先为他人着想。

(2) 让他人感觉到他们的重要性,不忘尊重他人的"个性特权"(有权与众不同)。尽量去理解和同情他人（设身处地、推己及人）。

（3）给予他人由衷的赞赏，不要公开地改造他人。

（4）摒弃消极心态，注重解决之道和有效方法，而不是无效之举。

（5）审视自己对人、对产品和对企业的第一印象（尤其由于差异而觉得不喜欢之处）。

（6）留意细节（注意人们的微笑、语气、人们的问候，人们的外表，人们如何使用名字、日期，等等）。

（7）培养对他人的发自内心的兴趣。

由此可见，大多数工程师和高科技公司领导者所欠缺的这些软能力，即人际交往技能，在休利特的心目中排在首位。

在通常冠以"电子邮件沟通"的沟通类型中，可以开发基于电子邮件的先进应用程序。为了遵循标准过程，这些电子邮件按照预定的格式编写（比如申请程序软件规格书的变更）。从这些应用程序可以看出沟通类型。

为了更好地提高人际交往技能，下面看看一个常规的电子邮件进度报告模板，如表 8-5 所示。

表 8-5　电子邮件进度报告模板

工作成果	几段简短的话（每段两三句话），报告过去一周完成的工作			
未来的里程碑	任务描述	规划完成时间	预期完成时间	实际完成时间
	有些项目由于发生外部事件，团队成员的工作会有变化。对于这些项目，可以在右边加上一列，估算变更次数			
障碍	团队成员写下导致不能完成工作的障碍，而且希望能从这个列表产生行动计划			

8.4.2　沟通计划

文明是基于人类的合作才得以实现的，然而如果没有沟通，合作就无法实现。

沟通在所有项目中都是很重要的，但是在分散型项目中显得更加至关重要。正是如此，在项目策划阶段就应当考虑好沟通的方法。有人建议，要在项目策划文档中有专门的环节提及如何处理对项目有影响的沟通问题，这些不但对于分散型项目有必要，对于有大量重要利益相关者的项目而言也很有必要。

编写沟通计划，首先要列出主要利益相关者，特别关注那些参与项目开发、实施的利益相关者。识别利益相关者以及他们所关注的事项是项目成功的基础。一旦完成了项目整体计划的编写，便需要检查每个主要活动和里程碑处是否定义了与利益相关者进行有效沟通的方法、渠道。和不同利益相关工作组的代表进行协商是这一过程的主要活动。

流程执行的结果会记录在表格中，以下为该表格所含列的标题。

（1）什么（What）：包括关键沟通事件名称（例如启动会议）或者沟通渠道（例如项目内部网站）。

（2）谁/目标（Who/Target）：沟通的目标受众。"目标受众"可隐含着从核心权力那里被动地接受信息，沟通事件和渠道是从受众那里获取信息的方法。

（3）目的（Purpose）：沟通要达到的目标。

（4）何时/频度（When/Frequency）：如果沟通事件是一次性的，需要指定日期。如果是周期循环进行的（例如项目进展会议），需要指定频度。

（5）类型/方法（Type/Method）：沟通的本质，例如会议或者发布文档。

（6）职责（Responsibility）：沟通发起人。

另外，统一建模语言（Unified Modeling Language，UML）也是解决沟通问题的最佳方法之一。使用与不使用 UML，在于沟通方式的选择。只要是行之有效的、能在各个项目角色之间通用的，就是好的沟通方式。

8.4.3 合作依赖

组织结构中的不同单位为什么需要进行沟通，需要何种程度的沟通？协调理论（Coordination Theory）已经给出了合作依赖关系的类型，这些关系存在于任何实体组织中。关系类型如下。

（1）共享的资源：例如，在软件开发项目中，多个项目共用稀缺的技术专家。由于其中某些项目的延期，可能导致其他项目无法按计划获得这一资源。建立高于单个项目的项目集管理机制，可以减少这种资源冲突。

（2）生产者-客户关系（正确的时间）：项目活动首先是依赖于待交付的产品。例如，分析业务人员完成需求文档之后，软件组件的开发才能开始。PRINCE2 方法中推荐使用的产品流程图（Product Flow Diagram，PFD）帮助确定这种类型的依赖关系，但是关键还在于其他不包括在业务中的组织单元。

（3）任务-子任务依赖关系：为了完成一个任务，需要完成其所有的子任务。像生产者-客户关系一样，这个可以反映在 PFD 中。但是和生产者-客户关系不一样的，是它们之间的次序是由事情本身的技术属性、采用的方法决定的，而不是人为决定的。

（4）可得性依赖关系（正确的地点）：这类关系更多的是与那些地理位置跨度比较大的活动相关。最有代表性的例子是救护车能尽快地赶到医疗急救现场。软件开发中，这类问题的实例相对来说不那么明显，但是设备的交付、安装可以看作为一个实例。

（5）可用性依赖关系（正确的事情）：这类可用性不仅是用户接口的设计，而且关系到适用性的常见问题，包括对于业务需求的满足。在软件开发中，会导致某些活动的执行，例如开发系统原型，用来确保开发出来的系统能满足客户的操作需要。它还涉及变更管理活动，例如，由于业务环境的原因（例如法律的变更）用户产生需求变更。

（6）符合需求：指要确保不同的系统组件集成之后能有效地进行。集成测试是确保满足这些需求的一种机制。在实施配置管理活动时，需要评估某一组件的变更对其他组件的影响。

很多时候，信息系统工具能够为合作任务的管理提供帮助。图 8-22 给出数字合作平台，图 8-23 给出企业合作工具。

电子邮件被视作基本的沟通方式。将电子邮件抄送给第三方，以便他们能了解相关信息，被视作一种新的做法。但是有趣的是，有研究表明，当邮件的数量变得巨大时，电子邮件这种沟通方式会变得很低效。

图 8-22 数字合作平台

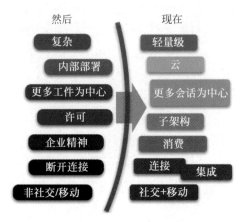

图 8-23 企业合作工具

从软件工程师的角度来谈，首要的大局观是团队的协调性，软件工程师往往高智商，在团队作业中，忌讳我行我素。更多的时候，软件工程师不能有太多的开创性思维，需要的是规范性，并在开创性和规范性之间有所平衡。例如，一个软件工程师不应该总去尝试不同的算法和编码模式，而是需要一些可用的、规范的算法和编码模式来为团队工作。随着一个软件专业人士在团队中所起作用的增加，他还需要平衡团队内部各个成员之间的利益。

8.4.4　虚拟团队

虚拟团队（Virtual Team）指成员彼此被时间、空间、组织结构分开，但却依靠电子技术联系在一起的团队。

面对面交流的机会通常很小或者根本不存在。电子邮件、语音邮件、视频会议、团队项目管理软件，还有其他的电子交流方式，允许来自全球任何地方的虚拟团队完成一项共同的任务。今天，虚拟团队的成员来自不同的组织、不同的时区、不同的文化是很正常的。组织、团队随着不断出现的技术而不断更新，所有软件项目管理者们不得不从艰难探索中学习经验，而不是从建立起来的惯例中学习。

虚拟团队是为满足组织快速协调各地区成员的迫切需要而产生的，最早产生于军队中。第二次世界大战期间，法国出现了耶德堡（Jedburgh）团队，这个团队是早期虚拟团队的雏形，由受过高等教育的研究人员组成，受雇于当时的法国。当时的科学技术已允许具有虚拟团队概念的远程军事团队在全球范围内、在不同单元之间完成规划，相互协调，实现智力共享。由于战争的需要，该团队由传统型团队逐渐向虚拟团队转变。第二次世界大战后，耶德堡（Jedbrugh）团队成员开始步入商界，赋予传统团队以新的概念。

20世纪末，以计算机网络通信技术为主的信息技术革命及互联网的崛起，将人类社会带入网络时代，极大地改变了整个世界的运行方式，改变了整个生产经营方式价值链，如改变了商品交易模式、消费模式、生产模式、金融运作方式、政府管理模式。这就是电子商务的核心,即运用现代计算机网络技术进行的一种社会生产经营形态的变革,目的是提高企业生产效率,降低经营成本,优化资源配置,实现社会财富的最大化。也改变着组织结构和组织行为,如组织结构的扁平化、网络化、虚拟化。计算机、计算机技术和互联网对个体、教育、商业和社会有着重要的影响,个体、团队从各自的背景出发,以某种方式接受、阅读、评价信息并采取相应的行动。通信技术快速发展和互联网的出现,为虚拟团队的形成创造了良好的外部条件。

如表 8-6 所示,虚拟团队的工作可能比传统的面对面工作更快速,但是虚拟团队绝不比面对面工作更容易。

表 8-6　管理虚拟团队的基础

组建团队	根据团队工作的期望和标准、项目标准、截止日期,创建团队任务声明书
	招募有能力和愿意为团队做贡献的,且有着过硬技术和多元背景的员工
	得到高层赞助者的支持,赢得工程
	提供成员的技能简介、联系信息和当地时间表,使其互相熟悉,并了解其地理分布
准备团队	确保每个人都有宽带环境,并且对虚拟团队技术(如电子邮件、短信、微信、电话会议、视频会议等)感到满意
	建立两用性的硬件、软件
	确保每个人对团队工作感到满意
	让个人参与讨论团队任务、截止日期、个人任务
建立团队合作和信任	确保每个人都参与在会议和全部工作中
	安排定期的面对面工作会议、团队建设锻炼和休闲活动
	鼓励团队成员在相对次要的工作中相互合作
	建立一个解决冲突的早期预警系统
激励和引导团队	建立一个记录团队进步的记录台
	庆祝虚拟团队和面对面工作团队的成果
	以表扬、赞扬虚拟团队中个人突出贡献,作为虚拟会议的开端
	管理者通过了解团队成员的成就、进步,确保团队成员忠于职守

虚拟团队最具代表性的实例是 Linux。Linux 项目成立于 1991 年,最初是由创始人林纳斯·托瓦兹(Linux Torvalds)在芬兰赫尔辛基大学就读时,出于个人爱好而编写的一种操作系统,后来,Linux 逐渐发展成为在软件产品方面可以与微软 Windows 操作系统相匹敌的全球大项目。

在 Linux 软件项目中,没有 CEO,没有年度报告。但是,却有来自 20 多个著名企业的员工(包括 IBM、惠普、英特尔)及成千上万的工作者、志愿者,他们共同工作来提高软件项目质量。

8.5　压力和团队会议

视频讲解

8.5.1　压力和心理

当家才知柴米贵,管理人员会被完完全全暴露在压力之下。

项目的目的在于克服障碍并实现目标,自然,项目经理和组员都会承受一定的压力。有些压力实际上是健康方面。厌倦能让许多工作看起来都是那么的枯燥。然而，一旦超过了一定的压力负荷，工作的质量就会下降，这种健康就会受到影响。我们知道，当每周工作超过40小时之后，生产率和产出的质量就会下降。

人们希望软件开发者能够无偿地加班工作。在这种情况下，如果员工的工作能有一定的自由度，生产率的下降就能得到更多的弥补。

显然，有时候做些额外的工作来解决一些临时的障碍或者处理紧急情况是必需的，但是如果加班成了一种生活方式，就会产生长久性的问题。

好的项目管理人员能通过对需要的工作量和消耗的时间进行更实际的估计，来减少对加班的需要。当然，这种估计是以对以前项目的性能的详细记录、分析为基础的。好的策划和控制还能帮助减少"意料之外"的问题，这些问题会产生不必要的危机。

如果员工不明确自己的工作要达到的目的，不知道别人所期望的是什么以及他们的责任的确切范围的话，也会造成压力，这称作角色不明确。在这种情况下，项目经理明显会碰到困难。

角色冲突也会增加压力。角色冲突，也就是一个人在两个角色的要求间左右为难。例如，小孩的父母会在照顾生病的孩子和参加能给自己带来新业务的会议之间难以抉择。

有些经理可能声称，自己在采用威吓策略促进项目发展上取得了成功。他们必须创造危机感来判断这种策略的使用是否正确。不过，这是与以理性的、有序的、细致的方法而开发复杂产品为目标的专业项目管理思想相对立的。

美国学者弗雷德·鲁森斯（Fied Luthans）于2004年提出心理资本（Psychological Capital Appreciation，PCA）概念，并延伸到人力资源管理领域。所谓心理资本是个体在成长、发展过程中表现出来的一种积极心理状态，是超越人力资本和社会资本的一种核心心理要素，是促进个人成长、绩效提升的心理资源，是借用一个商业名词寓意人的心理状况。如同人的物质资本存在盈利、亏损的问题，人的心理资本同样存在盈亏，即正面情绪是收入，负面情绪是支出，如果正面情绪多于负面情绪便是盈利，反之则是亏损。所谓幸福，实际上就是其心理资本能否足够支撑他产生幸福的主观感受。

心理资本在业界已被看作是企业除了财力、人力、社会三大资本以外的第四大资本，在企业管理中，尤其是在人力资源管理方面发挥着越来越重要的作用。企业的竞争优势从何而来？不是财力，不是技术，而是人。人的潜能是无限的，根源在于人的心理资本。心理资本的概念、理论给出启示：人力资源管理者应该从心理学拓宽管理视野，掌握帮助员工提升心理素质的方法和心理辅导的技术，引导员工以积极的情绪投入工作，从而激发团队活力、激情，促进工作绩效提升。

心理资本是一个多维结构的架构，如图8-24所示。心理资本由自信、意志、乐观、韧性、智慧、创造等积极心理状态组成。

（1）自信：自信是一种信念。相信通过自己的努力能完成某一具体任务而获得成功的信念。这个信念来自你对自己的认识，即你是一个什么样的组织或是什么样的人，特点是什么。

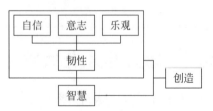

图8-24　心理资本的多维架构

（2）意志：意志是一种以目标为导向的意志力。这种意志力是对未来充满希望，为未来制定目标，并为实现其目标设计好路径，坚持不懈地去实现它，享受实现目标的过程。

（3）乐观：乐观是一种对工作、生活的态度。这种态度是热爱生活，充满活力地去实现目标，充分享受生活、工作中各种事务的乐趣，喜欢迎接各种挑战，能够在逆境中看到希望，洞察出机遇，把消极转变为积极。

（4）韧性：韧性是相对脆弱而言的一种非凡的能力，是一种应对多变环境、突发事件、危险情境、威胁的超越平凡的非凡能力。既是一种勇气又是一种非凡，更是一种超越。敢于面对危机并迅速恢复，在逆境、冲突、失败、压力中超越自己。

（5）智慧：智慧是一种胸怀、一种卓越，是一种宽阔的胸怀，一种协调、与人沟通、合作的能力，一种整合、凝聚、具有人格魅力的卓越才能，是智商、情商的融合，是最高层次的心理资本。

（6）创造：创造是一种探索欲，是一种具有广阔的视野、易于产生或接受新观念、善于洞察经济和社会前沿的创造性能力。

实际上，心理资本是一种思维模式，积极的思维模式。不同的心理资本会产生不同的效果。心理资本也是创造财富的源泉、促进经济增长的源泉、为人类和社会谋求福利的源泉。

8.5.2　团队凝聚力

团队凝聚力（Team Cohesiveness）指团队对成员的吸引力，成员对团队的向心力，以及团队成员之间的相互吸引，团队凝聚力不仅是维持团队存在的必要条件，而且对团队潜能的发挥起着重要作用。

一个团队如果失去了凝聚力，就不可能完成组织赋予的任务，本身也就失去了存在的条件。凝聚力是使团体成员停留在团体内的合力，也就是一种人际吸引力，这种吸引力主要表现在以下三方面。

（1）团队本身对成员的吸引力。团队的目标方向、组织形态、行业精神、社会位置适合成员，吸引力就大，反之吸引力就会降低，甚至会使成员厌倦、反感，从而脱离团队。

（2）满足所有成员多种需要的吸引力。团队满足成员个人的各种物质和心理需要，是增强团体吸引力的最重要条件。

（3）团队内部成员间的吸引力。团队成员利益一致，关系和谐，互相关心、爱护和帮助，吸引力就大；反之，吸引力就小，甚至反感，相互排斥。

管理者需要为团队成员构建一个充满引力的创新磁场，让他们同才华横溢的同事们一道，在一个充满机遇、激励的环境下分享彼此的灵感、激情。一个奋发、进取、和谐的空间，将淋漓尽致地释放出每个团队成员的潜能，让他们感觉英雄有用武之地。

对于快速发展中的团队来说，注重团队技术文化塑造是团队进一步发展的基础。团队技术文化的基因往往是几个人或几十个人鉴定的，这跟企业文化的形成没什么不同。但是如果在初期没有将其中的精华提炼出来，那么随着团队新人增多，技术文化会很快被稀释，而且人越多，越难向好的方向导向。

脸书（该平台品牌部分更名为Meta）创业初期，创始人马克·扎克伯格（Mark Zuckerberg）

确定了几条很精炼的工程师行为准则，并贴在墙上。这些准则体现出技术上务实、践行的风格，它吸引了一些同样有如此风格的优秀工程师。整个技术团队的内聚力自然越来越强。

对于快速发展中的团队，注重团队技术文化塑造是团队进一步发展的基础。营造良好的技术文化需要在以下几方面努力。

（1）树立行为准则：虽然没有强制性，但在各环节之间协作、各角色之间协作中出现分歧时是很好的参照物。因此，要有这样的效力，而不只是写在纸上的标语。

（2）注重技术积累：技术积累是技术文化的底蕴。认真对待每一处项目实践，在解决问题的同时，把经验记录、积累下来。

（3）奖励贡献、包容错误：激励制度不可或缺。工程师对团队的贡献，要有荣誉、物质上的双重奖励，激励才能有效。包容错误才不会让工程师顾虑重重，因为只有大胆尝试才能有所收获。

图 8-25 凝聚力团队模型的五种行为

（4）人人都要有工程技术思维：良好的技术文化的形成，不只是技术团队内部的事情，也受企业风气影响。不合理的开发流程、不适当的行政制度等都会让所有试图改善技术文化的努力付之东流。

图 8-25 给出了凝聚力团队模型的五种行为，从下往上依次是：信任、冲突、承诺、责任、结果。

8.5.3 团队会议

不少产品经理会抱怨，他们受够了既无议程也无结果的没完没了的会议，以及会议中的那些争论和冲突。公司高管还时不时打断会议议程，扔下没头没脑的意见，拂袖而去，留下他们丈二和尚摸不着头脑。

这种情况下，在产品决策过程中经常发生，原因主要有以下几点。

（1）每位同事对产品都有自己的看法。

（2）大家都非常在乎产品，明白公司盈利得靠用户，只有产品才能吸引用户。

（3）许多人以为自己比其他人了解目标用户，事实上并非如此。

作为项目经理，很有可能会在会议中消耗一整天的时间。因此，要将项目团队会议作为解决问题的会议。如果有要讨论的会议提纲，应确保这些提纲是为了解决某个问题，或是阻止某个问题的发生。

如表 8-7 所示的提纲模板就是帮助人们把注意力放在解决问题上，而不是为了进度报告本身。

项目经理总是可以早点儿结束会议。很有可能值得讨论的议题费时不会超过一小时。这很好，准时开始，早点儿结束。

会后，不要忘记给每个人发送会后行动计划。当人们完成了自己负责的行动后，应该回复邮件，并说明什么时候做了什么。

表 8-7　项目团队会议提纲

标　题　行	（项目名称）团队会议提纲、日期、时间、地点
期望与会人员	列出他们的姓名
主要里程碑检查	对于任何非敏捷的生命周期，列出主要的里程碑以及期望何时达成这些里程碑，这有助于人们在开展自己工作的同时了解前后状况
本周遇到的问题	如果项目经理有特定的问题需要团队解决，可以列在这里。要加上你对讨论每个问题的预计时间
现有障碍	询问对于设备方面的要求，以及其他自一对一会议后出现的障碍，包含讨论该议程的预计时间
其他话题	询问大家是否有想讨论的其他话题，包含讨论该议程的预计时间
回顾以往行动计划	使用行动计划的简单列表：截止时间、负责人、行动描述，包含讨论该议程的预计时间
下次会议	说明日期、时间、地点
未决事项	列出项目经理和团队现在不想忘记而又不急于解决的事情，要按照准备处理每项的预计日期进行组织

小结

　　本章对软件项目中的人员如何管理进行了几方面的阐述。软件企业离不开人，人力资源管理则是为了开发现在员工和未来员工的最大潜能。员工因公司而加入，却因主管而离开。在组建新的项目组时，要考虑如何合理地把人组合在一起，并对如何提高团队合作精神进行策划。软件开发者需要把谋生手段上升到能享受软件开发的乐趣，并满怀激情地投入去做一件事情，才能获得成功。

　　管理者在开发软件产品的时候，需要思考怎样规划一个团队的产出，而不再是一个个人的产出，并让员工和团队一起成长。同时，管理者需要为团队成员构建一个充满引力的创新磁场，让他们同才华横溢的同事们一道，在一个充满机遇、激励的环境下分享彼此的灵感、激情。

思考题

1. 什么是软件项目团队？软件项目团队和其他企业的人力资源有何不同？
2. 软件团队建设有几个核心内容？简单阐述一下。
3. 结合身边的事情，举例说明沟通管理的重要性。
4. 在软件项目中，对项目经理有何要求？
5. 团队的学习对团队的建设有哪些作用？

第9章

Rational统一过程

管理就是把复杂的问题简单化,混乱的事情规范化。组织结构扁平化。管得少,就是管得好。

——杰克·韦尔奇(Jack Welch)

针对现代软件产业所处的困境,以及现有软件工程领域的软件生命周期模型在解决软件开发问题方面存在的局限性,在对最新的软件开发实践经验进行分类整理、加工提炼的基础上,业界有一个新的软件过程模式,即 Rational 统一过程。

Rational 统一过程是软件工程的过程,它提供了在开发组织中分派任务、责任的纪律化方法。它的目标是在可预见的日程和预算前提下,确保满足最终用户需求的高质量产品。

Rational 统一过程提高了团队生产力。对于所有的关键开发活动,为每个团队成员提供了使用准则、模板、工具指导来进行访问的知识基础。而通过对相同知识基础的理解,无论是进行需求分析、设计、测试项目管理或配置管理,均能确保全体成员共享相同的知识、过程和开发软件的视图。

统一软件开发过程是一个面向对象且基于网络的程序开发方法论。根据 Rational (Rational Rose 和统一建模语言的开发者)的说法,一个在线的指导者可以为所有方面和层次的程序开发提供指导方针、模板以及事例支持。统一软件开发过程和类似的产品,如面向对象的软件过程(Object Oriented Software Process,OOSP),以及 OPEN Process 都是理解性的软件工程工具,把开发中面向过程的方面(例如,定义的阶段、技术和实践)和其他开发的组件(例如文档、模型、手册以及代码等)整合在一个统一的框架内。

本章共分为 3 部分。9.1 节介绍软件过程模式;9.2 节介绍 Rational 统一过程;9.3 节为案例研究。

9.1　概述

软件过程是为了实现一个或者多个事先定义的目标而建立起来的一组实践的集合。这组实践之间往往有一定的先后顺序,作为一个整体来实现事先定义的一个或者多个目标。软件过程模式是从成功或失败的软件开发实践中总结而成,是软件过程中生命周期、人员、方法、产品四大类要素相互关联的有机整体。

视频讲解

由软件过程模式定义可以看出,软件过程模式定义了开发流程中"谁""为实现什么""如何"与"做什么"。其中,人员表示"谁",产品表示"为实现什么",方法表示"如何",生命周期表示"(何时)做什么"。因此,软件过程模式与软件生命周期模型的关系为:软件生命周期模型包含于软件过程模式中。

9.1.1　典型的软件过程模式

符合定义且目前在软件界影响较大的软件过程模式包括 Rational 统一过程、敏捷过程、微软过程等。

1. Rational 统一过程

Rational 统一过程(Rational Unified Process,RUP)是 Rational 软件公司(现在 Rational 公司被 IBM 并购)创造的软件工程方法。RUP 描述了如何有效地利用商业的可靠的方法开发和部署软件,是一种重量级过程(也被称作厚方法学),因此特别适用于大型软件团队开发大型项目。

在软件工程领域,与 RUP 齐名的软件方法还有:净室软件工程(重量级),以及极限编程和其他敏捷软件开发方法学(轻量级)。

RUP 强调采用迭代和检查的方式来开发软件,整个项目开发过程由多个迭代过程组成。在每次迭代中只考虑系统的一部分需求,针对这部分需求进行分析、设计、实现、测试和部署等工作,每次迭代都是在系统已完成部分的基础上进行的,每次给系统能够增加一些新的功能,如此循环往复地进行下去,直至完成最终项目。

该过程产品具有较高认知度的原因之一,是因为其提出者 Rational 公司聚集了面向对象领域的三位杰出专家 Grady Booch、James Rumbaugh 与 Ivar Jacobson,如图 9-1 所示,同时,他们又是面向对象开发的统一建模语言(Unified Modeling Language,UML)的创立者。

图 9-1　Booch、Rumbaugh、Jacobson、UML、RUP

目前，全球有上千家公司在使用 RUP，如爱立信、MCI、英国宇航公司、施乐、沃尔沃、英特尔、VISA、甲骨文等，它们分布在电信、交通、航空、国防、制造、金融、系统集成等不同的行业和应用领域，开发着或大或小的项目，这表现了 RUP 的多功能性和广泛的适用性。

从软件过程模式的角度而言，RUP 对软件过程模式中的四大要素及相互关系进行了详尽的论述。

(1) 在生命周期方面，RUP 构架了一个迭代与增量的二维生命周期结构，横轴为生命周期的四个阶段，即先启、精化、构建与产品化，各阶段结束于一个项目里程碑；纵轴为九个核心工作流程，即业务建模、需求、分析设计、实施、测试、部署、配置与变更管理、项目管理、环境。

(2) 在人员方面，RUP 定义了角色概念，并从角色视角对不同人员从事的不同活动进行了规范。

(3) 在方法方面，RUP 采用 UML 进行可视化建模、基于用例驱动且以构架为中心的分析设计，并且进一步为整个过程提供了一整套支持各种方法和技术实施的开发工具 Rational Solutions，包括 UML 建模工具 Rose、文档自动生成工具 SoDA、测试工具 Purify 和 Quality、配置管理工具 ClearCase、变更管理工具 ClearQuest 等。

(4) 在产品方面，RUP 将各种中间和最终产品称为工件，对不同工作流程中的输入、输出工件类型进行了规范，同时提供了多种工件的模板。

2. 敏捷过程

为了应对软件开发人员所面临的挑战，矫正某些官僚、烦琐的软件过程是很重要的。2001 年 2 月，17 个方法学家发起成立了敏捷软件开发联盟，通常简称为敏捷联盟（Agile Alliance）。

从软件过程模式的角度而言，敏捷过程对软件过程模式中的四大要素及相互关系也分别进行了论述。

(1) 在生命周期方面，敏捷过程提倡经常性地交付可用软件，从几个星期到几个月，尽可能做到较短的时间间隔。

(2) 在人员方面，敏捷过程提出个体和交互胜过过程和工具，同时强调客户的重要性，指出客户合作胜过合同谈判。

(3) 在方法方面，敏捷过程提出了简单化方法（简单（把不做的工作最大化的艺术）是最关键的）和面对面的交流工作方法。

(4) 在产品方面，敏捷过程声明可以工作的软件胜过面面俱到的文档。

敏捷过程的内容在第 10 章中将继续介绍。

3. 微软过程

微软过程（Microsoft Process，MP）是由微软公司根据自身实践经验为企业设计的一套有关软件开发的准则。作为世界上最大的软件公司之一，微软公司四十多年来成功的软件开发史表明了微软过程的可实践性与有效性。

从软件过程模式的角度分析，微软过程也是紧密围绕软件过程模式中的四大要素及相互关系展开论述。

(1) 在生命周期方面，微软过程分为构想、计划、开发、稳定和发布五个阶段，各阶段结束于一个主要里程碑,同时采用递进的版本发布策略。

（2）在人员方面,定义了产品管理、程序管理、开发、测试、用户体验、发布管理六种角色,其中最具特色的是程序管理角色,由程序经理担任,在人员的组织结构上采用一种独具特色而非常行之有效的矩阵结构模式。

（3）在方法方面,对软件过程各阶段提出了一系列具有可操作性的方法,包括需求分析方面的"以产品特性及优先级指导整个项目",设计方面的"模块化和水平化的设计结构,并使项目结构反映产品结构",实现方面的"源代码控制与每日编译",测试方面的"手工测试与自动化测试""零缺陷管理"等。

（4）在产品方面,规范了各阶段的输入输出产品,包括项目前景/范围说明书、功能说明书、源代码、测试说明书与测试用例等。

除了以上三种典型的软件过程模式外,还有一些软件过程可归为软件过程模式之列,如个体/小组软件过程（Personal Software Process/Team Software Process,PSP/TSP）,该过程强调质量优先于效率和成本,其对过程的管理和评估基于对历史数据的统计分析和度量,适用于环境和需求相对稳定、综合实力强、开发质量关键的大中型企业组织及对过程能力进行预测、评价的大型工程和外包项目。

9.1.2 定义软件过程模式的意义

相对软件生命周期模型而言,软件过程模式这一概念的提出有如下理论和现实意义。

软件过程模式不仅关注软件过程中各生命周期阶段中的活动,更重要的是它同时关注过程中的人员与角色分配、过程中采用的方法及过程各阶段的输入输出产品。软件过程中这四大要素相辅相成、相互作用,从而构成一个有机的整体,缺一不可。

相对软件生命周期模型,软件过程模式更全面、深刻、细致地反映了软件过程中的各个层面和各个环节。作为对软件生命周期模型的补充和发展,软件过程模式的四要素及相互关系是项目计划、风险评估、人员管理、质量保证等项目实践的重要依据,将它用于指导软件开发实践具有现实的可操作性。

从软件过程模式的角度分析几种最新的、颇具影响力的软件过程（如 RUP、敏捷过程与微软过程）,能迅速而准确地把握这些软件过程的思想本质、原则规范、主要特点和实现策略等各方面。

9.2 Rational 统一过程

9.2.1 Rational 简介

1. 发展历程

20 世纪 70—90 年代,软件建模技术与软件开发过程成为 IT 业界的热门研究方向和新兴技术。1995 年 10 月,Grady Booch、Ivar Jacobson 和 Jame Rumbangh 这 3 位方法学大师发布了统一方法（Unified Method）,如图 9-1 所示,即后来被称为统一建模语言（Unified Modeling Language,UML）的 0.8 版本,并在 1997 年 9 月成为对象管理组织（Object

视频讲解

Management Organization,OMG)的正式标准,由 OMG 来全面负责 UML 的发展。

现代软件开发除了需要建模技术与语言之外,还需要一个先进的能够指导软件开发人员进行开发活动的开发过程方法学。1998 年最早由 Ivar Jacobson 提出的 Rational 对象过程(Rational Object Process,ROP)被正式命名为 Rational 统一过程(Rational Unified Process,RUP),并且将 UML 作为其建模语言。由此 RUP 成为 IT 业界最为成熟和成功的软件开发过程。

2002 年 12 月 6 日,IBM 收购了 Rational 软件公司,从此赋予了 RUP 新的生命力;通过加入 IBM 多年软件开发的最佳实践,形成了强大的 IRUP(IBM Rational Unified Process)架构。先进的理论与 IBM 的最佳实践相结合使得现代软件开发能够通过切实可行的指导来及早地发现并规避风险,通过统一建模、用例驱动、迭代开发、需求管理、变更控制来提高软件产品的质量。

2. 核心概念

可以通过一个示意图把 RUP 的一些核心概念表达出来,如图 9-2 所示,概念间的关系用箭头表示。

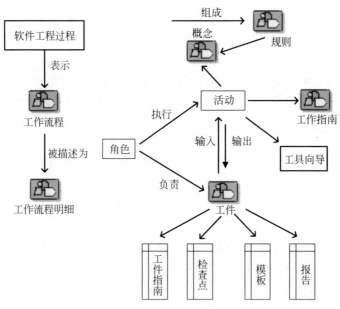

图 9-2　RUP 中的核心概念

3. 开发实践

RUP 有如下已经证明的最佳实践。

迭代开发:在软件开发过程中,用户需求经常改变,通过多个迭代周期,分解需求,使得高风险、高优先级的需求能够尽早实现,从而极大地减少软件开发项目的风险。每个迭代过程都会生成一组可交付客户的产品,使客户反馈能够及时地反映到产品中。

需求管理:RUP 借助用例来获取、组织与文档化用户的功能需求,并以此来驱动软件设计、功能实现和产品测试,使交付的系统能尽量满足用户的需求。

基于组件的体系结构：Rational统一开发过程支持基于组件的软件开发方法。该方法关注于早期的开发和健壮可执行的体系结构的基线（Baseline），以设计灵活的、便于修改和理解的弹性软件架构，以促进有效的软件重用、提高开发效率。

可视化建模：在软件产品开发中，Rational统一开发过程借助工业级的建模标准语言，即统一建模语言（Unified Model Language，UML）来进行可视化建模软件体系架构，描述各组件的结构与行为。可视化抽象建模有助于加强开发团队的沟通交流，深入了解软件的不同层面，考查各组件的配合情况，确保实现与设计的一致性及代码的兼容性。

质量验证：软件产品的质量涉及多个层面，例如功能性、可靠性、易用性、系统性能、可扩展性等。Rational统一开发过程统一规划、设计、实现、执行并评估这些验证活动，并通过迭代周期的可交付产品，引入客户反馈来持续进行质量验证和改善工作。

变更控制：Rational统一开发过程具有良好的变更管理能力，描述了如何控制、跟踪和管理变更以完成迭代开发，拥抱客户的需求变更请求。

可定制的软件产品：包括方法学指导、过程定义、文档模板以及示例工程，等等。

在总结这些最佳实践的同时，IBM还提供了相当数量的完备产品，供用户选择，以便在实际软件开发项目中采用这些最佳实践，包括开发流程定制与管理工具 Rational Method Composer、可视化建模工具 Rational Rose、配置与变更管理工具 Rational ClearCase 和 ClearQuest 等。读者可通过 IBM 网站及 IBM Rational 产品的介绍获得更多的相关信息。

9.2.2　RUP的二维结构

RUP是一个面向对象且基于网络的程序开发方法论。根据 Rational（Rational Rose 与统一建模语言的开发者）的说法，它好像一个在线的指导者，可以为所有方面与层次的程序开发提供指导方针、模板以及事例支持。

RUP与类似的产品例如面向对象的软件过程（Object Oriented Software Process，OOSP），以及 Open Process 都是理解性的软件工程工具，把开发中面向过程的方面（例如定义的阶段、技术和实践）和其他开发的组件例如文档、模型、手册以及代码等）整合在一个统一的框架内。

RUP软件开发生存周期可看作一个二维的软件开发模型。横轴通过时间组织是过程展开的生存周期特征，体现开发过程的动态结构，用来描述它的术语主要包括周期、阶段、迭代和里程碑。纵轴以内容来组织，为自然的逻辑活动，体现开发过程的静态结构，用来描述它的术语主要包括活动、要素、工作者和工作流。

RUP的4个阶段如图9-3所示。

RUP的每个阶段中都可能有若干个迭代。一个迭代是一个完整的开发循环，生成一个可执行的产品发行版（内部或外部），这是开发中的最终产品的一部分，会通过一次次的迭代逐渐发展为最终系统。每个后续的迭代都建立在前一个迭代的基础上以使系统得到发展和细化，直到最终产品被完成。早期的迭代着重于需求、分析和设计，后期的迭代着重于实现和测试。用户应参与每一次迭代，以进一步优化需求、评估设计概念以及测试/评估概念证明原型和发展中系统的可用性，如图9-4所示。

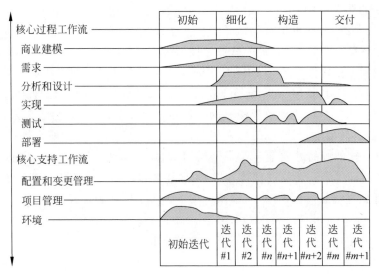

图 9-3 Rational 的二维示意图

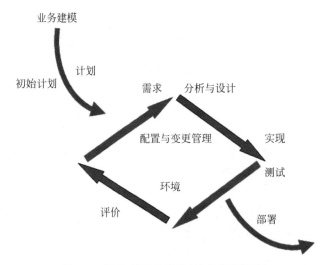

图 9-4 RUP 的迭代开发（软件工程过程）

RUP 的特点如下。

(1) 迭代开发与分阶段。

(2) 开发复用。这样可以减少开发人员的工作量，同时保证软件质量。

(3) 项目初期可降低风险。

(4) 对需求进行有效管理。

(5) 可视化建模。

(6) 使用构件体系结构，使软件体系结构更具弹性。

(7) 贯穿整个开发周期的质量核查。

(8) 对软件开发的变更控制。

9.2.3　阶段与里程碑

从管理角度出发,RUP 中的软件生存周期在时间上被分解为 4 个顺序的阶段,分别是初始阶段、细化阶段、构造阶段与交付阶段。

每个阶段结束于一个主要的里程碑。每个阶段本质上是两个里程碑之间的时间跨度。在每个阶段的结尾执行一次评估以确定这个阶段的目标是否已经满足。如果评估结果令人满意,可以允许项目进入下一个阶段,如图 9-5 所示。

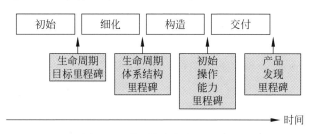

图 9-5　项目的阶段和里程碑

各个阶段在进度安排(Schedule)和工作量(Effort)方面是不相同的。尽管进度安排和工作量会依据项目不同而有相当大的变化,但对一个中等规模项目的典型初始开发周期,应该可以预计到工作量和进度安排之间的分布,见表 9-1。

表 9-1　不同阶段工作量和进度安排的分布

	初　　　始	细　　　化	构　　　造	交　　　付
工作量	5%	20%	65%	10%
进度安排	10%	30%	50%	10%

不同阶段工作量和进度安排可以用图形方式描述,如图 9-6 所示。

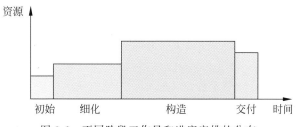

图 9-6　不同阶段工作量和进度安排的分布

1. 初始阶段

初始阶段的最重要目的是实现所有项目干系人在项目的生命周期目标上达成一致。

初始阶段对于新开发的工作很重要,在这些工作中,继续项目之前,存在必须确定的重要业务与需求风险。对于专注于增强现有系统功能的项目,初始阶段会更加简单,但仍专注于确保项目值得执行并可能执行。

初始阶段的主要目标如下。

（1）确定项目的软件范围和边界条件，包括操作愿景、验收条件以及产品中预计包含和不包含的内容。

（2）识别系统的关键用例和操作的主要场景，以促进主要设计的平衡。

（3）对照一些主要场景，演示并证明至少一个候选体系结构。

（4）评估整个项目的整体成本和进度安排（以及为细化阶段的更详细估计）。

（5）评估潜在风险（不可预测源）。

（6）准备项目的支持环境。

初始阶段结束时产生第一个重要的里程碑：生命周期目标里程碑。生命周期目标里程碑用来评价项目基本的生存能力。

2. 细化阶段

细化阶段的目的是建立系统体系结构的基线，为构造阶段中的大量设计和实现工作提供稳固基础。

体系结构可引发对最重要需求（那些对系统体系结构有巨大影响的需求）和风险评估的考虑。通过使用一个或者更多体系结构原型来评估体系结构的稳定性。

细化阶段的主要目标如下。

（1）确保体系结构、需求和计划足够稳定，并将风险缓解至足以预先确定完成开发所需的成本和进度安排。对于大多数项目，通过该里程碑也意味着从低成本、低风险的操作转向有大量组织惯性的高成本、高风险操作。

（2）针对项目在体系结构方面重要的风险。

（3）建立已创建基线的体系结构，它是针对在体系结构方面重要的场景（通常显示项目的主要技术风险）得到的。

（4）产生达到生产质量的构件的演进原型，以及可能一个或多个探索性、废弃性原型以缓解特定风险，例如，设计/需求的权衡，构件重用，产品可行性或对投资方、客户和最终用户的演示。

（5）证明建立了基线的体系结构将以合理的成本和时间满足系统需求。

（6）建立支持环境。

为实现这些主要目标，设置项目的支持环境同样重要。这包括定制项目流程、准备模板、指导信息和设置工具。

细化阶段结束时产生第二个重要的里程碑：生命周期结构里程碑。生命周期结构里程碑为系统的结构建立了管理基线，据此，项目小组能够在构建阶段中进行对比衡量。此刻，要检验详细的系统目标和范围、结构的选择以及主要风险的解决方案。

3. 构造阶段

构造阶段的目的是根据建立了基线的体系结构，理清剩余的需求并完成系统的开发。

构造阶段在某种意义上是制造流程，强调管理资源和控制操作，以优化成本，同时保证进度和质量。在此意义上，管理理念体系从初始和细化阶段的知识资产的开发转向构造和移交阶段的可部署产品的开发。

构造阶段的主要目标如下。

（1）通过优化资源和避免浪费和重复劳动，使开发成本降到最低。

（2）尽可能快地达到质量要求。

（3）尽可能快地完成有用的版本（Alpha、Beta和其他测试发行版）。

（4）完成所有必需功能的分析、设计、开发和测试。

（5）以迭代和增量方式开发完整的产品，该产品已准备好转移到其用户团体。

（6）描述剩余的用例和其他需求、充实设计、完成实现并测试软件。

（7）确定软件、站点和用户是否已全部准备好部署应用程序。

一个在开发团队的工作中应达到一定的并行度。即使对于较小的项目，通常也存在可彼此独立开发的构件，使得团队之间的工作一般具有并行性（如资源允许）。这一并行性可以显著加快开发活动，但也增加了资源管理和工作流程同步的复杂度。如要实现任何重大的并行性，一个强壮的体系结构是必需的。

构建阶段结束时产生第三个重要的里程碑：初始操作里程碑。初始操作里程碑决定了产品是否可以在测试环境中进行部署。此刻，要确定软件、环境、用户是否可以开始系统的运作。此时的产品版本也常被称为"Beta"版。

4. 交付阶段

交付阶段的重点是确保用户可使用软件。

交付阶段可以跨越若干迭代，并包含为发行版准备的产品测试，并根据用户反馈做出较小的调整。在软件生命周期中的此时刻，用户反馈应主要集中在调整产品、配置、安装和可用性问题上，所有重大的结构问题应在项目生命周期早期得到处理。

交付阶段的主要目标如下。

（1）Beta测试，以对照用户期望验证新系统。

（2）Beta测试以及与正在替换的旧系统相关的并行操作。

（3）转换操作数据库。

（4）培训用户和维护人员。

（5）展示给市场营销、分发人员。

（6）特定于部署的工程，如接入、商业包装和生产、销售展示、现场人员培训。

（7）调整诸如错误修订、性能和可用性增强之类的活动。

（8）对照整个愿景和产品的可验收条件来评估部署基线。

（9）实现用户的自支持能力。

（10）实现项目干系人在已完成部署基线这一点上达成一致。

（11）实现项目干系人在部署基线与愿景的评估条件一致这一点上达成一致。

在交付阶段的终点产生第四个里程碑：产品发布（Product Release）里程碑。此时，要确定目标是否实现，是否应该开始另一个开发周期。在一些情况下，这个里程碑可能与下一个周期的初始阶段的结束重合。

9.2.4　RUP规程

规程（Discipline）是相关任务的集合，这些任务定义主要的关注区域（Area of Concern）。在软件工程中，规程包括业务建模、需求、分析与设计、实现、测试、部署、配置与变更管理、项目管理以及环境。

以前的版本称为 RUP 的核心工作流（Core Workflow），并分为 6 个核心过程工作流（Core Process workflow）和 3 个核心支持工作流（Core Supporting Workflows）。

将任务分组为规程主要是帮助从传统的瀑布式角度理解项目。尽管人们通常同时跨多个规程执行任务（例如，紧密结合分析与设计任务来执行特定的需求任务），但将这些任务分成不同的规程可有效地组织内容，从而使理解变得容易一些。

按相同规程对多个任务进行分类的另一个原因是这些任务都代表实现更高目标中的一个组成部分，或代表执行互相关联的任务中的一个组成部分。每个规程都定义执行由规程分类的工作的标准方式。简单描述如下。

（1）商业建模（Business Modeling）：商业建模工作流描述了如何为新的目标组织开发一个构想，并基于这个构想在商业用例模型与商业对象模型中定义组织的过程、角色和责任。业务建模流程如图 9-7 所示。

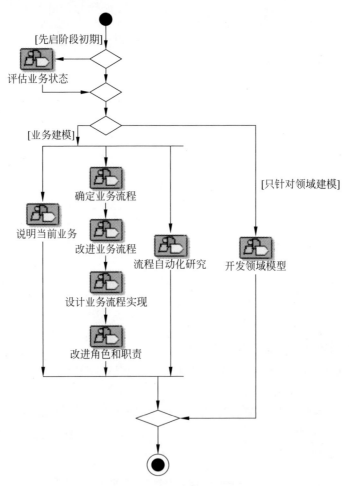

图 9-7　业务建模流程图

（2）需求（Requirement）：需求工作流的目标，是描述系统应该做什么，并使开发人员和用户就这一描述达成共识。为了达到该目标，要对需要的功能与约束进行提取、组织、文档化，最重要的是理解系统所解决问题的定义和范围。需求工作流程如图 9-8 所示。

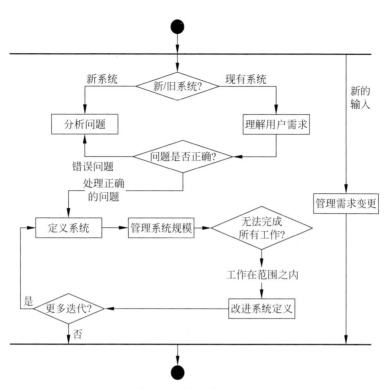

图 9-8 需求工作流程图

（3）分析与设计（Analysis & Design）：分析与设计规程将需求转化成未来系统的设计，为系统开发一个健壮的结构并调整设计使其与实现环境相匹配，优化其性能。分析设计的结果是一个设计模型与一个可选的分析模型。设计模型是源代码的抽象，由设计类和一些描述组成。设计类被组织成具有良好接口的设计包（Package）和设计子系统（Subsystem），而描述则体现了类的对象如何协同工作实现用例的功能。

设计活动以体系结构设计为中心，体系结构由若干结构视图来表达，结构视图是整个设计的抽象和简化，该视图中省略了一些细节，使重要的特点体现得更加清晰。体系结构不仅是良好设计模型的承载媒体，而且在系统的开发中能提高被创建模型的质量。分析与设计流程如图 9-9 所示。

（4）实现（Implementation）：实现规程的目的，包括以层次化的子系统形式定义代码的组织结构；以构件的形式（源文件、二进制文件、可执行文件）实现类和对象，将开发出的构件作为单元进行测试以及集成由单个开发者（或小组）所产生的结果，使其成为可执行的系统。实现工作流程如图 9-10 所示。

（5）测试（Test）：测试规程要验证对象间的交互作用，验证软件中所有组件的正确集成，检验所有的需求已被正确实现，识别并确认缺陷在软件部署之前被提出并处理。RUP提出了迭代的方法，意味着在整个项目中进行测试，从而尽可能早地发现缺陷，从根本上降低了修改缺陷的成本。测试类似于三维模型，分别从可靠性、功能性和系统性能三方面来进行。测试工作流程如图 9-11 所示。

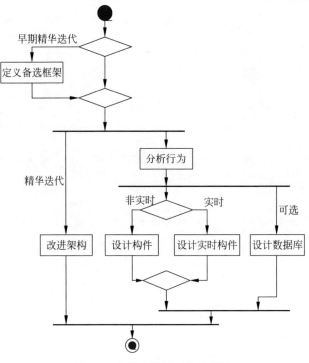

图 9-9　分析与设计工作流程图

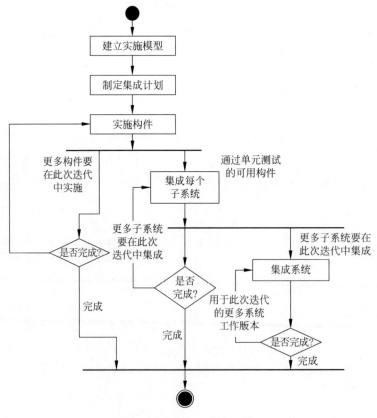

图 9-10　实现工作流程图

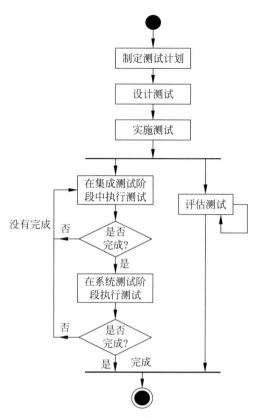

图 9-11 测试工作流程图

(6) 部署(Deployment)：部署规程的目的是成功地生成软件版本并将软件分发给最终用户。部署规程描述了那些与确保软件产品对最终用户具有可用性相关的活动,包括软件打包、生成软件本身以外的产品、安装软件、为用户提供帮助。在有些情况下,还可能包括计划和进行 Beta 测试版、移植现有的软件和数据以及正式验收。部署工作流程如图 9-12所示。

(7) 配置和变更管理(Configuration&Change Management)：配置和变更管理规程描绘了如何在多个成员组成的项目中控制大量的产物。配置和变更管理工作流提供准则来管理演化系统中的多个变体,跟踪软件创建过程中的版本。规程描述了如何管理并进行开发、分布式开发、如何自动化创建工程,同时也阐述了对产品修改原因、时间、人员保持审计记录。配置和变更管理流程如图 9-13 所示。

(8) 项目管理(Project Management)：软件项目管理平衡各种可能产生冲突的目标,管理风险,克服各种约束并成功交付使用户满意的产品。其目标包括为项目的管理提供框架,为计划、人员配备、执行与监控项目提供实用的准则,为管理风险提供框架等。项目管理流程如图 9-14 所示。

(9) 环境(Environment)：环境工作流的目的是向软件开发组织提供软件开发环境,包括过程和工具。环境工作流集中于配置项目过程中所需要的活动,同样也支持开发项目规范的活动,提供了逐步的指导手册并介绍了如何在组织中实现过程。环境工作流程如图 9-15 所示。

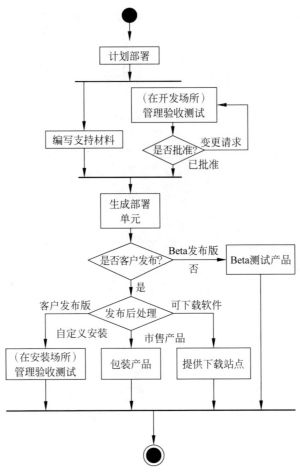

图 9-12　部署工作流程图

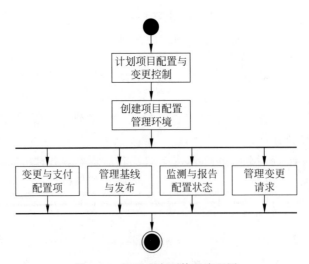

图 9-13　配置和变更管理流程图

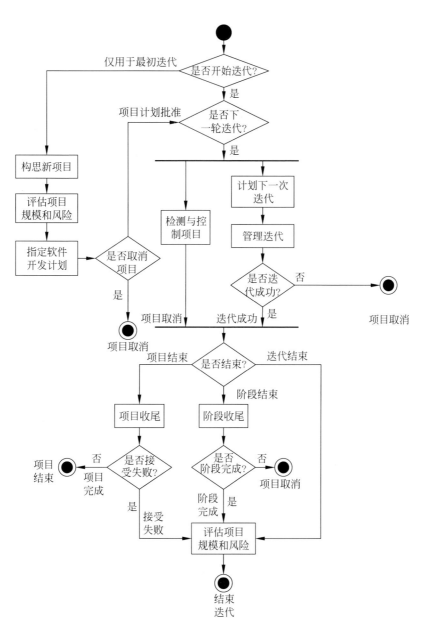

图 9-14 项目管理工作流程图

RUP 具有很多长处。RUP 提高了团队生产力，在迭代的开发过程、需求管理、基于组件的体系结构、可视化软件建模、验证软件质量以及控制软件变更等方面，针对所有关键的开发活动为每个开发成员提供了必要的准则、模板与工具指导，并确保全体成员共享相同的知识基础，建立了简洁和清晰的过程结构，为开发过程提供较大的通用性。

但是，同时它也存在一些不足。RUP 只是一个开发过程，并没有涵盖软件过程的全部内容。此外，它没有支持多项目的开发结构，这在一定程度上降低了在开发组织内大范围实现重用的可能性。可以说，RUP 是一个非常好的开端，但并不完美。在实际的应用中可根据需要对其进行改进并可以用 OPEN 和 OOSP 等其他软件过程的相关内容对 RUP 进行补充和完善。

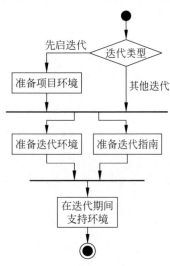

图 9-15　环境工作流程图

9.2.5　RUP 模型、工件及信息流

对于一个大型项目，RUP 这 9 个规程的活动不可或缺，但对于有些项目可能不需要经过所有 9 个规程，在项目开发时需要对这些规程涉及的活动做具体的裁剪，以适应具体项目的开发需要。

业务建模主要的模型是业务用例模型和业务对象/分析模型，需求主要的模型是用例模型，分析设计主要是设计模型，实现主要是实现模型，测试主要是测试模型，如图 9-16 所示。

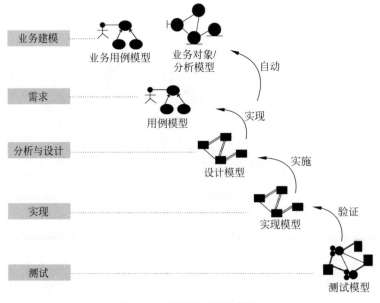

图 9-16　主要的规程及模型

从需求、分析设计、实现、测试到部署的活动中涉及多个工件(Artifact),包括干系人请求、愿景文档、术语表(Glossary)、软件需求规约/规格说明书、分析模型、设计模型、软件体系结构文档、实现模型(Implementation Model)等,软件需求规约主要包括用例模型(Use Case Model)与补充规约(Supplementary Specification)。从项目管理的角度来说,还有风险列表(Risk List)、软件开发计划、测试计划和部署计划等,如图 9-17 所示。

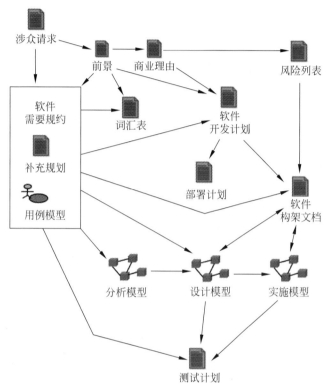

图 9-17 流程中的主要工件和工件间的信息流

9.3 案例研究:利用视图与用例捕获和描述需求

视频讲解

某软件公司的项目开发小组要针对某型号的 IT 路由设备开发一整套调试系统。用户的需求是:调试技术工程人员使用该调试系统,能够实时监测设备状态和发送调试命令。设备的状态信息由专用数据采集装置实时采集。

1. 用例图描述需求

根据客户需求分析,可以设计出该系统的用例图,如图 9-18 所示。

经过项目组和用户的多次沟通,最终确定下来的需求归纳为表 9-2。

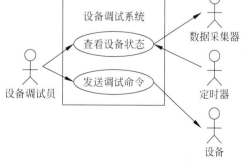

图 9-18 设备调试系统的用例图

表 9-2　设备调试系统的用户需求

非功能需求			功能需求
约束	运行期质量属性	开发期质量属性	
程序的嵌入式部分必须用 C 语言开发一部分,开发人员没有嵌入式开发经验	高性能	易测试性	查看设备状态发送调试命令

随后,项目开发小组运用"4+1 视图"方法,用不同的视图进行架构的设计,分别满足不同需求的用户要求。

2. 使用逻辑视图设计满足功能需求的架构

首先按照功能需求进行初步设计,进行大粒度的职责划分,如图 9-19 所示。

(1) 应用层负责设备状态的显示,并提供模拟控制台供用户发送调试命令。

(2) 应用层使用通信层与嵌入层进行交互,但应用层不知道通信的细节。

(3) 通信层负责在 RS-232 协议之上实现一套专用的"应用协议"。

(4) 当应用层发送来包含调试指令的协议包,由通信层负责按 RS-232 协议将之传递给嵌入层。

(5) 当嵌入层发送来原始数据,由通信层将之解释为应用协议包发送给应用层。

(6) 嵌入层负责对调试设备控制,并高频度地从数据采集器读取设备状态数据。

(7) 设备控制指令的物理规格被封装在嵌入层内部,读取数据采集器的具体细节也被封装在嵌入层内部。

3. 使用开发视图设计满足开发期质量属性的架构

软件架构的开发视图应当为开发人员提供实在的指导。任何影响全局的设计决策都应由架构设计来完成,这些决策如果被安置到后边,最终到了大规模并行开发阶段才发现,可能会造成大量出现"程序员拍大腿决定"的情况,软件质量必将无法保障以至于导致项目失败。

其中,采用哪些现成框架、哪些第三方软件开发工具包(Software Development Kit, SDK)和哪些中间件平台,都应该考虑是否由软件架构的开发视图决定。图 9-20 展示了路由设备调试系统的一部分软件架构开发视图:应用层将基于微软基础类库(Microsoft Foundation Classes,MFC)设计实现,而通信层采用了某串口通信的第三方 SDK。

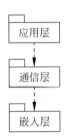

图 9-19　设备调试系统架构
的逻辑视图

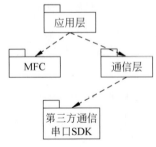

图 9-20　设备调试系统架构
的开发视图

4. 使用开发视图说明系统的目标程序如何而来

对于约束性需求来说,约束应该是每个架构视图都应该关注与遵守的设计限制。

例如,考虑到"部分开发人员没有嵌入式开发经验"这条约束,架构师一定有必要明确说明系统的目标程序是如何编译而来的。图 9-21 给出了整个系统的桌面部分的目标程序 pc-module.exe 与嵌入式模块 rom-module.hex 是如何编译而来的。这个全局性的描述对没有嵌入式开发经验的开发人员来说提供了真实感,有利于全面地理解系统的软件架构。

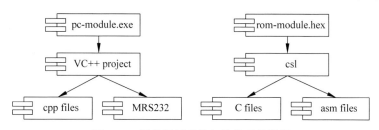

图 9-21　设备调试系统架构的开发视图

5. 使用处理视图设计满足运行期质量属性需求的架构

性能是软件系统运行期间所表现出的一种质量水平,一般用系统响应时间与系统吞吐量来衡量。为了满足高性能的要求,软件架构师应针对软件的运行情况,进行分析与设计,这就是所谓的软件架构处理视图目标。处理视图关注进程、线程和对象等运行时概念,以及相关的并发、同步和通信等问题。图 9-22 展示了设备调试系统架构的处理视图。

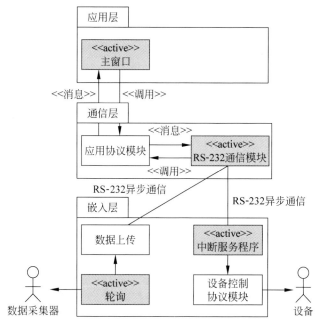

图 9-22　设备调试系统架构的处理视图

可以看出,架构师为了满足高性能需求采用了多线程的设计。

(1) 应用层中的线程代表主程序的运行,它直接利用了 MFC 的主窗口线程。无论是用户交互,还是串口的数据到达,均采取异步事件的方式处理,杜绝了任何"忙等待"无谓的耗时,也缩短了系统响应时间。

（2）通信层有独立的线程控制着"进进出出"的数据,并设置了数据缓冲区,使数据的接收与数据的处理相对独立,从而数据接收不会因暂时的处理忙碌而停滞,增加了系统吞吐量。

（3）在嵌入层的设计中,分别通过时钟中断与 RS-232 口中断来触发相应的处理逻辑,达到轮询与收发数据的目的。

6. 使用物理视图表示和部署相关的架构决策

任何软件最后都要驻留、安装或部署到硬件上才能运行,而软件架构的物理视图关注目标程序及其依赖的运行库与系统软件最终如何安装或部署到物理机器,以及如何部署机器与网络来配合软件系统的可靠性、可伸缩性等要求。

如图 9-23 所示的物理架构视图表达了设备调试系统软件与硬件的映射关系。可以看出,嵌入部分驻留在调试硬件中,而 PC 上是常见的应用程序的形式。

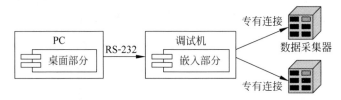

图 9-23　设备调试系统架构的物理视图

项目组还可以根据实际情况的需求,通过物理架构视图更清晰地表达具体目标模块及其通信结构,如图 9-24 所示。

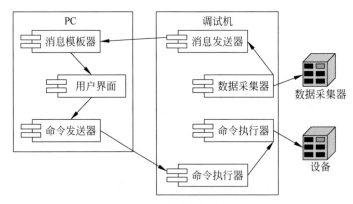

图 9-24　设备调试系统架构的物理视图

7. 案例小结

深入理解软件需求分类的复杂性,明确区分功能需求、约束、运行期质量属性和开发期质量属性等不同种类的需求才能设计和开发用户满意的软件产品。各类需求对架构设计的影响截然不同。通过案例的分析展示了如何通过 RUP 的"4+1 视图"和用例方法,针对不同需求进行架构设计,从而确保重要的需求一一被满足。

小结

  Rational统一过程（Rational Unified Process，RUP）是软件工程的过程，提供了在开发组织中分派任务、责任的纪律化方法，目标是在可预见的日程和预算前提下，确保满足最终用户需求的高质量产品。统一过程模型是一种用例驱动，以体系结构为核心，迭代及增量的软件过程框架，由 UML 方法、工具支持。

  应用 RUP 产品和支持工具的原因是它能够提高项目的结果，以此给开发组织带来商业利润：产生更高质量的软件系统、降低成本以及缩短上市的时间。但是，如果应用 RUP 产品和支持工具的目的不明确，很有可能在应用过程中浪费大量时间。

  在一个项目中应用 RUP 时，要执行几个基本步骤：评价是否要应用 RUP 的所有内容或部分内容，计划如何实现 RUP，配置和定制 RUP，工具环境和培训资料，执行项目，评估引入 RUP 的效果。

  在大型组织中实现 RUP，是一件非常复杂的工作，建议制订包含 3 种类型的项目计划来驱动实现 RUP：过程和工具增进项目、实验性项目和通常的软件开发项目。有很多因素影响实现 RUP 的计划，如组织机构的变化程度、承受风险的愿望和制定 RUP 和支持工具的程度等。

  改进过程和工具应该是一个持续的过程，要使开发组织具备不断调整过程以适应不断变化的需求能力。

思考题

1. 什么是 Rational 统一过程？包含哪几方面？
2. Rational 统一过程包含哪几个阶段？每个阶段的特征是什么？

第10章

敏捷项目管理

新经济时代，不是大鱼吃小鱼，而是快鱼吃慢鱼。

——约翰·钱伯斯(John Chambers)

    敏捷项目管理(Agile Project Management, APM)是近来流行的项目管理方法论。APM 是该领域的新概念，敏捷宣言是所有 APM 模型的指导原则。多数 APM 模型源于软件开发，因此对软件开发实践的针对性很强。原型和适应性项目框架是 APM 模型中仅有的适用于所有类型的项目的模型。由于开发周期短，对需求管理恰当，敏捷项目管理正在从软件研发行业延伸到已经采取项目化管理的大部分行业中。

    敏捷方法允许软件开发者更快速的反应，提供更好的方法处理变化和捕捉机会，弱化了经典的软件生命周期，允许开发团队在同一软件系统的不同部分开展工作。刚开始开发软件，并不需要一个完整的软件需求说明，可能只有一个关于这个软件基本想法的简短描述。以此为起点，团队开始根据现实情况的要求，创建需求规格说明、编码、测试。可能第一天编码，第二天撰写软件需求规格说明，第三天调试程序。

    开始，敏捷软件开发并没有一套固定的步骤，更多体现为一套准则。敏捷方法的创始者确定了两条基本准则，以通过快速响应为客户提供高质量的软件为目标，使开发的软件能适应不断变化的环境。敏捷软件工程是一种态度、一种管理风格，而不是硬性规定。

    本章共分为五部分。10.1 节是概述；10.2 节介绍管理的角色与职责；10.3 节介绍敏捷项目管理的特征；10.4 节介绍主要敏捷方法；10.5 节是敏捷开发技术在电子商务软件中的实际应用案例。

10.1　概述

视频讲解

    敏捷项目管理的概念来源于敏捷软件开发。随着敏捷软件开发的发展，极限项目管理(Extreme Project Management)和敏捷项目管理(Agile Project Management)的概念和方法被相继提出,并仍在不断发展。实际上,敏捷项目管理只是各种敏捷软件开发方法相应项目管理的统称。

进入 20 世纪 90 年代,人们对软件的使用方式出现了一些变化。一方面,作为独立于硬件存在的软件,功能继续复杂化,规模继续扩大(软件"摩尔定律")。其次,软件的用户数量继续增加,尤其到了后期,随着互联网、移动互联网时代的到来,一款软件系统或者线上服务,动辄拥有百万级以上的用户量。同时,由于竞争的需要,需求不确定性和系统的快速演化成为一个日益突出的问题。最后,软件分发和使用方式也出现了显著的变化,从典型的光盘复制逐渐过渡到基于网络的服务形式,使得软件系统的版本更迭时间有了大为缩短的潜力。这些新情况的出现使得软件开发的四大本质难题中,可变性、一致性对软件开发的影响更为突出,因而,也催生了整个软件过程历史上最为纷繁的一个时代,大量的软件过程在这个阶段涌现出来。

在软件发展进入网络化和服务化阶段,具有这种特征的软件过程得到业界的空前重视,演化出了一系列新方法。这些新的软件开发方法在项目实践中逐渐形成体系,终于迎来了敏捷项目管理。

10.1.1　敏捷概述

1. 敏捷开发方式简介

多数软件开发仍然是一个显得混乱的活动,即典型的"边写边改"(code and fix)。设计过程充斥着短期的、即时的决定,而无完整的规划。这种模式对小系统开发其实很管用,但是当系统变得越大越复杂时,要想加入新的功能就越来越困难。同时,错误故障越来越多,越来越难于排除。一个典型的标志就是当系统功能完成后有一个很长的测试阶段,有时甚至有遥遥无期之感,从而对项目的完成产生严重的影响。

我们使用这种开发模式已有很长时间了,不过实际上也有另外一种选择,那就是"正规方法"(methodology)。这些方法对开发过程有着严格而详尽的规定,使软件开发更有可预设性并提高效率,这种思路是借鉴了其他工程领域的实践。

这些正规方法已存在很长时间了,但是并没有取得令人瞩目的成功,甚至就没怎么引起人们的注意。对这些方法最常听见的批评就是它们的官僚烦琐,要是按照它的要求来,那么有太多的事情需要做,而延缓整个开发进程。所以它们通常被认为是"烦琐滞重型"方法,或"巨型"(monumental)方法。

作为对这些方法的反叛,在过去几年中出现了一类新方法。尽管它们还没有正式的名称,但是一般被称为"敏捷型"方法。对许多人来说,这类方法的吸引之处在于对繁文缛节的官僚过程的反叛。它们在无过程和过于烦琐的过程中达到了一种平衡,使得能以不多的步骤过程获取较满意的结果。

软件开发顺应着时代的变化,从最初的重型过程转向目前流行的轻量型的敏捷开发。软件开发的过程发展和相关提出者如图 10-1 所示。按照时间顺序,软件开发的发展依次包括:瀑布模型、"自适应软件开发"概念、快速应用开发、Scrum、自适应软件开发(ASD)、特征驱动开发、动态系统开发方法、水晶系列方法、极限编程 XP、敏捷宣言、精益软件开发。

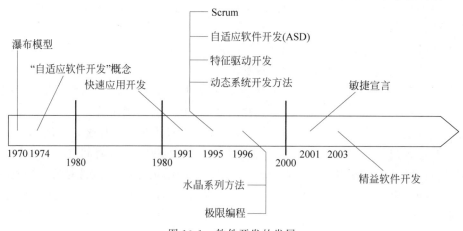

图 10-1　软件开发的发展

敏捷的历史可以追溯到多年前。

犹他州(Utah)的雪鸟城(Snowbird)位于盐湖城外约 25 英里①的地方，不像硅谷，既不以阳光和温和的气候闻名，也不是什么科技创新中心，更没有那么多充满热情的企业家，如图 10-2 所示。但是，2001 年 2 月 11 日至 13 日，就在这里，一个滑雪胜地，17 个人聚到一起，交谈、滑雪、休闲，当然还有聚餐，制定并签署了行业历史上最重要的文件之一：关于编码集的独立宣言。这个为期三天的小型会议塑造出了许多关于软件的构想、开发、交付的方式，甚至是世界是如何运作的方式。参会者们包括极限编程、Scrum、DSDM、自适应软件开发、水晶系列、特征驱动开发、实效编程的代表们，还包括希望找到文档驱动、重型软件开发过程的替代品的一些推动者。

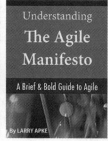

图 10-2　雪鸟城、敏捷宣言，2001 年 2 月参加会议的敏捷学院的软件工程师

《敏捷软件开发宣言》的签署，推动了敏捷方法的发展。敏捷宣言本质是揭示一种更好的软件开发方法，启迪人们重新思考软件开发中的价值和如何更好地工作。

《敏捷软件开发宣言》提出了敏捷开发的四个核心价值（如图 10-3 所示）和十二条原则。其中的四大核心价值如下。

（1）个人和互动高于流程和工具。

（2）工作软件高于理解文档。

---

① 　1 英里＝1.609344 千米。

（3）客户协作高于合同协商。

（4）变化响应高于计划遵循。

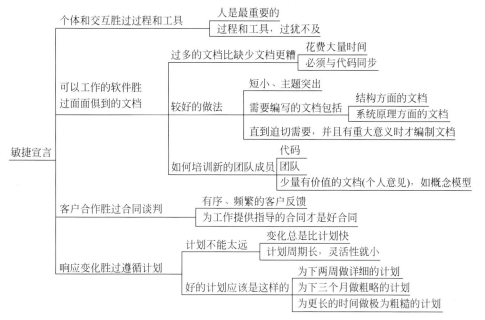

图 10-3　敏捷软件开发宣言的四个核心价值

十二条原则分别如下。

（1）最高目标是通过尽早和持续地交付有价值的软件来满足客户。

（2）欢迎对需求提出变更，即使是在项目开发后期。善于利用需求变更，帮助客户获得竞争优势。

（3）不断交付可用的软件，周期从几周到几个月不等，越短越好。

（4）项目过程中，业务人员与开发人员必须在一起工作。

（5）善于激励项目人员，给他们所需要的环境和支持，并相信他们能够完成任务。

（6）无论是团队内还是团队间，最有效的沟通方法是面对面交谈。

（7）可用的软件是衡量进度的主要指标。

（8）敏捷过程提倡可持续的开发，项目方、开发人员和用户需要保持恒久稳定的进展速度。

（9）对技术的精益求精以及对设计的不断完善将提升敏捷性。

（10）要做到简洁，尽最大可能减少不必要的工作，简洁是一门艺术。

（11）最佳的架构、需求和设计出自于有组织的团队。

（12）团队要定期反省如何能够做到高效工作，并相应地调整团队的行为。

2. 与传统开发方法比较

软件更像一个活着的植物，软件开发是自底向上、逐步有序的生长过程，类似于植物自然生长。敏捷开发遵循软件客观规律，不断地进行迭代增量开发，最终交付符合客户价值的产品，如图 10-4 所示。

传统开发方法的流程如图 10-5 所示。传统开发是一种瀑布式的流程，在工程的起始阶段进行详尽的需求调研，根据需求进行完全的架构设计，之后进入开发过程，在开发过程中，不再进行设计层面的事情,不再处理需求变化的问题。这个阶段的任务就是对前期设计的功能实现,然后是测试,运行维护,等等。

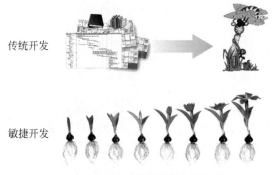

图 10-4   敏捷更符合软件开发规律

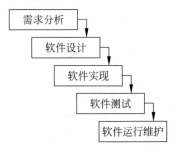

图 10-5   传统软件开发流程图

敏捷开发方法的流程如图 10-6 所示。

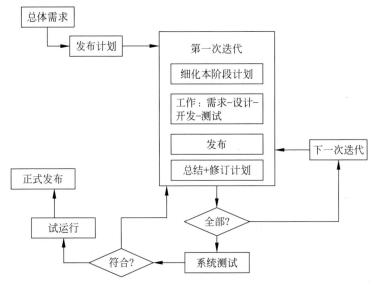

图 10-6   敏捷开发流程

敏捷开发是在 20 世纪 90 年代传统开发方式不能够满足现实开发的需要,对传统方式进行总结,对成功失败的开发案例进行研究后,得到的一种不同于传统方式的开发流程,主要的特点是迭代式进行。这种方式把一个软件开发过程分成了若干个小的迭代过程,每一迭代完成一部分功能,每一次迭代过程的工作内容按照功能的重要程度不同而排列。首先完成重要的,同时也是风险比较大的功能,而后是次重要的,以此类推。同时在每次迭代中,都要进行分析、设计、开发、测试,因为分成了一个个小过程,一步步逼近目标,所以可以使得产品的用户能够逐渐明白自己的真实需求从而能够提出真正的需求,而开发团队也可以根据更正后的需求进行下一次迭代的设计。

传统开发方式控制大的流程,敏捷开发过程着重处理软件开发细节。如图 10-7 所示,二者之间的主要区别如下。

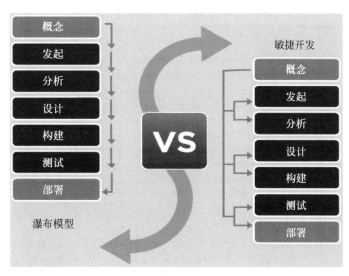

图 10-7　瀑布模型和敏捷开发流程

（1）敏捷开发是以人为中心，而传统开发是以过程为中心。并不是说，传统开发就没有人的参与，或者说人不是一个重要因素。应该说的是，敏捷开发和传统开发的侧重点、中心不同。那么，为什么会是这个样子呢？因为，传统开发中，设计已经是在初始阶段完成了，在实现阶段不再修改，换句话说，实现阶段就是对设计的完成，设计方案是不可改变的了。这样就忽略了用户的反馈、忽略了开发人员的设计的主观能动性，使得开发人员只是专注于代码层面的事情。

而敏捷开发提倡的是迭代，在每次迭代中都有分析、设计，也就意味着迭代阶段可以把一部分完成的系统给用户演示，允许用户提意见、需求，也允许开发人员将上一次迭代中得到的想法提出来，并且把这些需求意见想法融入迭代的分析、设计中，从而在根本上、在理念上，促进了造、用双方的一个交流沟通，发挥了用户的分析评价和开发人员设计的主观能动性。

（2）敏捷开发是有适应能力的，而传统开发是计划驱动的。传统开发中，设计阶段完成了，整个的过程就是按照设计方案进行，在设计阶段的后续过程中无法再对设计方案进行修改，而敏捷开发需要一次次地迭代完成，正是这些迭代完成了对客户真实需求的软件的演进。

显然，为了对过程进行合理的组合和裁剪，必须首先建立起对软件过程特点的正确理解。目前讨论比较多的是将软件过程分为敏捷和非敏捷两类，同时认为，这两类过程各具优势，有着不同的适用场景。我们以"猴子"（不能长途负重，但是可以采摘高处水果，敏捷过程）与"大象"（适合长途负重，不能采摘高处水果，非敏捷过程）形象地比喻上述两类过程，认为有必要通过组合和裁剪来融合这两种类型的软件过程，发挥各自的优势。例如，尽管同属于敏捷阵营，XP 方法和 Scrum 方法关注的重点完全不同：前者关注工程实践，后者则更多的是一个包含很多管理实践的过程框架。

伴随着敏捷软件开发的发展，关于敏捷软件开发方法和传统软件方法的争议也越来越多，表 10-1 给出了二者的区别。

表 10-1　传统软件开发与敏捷软件开发的对比

	传统软件开发	敏捷软件开发
基础假定	可以完整描述系统需求，系统是可预测的，通过周密、完整的计划来开发软件	基于需求变更和快速反馈，通过小团队持续设计、测试、改进完成高质量的软件开发
管理风格	命令和控制	领导力和合作
知识管理	显式	非正式
交流	正式	非正式
开发模型	生命周期模型（瀑布或其他变种）	演进-交付模型
组织结构	机械的（正式的）大型组织	灵活的小型组织
质量控制	严格的计划和控制，后期大量测试	持续演进需求、设计、方案，持续测试

敏捷过程基本上是对瀑布模型和文档方法的批判。敏捷过程的支持者认为，软件开发过程中，既不是文档和需求最重要，也不是过程最重要，而是软件最重要。需求的重要性只是在于对软件有帮助，凡是对软件没有帮助的都不重要。所以要花大部分时间在软件上，而不是在其他方面。把时间花在其他方面是浪费，与其这样，还不如把时间用来做软件。这是20世纪90年代后期对瀑布模型的最大反弹，关注软件而不是需求反而成了主流。

敏捷过程的想法与传统的瀑布模型和"基于文档的开发"直接冲突。后者认为，软件工程中，需求工程是最重要的，如果需求错了，那么一切都错。这是瀑布模型的精髓。主张敏捷过程的人则认为，软件工程中最重要的是软件，不是数学、文档，也不是过程，而是保证进度和软件的质量。怎样把软件做得最好，并且很快把软件交付出去至关重要。敏捷过程是一个轻量过程，即使用 UML 建模，耗费的工作量所占比重也是很少的，完成建模之后，就应该尽快编写程序，而不是把资源耗费在维护模型上面。

10.1.2　敏捷项目管理的焦点

主管期望在项目管理流程中得到什么呢？

主管想得到三个关键的东西：第一，主管希望这个流程是可靠的，每个项目都可以产生创新的结果。第二，主管希望这个流程是可预见的，这样他可以有效地计划和管理诸如财务管理、人员配备和产品投放等企业活动。第三，主管想得到可信的、符合实际的信息，因为构想可能是错的，商业模式可能是错的，人们可能遇到不能跨越的障碍，项目进展并不总是一帆风顺。如果项目需要终止，他想及早结束而不是等到后期才结束，可信的进度报告可以让经理尽早采取适当的措施。

可靠和重复之间的关键区别：重复意味着按同样的方式做同样的事情，取得同样的结果；而可靠意味着无论在前进道路中遇到什么障碍，都能达到目标，它意味着为达到目标而不断改变。

（1）可靠但不重复：在评估项目绩效时，不能区分高度不确定性和高度确定性的项目环境会造成很多混乱。这种混乱源于两个地方，即范围的定义、估计和限制之间的区别。可靠流程将重点放在输出，而不是输入。可靠性是以结果为推动力，重复性是以输入为推动力。敏捷项目中需要考虑的正确范围不是限定的要求，而是清晰明白的产品构想。"整个产品是否符合客户或者产品营销的构想？"混乱的另一个源泉是将成本和进度看作估计，而不是限制。

（2）进度报告：敏捷项目管理并不放弃控制，它确定了责任，修订了对控制内容的定义。

10.1.3　敏捷项目管理指导原则

人是受价值观驱使的，敏捷项目管理因而也是以价值观为推动力的。一个团队可以采用敏捷做法，但如果它不接受敏捷价值观和原则，它将不能得到敏捷开发的潜在好处。

原则性强的领导是高效团队最为关键的特征之一。在业绩优良的团队中，领导管理原则，而原则管理团队。

敏捷宣言的核心价值观派生出 6 条原则，而正是这 6 条原则指导着敏捷项目管理，如图 10-8 所示。如果没有这些指导原则，那么即使敏捷做法，如迭代交付，通常也会被错误使用，甚至更糟糕的是，团队自以为自己使用的是敏捷做法而其实却不然。这些指导原则可以帮助团队确定哪些做法是适当的，如何在必要时提出新的做法，对出现的新做法进行评估，以及按照敏捷方式实施这些做法。这 6 条原则分成两大类，一类与产品和客户相关，而另一类与管理相关。

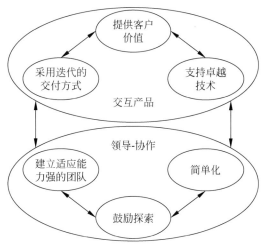

图 10-8　敏捷项目管理指导原则

1. 客户价值和创新产品

（1）提供客户价值。

（2）采用迭代的、基于功能的交付方式。

（3）支持卓越技术。

2. 领导-协作管理

（1）鼓励探索。

（2）建立适应能力（自我组织、自律）强的团队。

（3）简单化。

这 6 条原则有效地组合在一起，组成了一个原则体系。虽然各条原则分开来也可能有帮助,但6条原则合在一起则可以创造一个促进突发结果的环境。

10.1.4　敏捷流程架构

流程也许不如人那么重要,但绝非不重要。

像其他事物一样,流程必须与企业目标联系起来。如果企业目标是重复性的制造,那么常规性流程是完全适当的,而如果企业目标是可靠的创新,则流程架构必须是有机的、灵活的和容易改变的。敏捷流程架构需要体现其核心原则,除了支持企业目标外,该架构还需要:

(1) 支持构想、探索、适应文化。

(2) 支持自我组织、自律的团队。

(3) 根据项目的不确定性程度,尽量提高可靠性和连贯性。

(4) 保持灵活和易于变化。

(5) 支持流程的透明化。

(6) 与学习结合起来。

(7) 将支持各个阶段的做法包括在内。

(8) 提供管理检查点(Checkpoint),对该构架进行评估。

该架构中各阶段的命名与传统的阶段命名(如开始、计划、定义、设计、构建、测试)完全不同,其意义重大。

第一,"构想"代替较传统的"开始",指出构想的重要性。

第二,推测阶段代替计划阶段。每个词都传达一定的意义,而各个意义来自他们长期的系统用法。"计划"一词已经与预测和相对确定性相关联,而"推测"表示未来是不确定的。许多面临不确定未来的项目经理仍在试图"计划"排除该不确定性。我们必须学会推测和适应,而不是计划和建造。

第三,敏捷项目管理模式用探索代替通常的设计、构建和测试阶段。以迭代交付的方式,很明显探索是非线性的、并存的、非瀑布式的模式。在推测阶段提出的问题需要"探索"。鉴于结果不能完全预测,推测暗示着灵活性的需求基于现实。敏捷项目管理模式强调执行以及探索性而非确定性。实施敏捷项目管理的团队密切关注构想、监控信息,从而适应当前情况,这就是适应阶段。最后,敏捷项目管理模式以结束阶段收尾,这个阶段的主要目标是传递知识。

敏捷项目管理模式的结构:构想-推测-探索-适应-结束,重点在交付(执行)和适应,如图10-9所示。

敏捷项目管理的5个阶段内容如下。

1. 构想

构想需要确定产品构想、项目范围、项目社团以及团队共同工作的方式。

构想阶段为客户和项目团队创造构想,该构想包括提供什么、谁提供和如何提供。如果没有构想,其他的项目启动活动都是无用之功。用商业话语来说,构想是项目早期"成功的关键因素"。首先,需要构想提供什么,即产品及项目范围构想。

其次,需要构想参与的人是谁,客户、产品经理、项目团队成员和利益相关方组成的社

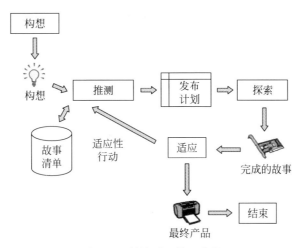

图 10-9　敏捷项目管理流程

团。最后,项目团队成员必须构想他们打算如何共同工作。

2. 推测

推测需要制订基于功能的发布计划、里程碑和迭代计划,确保交付构想的产品。

"推测"一词首先让人们想到不计后果的冒险景象,但实际上字典对它的定义是"根据不完全的事实或者信息猜测某事",这正是这个阶段要做的事情。"计划"一词具有确定和预测的含义,而计划的更有用的定义,至少对于探索性项目来说,是基于不完全的信息推测或者猜测。

人们认为制订计划可以产生确定性,但事实远非如此。他们带来的只不过是衡量他们绩效的东西,而一旦这个衡量尺度与现实出现偏差,他们又不能重新计划。

敏捷项目管理更多的是构想、探索,而不是计划、执行,它迫使我们面对这样的现实:不稳定的商业环境和变化多端的产品开发环境。推测阶段实际上是构想阶段的延伸并与它相互影响,它包括:

(1) 收集初始的、广泛的产品要求。

(2) 将工作量定义为一个产品功能清单。

(3) 制订一个交付计划(发布、里程碑、迭代),包括功能的进度表和资源分配。

(4) 在估计项目成本这个计划中加入风险降低策略,并生成其他必要的行政管理和财务信息。

3. 探索

探索需要在短期内提供经测试的功能,不断致力于减少项目风险和不确定性。

探索阶段提供产品功能。从项目管理的角度看,此阶段有三个关键的活动区域。第一,是通过管理工作量和使用适当的技术方法和风险降低策略,交付计划的功能。第二,是建立协作的、自我组织的项目社团,这是每个人的责任但需要由项目经理推动。第三,是管理团队与客户、产品经理和其他利益相关方的相互交流。

控制和纠正是这个周期阶段常用的术语。探索周期如图 10-10 所示,计划制订了,结果监控了,纠正也完成了。这个流程暗示着计划是正确的,而如果实际结果与计划不同,则是错误的。

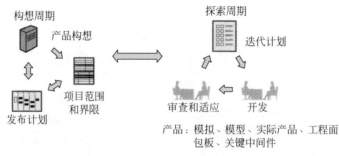

图 10-10　敏捷项目管理的构想和探索周期

4. 适应

适应需要审核提交的结果、当前情况以及团队的绩效，必要时做出调整。

适应意味着修改或改变而不是成功或失败。如果项目的指导思想认为，适应变化比执行计划更重要，则不会将失败归罪于计划的变更。敏捷项目管理的关键在于吸取教训，非常特别的流程除外。

自构想阶段以后，其循环通常是"推测-探索-适应"，每次迭代都不断对产品进行提炼。但要是团队收集到新的信息，定期地回到构想阶段也很有必要。

在适应阶段，需要从客户、技术、人员和流程绩效，以及项目状况等方面对结果进行评估。该分析将会对比实际结果和计划的结果，但更重要的是，要根据项目得到的最新信息，思考实际的与修订后的项目前景。修改后的结果将返回，融入重新计划工作中，开始新的迭代。

5. 结束

结束表明终止项目，交流主要的学习成果并庆祝。

在某种程度上，项目根据开始和结束来界定。许多组织由于没有明确项目的终结点，通常在客户之间会造成理解问题。项目应该以庆祝方式结束。结束阶段以及每次迭代末尾的"小型"结束的主要目标是学习并将学到的东西融入下一次迭代工作中，或者传递给下一个项目团队。

产品和项目管理长期以来受顺序开发流程的熏染。尽管项目可能遵照一般的构想、推测、探索、适应和结束这个次序，但不应该将整个模式看作是固定的。生产型模式术语暗示着一个线性模式：开始、计划、管理、控制，而敏捷项目管理术语用来表示迭代演变：推测、探索、适应。

在敏捷项目管理的每个阶段中，都有与敏捷价值观和指导原则相一致的具体做法。这些做法应该看作是一个"做法系统"，因为它们作为一个系统相互补充，与价值观和原则保持一致。但它们并不局限于保持一致，它们还着眼于实施。没有做法的原则只是个空壳，而没有原则的做法往往会毫无判断地被生搬硬套。

没有原则我们就不知道如何实施做法，例如，没有简单原则，我们往往会过多地看重做法的形式和仪式。原则指导做法，做法用实际例子证明原则，它们是相辅相成的。

在选择和使用这些做法时，采用了如下指导原则。

（1）简单的。

（2）再生的而非常规性的。

（3）与敏捷价值观和原则一致的。

（4）集中于交付活动（增值）而非合规活动。

（5）最少数量（刚刚可以完成工作）的。

（6）相互支持的（做法系统）。

10.2　管理的角色与职责

视频讲解

10.2.1　角色

在敏捷项目管理中主要的角色有项目经理、业务分析师、产品所有者和项目团队。

1. 项目经理

项目管理这个词深深植根于我们的职业世界中。由于在敏捷世界中把项目经理描述成项目领导者，所以使用这个广泛使用的术语。而经理和领导者之间还是存在区别的，因此定义敏捷项目经理的角色仍旧是有必要的。项目领导者为项目团队掌舵并且不停地塑造想象，而不是管理项目。定义敏捷项目领导力网络就反映了这个事实。敏捷项目经理创建一个团队管理平台在敏捷开发中应用实践。

成为项目经理经常被错误地认为是一种职位提升。是的，具有特殊技能的人才会被任命担当这个角色。在传统项目中，团队经常将项目经理视为控制团队进展并指派工作的局外人。遵循敏捷项目管理方法的项目经理是团队的一部分，而且位于团队的社会边界内。敏捷项目经理与团队一起协作组成一个整体，而不是扮演"命令-控制"的角色。

经理和领导者的区别看起来似乎很微妙，但对团队的士气而言有显著的影响。因此，最好将敏捷项目经理的角色描述为服务者和调和者。

2. 业务分析师

是否记得经常让顾客参与并分享所有权的原理？在内部的或大规模的项目中，业务分析师经常充当顾客的喉舌。敏捷项目对他们是如此依赖以至于他们是任何敏捷过程不可或缺的一部分。在理想世界中，业务分析师把所有工作时间都扑在团队项目上。

根据经验，在机构内定义这个角色是最具挑战的任务。由于机构的结构原因，业务分析师经常是另外一个报告链的一部分。在如此情况中，业务分析师是产品管理、营销、会计等的一部分或需要向这些机构报告，而项目团队需要向首席信息官（Chief Information Officer，CIO）或者首席技术官（Chief Technology Officer，CTO）报告。

这样的分隔在这两个主体之间形成了一个鸿沟，这个鸿沟在项目中必须跨越。项目经理的挑战是要让业务分析师对周围所有的技术专家没有不适感。分享相同的项目工作室并且有直接的沟通渠道会带来敏捷成功。

目前，敏捷项目将需求从业务分析师手里传递给软件开发团队来实现的做法，必须要解决语言、时间和文化上的障碍。

3. 产品所有者

需求由产品所有者编写，而不是由团队成员编写并阐明。产品所有者是一个在项目中和机构中都高度可见的人物，他主要为项目的成功负责。产品所有者也负责制订每个发布版的计划，并且制定功能规范与功能精炼要求以便团队进行开发。

产品所有者掌管着权力和功能优先级。从项目投资组合的角度看，这个角色是主要的派遣人，如果当前的冲刺（Sprint）中有与功能有关的问题出现时，他也是整个项目团队的联系点。

4. 项目团队

团队自身接管了传统项目中的管理活动。自我组织的项目团队对工作进行计划并且为自己指派工作。如果团队选择结对工作，那么团队成员就会自己承接工作并自己结对。

从报告的角度看，项目团队成员从他们的日常活动继承了项目的衡量标准，他们会在团队、产品所有者和其他项目利益相关者中传播这种衡量标准。这种机制让衡量标准和报告保持原样，不会被过滤和篡改。

10.2.2　职责

下面的任务通常由敏捷项目经理在迭代过程中或两个迭代之间执行，它们也可能由项目经理和其他项目团队成员共同完成。

1. 清除障碍

每个项目都会遇到障碍，而且障碍是不可预测和不请自来的。在敏捷项目管理中有两种机制来处理这些障碍，第一个是每日例会，在这里人们将问题表达出来并且寻求解决的方案；第二个是项目经理的角色，他负责处理那些阻碍团队进展的问题。

2. 制订迭代计划

迭代的时间通常为2～6周，越短越好，尤其是在项目的早期阶段。

如果敏捷项目使用用例，迭代计划的制订过程是相似的。用例表示一组从头到尾的业务场景。场景中有些较为典型，其他的场景可能是待选的或例外的案例，很少执行。用例的挑选在于，有些用例又长又复杂，而另外一些较为简单。另外，用例之间存在依赖关系。如果仔细研究用例，可以观察到通常由许多冗余的场景组成。所以团队必须把焦点放在各个场景上面而不是直接解决整个用例。

如图10-11所示，以这种格式来标识场景并编写场景文档，自然就与业务分析师执行的工作一致。

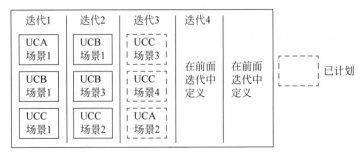

图10-11　用例场景迭代计划

3．回顾

回顾并不是学习教训。传统的"学习-教训-总结"安排在项目的末尾进行。这个时间对于让团队纠正行为并吸取"教训"而言太迟了，而且项目结束时召集所有人坐在会议桌前本身就是一个挑战。敏捷项目在迭代与迭代之间执行回顾。项目经理主持进行回顾，它包含迭代回顾以及制订迭代计划。

4．评估

有两个问题是顾客询问项目经理的经典问题："这个项目要花多长的时间"和"这个项目要花多少钱"。在项目开始阶段，这些问题很难回答。如果要求团队根据用例场景来估算答案，那么有可能得到一些评估结果。如果在几次迭代后，估算任务所需的时间和花费的结果的精确度会越来越高。

随着每次的回顾，团队都会反省过去的迭代。有些需求可能被低估了，有些则被高估了。团队估算即将到来的需求会把以前的估算经验纳入考虑中。

敏捷项目中，只有开发团队才能估算结果。敏捷项目经理要获取并跟踪估算的结果。采用哪种估算的方法，选择哪种评估技巧要以易用以及能快速采用为准。比如宽带德尔菲法（Wide Band Delphi），另一种有效的方法是让团队成员分别估算自己的值，然后将结果进行平均。

5．报告

和评估一样，报告的质量随着迭代进行变得越来越高。一位项目经理应该有极为强大的工具，几乎能实时地报告状态。但为了让团队的注意力集中在可交付的成果上，对这些指标的交换只建议在迭代之间进行。考虑到迭代的周期为 2～6 周，对可靠信息的交换会很频繁。

在敏捷项目中，报告的力量极为强大，因为团队可以分享内部和外部所完成的需求，项目的进展以及系统的质量。

6．每日例会

敏捷项目经理主持召开的每日例会应该确保会议准时召开并且速战速决，通常不超过15 分钟。主持会议包括确保团队成员以同事的方式互相报告状态，在会议上提出的可能阻碍问题需进行记录，列入项目经理需要做的工作列表中。

7．领导

在迭代中，需要发挥领导技能让团队前进。团队中典型的问题都是这样的：琐碎的或者非常具有挑战的未被解决的瑕疵，没有开发人员主动去解决生成的崩溃问题，开发人员结对的时间太长而需要其他人员更多地融合以及需要对需求进行协商等。敏捷项目经理提醒团队成员把工作做好，随时了解关键条目的最新状态并且记录已完成的事项。

10.3 敏捷项目管理的特征

10.3.1 敏捷方法的特点

敏捷型方法主要有两个特点，这也是其区别于其他方法，尤其是区别重型方法的最主要

视频讲解

的特征。

敏捷型方法是"适应性"（Adaptive）而非"预设性"（Predictive）的。这类方法试图对一个软件开发项目在很长的时间跨度内做出详细的计划，然后依计划进行开发。这类方法在计划制订完成后，拒绝变化。而敏捷型方法则欢迎变化。其实，它的目的就是成为适应变化的过程，甚至能允许改变自身来适应变化。

敏捷型方法是"面向人的"（People-Oriented）而非"面向过程的"（Process-Oriented）。它试图使软件开发工作能够利用人的特点，充分发挥人的创造能力，强调软件开发应当是一项以人为本的活动。

下面是对上面两点的详细解释。

1. 适应性和预设性

传统软件开发方法的基本思路一般是从其他工程领域借鉴而来的，比如土木工程。在这类工程实践中，通常非常强调施工前的设计规划。只要图纸设计得合理并考虑充分，施工队伍可以完全遵照图纸顺利建造，并且可以很方便地把图纸划分为许多更小的部分交给不同的施工人员分别完成。

软件开发与上面的土木工程有着显著的不同。软件的设计是难以实现的，并且需要昂贵的有创造性的人员，土木工程师在设计时所使用的模型是基于多年的工程实践的，而且一些设计上的关键部分都是建立于坚实的数学分析之上。在软件设计中，完全没有类似的基础。对开发计划所能做的只是请专家审阅。这就使得我们无法将设计和实践分离开来，一些设计错误只能在编码和测试时才能发现。根本无法做出一个交给程序员就能直接编码的软件设计。所以软件过程不可能照搬其他工程领域原有的方法，需要有适应其特点的新的开发方法。

软件的设计之所以难以实现，问题在于软件需求的不稳定，从而导致软件过程的不可预测。传统的控制项目的模式都是针对可预测的环境的，在不可预测的环境下，就无法使用这些方法。但是，我们必须对这样的过程进行监控，以使得整个过程能向我们期望的目标前进。于是，Agile 方法引入"适应性"方法，该方法使用反馈机制对不可预测过程进行控制。

如图 10-12 所示，利用多层次反馈手段，在变化的环境中让团队准确地了解与目标的差距，不断调整自身行为，并逐步逼近靶心。

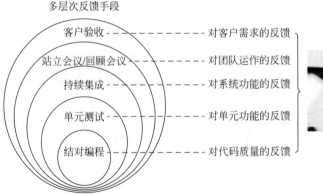

图 10-12　多层次反馈手段

2. 面向人而非面向过程

传统正规方法的目标之一是发展出这样一种过程,使得一个项目的参与人员成为可替代的部件。这样的一种过程是将人看成一种资源,他们具有不同的角色,如分析员、程序员、测试员及管理人员。个体是不重要的,只有角色才是重要的。这样考虑的一个重要的出发点就是尽量减少人的因素对开发过程的影响,但是敏捷型方法则正好相反。

传统方法是让开发人员"服从"一个过程,而非"接受"一个过程。但是一个常见的情况是软件的开发过程是由管理人员决定的,而管理人员已经脱离实际开发活动相当长的时间了,如此设计出来的开发过程是难以为开发人员所接受的。

敏捷型过程还要求开发人员必须有权做技术方面的所有决定。IT 行业和其他行业不同,其技术变化速度非常快。今天的新技术可能几年后就过时了。只有在第一线的开发人员才能真正掌握和理解开发过程中的技术细节,所以技术方面的决定必须由他们来做出。这样一来,就使得开发人员和管理人员在一个软件项目的领导方面有同等的地位,他们共同对整个开发过程负责。

敏捷方法特别强调开发中相关人员之间的信息交流。项目失败的原因最终都可以追溯到信息没有及时准确地传递到应该接收它的人。

在开发过程中,项目的需求是在不断变化的,管理人员之间、开发人员之间以及管理人员和开发人员之间,都必须不断地了解这些变化,对这些变化做出反应,并实施在随后的开发过程中。敏捷方法还特别提倡直接的面对面交流。面对面交流的成本要远远低于文档交流的成本,因此,敏捷方法一般都按照高内聚、松耦合的原则将项目划分为若干小组,以增加沟通,提高敏捷性及应变能力。

3. 方法的敏捷,而不仅是软件的敏捷

当前,软件开发敏捷度的推进反映了对软件工艺化的认同。面对不可避免的变化的需求时,敏捷软件开发的目的是为了提升软件的灵活性、适应性。这是通过推行"小增量"开发来生产软件,在快速迭代过程中获得反馈,并根据需要对软件不断调整来实现的。

敏捷软件开发团队有自己的工作方式,根据手上的项目选择他们需要的方法来开发软件,并根据项目实际情况调整开发过程。实际上,软件开发过程中,敏捷开发团队需要像他们开发软件那样敏捷地改进其方法。

传统软件工程失败的主要原因在于方法上缺乏敏捷性。

本质上,软件具有可扩展性,并且(物理上)是易变的。然而,一个复杂的软件系统会表现出某种"思想僵化",即难以正确地进行修改,每一次修改所产生的错误很可能和这次修改拟解决的问题一样多,或者甚至更多。面对这种情况,传统软件工程会采用过程控制和项目管理技术这类原来用于解决复杂硬件系统中类似问题的方法。

但是从敏捷的角度来看,应用硬件工程技术是错误的。敏捷技术利用软件易变的特征,使用快速反馈迭代的方法,通过持续集成、集成测试来管理软件的复杂性,而不是通过过程控制。因此,敏捷开发主要从开发优质软件的角度对实际工作者给予支持,而不是要求实际工作者来支持开发过程。

10.3.2　敏捷方法的核心思想

1. 核心思想

敏捷软件开发（Agile Software Development）是一组强调在不确定和混乱的情况下适应软件需求快速变化的、基于迭代式开发的软件开发方法、实践。当前，敏捷方法是一种主流软件开发方法，广泛应用于各种软件开发中，也包括很多规模较大的软件开发中。

敏捷软件开发主要由有经验的软件工程师和咨询师提出，而非学术界的研究成果。在2001年"雪鸟会议"期间，与会者形成了一些关于软件开发的共同观点，即敏捷宣言"个体和互动胜过流程和工具，可以工作的软件胜过详尽的文档，客户合作胜过合同谈判，响应变化胜过遵循计划"。该宣言定义了敏捷软件开发的核心价值观和原则，而这些原则具体是由敏捷实践、敏捷实践的组合，即敏捷方法来实现的。

敏捷方法的核心思想主要有下面三点。

（1）敏捷方法是适应型，而非可预测型。与传统方法不同，敏捷方法拥抱变化，也可以说它的初衷就是适应变化的需求，利用变化来发展，甚至改变自己，最后完善自己。

（2）敏捷方法是以人为本，而非以过程为本。传统方法以过程为本，强调充分发挥人的特性，不去限制它。并且软件开发在无过程控制和过于严格烦琐的过程控制中取得一种平衡，以保证软件的质量。

（3）迭代增量式的开发过程。敏捷方法以原型开发思想为基础，采用迭代增量式开发，发行版本小型化。它根据客户需求的优先级和开发风险，制订版本发行计划，每一发行版都是在前一成功发行版的基础上进行功能需求扩充，最后满足客户的所有功能需求。

2. 基本特征

我们把软件开发过程中拥有大量中间产品（如需求规约、设计模型等）和复杂控制的软件开发方法称为重型方法。由此，我们称中间产品较少的方法为轻型方法。从表象来看，重型方法注重开发文档的完备性和充分性；而敏捷型方法认为最根本的文档应该是源码，而不是烦琐的文档。从实质上说，有如下两方面更深层次的区别。

（1）敏捷型方法的思想是"自适应"的，而非如"预设"的重型方法试图预先固定需求并拟定详细开发计划。敏捷型方法适应需求的变化，甚至可以说其初衷就是针对变化的需求的。

（2）敏捷型方法的思考角度是"面向人"的，而非"面向开发过程"的。重型方法在实践原则中总是把开发者看作是一个泛化的生产要素，而忽视了作为决定性因素的人的特殊性；而敏捷型方法则强调以人为本，并贯穿实践始终。由上可知，敏捷型方法其实是软件开发方法论从无到重型再进一步发展的成果。

3. 适用范围

实际上，满足工程设计标准的唯一文档是源代码清单。软件项目的设计是一个抽象的概念，它涉及程序的概括形状、结构以及每一模块、类和方法的详细形状。系统设计得到了一个清晰的"图像"，并保持到首次发布。但随着项目的开发，程序"片段"就可能像不断腐化的"面包碎片"，发出"臭味"，并不断蔓延和积累，使得系统越来越难以维护，以至于不得不要求重新设计,但这样的重新设计是很难成功的。

因此,与这种传统的方法相比,敏捷方法比较适合需求变化比较大或者开发前期对需求不是很清晰的项目,以它的灵活性来适应需求的变化,有效地控制项目进度和成本。另外,敏捷方法对设计者、开发者和客户之间的有效沟通和及时反馈要求比较高,所以不易在开发团队比较庞大的项目中实施,当然这也不是绝对的。

10.3.3　敏捷项目管理方式

提供产品价值,即在目标时间范围内生产的产品功能是敏捷项目管理的基础,并且客户是其流程的推动力。

为了在提供该价值方面有效而又及时地创新,敏捷团队采用了迭代、基于功能的交付。最后,为了确保该价值在现在以及未来的提供,产品可以在开发期间和第一次使用后都能够适应客户不断变化的需要,项目经理和团队需要创造环境,将卓越技术看作是一个关键的优先考虑事项。

1. 鼓励探索

探索是困难的,它会引发焦虑、颤抖,甚至有时是恐惧。敏捷项目管理需要鼓励和激发团队成员渡过这些高度变化环境造成的困难。这种鼓励包括保持自我镇静、鼓励实验、借鉴成功和错误,以及帮助团队成员理解产品构想。

鼓励型领导者知道好目标和坏目标之间的区别。领导者帮助弄清目标,团队透彻了解这些目标并以此鼓励自己。演示、原型、模拟和模型是相互交流的催化剂,它们组成了"共享空间",其中,开发者、市场人员、客户和经理可以做有意义的相互交流。共享空间有两个要求——直观化和公共性。公共性意味着原型需要得到开发工作的所有相关方的理解。

2. 建立团队

适应能力强的团队是敏捷项目管理的核心,它们结合了自由和责任、灵活性和结构。自我组织的团队的特征不是缺乏领导,而是一种领导风格。

建立自我组织的框架必须要:

(1) 找到适当的人:流程可以为人们的高效工作提供共同框架,但它不能代替能力和技能;产品是由能干、技术熟练的个人制造的,而不是由流程制造的。

(2) 清楚表述产品构想、界限和团队角色。

(3) 鼓励团队之间的相互交流和信息流动:健康团队关系的核心是信任和尊重。项目经理需要将精力放在相互交流、协作上,需要先协调,然后再准备适当的文档,因为文档会妨碍交流。

(4) 促进参与式决策:决策是协作的心脏和灵魂。团队如何做出决策确定了团队是否真正协作。选择双赢思维模式,用重新构思代替妥协。重新构思意味着将多种想法合并起来,创造一种比任何一个单独想法更好的东西。

(5) 坚持负责:责任和负责创造了高效的自我组织团队。信任是协作的基石,而履行承诺是建立信任的核心。

(6) 引导而不是控制:那些想建立适应能力强的、自我组织的项目团队的经理应该引导而不是控制,他们影响、轻推、促进、劝告,以及在某些情况下指导,他们将自己看作是教练。

同时,自律是自由、授权的前提。

(1) 自律的个人可以对结果负责。

(2) 用严谨的思维对抗现实。

(3) 参与激烈的交流和争论。

(4) 愿意在自我组织框架内工作。

(5) 尊重同事。

3. 简化流程

如果想要快速而敏捷,那么要使事情保持简单。速度不是简化的结果,但简化后却能提高速度。同时,简化流程会强迫人们思考和交流。

(1) 再生规则:简单规则是复杂性理论"群集智能"的一面。简单规则应用到一个充分交流的团队之中,会带来创新和创造力。应该为创新和生产设立界限最少的一组规则,并制定简单(但产生复杂行为)的规则组来营造创新环境。

(2) "刚刚足够"的方法论:在制定流程、方法、设计、文档并进行产品开发时,简化流程将我们引向刚刚够并进行精简,引向"比刚刚够少一点"。必须快速适应,但不要失去控制。

视频讲解

10.4　主要敏捷方法

手工作坊式的软件生产方式已经被无数次的项目失败证明为低效和应被舍弃的。传统软件开发方法(如 ISO 9000 和 CMM)在规范和保证开发进程的同时,由于其烦琐的过程控制和严格的文档要求招致了开发者潜在的抵触。

此外,开发人员流动性大于软件的可持续开发之间的矛盾日渐显露,如何保证软件的高可传承性以及尽可能地延长软件生命周期,成了摆在开发者和管理者面前的难题。为了应对这种局面,近年来已经出现很多敏捷型方法,它们有许多的共同特征,但也有一些重要的不同之处。这里,就其中影响比较大的几种敏捷方法做一些简单的介绍。

随着敏捷软件开发的发展,敏捷方法的数量逐渐增多,目前大约存在 20 种的敏捷方法,其中最受关注的敏捷方法主要有 Scrum、XP 和 Kanban。下面分别简单加以介绍。

10.4.1　极限编程

极限编程(eXtreme Programming,XP)是一种轻量级的软件开发方法,它使用快速的反馈,大量而迅速的交流,经过保证的测试来最大限度地满足用户的需求。极限编程的组成如图 10-13 所示。

XP 强调用户满意,开发人员可以对需求的变化做出快速的反应。XP 强调团队工作。项目管理者、用户、开发人员都处于同一个项目中,他们之间的关系不是对立的,而是互相协作的,具有共同的目标:提交正确的软件,如图 10-14 所示。XP 强调以下 4 个因素。

（1）交流（Communication）：XP 要求程序员之间以及和用户之间有大量而迅速的交流。

（2）简单（Simplicity）：XP 要求设计和实现简单及干净。

（3）反馈（Feedback）：通过测试得到反馈，尽快提交软件并根据反馈修改。

（4）勇气（Courage）：勇敢面对需求和技术上的变化。

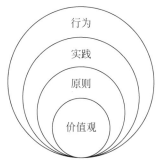

图 10-13　极限编程的组成

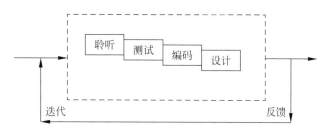

图 10-14　XP 流程

XP 特别适用于需求经常改变的领域，客户可能对系统的功能并没有清晰的认识，可能系统的需求经常需要变动。XP 也适用于风险比较高的项目，当开发人员面对一个新的领域或技术时，XP 可以帮助减低风险。XP 适用于小的项目（人员上），人员为 2～12 人，XP 不适用于人员太多的项目。事实上，在需求经常变化或风险比较高的项目中，少量而有效的 XP 开发人员效率要远远高于大量的开发人员。

10.4.2　Scrum 工具

Scrum 已经出现很久了，像前面所论及的方法一样，该方法强调这样一个事实，即明确定义了可重复的方法过程只限于在明确定义了的可重复的环境中，为明确定义了的可重复的人员所用，去解决明确定义了的可重复的问题。它的核心是迭代和增量。

Scrum 中有三种角色：产品经理（Product Owner）、项目经理（Scrum Master）、团队（Team）。具体流程如图 10-15 所示。

产品经理整理出按优先级排序的产品 Backlog（产品需求列表），然后召开 Sprint（开发周期）计划会议确定当前要进入的一个 Sprint 的 Sprint Backlog（选中产品 Backlog 的需求），进入 Sprint 开发，每日需要进行 Scrum 例会以检查项目当前进度和遇到的问题，Sprint 完成之后是 Sprint 评审会议，以检查 Sprint 产出的功能增量，最后是 Sprint 总结会议，总结 Sprint 中的经验和问题，以改善流程提高效率，把待改进的高优先级的事项加入到下一个 Sprint Backlog 中。

另外 Scrum 的三大特点和传统瀑布式的项目管理的最大区别如下。

（1）"可能性的"艺术：强调想事情的时候不应该把注意力集中在"不能做的事情"上，而是关注当下"什么事情可以做或者可能做"，不要被诸多的不确定性因素所困扰，先做可以做的，然后看有什么新的发现，有什么新的思维出现。

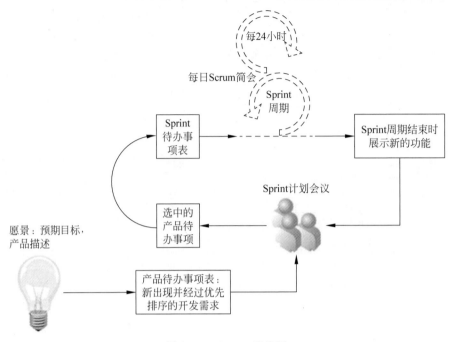

图 10-15　Scrum 流程图

（2）团队自组织，自管理：强调"放权"，让团队自己寻找解决问题的最佳方案。可以激发团队创造力，增强团队责任感，显著提高生产力。

（3）面对面沟通：强调面对面的沟通，以有效减少沟通障碍。

如图 10-16 所示，敏捷方法之极限编程（XP）和 Scrum 区别如下。

图 10-16　Scrum 偏重项目管理和 XP 偏重编程实践

（1）迭代长度的不同。XP 的一个 Sprint 的迭代长度大致为 1～2 周，而 Scrum 的迭代长度一般为 2～4 周。

（2）在迭代中是否允许修改需求。XP 在一个迭代中，如果一个 User Story（用户素材，也就是一个需求）还没有实现，则可以考虑用另外的需求将其替换，替换的原则是需求实现的时间量是相等的。而 Scrum 是不允许这样做的，一旦迭代开工会完毕，任何需求都不允许添加进来，并有 Scrum Master 严格把关，不允许开发团队受到干扰。

（3）在迭代中，User Story 是否严格按照优先级别来实现。XP 是务必要遵守优先级别的，但 Scrum 在这点上做得很灵活，可以不按照优先级别来做。Scrum 这样处理的理由是：如果优先问题的解决者由于其他事情耽搁，不能认领任务，那么整个进度就耽误了。另外一个原因是，如果按优先级排序的 User Story ♯6 和 ♯10，虽然 ♯6 优先级高，但是如果 ♯6 的实现要依赖于 ♯10，则不得不优先做 ♯10。

（4）软件的实施过程中，是否采用严格的工程方法，保证进度或者质量。Scrum 没有对软件的整个实施过程开出工程实践的处方，要求开发者自觉保证；但 XP 对整个流程方法定义非常严格，规定需要采用 TDD、自动测试、结对编程、简单设计、重构等约束团队的行为。

10.4.3　Cockbum 的水晶系列方法

水晶系列方法是由 Alistair Cockbum 提出的，如图 10-17 所示。

图 10-17　Alistair Cockbum 和水晶系列方法

水晶系列方法与 XP 方法一样，都有以人为中心的理念，但在实践上有所不同。Alistair 考虑到人们一般很难严格遵循一个纪律约束很强的过程，因此与 XP 的严格纪律性不同，Alistair 探索了用最少纪律约束而仍能成功的方法，从而在产出效率与易于运作上达到一种平衡。也就是说，虽然水晶系列不如 XP 那样的产出效率，但会有更多的人能够接受并遵循它。Crystal 系列开发方法分为 Crystal Clear、Crystal Yellow、Crystal Orange 和 Crystal Red，分别适用于不同的项目。项目可以按照参加的人员和重要性划分。

图 10-18 给出了 Crystal Clear 的七大特征，即水晶方法有七大体系特征。透明水晶方法适合于一个小团队进行敏捷开发，人数在 6 人以下为宜。该方法具有的七大体系特征如下。

1. 经常交付

任何项目无论大小、敏捷程度，其最重要的一项体系特征是每过几个月就向用户交付已测试的运行代码。如果使用了此体系特征，就会发现，"经常交付"的作用还是很让人吃惊的。

项目主办者根据团队的工作进展获得重要反馈。用户有机会发现他们原来的需求是否是他们真正想要的，也有机会将观察结果反馈到开发当中。开发人员打破未决问题的死结，

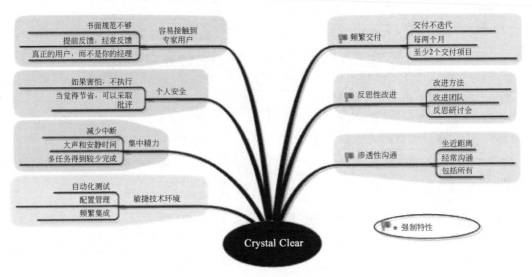

图 10-18　Crystal Clear 的七大特征

从而实现对重点的持续关注。团队得以调整开发和配置的过程，并通过完成这些工作鼓舞团队的士气。

2. 反思改进

开发中时常会出现这样那样的问题，如技术难题、各种烦心事，等等。这会在很大的程度上影响项目的进展。而且，如果其他任务对这项任务有依赖的话，那么其他的任务也会被推迟，这就很可能会导致项目的失败。

换句话说，如果我们能够经常在迭代会中及时地反思和改进，那么这种事情应该是不会发生的，或者说发生了，也能够很快地找到解决方案去应对它。事实上，从慌乱的日常开发中，抽出一点儿时间来思考更为行之有效的工作方法就已经足够了。

3. 渗透式交流

渗透式交流就是信息流向团队成员的背景听觉，使得成员就像通过渗透一样获取相关信息。这种交流通常都是通过团队成员在同一间工作室内工作而实现的。若其中一名成员提出问题，工作室内的其他成员可以选择关注或不关注的态度，可以加入到这个问题的讨论当中来，也可以继续忙自己的工作。

4. 个人安全

个人安全指的是，当你指出困扰你的问题时，你不用担心受到报复。个人安全非常重要，有了它，团队可以发现和改正自身的缺点。没有它，团队成员们知而不言，缺点则愈发严重以至于损害整个团队。个人安全是迈向信任的第一步。有了信任，团队协作才能真正的实施，开发效率也就会直线上升的。

5. 焦点

焦点就是确定首先要做什么，然后安排时间，以平和的心态开展工作。确保团队成员清楚地了解他们自己最重要的任务是什么，确保他们能够有充分的时间去完成这些任务。

6. 与专家用户建立方便的联系

与专家用户持续建立方便的联系能够给团队提供：对经常交付进行配置以及测试的地方，关于成品质量的快速反馈，关于设计理念的快速反馈，最新的（用户）需求。

7. 配有自动测试、配置管理和经常集成功能的技术环境

自动测试可以为开发人员在代码修改后就进行自动测试，并且能够发现存在的一些Bug，以至开发人员能够及时地进行修改，对于他们来说，节省了时间，提高了效率，而且还不用为烦人的测试而苦恼。

配置管理系统允许人们不同步地对工作进行检查，可撤销更改，并且可以将某一系统设置保存后进行新系统的发布，当新系统出现问题，即可还原原系统的设置。

经常集成可以使得团队在一天之内对系统进行多次集成。其实，团队越频繁地对系统进行集成，他们就能够越快地发现错误，堆积到一起的错误也会越少，并使他们产生更新的灵感。最好的团队是将这三大技术结合成"持续测试集成技术"。这样做，他们可以在几分钟内发现因集成所产生的错误。

10.4.4　开放式源码

这里提到的开放式源码指的是开放源码界所用的一种运作方式。

开放式源码项目有一个特别之处，就是程序开发人员在地域上分布很广，这使得它和其他敏捷方法不同，因为一般的敏捷方法都强调项目组成员在同一地点工作。开放源码的一个突出特点就是查错排障（Debug）的高并行性，任何人发现了错误都可将改正源码的"补丁"文件发给维护者，然后由维护者将这些"补丁"或是新增的代码并入源码库。

多数开放源码项目有一个或多个源码维护者。只有维护者才能将新的或修改过的源码段并入源码库。其他众人可以修改源码，但需将他们所做的改动送交给维护者，由维护者对这些改动进行审核并决定是否并入源码库。通常来说，这些改动是以"补丁"文件的形式，这样处理起来容易一些。维护者负责协调这些改动并保持设计的一致性。

维护者的角色在不同的项目中有不同的产生和处理方式。有些项目只有一个维护者，有些项目把整个系统分成若干个模块，每个模块有一个维护者。有些是轮流做维护者，有些是同一个源码部分有多个维护者，有些则是这些方式的组合。许多开放源码项目的参与者只是部分时间（或业余时间）参与，如果项目要求是全日制的，那么这有一个问题，就是怎样才能把这些开发人员有效地协调组织起来。

开放源码的一个突出特点就是查错排错的高度并行性，因为许多人都能同时参与查错排错。如果他们发现了错误，他们可将改正源码的"补丁"文件发给维护者。这种查错排错角色对非维护者来说合适，对那些设计能力不是很强的人来说，也是一项挺好的工作。

开源软件是一种源代码可以任意获取的计算机软件。开源软件开发方法是伴随着互联网在全球的快速发展而兴起的。以 Linux 为例，Linux 起步发展的时间（1993—1994 年）与互联网在全球的快速发展几乎是同步的。开源软件开发方法依赖于分散在全球的开发者和使用者的协作，而只有互联网才能为这种大规模协助提供交流沟通的工具。廉价的互联网

是 Linux 模式得以发展的必要条件。

在缺乏自顶向下的严格项目管理和传统上大家认可的软件工程最佳实践的情况下,开源软件开发方法取得了巨大的成功,Eric Steven Raymond 在《大教堂与集市》一文中对开源软件开发方法进行了深入分析。Eric 提出了"Linus 定律":"如果有足够多的 Beta 测试者和合作开发者,几乎所有问题都会很快显现,然后自然有人会把它解决掉。"同时,Eric 给出了一些具有指导意义的实践,例如"早发布,常发布,倾听用户的反馈""把你的用户当成开发合作者对待,如果想让代码质量快速提升并有效排错,这是最省心的途径""设计上的完美,不是没有东西可以再加,而是没有东西可以再减",得到了很多软件开发者的接受和认同。

作为一种软件开发方法,开源软件开发的贡献者(contributor)缺乏严格的人员和任务上的管理。为了保证开源软件的质量,开源社区一般都有严格的代码提交社区审核制度。开发者通常一次只允许提交少量代码。代码提交后,会触发社区代码审核,经过开发社区的主要贡献者(committer 或 maintainer)确认后,才能够通过代码配置系统整合到代码主分支上。

随着开源软件的快速发展,众多软件企业开始使用开源软件,或者将开源软件集成到自己的商业软件中。小到个别功能模块,大到整个 IT 基础设施,都可以看到各种开源软件的存在。同时,众多软件企业开始投入资源参与社区开源软件的开发。例如,英特尔公司贡献了大量 Linux 核心代码;IBM 贡献了 Eclipse;谷歌(Google)、脸书(Facebook)、网飞(Netflix)等公司均将公司内部很多项目开源,一方面为软件社区提供了优质的软件,同时也加速了公司自身的软件开发速度和质量。不仅如此,不少大型软件公司也开始尝试将开源软件开发方法引入到内部的商业软件开发中,提出了"内部开源"(inner source)方法。

此外,开源软件开发方法还启发了一种称为众包(Crowdsourcing)的软件开发组织方式,继承了开源软件开发的大部分实践,但与传统开源软件开发方法还存在一些差异。众包方式下,往往是由确定的管理者(个人、小组、公司)来主导软件开发的内容和软件系统的演化走向,管理者发布开发任务,而贡献者往往会因为完成开发任务而获得一定的报酬(类似一种雇佣关系);在传统的开源软件开发中,贡献者与开源系统的管理者之间是一种对等关系,管理者一般不会向社区发布明确的开发任务,而贡献者更多的是以服务自己和社区的目的来完成开发工作,一般都是无偿的。

10.4.5　Coad 的功用驱动开发方法

特征驱动开发(Feature Driven Developments,FDD)是由 Jeff De Luca 和 Peter Coad 提出来的。像其他方法一样,它致力于短时的迭代阶段和可见可用的功能。在 FDD 中,一个迭代周期一般是两周。

在 FDD 中,编程开发人员分成两类:首席程序员和"类"程序员(class owner)。首席程序员是最富有经验的开发人员,他们是项目的协调者、设计者和指导者,而"类"程序员则主要做源码编写。

FDD 方法包括 5 个过程,其中的按照功能设计和构建是反复的迭代过程,如图 10-19 所示。

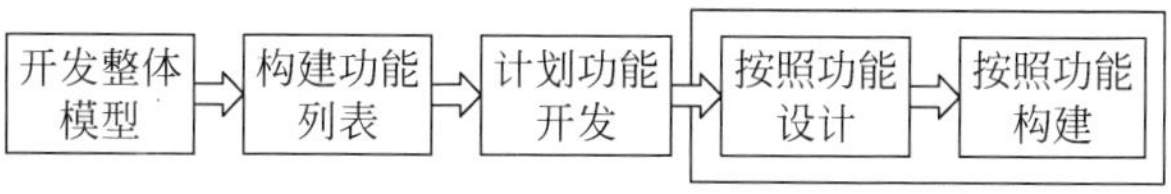

图 10-19　FDD 流程图

（1）开发整体模型：这是 FDD 开始一个项目的初始工作，在主设计师的指导下，带领领域专家和开发小组成员一起工作。主要是收集系统的功能需求，然后使用四色原型进行域建模。在此阶段中，能够得出系统的架构设计图。

（2）构建功能列表：这个过程确定所有用于支持需求的功能。由领域专家和开发小组进行功能分解。根据领域专家对领域的划分，将整个领域分成一定数量的区域（主要功能集），每个区域再细化为一定数量的活动。活动中的每一步被划分成为一个功能，形成了具有层次结构的分类功能列表。在此阶段中，能够形成系统的概要设计。

（3）计划功能开发：项目经理、开发经理和开发小组根据功能的依赖性、开发小组的工作负荷以及要实现的功能的复杂性，计划实现功能的顺序，完成一个功能开发计划。它提供了对项目的高层视图，让业务代表了解功能开发、测试和发布日期，以便业务代表和部署小组能够计划交付哪些功能的日期。本阶段的主要成果是能够形成项目开发计划。

（4）按照功能设计：项目经理和上一阶段指定的各个功能集的主要程序员一起对功能进行详细设计。同时在域模型的基础上进行分析、设计，得出分析模型、设计模型。由于一次设计并不全面，因此也可以直接进入设计模型。根据设计的结果制定出项目的里程碑。这里会有一个设计评审的环节。本阶段的成果应该包括详细设计、项目里程碑计划等。

（5）按照功能构建：按照设计进行编码实现，由程序员实现各自负责的类。在代码完成后有必要组织代码复查、评审。在测试和检查通过后检入到配置管理库中进行构建。第 5 和第 4 阶段是一个迭代的过程，迭代周期一般为两个星期。这样经过不断地迭代，不断地实现功能集中的功能。每一个里程碑的时候进行评估、回顾，并考虑下一个里程碑的继续，直到最后项目的完成。

10.4.6　自适应软件开发方法

自适应软件开发（Adaptive Software Development，ASD）方法由世界知名的敏捷专家、《敏捷宣言》的创始人吉姆·海史密斯（Jim Highsmith）提出，如图 10-20 所示。其核心是三个非线性的、重叠的开发阶段：猜测、合作与学习。

在不可预见的环境里，需要大家能以多种多样的方式合作来对付不确定性。在管理上，其重点不在于告诉大家做什么，而是鼓励大家交流沟通，从而使他们能自己提出创造性的解决方案。

在可预见性环境里，通常是不大鼓励学习的。设计师已经都设计好了，你跟着走就行了。

事实上，项目中使用的所有敏捷方法都是混合型的。例如，一个组织的项目管理层可能采用 APM（和部分 PMBOK 的组合），迭代管理层用 Scrum，而在技术层选用 XP 做法。通过汲取几种敏捷方法的优点，可以构建高效的混合方法，或者可以为项目的不同部分构建几种不同的组合方法。

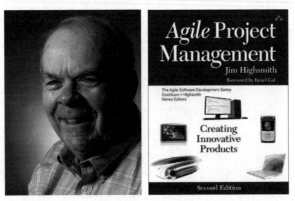

图 10-20　吉姆·海史密斯和自适应软件开发

10.4.7　DevOps

DevOps(Development 和 Operations 的组合词)是一组过程、方法与系统的统称,用于促进开发(应用程序/软件工程)、技术运营和质量保障(QA)部门之间的沟通、协作、整合。

DevOps 是一种重视"软件开发人员(Dev)"和"IT 运维技术人员(Ops)"之间沟通合作的文化、运动、惯例。通过自动化"软件交付"和"架构变更"流程,使得构建、测试、发布软件能够更加快捷、频繁和可靠,如图 10-21 所示。

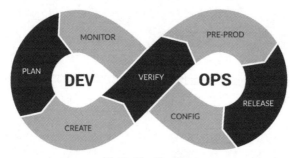

图 10-21　DevOps

DevOps 的出现是由于软件行业日益清晰地认识到:为了按时交付软件产品和服务,开发和运维工作必须紧密合作。

进入 2000 年,随着互联网应用的日益广泛,用户对软件系统和服务提出了更多的要求,"多、快、好、省"已成为大多数互联网时代软件用户的基本期望。具体而言,功能要丰富,更新要及时,运行要稳定可靠,同时用户获取服务的成本不能过高。然而,有一些因素却制约着这样的目标的达成。

(1) 由于互联网时代的用户已经经历了较为长期的信息时代的熏陶,对于软件产品和服务已有较为深入的理解;作为软件产品和服务的提供方,为了吸引用户和流量,往往都提出了以用户为中心的口号,综合起来,用户的需求多样性问题更加突出。

(2) 软件产品和服务的地位已经从辅助社会生活发展到不可或缺的状态,服务宕机已经越来越成为一种难以接受的情形。

(3) 长期信息化建设的结果使得软件产品或者服务的部署环境错综复杂,软件系统从通过测试到在生产环境部署和应用之间的鸿沟日益凸显。

所有一切使得人们对软件产品和服务的需求与软件产品和服务的开发能力之间越来越不匹配(这正是软件危机的起源),DevOps 应运而生。从起源来看,DevOps 是敏捷开发的延续,将敏捷的思想延伸至运维(operation)阶段,以期快速响应变化和交付价值。目前,DevOps 方法已对软件产业产生了深远影响,越来越多的软件企业开始采用这种新的模式。DevOps 之所以产生如此巨大的影响不是偶然的。这种方法本身具有的特性非常适合在:①需求很难确定;②需要快速响应变更;③需要快速提供价值;④需要高可靠性、安全性等这样的所谓互联网时代软件环境中得到应用。

(1) DevOps 的方法论基础是敏捷软件开发、精益思想以及 Kanban 方法,是一种鼓励快速迭代,同时尽快向用户交付价值的软件过程。用户往往在项目早期就可以使用软件系统的部分功能,并在其后持续获得系统的更新和升级。

(2) 以领域驱动设计为指导的微服务架构(Microservice Architecture)方式帮助用户重塑和分解组织业务架构,解耦复杂应用系统,从而支持不中断服务的系统更新。

(3) 大量虚拟化技术的使用使得开发测试环境与生产环境几乎没有差别,新功能模块(服务)封装在容器中,以类似集装箱形式快速部署到生产环境中。

(4) 一切皆服务(X as a Service,XaaS)的理念指导大大降低了开发、部署和运维的难度,同时也降低了使用成本。一些云服务提供商提出了函数即服务(Function as a Service,FaaS)的概念,按照函数执行期间所需资源计费,极大地提升了计算机关键资源(例如 CPU、网络等)空闲时间的利用率,从而大大降低了使用成本。

(5) 构建了强大的工具链,支持高水平自动化。代码从编写完成到部署上线,几乎不需要人工干涉。

图 10-22 给出了上述 DevOps 的过程。上述实践不是各自独立的,而是需要相互配合以支持前文提及的软件开发目标。从一些行业调查数据来看,观察到了一些在以往难以想

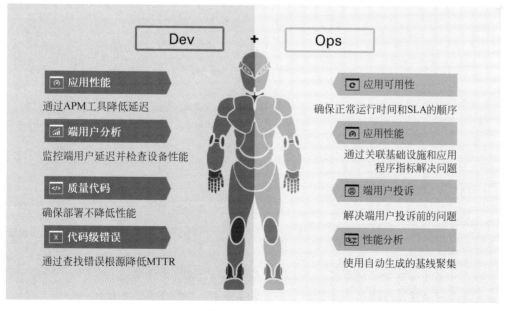

图 10-22 DevOps

象的提升。例如,在不中断服务的情况下,谷歌的服务更新达到了每天 5000 次,亚马逊的更新则达到了 23 000 次以上。作为一种新的软件开发和运维方法,DevOps 在工业界已有大量的应用和探索。

10.5　案例分析:敏捷开发技术在电子商务软件中的应用

视频讲解

10.5.1　项目背景说明

项目背景如下:一个国内某大型国有钢铁贸易企业,其业务形式大部分采用期货订货,客户群也比较广泛,订货时间相对比较稳定,一般集中在月底的 10 天左右。

该企业原来开发了一套适合自己企业运作的贸易企业 ERP 系统,但是仅仅是在公司内部使用,功能也很有限,不能够很好地和客户进行信息交流,往往客户在集中订货的时候,因为订货量巨大,而且时间集中,所以造成该企业的业务人员忙得团团转,而且经常会发生排队订货的现象,同时由于是期货订货,所以该企业还得向上游供应商订货,这样一来一去,给工作带来极大的不便,也容易造成混乱和漏洞。

因此,介于用户这样的情况,需要开发一套网上期货订货系统,将订货的整个环节都打通,真正实现 24 小时订货。减少人工干预,通过和几个系统之间的集成,做到实时的信息流通。但是这样一个系统对于该企业来说,毕竟是第一回,国内也没有相关成熟的案例和模型,所以实施存在极大的风险性。而且其他同行业的竞争对手也在着手打造这样的一个系统,所以尽早建立网上订货系统,对于提高顾客的忠诚度和满意度都是大有裨益的,所以对工期的要求也非常严格。根据以上情况,决定采用敏捷开发技术来实施这个项目。

10.5.2　项目组织机构

建立联合实施团队由电子商务公司的项目实施人员和客户方的关键用户一起构成,统一受客户方的常务副总指挥。

(1)工作方式:在客户现场办公,在调研的同时做需求,根据系统架构和功能划分,边做设计边做开发。

(2)沟通方式:每天下班前半小时,所有项目组成员必须坐在一起沟通交流,对每天的工作进行总结和经验交流。每周召开一次推进和培训会议,在不断的开发过程中进行对用户的业务知识、系统知识和操作的培训,为将来系统的运行维护打下更好的基础。

10.5.3　项目实施过程

第一轮循环实施周期两个月,不但搭建了整个应用的整体框架,还实现了两大品种的单向期货订货流程。

第二轮循环实施周期两个月,打通了向供应商的期货订货环节,并且实现了另外两个品种的订货。同时逐步将前期做好的系统向用户做推广使用,在不断完善的过程中,对本阶段的项目开发实施做修正。

第三轮循环实施周期三个月,由开发人员和客户方的关键用户对期货订货系统进行完善和优化。

10.5.4　项目实施效果

客户方由于实施了该项目,给订货用户和公司业务员带来很大的便利,效率大大提高,再也没有排队订货的状况,再也没有业务员通宵达旦地处理订货需求,再也不会和供应商之间发生信息失真的现象。系统的快速实施和推进使得客户对该系统也越来越依赖,同时该公司的销售业绩也再创新高。

由于采用了敏捷开发技术,极大地降低了开发成本,大大提高了开发的效率。尽管在整个项目实施过程中存在大量的变更和修正,但是这样的开发方式可以很有效地避免带来更多负面的扯皮现象。

因为项目成员由高水平的开发人员参加,所以对客户的业务理解非常深入,在实际的项目开发当中,不但承担了具体开发的工作,还向客户方提出很多很好的建议改进措施,以便业务更加优化,操作更加顺畅。一方面,客户方从中收益;另外一方面,开发人员的能力也得到了极大的提高。

图 10-23 对敏捷开发的过程进行了总结。

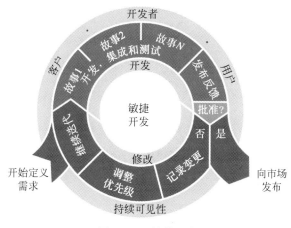

图 10-23　敏捷开发

最后,精益开发(Lean Development)是建立于敏捷方法基础之上的一种较新的方法。源于 2003 年出版的《精益软件开发:敏捷软件开发工具箱》一书。顾名思义,这种方法提出了简化软件和软件开发、精简团队、推迟决策、快速交付等原则。

敏捷和精益方法在开发社区中非常流行。许多大型开发商已能成功应用这两种方法。若一个公司每隔几天或者几周就能发布软件的新版本,那么通常组合使用敏捷和精益方法。与此同时,也有使用这两种方法失败的公司,有少量公开的和许多保密的失败案例。在互联网上,很容易搜索到反对敏捷和精益方法的网站。

敏捷方法和精益软件开发(Lean Software Development)均出现于 20 世纪 90 年代后期,也就是 1995 年软件生命周期编入国际标准 ISO 12207 之后不久。这个标准反映了在互联网出现之前的 20 世纪 90 年代里普遍采用的一种方法。互联网在很大程度上迫使软件开发者尽可能缩短软件生命周期，这样可以允许开发者更快速地把新的研究成果提供给客户，也允许客户快速反馈意见。

小结

　　敏捷项目管理在传统项目管理的基础上，把项目管理的职能化"有形"为"无形"，适合知识型员工的、带有创新性质的中小型项目，为我们缩短产品交付周期，提高员工积极性，营造良好的团队文化提供了一条新的途径。

　　敏捷过程有一个很好的思想，就是软件工程师必须跟顾客和用户直接面对面交谈，赶快把程序做好，所用的方法越简单越好。事实上，采用敏捷过程开发软件时，工作量非常大，工作人员压力也很大，因为必须在很短的时间内把软件做出来。敏捷工程的贡献就在于对过去的软件工程，包括需求工程的一个批判。批评的不是优美的数学和很厚的文档，也不是根据能力成熟度模型一步一步去做，而是强调这样一种观念：归根结底，把软件做好了，符合客户要求才是硬道理。根据这种观念，再多的过程，再厚的文档，再好的数学，再高的能力成熟度模型检测，如果没有软件，一切都是空的。

　　敏捷过程在工业界产生很大影响，但在学术上并没有提出一个完善的思想框架，只是给出一种很好的过程。本章对敏捷项目进行简介，介绍了敏捷项目的角色和职责，并且讲解了敏捷项目的特征及基础，探究了敏捷项目经理的典型任务，尤其是评估、报告、计划、执行回顾以及执行诸如清除阻碍这样的每日活动的任务。

思考题

1. 什么是敏捷项目管理？敏捷项目管理的主要特征有哪些？
2. 论述敏捷项目管理与传统项目管理的区别。
3. 阐述敏捷项目管理的角色。
4. 阐述敏捷项目管理的职责。
5. 简述敏捷项目管理的 5 个阶段。
6. 阐述常用的敏捷方法。

第11章

软件项目管理软件

我们所使用的工具影响着我们的思维方式和思维习惯,从而也将深刻地影响着我们的思维能力。

——艾兹格·迪杰斯特拉(Edsger Dijkstra)

项目管理是一门实践丰富的艺术与科学,也是一种融合技能、工具的"工具箱",有助于预测与控制组织工作的成果。项目管理软件有助于制订项目计划和跟踪项目计划的执行。

人工维护项目管理数据通常是很麻烦的。利用项目管理软件,数据资源的任何更改都会自动反映到网络图表、成本表、资源图表这些项目文件中。凭借优秀的项目管理软件,可以解决以下问题:要取得项目的可交付成果必须执行什么任务?以何种顺序执行?应于何时执行每一个任务?谁来完成这些任务?成本是多少?如果某些任务没有按计划完成,该怎么办?对那些关心项目的人而言,交流项目详情的最佳方式是什么?

有了项目管理工具,就不用手工进行繁杂的计算工作了,并可以大大提高效率和精确性。通常,项目管理软件具有预算、成本控制、计算进度计划、分配资源、分发资源、分发项目信息、项目数据的转入和转出、处理多个项目和子项目、制作报表、创建工作分解结构、计划跟踪等功能。这些工具可以帮助项目管理者完成很多工作,是项目经理的得力助手。

本章共分为四部分。11.1 节介绍 Project 入门;11.2 节介绍创建任务列表;11.3 节介绍设置资源;11.4 节介绍分配资源。

11.1 Project 简介

视频讲解

在项目管理工具箱中,微软 Office Project 2019 是最常用的工具之一。下面将介绍如何使用 Project 建立项目计划(包括任务与资源的分配),如何使用 Project 中扩展的格式化特性来组织与格式化项目计划的详细信息,如何跟踪实际工作与计划是否吻合,以及当工作与计划脱轨时如何采取补救措施。

本部分围绕着一个虚构的电影公司(Southridge Video and Film Productions)展开。每个电视广告或电影就是一个项目,事实上,有一些还是相当复杂的项目,涉及成百上千的资源但时间限制却很严苛。如此一来,你可以将它们的解决方案应用于自己的日程安排需求。

11.1.1 Project 系列产品

世界上最好的管理工具也不能替代自己的准确判断,但是工具有助于完成下列工作。

(1) 跟踪收集与工作有关的所有信息,如项目的工期、成本、资源需求。

(2) 以标准、美观的格式形象具体地呈现项目计划。

(3) 一致、高效地安排任务和资源。

(4) 与其他微软 Office 系统应用程序交换项目信息。

(5) 作为项目经理的你在保持对项目的最终控制权的同时,又能与资源和其他项目干系人交流。

(6) 使用外观和操作类似桌面程序的应用来管理项目。

微软 Office Project 2019 系列包括的产品众多,具体有以下几种。

(1) 微软 Office Project Standard 2019:用于项目管理的基于 Windows 的桌面应用程序。此版本为单一项目管理人员设计,并且不能与 Project Server 交互。

(2) 微软 Office Project Professional 2019:基于 Windows 的桌面应用程序,包括 Standard 版的完整特性集,还有使用 Project Server 时需要的项目团队计划和通信功能。Project Professional 加上 Project Server 是微软的企业项目管理(Enterprise Project Management,EPM)产品的代表。

(3) 微软 Office Project Server 2019:基于内联网的解决方案。结合 Project Professional 使用时支持企业级的项目合作、时间表报表和状态报表。

(4) 微软 Office Project Web Access 2019:使用 Project Server 时所用的基于互联网 Explorer 的界面。

(5) 微软 Office Project Portfolio Server 2019:组合(Portfolio)管理解决方案。

11.1.2 启动 Project

在此,将启动 Project Professional,基于模板(包含一些初始数据,可作为新建项目计划的起点)创建文件,查看默认 Project 界面的主要区域。如果使用 Project Professional 连接到 Project Server,还要进行一次性的设置,指定 Project Professional 的启动方式,以便使用本文件时不致影响 Project Server。

(1) 在 Windows 任务栏上,单击"开始"按钮,显示"开始"菜单。

(2) 在"开始"菜单上,指向"所有程序",单击微软 Office,然后单击微软 Office Project 2019,此时显示 Project Professional,如图 11-1 所示。

Project 窗口的主要界面元素包含下面几方面。

① 主菜单栏和快捷菜单:提供 Project 指令。

② 工具栏:提供对常见任务的快速访问,大多数工具栏按钮对应某一菜单栏命令。

图 11-1　Project Professional 主界面

弹出的屏幕提示会描述用户指向的工具栏按钮。Project 会根据用户使用特定工具栏按钮的频率来定制工具栏。最常用的按钮会在工具栏上显示，而较少使用的按钮则暂时隐藏。

③ 项目计划窗口：包含活动的项目计划（将 Project 要处理的文件类型称为项目计划，而不是文件或进度表）的视图，活动视图的名称会显示在视图左边缘上，此例中为"甘特图"视图。

接下来，会查看 Project 中包含的模板，并根据其中之一创建项目计划。

（3）单击"文件"菜单中的"新建"命令，此时会显示"新建项目"窗口，如图 11-2 所示。

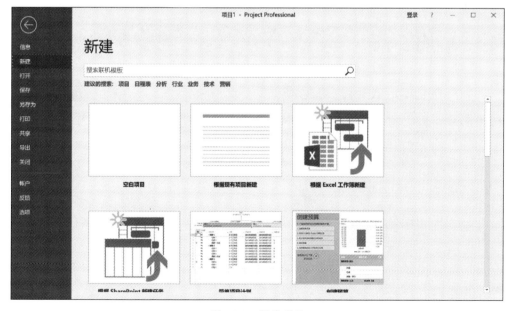

图 11-2　新建项目

（4）单击"简单项目计划"（可能需要向下滚动项目模板列表才能看到），然后单击"创建"按钮。Project 根据"简单项目计划"模板创建项目计划，如图 11-3 所示。

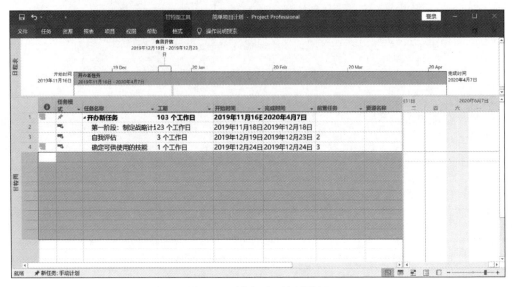

图 11-3 创建项目计划模板

下面将使用样本数据来标识 Project 界面的主要组成部分。

11.1.3 视图和报表

Project 中的工作区称为视图。Project 包含若干视图，但通常一次只使用一个（有时是两个）视图。使用视图可输入、编辑、分析和显示项目信息。默认视图（Project 启动时所见）是"甘特图"视图，如图 11-4 所示。

图 11-4 "甘特图"视图

通常,视图着重显示任务或资源的详细信息。例如,"甘特图"视图在视图左侧以表格形式列出了任务的详细信息,而在视图右侧将每个任务图形化,以条形表示在图中。"甘特图"视图是显示项目计划的常用方式,特别是要将项目计划呈送他人审阅时。它对于输入和细化任务详细信息及分析项目是有利的。

下面将以"甘特图"视图启动 Project,然后切换到突出项目计划不同部分的其他视图。

(1) 单击"视图"菜单中的"资源工作表"命令,此时,"资源工作表"视图将代替"甘特图"视图,如图 11-5 所示。

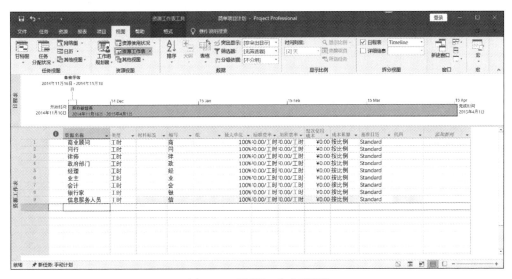

图 11-5　"资源工作表"视图

"资源工作表"视图以行列格式(称为表)显示资源的详细信息,一行显示一个资源。此视图是工作表视图的一种。另一种工作表视图称为任务工作表视图,用于列出任务的详细信息。注意,"资源工作表"视图并没有告诉用户资源所分配到的任务的任何信息,如想查看此类信息,需要切换到不同视图。

(2) 单击"视图"菜单中的"资源使用状况"命令,此时,"资源使用状况"视图将代替"资源工作表"视图,如图 11-6 所示。

该使用状况视图将每一个资源所分配到的任务组织在一起。另一种使用状况视图是"任务分配状况"视图,其用途与前一种视图相反,用于显示分配到每一个任务的所有资源。使用状况视图也可以将每一个资源的工时分配以不同时间刻度显示,如每天或每周。

(3) 单击"视图"菜单中的"任务分配状况"命令,此时,"任务分配状况"视图将代替"资源使用状况"视图。

(4) 在视图左侧的表部分单击"定义业务构想"(第三个任务的名称)。

(5) 在"任务"工具栏上单击"滚动到任务"按钮,如图 11-7 所示。

使用状况视图是用于查看项目详细信息的相当复杂的方式,下面将切换到更简单的视图。

(6) 单击"视图"菜单中的"日历"命令,显示"日历"视图,如图 11-8 所示。

图 11-6　"资源使用状况"视图

图 11-7　单击"滚动到任务"按钮后的"任务分配状况"视图

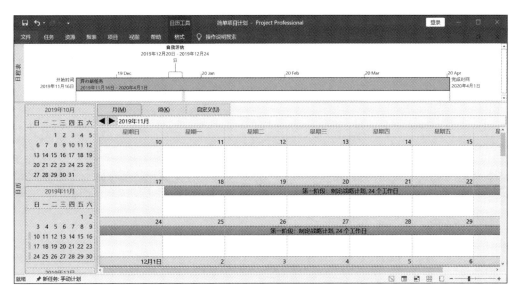

图 11-8 "日历"视图

这种简单的月或周的概略视图没有前一视图中的表结构、时间刻度或图元素。任务条会显示在它们各自被排定的起始日期中,如果任务的工期长于一天,任务条会延展跨越数日。

项目管理中的另一种常用视图是网络图。

(7) 单击"视图"菜单中的"网络图"命令,显示"网络图"视图,如图 11-9 所示。使用滚动条查看"网络图"视图的不同部分。

图 11-9 "网络图"视图

此视图重点强调任务关系。"网络图"视图中的每个框或节点显示某个任务的详细信息,框之间的线表示任务间的关系。和"日历"视图一样,"网络图"视图没有表结构,整个视图就是一个图。

下面来看看报表。

项目包含两种类型的报表：表格报表用于打印，可视报表用于将 Project 数据输出到 Excel 和 Visio 中。可视报表使用 Project 中的 Excel 和 Visio 模板来生成设计美观的图表。

可以直接将数据输入报表。Project 包括数个预定义的任务和资源报表，可以使用它们来获得想要的信息。

（1）单击"报表"菜单中的"新建报表"命令，显示"报表"窗口，其中显示 Project 中可用的 4 种报表类型，如图 11-10 所示，该图显示的是空白报表示例。

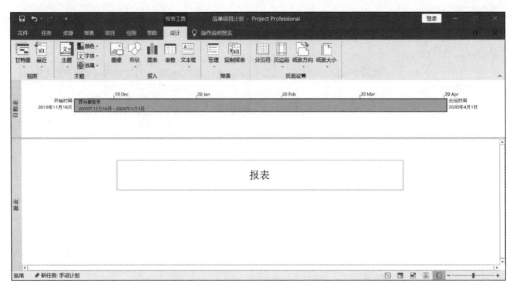

图 11-10　空白报表示例

（2）在"报表"列表中，单击"资源"的"资源概述"，在窗口中将显示"资源概述"图形报表，如图 11-11 所示。

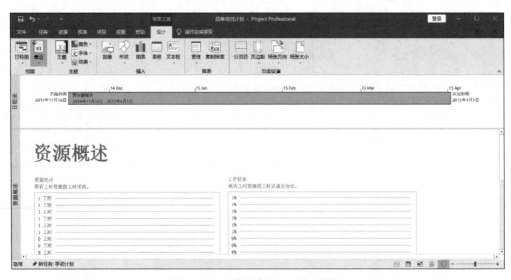

图 11-11　预览"资源（工时）"报表

此报表为项目计划中可用资源的完整列表,类似于"资源工作表"视图中所见。如想放大观看,可移动鼠标指针(形如放大镜)到报表的特定部位,然后单击。再次单击则返回全页预览。

(3)接下来创建一个可视报表,以便仔细查看总的资源工作量及其在项目生命周期中的可用性。此步骤要求计算机上安装有微软 Office Excel 2013 或更高版本,如果没有,请跳至最后的步骤。

(4)单击"报表"菜单中的"可视报表"命令,显示"可视报表"对话框,其中列出了 Project中所有预定义的可视报表,如图 11-12 所示。

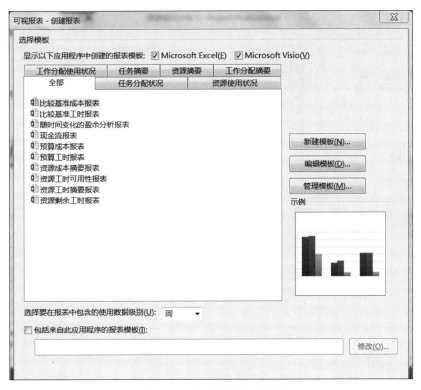

图 11-12 "可视报表"对话框

对于每一个可用报表而言,Project 都会将数据输出到 Excel 或 Visio,然后在上述任一程序中生成图表。

(5)在"显示以下应用程序中创建的报表模板"选项区中,确保选中 Microsoft Excel,并且"全部"选项卡处于可见状态。

(6)单击"资源剩余工时报表",然后单击"视图"。Excel 启动,Project 会将资源数据输出到 Excel(此过程可能会花一点儿时间),如图 11-13 所示。"图表 1"工作表中包含每个资源实际与剩余工时的多层线条图表。也可以通过"资源摘要"工作表查看图表反映的数据。因为图表是基于 Excel 的数据透视表的("资源摘要"工作表中可见),所以可调整数据和相应的图表。

(7)关闭 Excel 并且不保存可视报表。

(8)单击"关闭"按钮关闭"可视报表"对话框。

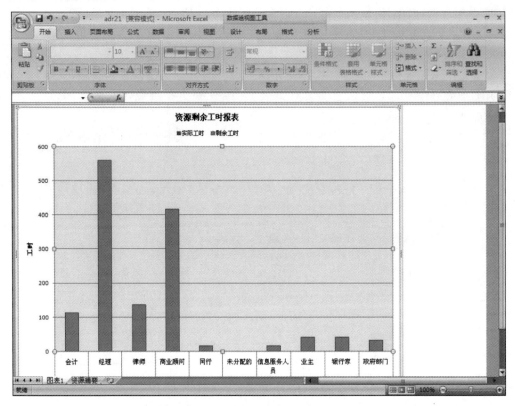

图 11-13　资源剩余工时报表

在结尾，关闭用于学习视图和报表的文件。

（9）单击"文件"菜单中的"关闭"按钮，关闭"开办新业务"计划。在提示是否保存修改时，单击"否"按钮。

11.1.4　创建新项目计划

项目计划本质上是为参与的实际项目的某几方面内容（预想会发生的以及希望发生的，二者最好差别不大）构建的模型。此模型关注实际项目的某些（不是全部）方面，即任务、资源、时间框架及其相关成本。

正如所预期的那样，Project 主要关注时间问题。你可能想知道项目的计划开始日期、完成日期或两者。但是，使用 Project 时只需指定一个日期：项目的开始日期或完成日期。为什么？因为输入项目的开始日期（或完成日期）和项目工期后，Project 会自行计算其他时间。Project 不只是一个进度信息的统计库，它还是一个日程安排工具。

大多数项目应该使用开始日期来安排进度，即使你知道项目必须在某一期限完成。从开始日期安排进度的后果是所有任务都会尽早开始，并会提供最大程度的日程安排的灵活性。在后文中，在处理一个以开始日期进行日程安排的项目时，可以通过实际操作领略到这种灵活性。

下面将创建新的项目计划。

（1）单击"文件"菜单中的"新建"命令。在"新建项目"任务窗格中单击"空白项目"，Project 新建一个空白项目计划。接下来设置项目的开始日期。

（2）单击"项目"菜单中的"项目信息"命令，显示"项目信息"对话框。

（3）在"开始日期"框中输入或选择日期，如图 11-14 所示。

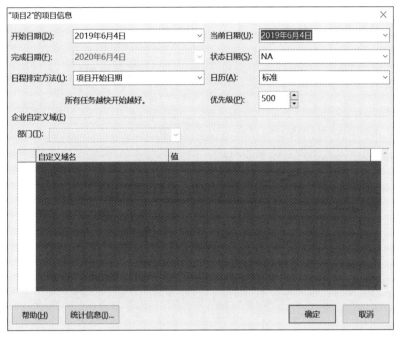

图 11-14　"项目信息"对话框

（4）单击"确定"按钮，关闭"项目信息"对话框。

（5）在"文件"工具栏中单击"保存"按钮。因为项目计划之前没有保存过，所以显示"另存为"对话框，如图 11-15 所示。

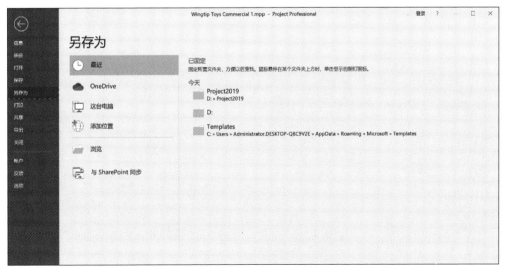

图 11-15　"另存为"对话框

（6）定位到硬盘上设置的 D:/Project 2019 文件夹中。

（7）在"文件名称"框中输入"Wingtip Toys Commercial 1"。

（8）单击"保存"按钮，关闭"另存为"对话框。Project 将项目计划保存为 Wingtip Toys Commercial 1。

11.1.5　设置非工作日

下面引入日历，这是在 Project 中为每个任务与资源安排工时的主要控制手段。

项目日历为任务定义常规的工作时间和非工作时间。可将项目日历视为组织的正常工作时间。例如，周一到周五的早上 8 点到下午 5 点，中间有一小时的午餐休息时间。组织或特定资源在此正常工作时间内可能存在例外日期，如法定假日或带薪假期。在后面的部分中会解决资源休假问题，此处解决项目日历中的法定假日问题。

（1）单击"项目"菜单中的"更改工作时间"命令，显示"更改工作时间"对话框，如图 11-16 所示。

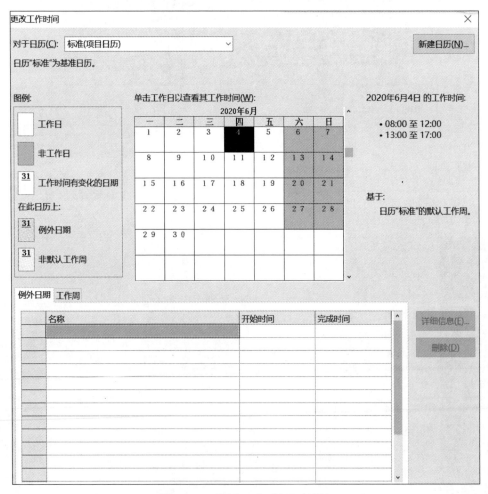

图 11-16　"更改工作时间"对话框

（2）在"对于日历"框中，单击下拉箭头，显示的列表包含 Project 中的 3 个基本日历，具体如下所述。

① 24 小时：没有非工作时间。

② 夜班：夜晚轮班安排，周一晚到周六早晨，时间从晚上 11 点到早上 8 点，中间有 1 小时休息时间。

③ 标准：传统的工作日，周一到周五的早上 8 点到下午 5 点，中间有 1 小时午餐休息时间。

④ 只能有一个基本日历作为项目日历。对本项目而言，将使用"标准"基本日历，因此让它保持选中状态。

⑤ 你知道在 6 月 4 日全体职员有个集体活动，在那一天不应该安排工作，因此将那一天记为日历的例外日期。

（3）在"例外日期"选项卡中的"名称"域中输入 Staff at morale event，然后单击"开始时间"域。

（4）在"开始时间"域中，输入"2020-06-04"，然后按 Enter 键。

这时应该已经在"例外日期"选项卡上部的日历中或在"开始时间"域的下拉日历中选中该日期，如图 11-17 所示。

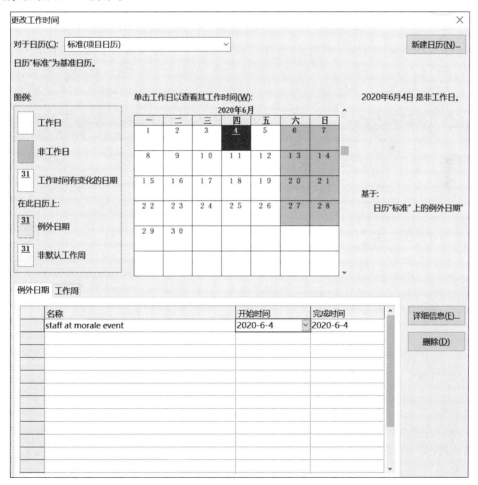

图 11-17　设置例外日期

此日期已被定为项目的非工作时间。在对话框中,该日期有一下画线,并呈深青色,表明是例外日期。

(5) 单击"确定"按钮,关闭"更改工作时间"对话框。

11.2　创建任务列表

11.2.1　输入任务

任务是所有项目最基本的构件,它代表完成项目最终目标所需要做的工作。任务通过工序、工期与资源需求来描述项目工作。本章后文中会处理两种特殊类型的任务:摘要任务(即 Summary Task,它概括了子任务的工期、成本等)与里程碑(表明项目生命周期中的重大事件)。

下面输入 video 项目需要的第一个任务。

确保已启动微软 Office Project 2019。打开 D:/Project 2019 文件夹下的 Wingtip Toys Commercial 2a。也可以通过下述方法访问文件:单击"开始"|"所有程序"|"微软 Office"|Project 2019d,然后选择想打开的文件所属的文件夹。

(1) 单击"文件"菜单中的"另存为"命令,显示"另存为"对话框。

(2) 在"文件名"框中输入"Wingtip Toys Commercial 2a",然后单击"保存"按钮。

(3) 在"任务名称"列标题下的第一个单元格中输入"Pre-Production",然后按 Enter 键,如图 11-18 所示。

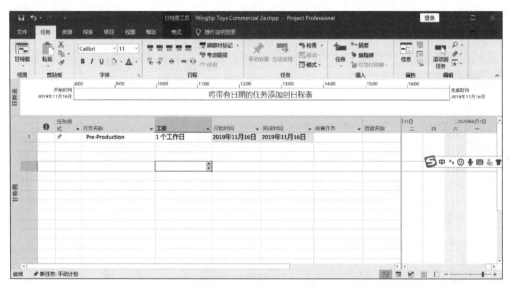

图 11-18　输入任务名称

输入的任务会被赋予一个标识号(ID)。每个任务的标识号是唯一的,但标识号并不一定代表任务执行的顺序。

Project 中用户为新任务分配的工期为一天,在甘特图中会显示相应的任务条,长度为一天。默认情况下,任务的开始日期与项目的开始日期相同。

（4）在 Pre-Production 任务名称下输入下列任务名称，每输入一个任务名称，按一下 Enter 键。

Develop script

Develop production boards

Pick locations

Hold auditions

Production

Rehearse

Shoot video

Log footage

完成此步骤后，应总共输入 9 个任务，如图 11-19 所示。

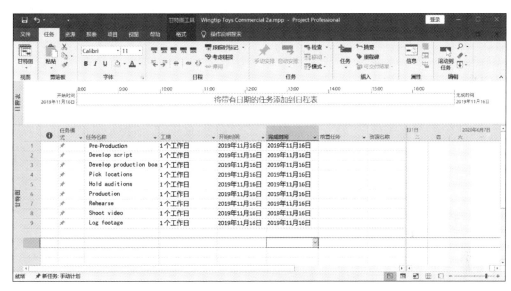

图 11-19　9 个新任务

11.2.2　估计工期

任务的工期是预期完成任务所需的时间。Project 能处理范围从分到月的工期。根据项目的范围，你可能希望处理的工期的时间刻度为小时、天和星期。

例如，项目的项目日历定义的工作时间，可能是周一到周五的上午 8 点到下午 5 点，中间有一小时午休时间，晚上和周末为非工作时间。如果你估计任务将花费的工作时间为 16 小时，应该在工期中输入 2d，将工时安排为两个 8 小时工作日。如果工作在周五上午 8 点开始，那么可以预料在下周一下午 5 点之前工作是不能完成的。不应将工作安排为跨越周末，因为周六和周日是非工作时间。

在 Project 中，可以对工期的形式进行缩写，如表 11-1 所示。

表 11-1　工期的缩写形式

缩　　写	代　　表	含　　义
m	min	分
h	hr	小时
d	day	天
w	wk	周
mo	mon	月

　　Project 对表示工期的分、时使用标准值：1 分等于 60 秒，1 小时等于 60 分。但是，可以为表示项目工期的天、周和月定义非标准值。单击"视图"菜单中的"日历"选项，如图 11-20 所示。

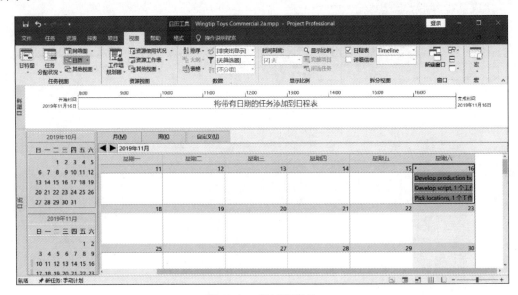

图 11-20　"日历"窗口

　　本章使用默认值：每天 8 小时，每周 40 小时，每月 20 天。

　　下面将为每个创建的任务输入工期。在创建这些任务时，Project 为每个任务预设估计的工期：一天（"工期"域中的问号表示此工期是估计值，尽管实际上在完成任务之前应该将所有的任务工期都视为估计值）。按照以下步骤输入工期。

　　(1) 单击"工期"列标题下属于任务 2 即 Develop script 的单元格，则任务 2 的"工期"域被选中。

　　(2) 选择 5d，然后按 Enter 键。

　　(3) 按照表 11-2，为余下任务输入工期。

表 11-2　余下任务的工期设置

任 务 ID	任 务 名 称	工　　　期
3	Develop production boards	3d
4	Pick locations	2d
5	Hold auditions	2d

续表

任务 ID	任 务 名 称	工　　期
6	Production	1d
7	Rehearse	2d
8	Shoot video	2d
9	Log footage	1d

完成步骤（3）后，可以看见甘特图中任务条的长度发生了改变，如图11-21所示。

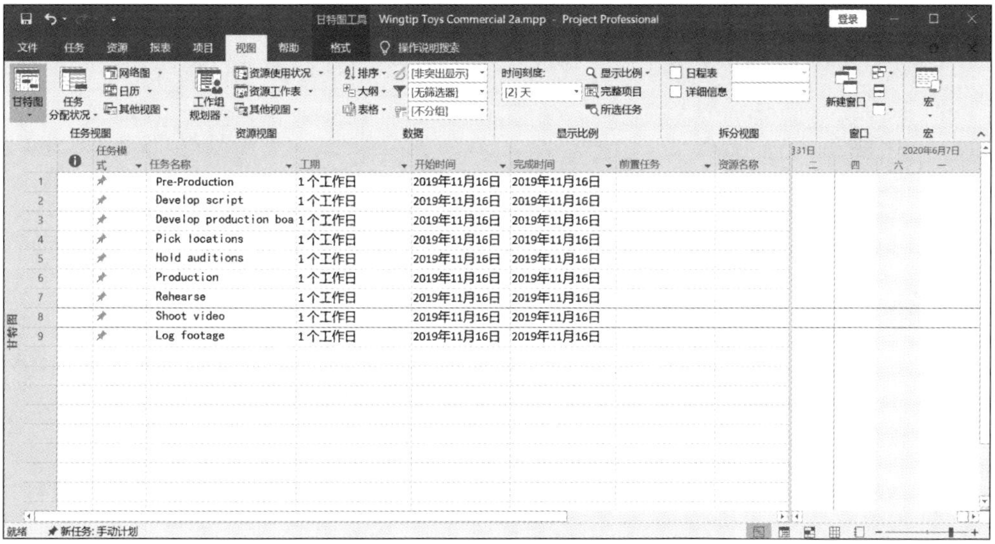

图11-21　输入工期后任务条长度的变化

11.2.3　输入里程碑

除了跟踪要完成的任务外，可能还希望跟踪项目的重大事件，如项目的预生产阶段何时结束。为此，可以创建里程碑。

里程碑是在项目内部完成的重要事件（如某工作阶段的结束）或强加于项目的重要事件（如申请资金的最后期限）。因为里程碑本身通常不包括任何工作，所以它表示为工期为0的任务。

下面将创建一个里程碑。

（1）单击任务6的名称Production。

（2）在"插入"菜单中单击"新任务"命令，Project为新任务插入一行，并重新对后面的任务排序。

（3）输入"Pre-Production complete!"，然后按Tab键，移动到"工期"域。

（4）在"工期"域中，输入"0d"，然后按Enter键。

此里程碑就加入计划了，如图11-22所示。

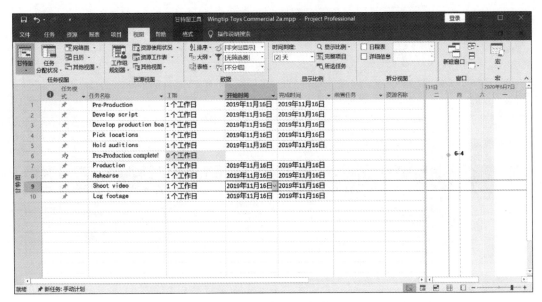

图 11-22　加入里程碑

11.2.4　分阶段组织任务

　　将代表项目工作主要部分的极其相似的任务分为阶段来组织是有益的。回顾项目计划时，观察任务的阶段有助于分辨主要工作与具体工作。例如，较常见的有将电影或视频项目分为以下几个主要工作阶段：前期制作、制作和后期制作。可以通过对任务降级或升级来创建阶段。也可以将任务列表折叠到阶段中，很像在 Word 中使用大纲。在 Project 中，阶段表示为摘要任务。

　　摘要任务的行为不同于其他任务。不能直接修改摘要任务的工期、开始日期或其他计算值，因为这些信息是由具体任务（称为子任务，它们缩进显示在摘要任务之下）派生的。在 Project 中，摘要任务的工期为其子任务的最早开始时期与最晚完成日期之间的时间长度。

　　下面将通过缩进任务来创建两个摘要任务。

　　(1) 选择任务 2 到任务 6，如图 11-23 所示。

　　(2) 在“任务”菜单中单击“降级任务”命令。

　　任务 1 变为摘要任务。甘特图中显示一个摘要任务条，并且摘要任务名称格式化为粗体，如图 11-24 所示。

　　(3) 下一步，选择任务 8 到任务 10 的名称。

　　(4) 在“任务”菜单中单击“降级任务”命令。

　　任务 7 变为摘要任务，并且甘特图中显示另一个摘要任务条，如图 11-25 所示。

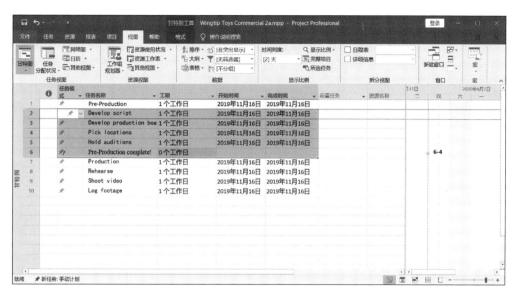

图 11-23　选择任务 2 到任务 6

图 11-24　任务 1 变成摘要任务

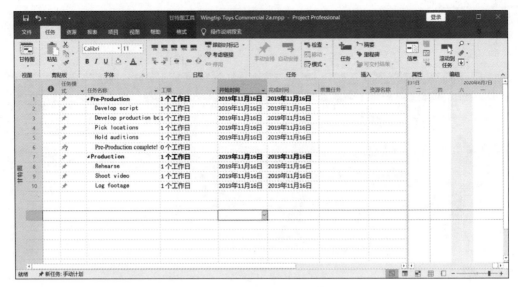

图 11-25　任务 7 变成摘要任务

11.2.5　链接任务

Project 要求任务以特定顺序执行。例如,拍摄电影场景的任务必须在编辑电影场景的任务执行之前完成。这两个任务之间存在"完成-开始"关系(也称为链接或依赖关系)。此种关系有以下两类。

(1) 第 2 个任务的执行必须晚于第 1 个任务,称为序列。

(2) 第 2 个任务只能在完成第 1 个任务后执行,称为依赖。

在 Project 中,第 1 个任务(拍摄电影场景)称为前置任务,因为它在依赖于它的任务之前。第 2 个任务称为后续任务,因为它在它所依赖的任务之后。同样,任何任务都可以成为一个或多个前置任务的后续任务。

尽管听起来有点儿复杂,但是任务间的关系可以总结为如表 11-3 所示的 4 种关系之一。

表 11-3　4 种关系类型

任务间的关系	含　义	甘特图中的外观	示　例
完成-开始(FS)	前置任务的完成日期决定后续任务的开始日期		电影场景的拍摄必须在编辑之前
开始-开始(SS)	前置任务的开始日期决定后续任务的开始日期		审读剧本和编写分镜头脚本及安排拍摄日程关联密切,它们理应同时进行
完成-完成(FF)	前置任务的完成日期决定后续任务的完成日期		需要特殊设备的任务必须在设备租期结束时完成
开始-完成(SF)	前置任务的开始日期决定后续任务的完成日期		编辑室何时空闲决定着前期编辑任务必须何时结束(极少用到此种类型的关系)

日程安排引擎(如 Project)的用途之一,就是说明任务间的关系并处理对安排好的开始日期和完成日期的修改。例如,可以修改任务工期或将任务从任务链中移除,而 Project 会相应地重新安排任务。

在 Project 中,任务关系的表现形式有多种。

(1) 在"甘特图"和"网络图"视图中,任务关系表现为连接任务的线。

(2) 在表(如"项"表)中,前置任务的任务标识号会显示在后续任务的"前置任务"域中。

可以通过创建任务间的链接来建立任务间的关系。通常,项目计划中的所有任务的开始日期为同一天,即项目的开始日期。下面将使用不同方法来创建多个任务间的链接,因此创建的是"完成-开始"关系。

首先,创建两个任务间的完成-开始依赖关系。

(1) 选择任务 2 和任务 3 的名称,如图 11-26 所示。

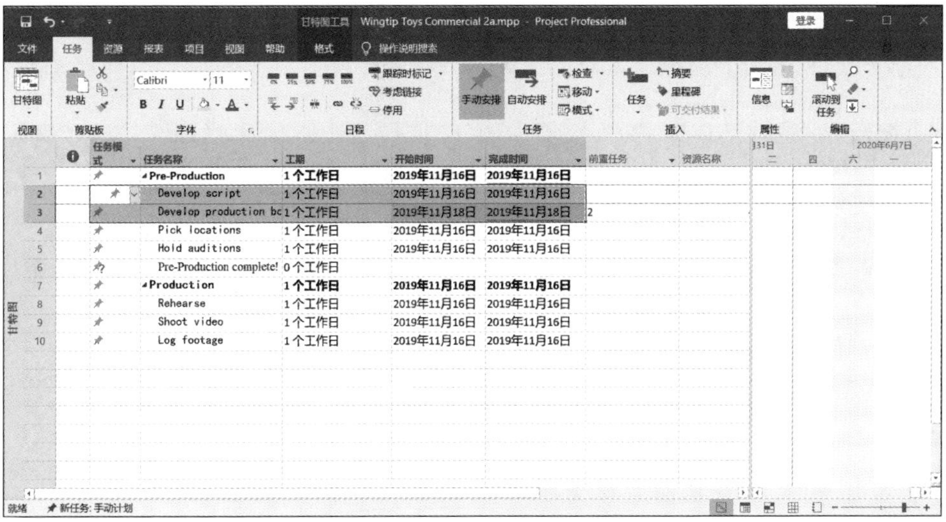

图 11-26　选择任务 2 和任务 3

(2) 在"任务"菜单中,单击"链接选定的任务"命令,任务 2 和任务 3 以"完成-开始"关系链接。注意,Project 将任务 3 的开始日期修改为任务 2 完成之日的下一个工作日(跳过周末),Pre-Production 摘要任务的工期也相应变长,如图 11-27 所示。

接下来将一次性链接几个任务。

(3) 选择任务 3 到任务 6 的名称。

(4) 在"任务"菜单中,单击"链接选定的任务"命令,任务 3 到任务 6 以"完成-开始"关系链接在一起,如图 11-28 所示。

读者是否注意到,在链接任务时,某些"开始时间"和"完成时间"域变为蓝底突出显示?每一次对项目计划做出修改后,Project 就会突出显示那些受影响的值。此特性称为"更改突出显示",可以通过"视图"菜单中的"非突出显示"命令将其关闭。

接下来,将以不同方式链接两个任务——使任务 8 成为任务 9 的前置任务。

(5) 选择任务 9 的名称。

(6) 右键单击"信息",显示"任务信息"对话框。

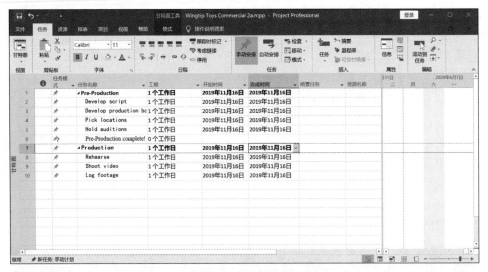

图 11-27 链接任务 2 和任务 3

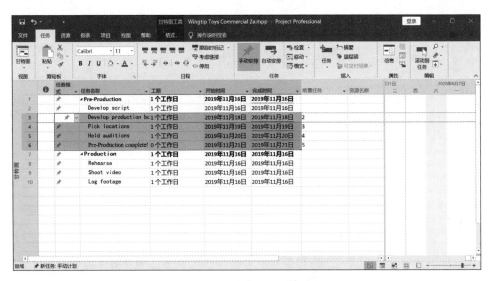

图 11-28 链接任务 3 到任务 6

（7）单击"前置任务"标签。

（8）单击"任务名称"列标题下的空白单元格，然后单击显示的下拉箭头。

（9）在"任务名称"列表中，单击 Rehearse，然后按 Enter 键，结果如图 11-29 所示。

（10）单击"确定"按钮，关闭"任务信息"对话框。任务 8 和任务 9 以"完成-开始"关系链接在一起。在结尾还将链接剩余的 Production 任务，并链接两个摘要任务。

（11）选择任务 9 和任务 10 的名称。

（12）在"任务"菜单中，单击"链接选定的任务"命令。

（13）选择任务 1 的名称，按住 Ctrl 键，再选择任务 7 的名称，这是在 Project 的表中选择不相邻项的方法。

（14）在"任务"菜单中，单击"链接选定的任务"命令，链接两个摘要任务。

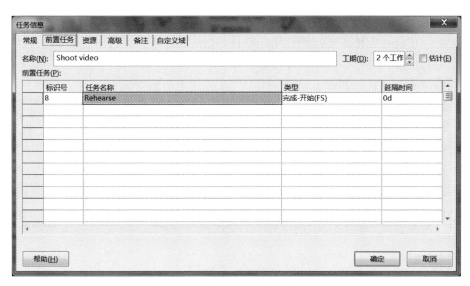

图 11-29 将任务 8 设为前置任务

（15）如果需要可以向右滚动"甘特图"视图的图部分，直到显示项目计划的第 2 个阶段，如图 11-30 所示。

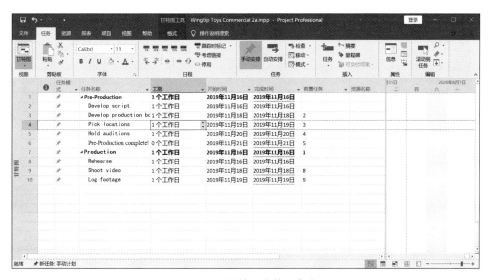

图 11-30 链接两个摘要任务

11.2.6 记录任务

可以在备注中记录任务的额外信息。例如，可能希望详细描述任务，但希望任务名称保持简洁。可以在任务备注中添加细节信息。这样，信息保存在 Project 文件中，可以轻松查看或打印。

备注有三种类型：任务备注、资源备注和分配备注。可在"任务信息"对话框的"备注"选项卡中输入和查看任务备注。Project 中的备注支持众多文本格式化选项，甚至可以在备注中链接或存储图像或其他类型的文件。

超链接用于将特定任务连接到存储在项目计划之外(另一个文件、一个文件中的特定位置、因特网网页或内联网页面)的附加信息。

下面将输入任务备注和插入超链接来记录某些任务的重要信息：

(1) 选择任务 4 的名称 Pick Locations。

(2) 右键单击"备注"。Project 显示"任务信息"对话框中的"备注"栏，并且"备注"选项卡处于可见位置。

(3) 在"备注"文本框中输入"Includes exterior street scene and indoor studio scenes"，如图 11-31 所示。

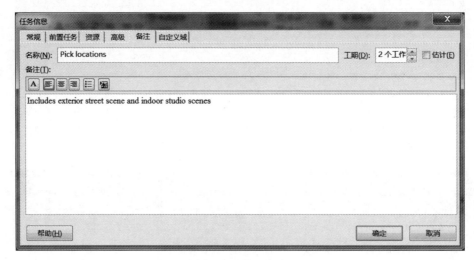

图 11-31　输入备注

(4) 单击"确定"按钮。在"标记"列中会显示一个记事本的图标。

(5) 指向记事本图标，结果如图 11-32 所示。

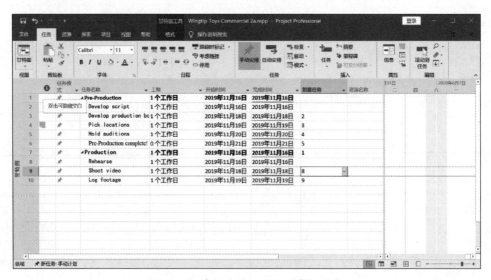

图 11-32　备注内容显示在屏幕提示中

备注内容会显示在屏幕提示中。如果备注过长导致不能在屏幕提示中完全显示,可以双击记事本图标以显示备注的完整文本。在结尾将创建一个超链接。

（6）选择任务 5 的名称 Hold auditions。

（7）右键单击"链接",显示"插入超链接"对话框。

（8）在"要显示的文字"框中输入"Check recent agent postings"。

（9）在"地址"框中输入"http://www.southridgevideo.com",结果如图 11-33 所示。

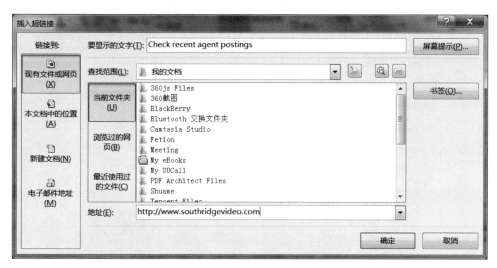

图 11-33　在"插入超链接"对话框中输入信息

（10）单击"确定"按钮。

在"标记"列会显示一个超链接图标;指向该图标会显示刚才输入的描述性文本,如图 11-34 所示。单击该图标会在浏览器中打开网页。

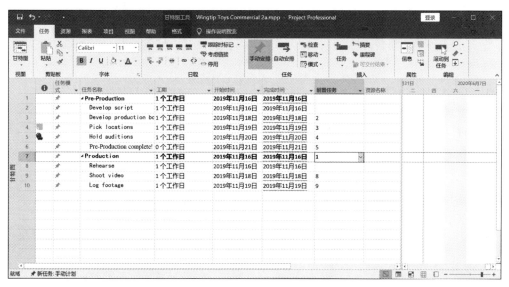

图 11-34　超链接图标

11.2.7 检查任务工期

现在,你可能想知道项目预期会花多长时间。你并没有直接输入总的项目工期,但 Project 根据单个任务的工期和任务关系已经计算出这些值。查看预定的项目完成日期的简便方法是通过"项目信息"对话框。

下面将看到根据你输入的任务工期和关系而得出的当前的总工期和预定的完成日期。

(1) 在"项目"菜单中,单击"项目信息",显示项目信息对话框,如图 11-35 所示。

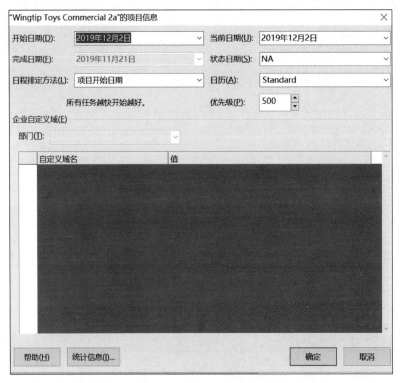

图 11-35　项目信息对话框

(2) 注意,完成日期为 2019 年 12 月 2 日。

不能直接编辑完成日期,因为此项目是设置为根据开始日期安排日程的。Project 根据完成任务所需的总工作日数来计算项目的完成日期,而开始之日为项目的开始日期。在制订项目计划时,对开始日期的任何修改都会导致 Project 重新计算完成日期。接下来,将查看工期的详细信息。

(3) 单击"统计信息"按钮,显示项目统计对话框,如图 11-36 所示。

目前,还不需要注意对话框中的所有数字,但是当前完成日期和当前工期值得留意。工期为项目日历中项目的开始日期和完成日期之间的工作日数。

(4) 单击"关闭"按钮,关闭"项目统计"对话框。

接下来,将通过更改"甘特图"视图中的时间刻度来显示完整的项目。

(5) 在"视图"菜单中,单击"显示比例",显示"显示比例"对话框,如图 11-37 所示。

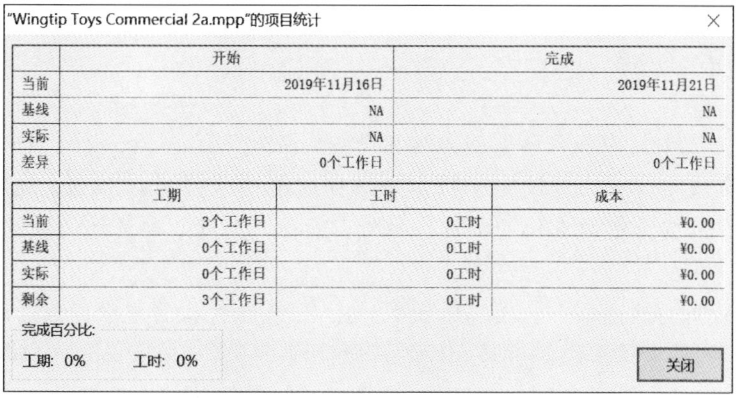

图 11-36 项目统计对话框

图 11-37 "显示比例"对话框

（6）选择"完整项目"单选按钮，然后单击"确定"按钮。屏幕上显示完整的项目，如图 11-38 所示。可以在"甘特图"视图中看到项目的总工期。

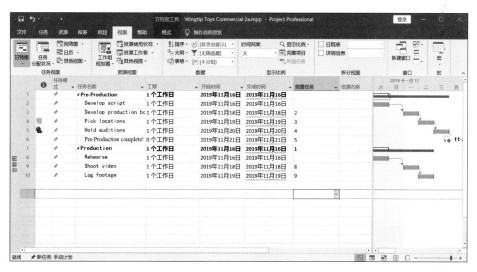

图 11-38 显示完整项目

最后，关闭 Wingtip Toys Commercial 2 文件。

11.3　设置资源

视频讲解

资源包括完成项目中任务所需的人员和设备。微软 Office Project 2013 关注资源的两方面：可用性与成本。可用性决定了特定资源何时能用于任务以及它们可以完成多少工作；成本指的是需要为资源支付的金钱。另外，Project 支持两种其他类型的特殊资源：材料和成本。

本部分将设置完成电视广告所需的资源。用 Project 代替着重于任务的计划工具（如基于纸的管理器）的最大优势之一就是有效的资源管理。不需要在 Project 中设置资源并将它们分配到任务，但是如果没有这些信息，在管理进度时效率可能会降低。在 Project 中设置资源会花费一些气力，但如果项目是由时间或成本限制控制（几乎所有复杂项目都由某一因素控制或由两者控制），那么值得花些时间进行设置。

11.3.1　设置人员资源

Project 使用三种类型的资源：工时、材料、成本。工时资源是执行项目工作的人员和设备。本章将首先着重介绍工时资源，然后在后文介绍材料与成本资源。

表 11-4 列出了一些工时资源的示例。

表 11-4　工时资源示例

工 时 资 源	示　　例
以名字区分的单个人员	Jon Ganio、Jim Hance
以职务或职能区分的单个人员	导演、摄像师
具有共同技能的一组人（将这种具有交换性的资源分配给任务时，不必关心分配的到底是哪个资源，只要此资源拥有需要的技能）	电工、木工、临时演员
设备	摄像机、600W 灯

设备资源不需要是可随身携带的，一个固定的外景或一件机器都可视为设备。

所有项目都需要人员资源，而有些项目只需要人员资源。Project 可以帮助你在管理工时资源与监控财务成本方面做出更明智的决策。

下面将为几个人员资源设置资源信息。

确保已经启动微软 Office Project 2019。

打开 D:\Project 2019 文件夹下的 Wingtip Toys Commercial 3a。也可以通过下列方式访问文件：单击"开始"|"所有程序"|"微软 Office 2019"| Project 2019，然后选择想打开的文件所属的文件夹。

（1）在"文件"菜单下，单击"另存为"命令，出现"另存为"对话框。

（2）在"文件名"框中输入"Wingtip Toys Commercial 3a，"然后单击"保存"按钮。

（3）在"视图"菜单下，单击"资源工作表"命令。

我们将使用"资源工作表"视图来帮助设置 Wingtip Toys 电视广告项目的初始资源列表。

（4）在"资源工作表"视图中，单击"资源名称"（Resource Name）列标题下的第一个单元格。

（5）输入"Jonathan Mollerup"，然后按 Enter 键。Project 将创建一个新资源，如图 11-39 所示。

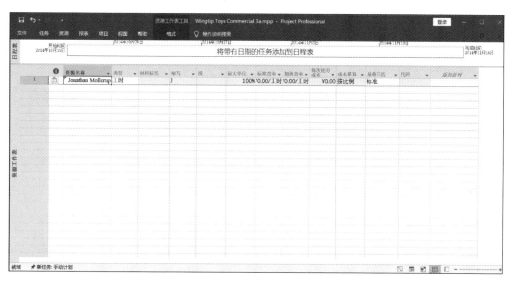

图 11-39　创建新资源

（6）在"资源名称"列标题下的第二个空行输入下列名字，如图 11-40 所示。

Jon Ganio

Garrett R. Vargas

John Rodman

图 11-40　输入几个新名字

下面输入一个代表多个人员的资源。

（7）在"资源名称"域中的最后一个资源下，输入"Electrician"，然后按 Tab 键。

（8）在"类型"域中，确保选择的是"工时"，然后按几次 Tab 键，移到"最大单位"域。

"最大单位"域表示资源可用于完成任务的最大工作能力。例如，指定资源 Jon Ganio 的"最大单位"为 100%，表示 Jon 可将 100% 的时间用于执行分配给他的任务。如果给 Jon 分配的任务多于他付出 100% 时间所能完成的（换言之，Jon 变为"过度分配"），Project 会给出警告。

（9）在 Electrician 的"最大单位"域中，输入或选择 200%，然后按 Enter 键。

名为 Electrician 的资源不是代表单个人员，而是表示一类称为电工的具有交换性的人。因为资源 Electrician 的"最大单位"设为 200%，所以每天可以安排两个电工全职工作。在计划阶段，不知道这些电工究竟是谁并没有关系，可以继续进行一些总体规划。

现在，将更新 Jon Ganio 的"最大单位"域，以表示他只工作一半时间。

（10）单击 Jon Ganio 的"最大单位"域，输入或选择 50%，然后按 Enter 键，结果如图 11-41 所示。

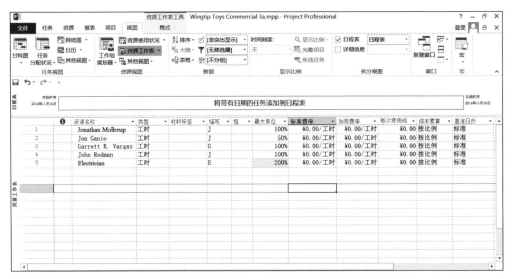

图 11-41　更改 Jon Ganio 的"最大单位"域

11.3.2　设置设备资源

在 Project 中设置人员和设备资源的方式是完全相同的，因为人员和设备都是工时资源。但是，必须注意在如何安排这两种工时资源时的重要区别。大多数人员资源的一个工作日，不会长于 12 小时，但设备资源却可以连续工作。而且，人员资源在他们所执行的任务中是灵活应变的，而设备资源则更固定一些。例如，电影或视频项目的摄影指导在必要时也可变为摄像师，但摄像机却不能代替编辑室。

不需要跟踪项目中使用的所有设备，但可能会在下列情况下设置设备资源。

（1）多个小组或人员同时需要一件设备完成不同任务时，设备可能被超量预订。

（2）需要计划和跟踪与设备有关的成本时。

下面将在"资源信息"对话框中输入设备资源的信息。

（1）在"资源工作表"视图中，单击"资源名称"列中的下一个空单元格。

（2）在"资源"工具栏上，单击"信息"按钮，出现"资源信息"对话框。

（3）如果没有显示"常规"选项卡，单击"常规"标签。在"常规"选项卡的上半部，可以看到"资源工作表"视图中显示的域。Project 中信息类型很多，通常工作时至少会用到两种：表格和对话框。

（4）在"资源名称"域中输入"Mini-DV Camcorder"。

（5）在"类型"域中，单击"工时"，结果如图 11-42 所示。

图 11-42 利用"资源信息"对话框增加资源

（6）单击"确定"按钮，关闭"资源信息"对话框，返回"资源工作表"视图。此资源的"最大单位"域值为 100%，接下来将修改此百分率。

（7）在 Mini-DV Camcorder 的"最大单位"域中，输入 100%，或单击箭头直到显示 100%，然后按 Enter 键。

（8）（根据自己的偏好）直接在"资源工作表"中或在"资源信息"对话框中，根据表 11-5，输入设备资源的信息。无论使用何种方式，要确保"类型"域中选择的是"工时"，结果如图 11-43 所示。

表 11-5 设备信息

资 源 名 称	最 大 单 位
Camera Boom	200%
Editing Lab	100%

图 11-43　输入设备资源

11.3.3　设置材料资源

材料资源是消耗性的，随着项目的进行会耗尽。在建筑项目中，材料资源可能包括钉子、木材和混凝土。对于玩具广告项目而言，录像带是最值得关注的消耗性资源。在Project中使用材料资源主要是为了跟踪消耗率和相关的成本。尽管 Project 不是用于跟踪库存的完善系统，但它有助于更好地掌握材料资源的消耗速度。

下面将输入一个材料资源的信息。

（1）在"资源工作表"中，单击"资源名称"列中的下一个空单元格。

（2）输入"Video Tape"，然后按 Tab 键。

（3）在"类型"域中，单击下拉箭头，选择"材料"，然后按 Tab 键。

（4）在"材料标签"域中，输入"30-min. cassette"，然后按 Enter 键，结果如图 11-44 所示。

图 11-44　输入材料资源信息

在整个项目中,将使用时长 30 分钟的盒带作为跟踪录像带消耗量的度量单位。注意不能为材料资源输入"最大单位"值,因为材料资源是消耗性的,不是工作的人或设备,所以不用"最大单位"值。

11.3.4　设置成本资源

　　在 Project 中使用的第三种也是最后一种类型的资源是成本资源。可以使用成本资源表示与项目中任务有关的财务成本。工时资源(如人员和设备)可以有相关的成本(每个工作分配的小时费率和固定成本)。

　　成本资源的主要作用就是将特定类型的成本与一个或多个任务关联。成本资源的常见类型包括为了核算而要跟踪的项目支出的类别,如旅行、娱乐或培训。和材料资源一样,成本资源不工作,对任务的日程安排也没有影响。但是在将成本资源分配给任务并指定每个任务的成本数额时,可以看到该类型成本资源的累计成本,例如项目中总的旅行成本。

　　(1) 在"资源工作表"中,单击"资源名称"列中的下一个空单元格。

　　(2) 输入"Travel",然后按 Tab 键。

　　(3) 在"类型"域中,单击下拉箭头,选择"成本",然后按 Enter 键,结果如图 11-45 所示。

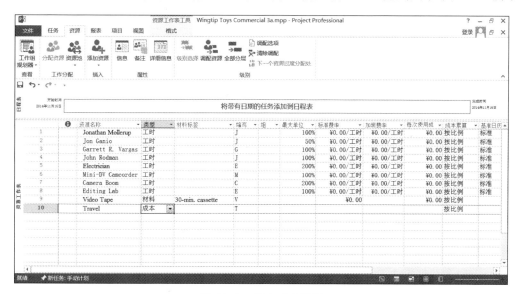

图 11-45　输入成本资源

11.3.5　输入资源费率

　　几乎所有项目都有财务方面的考量,并且成本限制决定了许多项目的范围。跟踪和管理成本信息可以让项目经理解答以下重要的问题。

　　(1) 根据任务工期和资源估价得出的预计总成本是多少?

　　(2) 是否使用了昂贵的资源来做廉价资源可做的工作?

　　(3) 在项目生命周期中某特定类型的资源或任务会花费多少钱?

(4) 如何分配项目中特定类型（如差旅）的支出？

(5) 花钱的速度是否能让资金维持到项目计划的工期结束？

对于此电视广告项目而言，项目中使用的所有人员资源的费率信息已知。在这些信息中，注意摄像机与编辑室的费用属租借费用。因为 Southridge Video Company 已经拥有摄像机支架，因此不必支付此项费用。

下面将输入每个工时资源的成本信息。

(1) 在"资源工作表"中，单击 Jonathan Mollerup 的"标准费率"域。

(2) 输入"10"，然后按 Enter 键。

"标准费率"列中，出现 Jonathan 的标准小时费率。注意默认的标准费率是以小时计的，所以不需要特别指明每小时的成本。

(3) 在 Jon Ganio 的"标准费率"域中，输入"15.50"，然后按 Enter 键。

"标准费率"列中，出现 Jon 的标准小时费率，结果如图 11-46 所示。

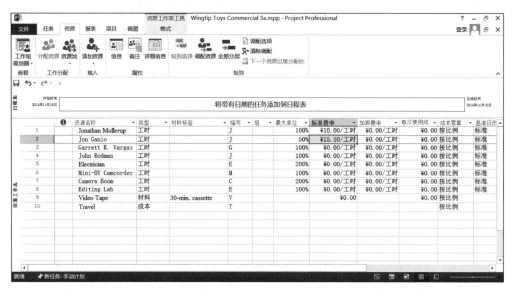

图 11-46　在"标准费率"域中输入值

(4) 表 11-6 为给定资源输入标准费率，结果如图 11-47 所示。

表 11-6　给定资源的标准费率

资 源 名 称	标 准 费 率
Garrett R. Vargas	800/工时
John Rodman	22/工时
Electrician	22/工时
Mini-DV camcorder	250/工时
Camera boom	0
Editing lab	200/工作日
Video tape	5/工作日

注意，录像带的成本是一个固定的量而不是以每小时、每天或每周计的费率。对于材料资源，标准费率值是每单位的（此例中是时长 30 分钟的盒带）消耗。

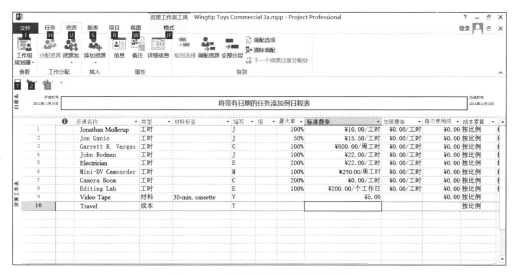

图 11-47　为给定资源输入标准费率

还要注意,不能为 Travel 成本资源输入标准费率值。在将此成本资源分配到任务时才指定该成本。

11.3.6　调整工作时间

Project 针对不同用途使用不同类型的日历。下面将着重介绍资源日历。资源日历控制资源的工作时间与非工作时间。Project 使用资源日历决定何时安排特定资源的工作。资源日历只用于工时资源(人员和资源),不用于材料或成本资源。

最初创建项目计划中的资源时,Project 为每个工时资源创建资源日历。资源日历的初始的工时设置与标准基准日历(Project 中内置的日历,提供的默认工作日程安排为周一到周五,早上 8 点到下午 5 点)的设置完全吻合。如果资源的所有工作时间都与标准基准日历的工作时间吻合,则不需要编辑任何资源日历。但是很有可能某些资源的工作时间与标准基准日历不完全吻合,例如:

(1) 工作时间机动。

(2) 假期。

(3) 资源在项目中不可用的其他时间,例如培训时间或出席会议的时间。

对标准基准日历所做的任何修改会自动反映到基于标准基准日历的所有资源日历中。但是对资源工作时间所做的特定修改不会受影响。

下面将为单个工时资源指定工作时间和非工作时间。

(1) 在"项目"菜单中,单击"更改工作时间"命令,出现"更改工作时间"对话框。

(2) 在"对于日历"框中,选择 Garrett R. Vargas。其资源日历出现在"更改工作时间"对话框中。由图可见,11 月 17—18 日无法工作,因为要参加一个电影节。

(3) 在"更改工作时间"对话框的"例外日期"选项卡中,单击"名称"列下的第一行,输入"Garrett attending West Coast Film Festival"。对日历例外日期的描述是为了方便提示你和日后查看项目计划的其他人。

(4) 单击"开始时间"域，输入或选择"2019-11-17"。

(5) 单击"完成时间"域，输入或选择"2019-11-18"，然后按 Enter 键，结果如图 11-48 所示。

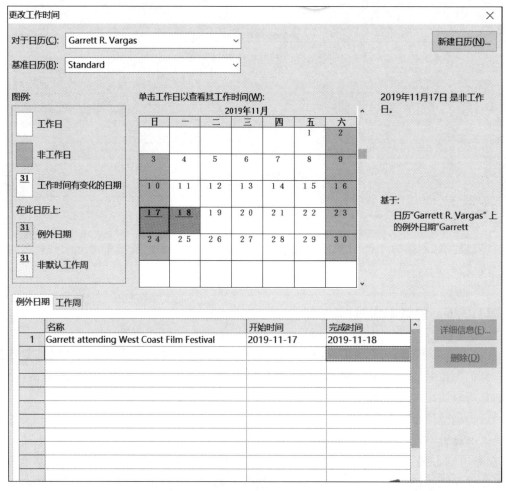

图 11-48 修改 Garrett R. Vargas 的资源日历

Project 不会在上述日期为 Garrett 安排工作。在结尾，将为资源设置一个"4×10"的工作日程（即每周 4 天，每天 10 小时）。

(6) 在"对于日历"框中，选择 John Rodman。

(7) 当提示是否保存对 Garrett 日历所做的修改时，单击"是"按钮。

(8) 在"更改工作时间"对话框中单击"工作周"标签。

(9) 单击"默认"，然后单击"详细信息"。

(10) 在"选择日期"中，选择星期一到星期四。

(11) 选择"对所列日期设置以下特定工作时间"单选按钮。

(12) 在下面的"结束时间"框中，单击 17:00，然后替换为 19:00，然后按 Enter 键。

(13) 单击"星期五"。

(14) 选择"将所列日期设置为非工作时间"单选按钮，如图 11-49 所示。

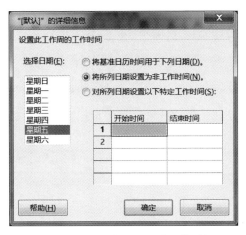

图 11-49 将星期五设为非工作时间

（15）单击"确定"按钮，关闭"详细信息"对话框。现在可以看到将 John Rodman 的资源日历中的星期五标记为非工作日，如图 11-50 所示。

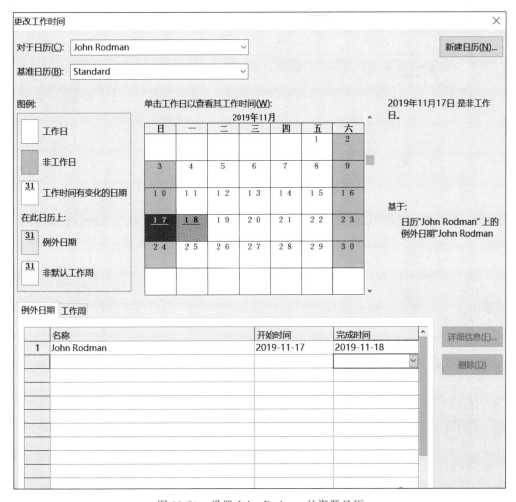

图 11-50 设置 John Rodman 的资源日历

（16）单击"确定"按钮,关闭"更改工作时间"对话框。

因为尚未将资源分配给任务,所以看不到非工作时间设置在日程安排上的影响。

11.3.7 记录资源

下面将输入资源备注以记录电视广告项目中承担多个角色的资源。

（1）在"资源名称"列中,单击 Garrett R. Vargas。

（2）在"资源"菜单中,单击"备注"命令。Project 显示"资源信息"的"备注"对话框,且"备注"选项卡处于可视位置。

（3）在"备注"框中输入"Garrett is trained on camera and lights",然后单击"确定"按钮。"标记"列中出现备注图标。

（4）指向备注图标,结果如图 11-51 所示。

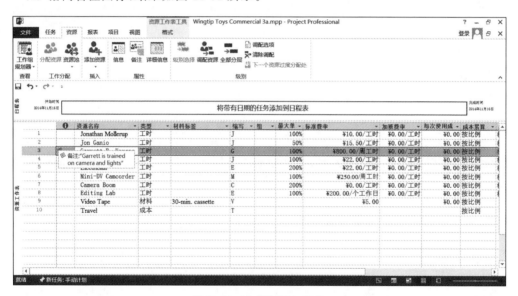

图 11-51 为资源添加备注

备注内容出现在屏幕提示中。如果备注过长不能在屏幕提示中完全显示,可以双击备注图标来显示备注全文。

关闭 Wingtip Toys Commercial 3 文件。

11.4 分配资源

视频讲解

在微软 Office Project 2019 中将资源分配给任务,并不是必需的,可以只处理任务。但是有许多理由支持在项目计划中分配资源。如果为任务分配资源,就可解答以下问题。

（1）谁应为任务工作以及何时工作?

（2）你是否掌握完成项目所需工作的确切资源数?

（3）你是否希望资源在不能工作的时间工作(如资源休假时)?

（4）你是否将资源分配给过多的任务，以至于超出了资源的生产能力，换言之，是否过度分配资源？

在本部分中，将分配资源给任务。你将为任务分配工时资源（人员和设备）以及材料和成本资源，并观察工时资源的分配应在何处影响任务工期，以及不应在何处影响。

11.4.1 为任务分配工时资源

分配工时资源给任务，可以跟踪资源工作的进度。如果输入资源费率，Project 将为你计算资源和任务成本。

下面将为项目计划中的任务做初始资源分配。

确保已启动微软 Office Project 2019。

打开 D:\Project 2019 文件夹下的 Wingtip Toys Commercial 4a。也可以通过下述方法访问文件：单击"开始"|"所有程序"|"微软 Project"| Project 2019，然后选择想打开的文件所属的文件夹。

（1）在"文件"菜单中单击"另存为"命令，显示"另存为"对话框。

（2）在"文件名"框中输入"Wingtip Toys Commercial 4a"，然后单击"保存"按钮。

（3）在"资源"菜单中，单击"分配资源"命令。

除了已分配的资源通常显示在列表顶部外，"分配资源"对话框中的资源都是按字母顺序排列的，如图 11-52 所示。

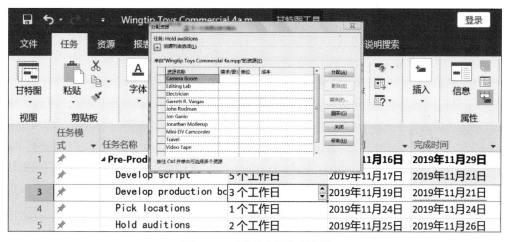

图 11-52 "分配资源"对话框

（4）在"任务名称"列中，单击任务 2，即 Develop script。

（5）在"分配资源"对话框的"资源名称"列中，单击 Camera Boom，然后单击"分配"按钮。成本值和勾选标记会出现在 Camera 名字的旁边，表明已将它分配给编写脚本的任务。

因为 Camera 的成本标准费率记录在案，所以 Project 会计算分配的成本（Camera 的标准费率乘以它被安排的工作量），在"分配资源"对话框的"成本"域中显示＄775.00。

接下来会更仔细地查看影响任务 2 的设定值，并会使用一种名为"任务窗体"的更方便的视图。

（6）在"任务"菜单中，单击"甘特图"下拉菜单选中"任务窗体"，结果如图 11-53 所示。

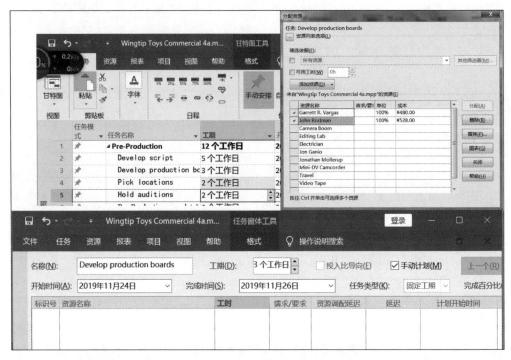

图 11-53　拆分窗体

Project 将窗口分为两个窗格，上面是"甘特图"视图，下面是"任务窗体"视图。

在任务窗体中可以看到此任务基本的日程安排值。因为任务窗体方便查看任务工期、单位和工时值，所以此时让它继续显示。接下来，将同时分配两个资源给任务。

（7）在"任务名称"列中，单击任务 3，即 Develop production boards。

（8）在"分配资源"对话框中，单击 Garrett R. Vargas，按住 Ctrl 键做连续的选择，单击 John Rodman，然后，单击"分配"按钮，Garrett 和 John 的名字旁边会显示勾选标记和计算出的分配成本，表明已将他们两位分配给任务 3。可以在任务窗体中看到最后的分配信息（每个资源的单位和工时）和任务的工期，如图 11-54 所示。

在结尾，将为剩余的 Pre-Production 任务做初始的资源分配。

（9）在"任务名称"列中，单击任务 4 的名称，即 Pick locations。

（10）在"分配资源"对话框中，单击 Camera Boom，然后单击"分配"按钮。Camera 名字的旁边会出现勾选标记与成本值，表明已将它分配给任务 4。

（11）在"任务名称"列中，单击任务 5 的名称，即 Hold auditions。

（12）在"分配资源"对话框中，单击 Camera Boom，按住 Ctrl 键，单击 Editing Lab，然后单击"分配"按钮。Camera 和 Editing 名字的旁边会出现勾选标记与成本值，表明它们已被分配给任务 5，如图 11-55 所示。

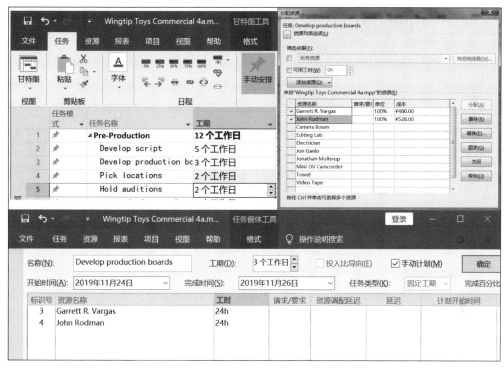

图 11-54　分配两个资源给任务 3

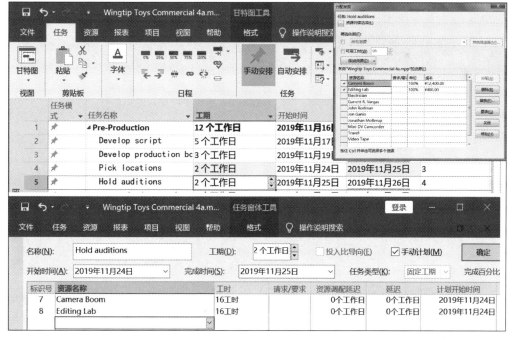

图 11-55　为任务 5 分配资源

11.4.2 为任务分配额外资源

现在，为某些 Pre-Production 任务分配额外资源，以观察对任务总工期的影响。默认情况下，Project 使用名为投入比导向型日程安排（Effort-Driven Scheduling，又称人工量驱动型日程安排）的日程安排方法。这意味着任务的初始工作量或人工量是保持不变的，与分配的资源数无关。

"投入比导向型日程安排"最明显的效果是，当为任务分配额外资源时，任务的工期缩短。只有为任务分配资源或从任务删除资源时，Project 才应用"投入比导向型日程安排"。

前面已经提及，在为任务初始分配资源时会定义任务代表的工作量。如果稍后为该任务添加资源，并且"投入比导向型日程安排"功能为启用状态，那么任务的工作量不会改变，但任务的工期会缩短。或者也可能为任务初始分配一个以上的资源而稍后又删除其中一个。当使用"投入比导向型日程安排"时，任务的工作量是不变的，但工期（即剩余资源完成任务所需时间）会缩短。

下面将为任务分配额外的资源，并观察上述分配是如何影响任务工期的。

(1) 在"甘特图"视图中，单击任务 2 的名称，即 Develop script。

当前，Camera Boom 已分配给该任务。快速回顾一下日程安排公式：40 小时任务工期（等于 5 天）×Camera 100% 分配单位＝40 小时工时。可以在任务窗体中看到上述值。接下来，将为该任务分配第 2 个资源。

(2) 在"分配资源"对话框的"资源名称"列中，单击 Editing Lab，然后单击"分配"按钮。Editing Lab 就分配给了任务 2，如图 11-56 所示。

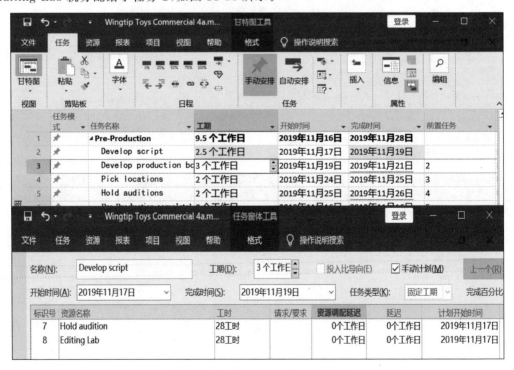

图 11-56　为任务 2 分配第 2 个资源

不难看出,Project 将任务 2 的工期从 5 天缩短为 2.5 天。为什么? 所需的总工时仍为 40 小时,和只将 Camera 分配给任务 2 时相同,但现在工时平均分给了 Camera 和 Editing,每人各 20 小时。这就显示出投入比导向型日程安排是如何起作用的。如果在初始分配后为任务添加资源,总工时会保持不变,但会分给所分配的各资源。因此,任务的工期相应缩短。

日程安排公式如下。

20 小时任务工期(等于 2.5 天)×200% 分配单位=40 小时工时

200% 分配单位是 Camera 100% 分配单位加上 Editing 100% 分配单位所得,40 小时工时是 Camera 的 20 小时工时加上 Editing 的 20 小时工时所得。缩短任务 2 工期的其他重要影响是所有后续任务的开始时间都发生改变。现在,在项目中可见的突出显示的改变就是后续任务的改变。本例中,可看到创建任务关系相较于输入固定开始时间和结束时间的优势。

Project 会调整没有限制(如固定的开始或结束时间)的后续任务的开始时间。接下来将使用名为"智能标记"的功能来控制分配多个资源时,Project 是如何安排任务工作的。

(3) 在"甘特图"视图中,单击任务 4 的名称,即 Pick locations。

当前,只有 Camera Boom 分配给了这个工期为 2 天的任务。你想再分配一个资源给任务 4,将其工期缩短为 1 天。

(4) 在"分配资源"对话框的"资源名称"列中,单击 Editing Lab,然后单击"分配"按钮。Editing 就分配给了任务 4,如图 11-57 所示。

图 11-57 为任务 4 分配第 2 个资源

如果日程安排结果需要不同于投入比导向型日程安排的结果,则这些选项允许你选择相应结果。可以调整任务工期、资源工时或分配单位。

(5) 关闭列表。在结尾,将为一个任务分配额外的资源,并改变 Project 安排工作的方式。

(6) 在"甘特图"视图中,单击任务 5 的名称,即 Hold auditions。

（7）在"分配资源"对话框的"资源名称"列中，单击 Electrician，按住 Ctrl 键，单击 Garrett R. Vargas，然后单击"分配"按钮。

Project 将 Electrician 和 Garrett R. Vargas 分配给任务 5，如图 11-58 所示。因为该任务的投入比导向型日程安排是启用的，Project 会缩短任务工期并调整所有后续任务的开始时间。

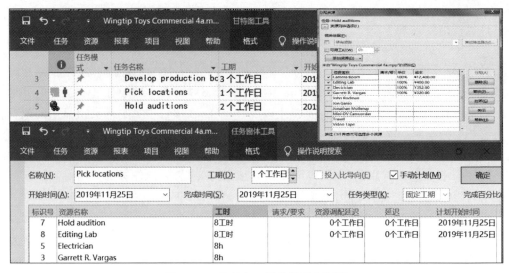

图 11-58　为任务 5 再分配两个资源

但这次你不希望额外的资源分配改变任务工期。Electrician 和 Garrett R. Vargas 会做职责范围之外的工作，这些工作原本是分配给 Editing 和 Camera 的。

（8）单击任务 5 的名称，然后在"智能标记操作"按钮出现后单击该按钮。

（9）在"智能标记操作"列表中，选择"增加总工时，保持工期不变"，结果如图 11-59 所示。

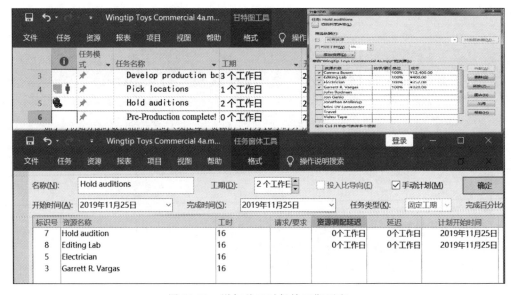

图 11-59　增加总工时保持工期不变

Project 将任务工期改为原来的 2 天,并调整所有后续任务的开始时间。额外资源又增加了与初始分配时数量相同的工时(现在每个资源的工时为 16 小时),所以任务的总工时增加。

11.4.3 为任务分配材料资源

对于建筑项目,常见例子是木材和混凝土。对于电视广告项目而言,我们只关注录像带的使用情况和它们的成本。在分配材料资源时,可以采用下列两种方式之一来处理消耗和成本。

(1)将单位固定的一定数量的材料资源分配给任务。Project 将资源的单位成本乘以分配的单位数量来决定总成本(在接下来使用此方法)。

(2)将价格可变的一定数量的材料资源分配给任务。Project 会随着工期的改变调整资源的数量和成本。

下面将为任务分配材料资源 Video Tape,然后输入单位固定的消耗量。

(1)在"任务名称"列中,单击任务 4 的名称,即 Pick locations。在挑选外景地时,计划使用 4 盘录像带。

(2)在"分配资源"对话框中,选择资源 Video Tape 的"单位"域。

(3)输入或选择 4,然后按 Enter 键,结果如图 11-60 所示。

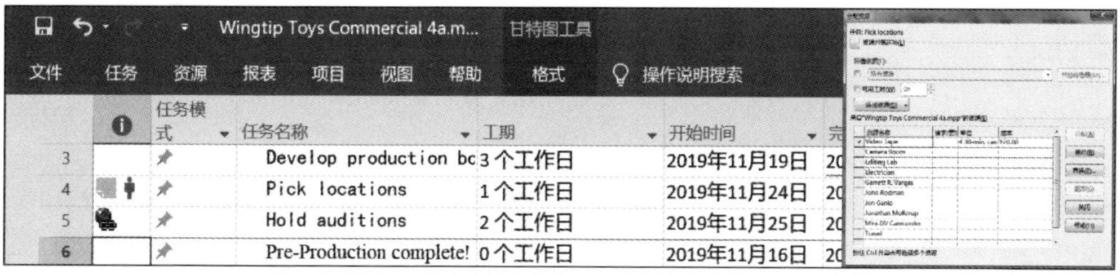

图 11-60 分配材料资源

Project 将录像带分配给任务,并计算出该分配的成本为 $ 20($ 5/盒×4 盒)。

因为录像带是材料资源,它不能工作,因此分配材料资源不会影响任务工期。

11.4.4 为任务分配成本资源

和材料资源一样,成本资源也不工作,不会影响任务的日程安排。成本资源可能包括要进行预算和财务监管的费用支出的类型,这些支出类型和工时或材料资源的成本是分开的。

一般来说,任务可以发生的成本包括以下几种。

(1)工时资源成本,如人员的标准支付费率乘以他们执行任务所花的工时。

(2)材料资源消耗成本,等于材料资源每单位的成本乘以完成任务所消耗的单位量。

(3)成本资源成本,它是分配成本资源给任务时输入的固定金额。尽管可以在任意时间编辑该金额,但此金额不受任务工期或日程安排任何改变的影响。

对于电视广告而言,你可能希望为特定任务输入计划的差旅和餐饮成本。因为项目的工作还未开始,此时这些成本只代表预算或计划成本(实际上,你应该将目前 Project 在日程安排中计算的所有成本都视为计划成本,例如包括为任务分配工时资源产生的成本)。稍后可以输入实际成本,以与预算比较。

(1) 如果此时未选中任务 4 即 Pick locations,在"任务名称"列中单击它。

(2) 在"分配资源"对话框中,选择成本资源 Travel 的"成本"域。

(3) 输入"500",然后按 Enter 键。

Project 将该成本资源分配给任务。可以在"分配资源"对话框中看到分配给任务 4 的所有资源及其成本,如图 11-61 所示。

图 11-61　为任务 4 分配成本资源 Travel

现在任务 4 中包含三种类型资源分配(工时、材料和成本)产生的成本。

小结

Project 有别于其他列表保存工具(如 Excel)的关键因素之一就是 Project 拥有可以处理时间的日程安排引擎。Project 中的主要工作区是视图。通常一次显示一个(有时是两个)视图。"甘特图"视图是 Project 中默认的也是最为人熟知的视图。Project 包括大量内置报表,这些报表设计用于查看(不是编辑)Project 数据。可以使用 Project 中的日历来控制何时可安排工作。项目计划中有关任务的重要内容包括任务工期和任务执行的顺序。任务链接或关系会导致一个任务的开始或完成影响另一个任务的开始或完成。常见的任务关系是完成-开始关系。在此关系中,一个任务的完成控制另一任务的开始。

在 Project 中,在将工时资源(人员或设备)分配给任务后,任务通常就有了相关的工时。如果为资源分配过多工作,超过它在一定时间内所能完成的,那么在该时间段中它们被称为过度分配。必须在将资源分配给任务之后,才能跟踪资源的进度或成本。

将材料资源分配给任务可使你跟踪消耗情况。将成本资源分配给任务可使你关联任务的财务成本,而不是产生自工时或材料资源的成本。

思考题

1. 什么是微软 Project？其作用是什么？
2. 创建任务列表的主要步骤是什么？需要重点注意哪些？
3. 设置资源包含哪几方面？
4. 为任务分配资源是如何进行的？

参 考 文 献

[1] Anderson D J. 软件工程敏捷管理[M]. 韩柯,译. 北京: 机械工业出版社,2004.

[2] Pham A. Scrum 实战——敏捷软件项目管理与开发[M]. 崔康,译. 北京: 清华大学出版社,2010.

[3] Boehm. W B. 软件成本估算 COCOMO Ⅱ 模型方法[M]. 李师贤,等译. 北京: 机械工业出版社,2005.

[4] 韩万江,等. 软件项目管理案例教程[M]. 4 版. 北京: 机械工业出版社,2019.

[5] 朱少民,韩莹. 软件项目管理[M]. 2 版. 北京: 人民邮电出版社,2016.

[6] 肖来元,等. 软件项目管理与案例分析[M]. 2 版. 北京: 清华大学出版社,2014.

[7] 覃征. 软件项目管理[M]. 2 版. 北京: 清华大学出版社,2009.

[8] 周爱民. 大道至简: 软件工程实践者的思想[M]. 北京: 电子工业出版社,2012.

[9] 徐绪松. 复杂科学管理[M]. 北京: 科学出版社,2010.

[10] 柳纯录,刘明亮,等. 信息系统项目管理师教程[M]. 北京: 清华大学出版社,2008.

[11] 赵菁. 项目管理知识体系指南[M]. 北京: 电子工业出版社,2005.

[12] 李帜,林立新,曹亚波. 软件工程项目管理——功能点分析方法与实践[M]. 北京: 清华大学出版社,2005.

[13] 张家浩. 软件项目管理[M]. 北京: 机械工业出版社,2005.

[14] 杜文洁,白萍. 实用软件工程与实训[M]. 2 版. 北京: 清华大学出版社,2013.

[15] 李军国,吴昊,等. 软件工程案例教程[M]. 北京: 清华大学出版社,2013.

[16] 许家怡. 软件工程——方法与实践[M]. 2 版. 北京: 电子工业出版社,2012.

[17] 宋礼鹏,张建华,等. 软件工程——理论与实践[M]. 北京: 北京理工大学出版社,2011.

[18] 张晓龙. 现代软件工程[M]. 北京: 清华大学出版社,2011.

[19] 郭宁,周晓华. 软件项目管理[M]. 北京: 清华大学出版社,北京交通大学出版社,2007.

[20] 郑炜,朱怡安. 软件工程[M]. 西安: 西北工业大学出版社,2010.

[21] 贾铁军. 软件工程技术及应用[M]. 北京: 机械工业出版社,2009.

[22] 沈军. 软件体系结构——面向思维的解析方法[M]. 南京: 东南大学出版社,2012.

[23] 刘政,沈平,等. 微软 Project 2013 操作指南[M]. 2 版. 北京: 清华大学出版社,2012.

[24] 刘志君,张成炫,等. IBM Rational Portfolio Management 新方法概述[M]. 2 版. 北京: 人民邮电出版社,2010.

[25] 荣国平,等. 软件过程与管理方法综述[J]. 软件学报,2019,30(1).

图书资源支持

感谢您一直以来对清华版图书的支持和爱护。为了配合本书的使用,本书提供配套的资源,有需求的读者请扫描下方的"书圈"微信公众号二维码,在图书专区下载,也可以拨打电话或发送电子邮件咨询。

如果您在使用本书的过程中遇到了什么问题,或者有相关图书出版计划,也请您发邮件告诉我们,以便我们更好地为您服务。

我们的联系方式:

清华大学出版社计算机与信息分社网站: https://www.shuimushuhui.com/

地　　址: 北京市海淀区双清路学研大厦 A 座 714

邮　　编: 100084

电　　话: 010-83470236　010-83470237

客服邮箱: 2301891038@qq.com

QQ: 2301891038 (请写明您的单位和姓名)

资源下载: 关注公众号"书圈"下载配套资源。

书圈

清华计算机学堂

观看课程直播